普通高等学校“十二五”省级规划教材
普通高等学校计算机类精品教材

网络操作系统

第2版

主　　编　卜天然　汪　伟
副 主 编　黄　飞　司福明　张婷婷
编写人员　（以姓氏笔画为序）
芮坤坤　雷惊鹏　张亮亮
朱建帮　何　军　汤义好
梁中义

中国科学技术大学出版社

内 容 简 介

本书介绍了 Windows Server 2008 和 Red Hat Enterprise Linux 5 两大网络操作系统的相关知识，适合高等学校“计算机网络操作系统”课程教学需要，对相关自学者、工程技术人员也有一定的参考价值。

图书在版编目(CIP)数据

网络操作系统/卜天然，汪伟主编. —2 版. —合肥：中国科学技术大学出版社，2017. 8 (2023. 1 重印)
ISBN 978-7-312-04223-2

Ⅰ. 网…　Ⅱ. ① 卜… ② 汪…　Ⅲ. 网络操作系统—高等学校—教材　Ⅳ. TP316. 8

中国版本图书馆 CIP 数据核字(2017)第 115087 号

出版　中国科学技术大学出版社
安徽省合肥市金寨路 96 号，230026
http://press. ustc. edu. cn
https://zgkxjsdxcbs. tmall. com
印刷　合肥华苑印刷包装有限公司
发行　中国科学技术大学出版社
经销　全国新华书店
开本　787 mm×1092 mm　1/16
印张　18
字数　461 千
版次　2009 年 7 月第 1 版　2017 年 8 月第 2 版
印次　2023 年 1 月第 4 次印刷
定价　45. 00 元

前 言

在计算机普及的今天，计算机网络已经应用到社会生活的各个领域，例如浏览网页、电子购物和在线支付等。几乎所有的网络应用都是依靠网络服务器来完成的，随着我国企事业单位信息化进程的加快，越来越大量地需要掌握计算机网络技术的专门人才。

网络操作系统是计算机网络的软件核心组成部分，是网络的灵魂，是面向网络计算机提供服务的特殊的操作系统。

本书对应的课程是计算机网络技术、信息安全技术和网络系统管理等专业的核心课程，有较强的实用性。同时本书结合这些专业的工作岗位需求和工作特点按项目进行内容组织，并以企业网络服务实际需求为主线，以实际工程项目组织为案例，按照任务设计实训的工学结合模式进行编写。不但突出内容的实用性，而且兼顾内容的系统性。既可以作为高职高专相关专业的教材，又可以作为网络工程技术人员通俗易懂的自学参考书。在章节安排和重要知识点的处理上，也充分考虑到了教学需求，内容安排松紧适度，重点突出。所有章节都配有精心设计的实例，通过相应实训加以练习，可以帮助学生快速理解和掌握各章的基本理论与实践技能。

从 2010 年起，以网络服务为重点的“计算机网络组建”职业技能大赛几乎年年占据着全国职业技能大赛的显要位置。此大赛的举办从一个侧面反映了网络服务在高职网络专业中的地位。这次参加编写的老师均是国家(省)示范高职院校中的网络类骨干教师，同时有着指导学生参加网络类技能大赛的丰富经验，编者成员先后带队获得过全国职业院校技能大赛一等奖 4 项、二等奖 5 项、三等奖 2 项。本书在内容选取上也充分考虑到高校对大赛引领的需求，所有章节配备的实训内容都与近几年大赛的内容相关。

在本课程的教学过程中，建议采用案例法进行，可先提出问题，激发学生的学习兴趣，然后通过一个案例解决所提出的问题，在案例的分析讲解过程中学习基本理论知识。在实践教学中，建议采用全虚拟机环境。在本书用于实际教学过程中，发现学生学习的主动性和积极性有了普遍的提高，教学效果比较好，教材得到了学生的一致认可。

本书将目前市面上比较流行的 Windows Server 2008 和 Red Hat Enterprise Linux 5 两大网络操作系统的内容进行了整合。本书共 14 章，内容包含“网络操作系统”、“进入 Windows Server 2008”、“Windows Server 2008 文件系统管理”、

"Windows Server 2008 磁盘管理"、"DHCP 服务"、"DNS 服务"、"Web 服务"、"FTP 服务"、"邮件服务"、"活动目录"、"远程访问服务"、"Linux 操作系统简介与安装"、"Linux 系统文件与目录管理"和"Linux 系统用户与组管理"。其内容与体例的设计体现了高等职业教育的应用性、技术性与实用性。

本书由卜天然、汪伟担任主编，承担提纲的起草、主持编写、修改及总纂等工作。本书第 1、8 章由安徽商贸职业技术学院卜天然编写，第 2 章由芜湖职业技术学院张亮亮编写，第 3 章由安徽广播影视职业技术学院梁中义编写，第 4 章由安徽商贸职业技术学院汪伟编写，第 5 章由安徽商贸职业技术学院黄飞编写，第 6 章由安徽商贸职业技术学院何军编写，第 7 章由安徽商贸职业技术学院何军和朱建帮共同编写，第 9 章由安徽机电职业技术学院司福明和芜湖职业技术学院张亮亮共同编写，第 10 章由安徽商贸职业技术学院汤义好编写，第 11 章由安徽机电职业技术学院张婷婷编写，第 12、14 章由安徽商贸职业技术学院芮坤坤编写，第 13 章由安徽国防科技职业学院雷惊鹏编写。安徽商贸职业技术学院汪伟对全书做了审稿。

本书编写过程中参阅了很多文献，得到了有关部门、单位领导、专家的大力支持，在此向相关人员一并致谢！

由于时间仓促，加之编者水平有限，书中存在不妥与疏漏之处在所难免，敬请读者批评指正，以便进一步修订完善。

编　者

2017 年 3 月

目　录

第1章　网络操作系统

学习目标

本章主要讲述网络操作系统、常见的网络操作系统、VMware虚拟机以及虚拟机的安装与使用等内容。通过本章的学习，应达到如下学习目标：

- 了解网络操作系统。
- 掌握VMware虚拟机的安装方法及基本使用。

导入案例

易慧公司是一家中外合资企业，主要从事软件开发和系统集成等业务。随着业务的不断升级，该公司当前网络操作系统不符合市场流行标准。该公司CIO(Chief Information Officer，首席信息官)要求作为公司网络管理员的你加强学习，使公司能尽快跟上科技更新的步伐。现要求实现如下目标：

(1) 了解操作系统。

(2) 掌握操作系统与网络操作系统的区别。

(3) 了解常见的网络操作系统。

(4) 掌握VMware虚拟机的安装与使用。

如何安装VMware虚拟机？如何使用？这是本章将要学习的内容。

1.1　网络操作系统概述

网络操作系统，是一种能代替操作系统的软件程序，是网络的心脏和灵魂，是向网络计算机提供服务的特殊的操作系统，帮助网络实现数据与各种消息的相互传递，分为服务器(Server)及客户机(Client)。服务器是网络的控制中心，并向客户提供服务；客户机是用于本地处理和访问服务器的站点。

1.1.1　操作系统概述

操作系统(Operating System，简称OS)是管理和控制计算机硬件与软件资源的计算机程序，也是直接运行在“裸机”上的最基本的系统软件，任何其他软件都必须在操作系统的支持下才能运行。

操作系统是用户和计算机的接口，同时也是计算机硬件和其他软件的接口。操作系统的功能包括管理计算机系统的硬件、软件及数据资源等，可以控制程序运行，改善人机界面，为其他应用软件提供支持，让计算机系统所有资源最大限度地发挥作用，提供各种形式的用户界面，使用户有一个好的工作环境，为其他软件的开发提供必要的服务和相应的接口等。用户实际是不用接触操作系统的。操作系统管理着计算机的硬件资源，同时按照应用程序的资源请求分配资源，如划分 CPU 时间、开辟内存空间、调用打印机等。

1.1.2 网络操作系统概述

网络操作系统(Network Operating System，简称 NOS)是使网络上各计算机能方便而有效地共享网络资源，为网络用户提供所需各种服务的软件和有关规程的集合。相对于单机操作系统而言的网络操作系统是具有网络功能的计算机操作系统。

除了实现单机操作系统的全部功能外，网络操作系统还具备管理网络中的共享资源，实现用户通信以及方便用户使用网络等功能，是网络的心脏和灵魂。

网络操作系统是网络用户与计算机网络之间的接口，是计算机网络中管理一台或多台主机的软硬件资源、支持网络通信、提供网络服务的程序集合。

1.2 网络操作系统发展简史

从 1946 年第一台计算机诞生以来，计算机每一代的进化都以减少成本、缩小体积、降低功耗、增大容量和提高性能为目标，而计算机硬件的发展也加速了操作系统的形成和发展。最初的计算机并没有操作系统，人们只能通过各种操作按钮来控制计算机。后来出现了汇编语言，操作人员通过有孔的纸带将程序输入计算机进行编译，从而完成某些需要的操作。这些将语言内置的计算机，只能由操作人员自己编写程序来运行，不利于设备、程序的共用。为了解决这些问题，操作系统应运而生，这就解决了程序的共用问题，并对计算机硬件资源的管理提供了支持。网络操作系统的发展则与其赖以运行的计算机网络结构的发展紧密相关。

1954 年，出现了一种称为收发器(Transceiver)的终端，人们使用这种终端首次实现了将穿孔卡片上的数据通过电话线路发送到远地的计算机。此后出现的电传打字机也作为远程终端和计算机相连，使得用户可以在电传打字机上输入自己的程序，然后传输到远程的计算机上，再由计算机将算出的结果传送到电传打字机上打印出来。而支持这种用户操作的处理软件系统，就是最早期的网络操作系统，也可以称之为面向终端的网络操作系统。

早期的网络模式如图 1.1 所示。在这里，计算机是网络的中心和控制者，终端围绕中心计算机分布在各处，而计算机的主要任务是进行成批次的处理。早期的这种网络结构在新增终端用户时，需要对线路控制进行多方改动，同时通信线路的控制让主机也增加了相当大的额外开销。为此，随着计算机应用的普及，出现了通信处理机来完成数据通信任务，其中包括集中器或智能复用器等，这些都是一种面向终端的网络操作模式。在这种网络操作模式下，用户在开始通信之前，首先要申请建立一条从发送端到接收端的物理通路，然后双方才能进行通信。在通信的全部时间里，用户始终占用端到端的固定带宽来传输数据。这对当时的人们来说，早已习以为常。

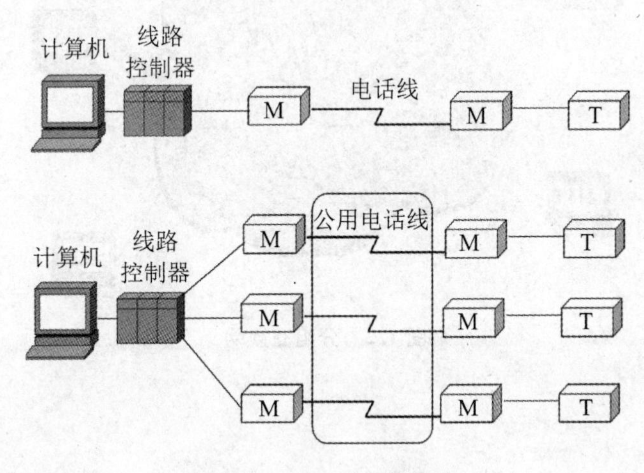

图 1.1　早期的网络模式

然而，当用这种通信系统来传送计算机或终端的数据时，由于计算机的数据是突发式或间歇式地出现在传输线路上，而用户应支付的通信线路费用却是按占用线路的时间来计算的，这就出现了问题。而且在计算机通信时，线路上真正用来传输数据的时间往往不到10%甚至不到1%，绝大部分时间里，通信线路实际上是空闲的。例如，当用户正在阅读终端屏幕上的信息，或正在从键盘上编辑一份文件，或计算机正在进行处理而结果尚未得出时，宝贵的通信线路资源实际上处于空置状态。

不仅如此，电路交换建立通路的呼叫过程对计算机通信用户来说也太长。例如，呼叫过程一般为 10～20 s，而 1000 bit 的计算机数据在 2400 bit/s 的线路上传送，只需不到 0.5 s 的时间，相比之下，呼叫过程占用的时间则太长。

1964 年，巴兰在美国兰德公司的《论分布式通信》的研究报告中，首次提出了分组的概念。1969 年，美国的分组交换网 ARPANET(互联网的前身)投入使用，计算机网络的发展从此进入了一个崭新的纪元，同时计算机网络操作系统也变得复杂起来，它要完成用户的连接、发送、接收等任务，还必须完成分组的存储、转发以及最佳路由的选择。为此，每个分组必须携带一些目的地地址信息和用户合法性信息，既要保证合法数据正确到达目的地，又要防止一些非法数据侵入主机。分组交换网示意图如图 1.2 所示。

随着国际标准化组织(ISO)1977 年开放系统互联 OSI 七层参考模型标准框架的出炉，互联网开始了新纪元。

目前流行的网络操作系统主要有 Unix、Linux、Netware、Windows NT/2000 以及 Windows Server 2003 等，这些网络操作系统除了具有传统的操作系统的功能之外，还加强了网络通信、资源共享以及用户管理等功能。世界各地的计算机通过网络操作系统可以跨平台、跨地域、跨时间实现数据共享。用户之间也进一步加强了交互，用户可以通过音频、视频等多媒体手段，进行各种交互操作，不仅推动了全球网络的普遍应用，同时网络用户之间的操作也愈加简便。

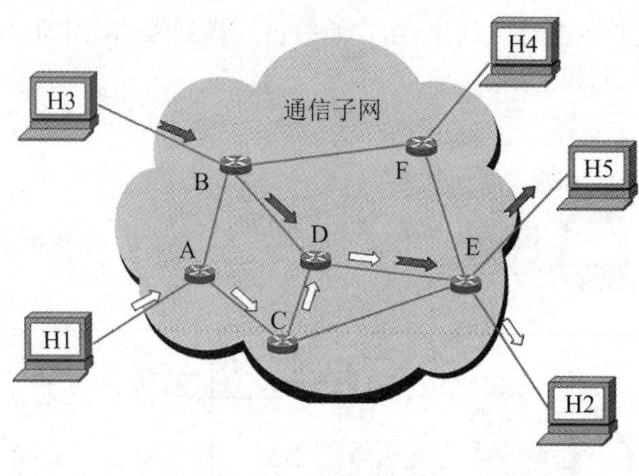

图 1.2　分组交换网

1.3　网络操作系统的功能与特性

1.3.1　网络操作系统的功能

网络操作系统的功能通常包括：处理机管理、存储器管理、设备管理、文件系统管理以及为了方便用户使用操作系统向用户提供的用户接口，网络环境下的通信、网络资源管理、网络应用等特定功能。

1. 网络通信

这是网络操作系统最基本的功能，其任务是在源主机和目标主机之间，实现无差错的数据传输。

2. 资源管理

对网络中的共享资源（硬件和软件）实施有效的管理，协调诸用户对共享资源的使用，保证数据的安全性和一致性。

3. 网络服务

包括电子邮件服务、文件传输存取和管理服务、共享硬盘服务、共享打印服务等。

4. 网络管理

网络管理最主要的任务是安全管理，一般是通过“存取控制”来确保存取数据的安全性，以及通过“容错技术”来保证系统故障时数据的安全性。

5. 互操作能力

所谓互操作，在客户机/服务器模式的 LAN 环境下，是指连接在服务器上的多种客户机和主机，不仅能与服务器通信，而且还能以透明的方式访问服务器上的文件系统。

1.3.2 网络操作系统的特性

1. 客户机/服务器模式

客户机/服务器(Client/Server)模式是近年来较流行的应用模式,它把应用划分为客户机和服务器。客户机把服务请求提交给服务器,服务器负责处理请求,并把处理的结果返回至客户机。

以网络数据库为例,服务器端运行数据库系统,客户机端运行客户端程序。客户机端应用程序与服务器端网络数据库的数据交换,是通过标准的开放式数据接口及网络通信协议完成的。因此,客户机端的应用程序可以在任何平台上开发,甚至可以直接通过浏览器访问数据库,这种模式称为C/S模式。

基于标准浏览器访问数据库时,中间往往还需加入运行ASP或Java平台的Web服务器,这通常称为三层模式,也称为B/S(Browser/Server或Web/Server)模式。它是客户机/服务器模式的特例,只是客户机端基于标准浏览器,无需安装特殊软件。

客户机/服务器模式按任务实际的位置分别在客户机或服务器端执行,充分发挥各端的性能,并实现资源的共享。

2. 32位或64位操作系统

32位网络操作系统是指采用32位内核进行系统调度和内存管理,支持32位设备驱动器,使得操作系统和设备间的通信更为迅速。随着64位处理器的诞生,许多厂家已推出了支持64位处理器的网络操作系统。

3. 抢先式多任务

网络操作系统一般采用微内核类型结构设计,微内核始终保持对系统的控制,并给应用程序分配时间段使其运行,在指定的时间段结束时,微内核抢先运行进程并将控制移交给下一个进程。

4. 支持多种文件系统

有些网络操作系统还支持多文件系统,以实现对系统升级的平滑过渡,同时具有良好的兼容性。

5. 高可靠性

网络操作系统是运行在网络核心设备(如服务器)上的指挥管理网络的软件,它必须具有高可靠性,保证系统可以365天每天24小时不间断工作,并提供完整的服务。

6. 安全性

为了保证系统、系统资源的安全性、可用性,网络操作系统往往集成用户权限管理、资源管理等功能,定义各种用户对某个资源的存取权限,且使用用户标识(SID)唯一区别用户。

7. 容错性

网络操作系统应能提供多级系统容错能力,包括日志式的容错特征列表、可恢复文件系统、磁盘镜像、磁盘扇区备用以及对不间断电源(UPS)的支持等。

8. 开放性

网络操作系统必须支持标准化的通信协议(如TCP/IP、NetBEUI等)和应用协议(如HTTP、SMTP、SNMP等),支持与多种客户机端操作系统平台的连接。

9. 可移植性

网络操作系统一般都支持广泛的硬件产品,也支持多处理机技术。这样使得系统有很好的伸缩性。

10. 图形化界面(GUI)

网络操作系统良好的图形界面可以简化用户的管理,为用户提供直观、美观、便捷的操作接口。

11. Internet 支持

各品牌网络操作系统都集成了许多标准化应用,例如对 Web 服务、FTP 服务、网络管理服务等的支持,甚至 E-mail(如 Linux 的 Sendmail)也集成在操作系统中。

12. 并行性

有的网络操作系统支持群集系统,可以在网络的每个节点为用户建立虚拟处理机,并且并行执行各节点的用户作业。一个用户的作业被分配到不同节点上,网络操作系统管理这些节点并协作完成用户作业。

1.4 常见的网络操作系统

1.4.1 Windows 网络操作系统

对于 Windows Server 操作系统,相信用过计算机的人都不会陌生。微软公司开发的 Windows 系统不仅在个人操作系统中占有绝对优势,在网络操作系统中也占有非常大的份额。Windows 网络操作系统在中小型局域网配置中是最常见的,一般用在中低档服务器中。在局域网中,微软的网络操作系统主要有 Windows NT 4.0 Server、Windows 2000 Server、Windows Server 2003 以及 Windows Server 2008 等。

1. Windows NT Server

在整个 Windows 网络操作系统中,Windows NT 几乎成为中小型企业局域网的标准操作系统。一是因为它继承了 Windows 家族统一的界面,使用户学习、使用更加容易;二是它的功能比较强大,基本上能满足中小型企业的各项网络需求。Windows NT Server 对服务器的硬件配置要求比较低,因此更适合中小企业的 PC 服务器配置需求。

Windows NT Server 可以说是发展最快的一种操作系统,它采用多任务、多流程操作及多处理器系统(SMP)。在 SMP 系统中,工作量均匀分布在各个 CPU 上,从而提供了极佳的系统性能。Windows NT Server 系列从 3.1 版、3.50 版、3.51 版不断发展,现在已经发展到 4.0 版。

2. Windows 2000 Server

通常我们见到的网络操作系统 Windows 2000 Server 有 3 个版本,具体如下。

Windows 2000 Server:用于工作组和部门服务器等中小型网络。

Windows 2000 Advanced Server:用于应用程序服务器和功能更强的部门服务器。

Windows 2000 Datacenter Server:用于数据中心服务器等大型网络系统。

Windows 2000 Server 对远程管理进行了大量改进，其中包括新的管理员委托授权支持、终端服务、Microsoft 管理控制台等。Windows 2000 Server 通过 IIS 5.0 为磁盘分配、动态卷管理、Internet 打印以及 Web 服务等提供了新的支持。对文件、打印服务和卷管理的改进使得 Windows 2000 Server 成为一个理想的文件服务器，并且用户在 Windows 2000 Server 上可以更容易地查询或访问信息。

Windows 2000 Server 集成了对虚拟专用网络、电话服务、高性能的网络工作、流式传输的音频/视频服务、首选的网络带宽等的支持，允许客户在单一的、具有有效价值的操作平台上集成所有的通信基础结构。

3. Windows Server 2003

Windows Server 2003 家族主要有如下产品。

Windows Server 2003 标准版：一个可靠的网络操作系统，可支持文件和打印机共享，提供安全的 Internet 连接，允许集中化的桌面应用程序部署。

Windows Server 2003 企业版：为满足各种规模的企业的一般用途而设计的，是一种全功能的服务器操作系统，最多可支持 8 个处理器。提供的企业级功能有 8 节点群集、支持高达 32 GB 内存等，可用于基于 Intel Itanium（安腾）系列的计算机，支持 8 个处理器和 64 GB RAM 的 64 位计算平台。

Windows Server 2003 数据中心版：为运行企业和任务所依靠的应用程序而设计的，这些应用程序需要最高的可扩展性和可用性，是微软迄今为止开发的功能最强大的服务器操作系统。提供支持高达 32 路的 SMP 和 64 GB 的 RAM，提供 8 节点群集和负载平衡服务，可用于支持 64 位处理器和 512 GB RAM 的 64 位计算平台。

Windows Server 2003 Web 版：用于 Web 服务和托管。Windows Server 2003 Web 版用于生成和承载 Web 应用程序、Web 页面及 XML Web 服务。

Windows Server 2003 通过提供集成结构，确保商务信息的安全性；通过提供可靠性、可用性和可扩展性，提供用户需要的网络结构；通过提供灵活易用的工具，帮助用户的设计和部署与单位和网络的要求相匹配；通过加强策略、任务自动化处理及简化升级来帮助用户主动管理网络；通过让用户自行处理更多的任务来减少支持开销。

4. Windows Server 2008

与 Windows Server 2003 操作系统相比，Windows Server 2008 代表了下一代操作系统，它主要对客户的需要和 Windows Server 操作系统的全部功能进行了改进，如 Web 服务的改进、虚拟化技术的集成和高安全性等。就核心服务器产品而言，Windows Server 2008 中的很多特性都是最新亮相，本书后面的章节将对其做重点介绍。

1.4.2 Linux 网络操作系统

Linux 是一种在 PC 上执行的、类似 Unix 的操作系统。1991 年，芬兰赫尔辛基大学的一位年轻学生 Linus B. Torvalds 发表了第一个 Linux 版本操作系统。Linux 是一个完全免费的操作系统，在遵守自由软件联盟协议下，用户可以自由地获取该操作系统及其源代码，并且可以自由地使用它们，包括修改和复制等。Linux 提供了一个稳定、完整、多用户、多任务和多进程的运行环境。Linux 是网络时代的产物，在 Internet 上经过了众多技术人员的测试和除错，现不断被扩充。

Linux具有如下的特点：

(1) 完全遵循POSIX标准，并扩展支持所有AT&T和BSD Unix特性的网络操作系统。由于继承了Unix优秀的设计思想，拥有干净、健壮、高效且稳定的内核，且没有AT&T或Berkeley的任何Unix代码，所以Linux不是Unix，但与Unix完全兼容。

(2) 真正的多任务、多用户系统。内置网络支持，能与NetWare、Windows Server、OS/2、Unix等无缝连接，网络效能在各种Unix测试评比中最好，同时支持FAT16、FAT32、NTFS、Ext2FS等多种文件系统。

(3) 可运行于多种硬件平台，包括Alpha、Sun Sparc、PowerPC、MIPS等处理器，对各种新型外围硬件，可以从分布于全球的众多程序员那里迅速得到支持。

(4) 对硬件要求较低，可在较低档的机器上获得很好的性能，特别值得一提的是，由于Linux出色的稳定性，其运行时间通常可以以"年"计。

(5) 有广泛的应用程序支持。目前已经有越来越多的应用程序移植到Linux上，这其中包括一些大型厂商的关键应用。

(6) 设备独立性。设备独立性是指操作系统把所有外部设备统一当作"文件"来看待，只要安装它们的驱动程序，任何用户都可以像使用"文件"一样，操纵、使用这些设备，而不必知道它们的具体存在形式。Linux是具有设备独立性的操作系统，由于用户可以免费得到Linux的内核源代码，因此，用户可以修改内核源代码，以适应新增加的外部设备。

(7) 安全性。Linux采取了许多安全技术措施，包括对读/写操作进行权限控制、带保护的子系统、审计跟踪、核心授权等，这为网络多用户环境中的用户提供了必要的安全保障。

(8) 良好的可移植性。Linux是一种可移植的操作系统，能够在从微型计算机到大型计算机的任何环境和平台上运行。

(9) 具有庞大且素质较高的用户群。其中不乏优秀的编程人员和发烧级的"hacker"(黑客)，他们能提供商业支持之外的广泛的技术支持。

正是因为以上这些特点，Linux在个人和商业领域中的应用都获得了飞速的发展。

1.4.3 Unix网络操作系统

Unix操作系统是一种通用的、可交互使用的分时系统，其最早版本是由美国电报电话公司(AT&T)贝尔实验室的K. Thompson和M. Ritchie共同研制的，目的是为了在贝尔实验室内创造一种可以进行程序设计研究和开发的良好环境。Unix从一个非常简单的操作系统，发展成为性能先进、功能强大、使用广泛的操作系统，并成为事实上的多用户、多任务操作系统的标准。

在1969～1970年期间，K. Thompson首先用汇编语言在PDP-7机器上实现了Unix系统。不久，Thompson用一种较高级的B语言重写了该系统。1973年，Ritchie又用C语言对Unix进行了重写。1975年，Unix V. 6版本正式发布，并开始向美国各大学及研究机构颁发Unix的许可证及提供源代码。1978年，Unix V. 7版本发布，它是在PDP11/70上运行的。1984年、1987年、1989年先后发布了Unix SVR2、Unix SVR3和Unix SVR4版本。

目前使用较多的是1992年发布的Unix SVR4. 2版本。值得说明的是，Unix进入各大学及研究机构后，人们在其第6版本和第7版本的基础上进行了改进，因而形成了许多Unix的变型版本。其中，最有影响的是加州大学Berkeley分校进行的在原来的Unix中加入具有请求调页和页面置换功能的虚拟存储器，从而在1978年形成的3 BSD Unix版本；1982年推出了4 BSD Unix版本，后来是4.1 BSD及4.2 BSD版本；1986年发布了4.3 BSD版本；1993年6月推出了4.4 BSD版本。Unix自正式问世以来，影响日益扩大，并广泛用于操作系统的教学中。

Unix是为多用户环境设计的，即多用户、多任务操作系统，其内建TCP/IP支持，该协议已经成为互联网中通信的事实标准。由于Unix发展历史悠久，具有分时操作，良好的稳定性、健壮性、安全性等特点，因此几乎适用于所有的大型机、中型机和小型机。Unix也可用于工作组级的服务器。在我国，一些特殊行业，尤其是拥有大型机、中型机和小型机的单位一直沿用Unix操作系统。

Unix操作系统的主要特性如下：

(1) 模块化的系统设计。系统设计分为核心模块和外部模块，核心模块尽量简化、缩小，外部模块提供操作系统所应具备的各种功能。

(2) 逻辑化文件系统。Unix文件系统完全摆脱了实体设备的局限，它允许有限个硬盘合成单一的文件系统，也可以将一个硬盘分为多个文件系统。

(3) 开放式系统。Unix遵循国际标准，以正规且完整的界面标准为基础提供计算机及通信综合应用环境，在这个环境下开发的软件具有高度的兼容性、系统与系统间的互通性以及在系统需要升级时多重的选择性。

(4) 网络功能。其定义的TCP/IP已成为事实上的Internet协议标准。

(5) 可靠的安全性。Unix的设计有多级别和完整的安全性能，很少被病毒侵扰。

(6) 良好的移植性。Unix操作系统和核心程序基本上是用C语言编写的，这使得系统易于理解、修改和扩充，并具有良好的可移植性。

(7) 可以在任何档次的计算机上使用。Unix可以运行在笔记本电脑以及超级计算机上。

1.5　VMware虚拟机的使用与管理

1.5.1　VMware虚拟机简介

VMware虚拟机是VMware公司开发的专业虚拟机软件，分为面向客户机的VMware Workstation及面向服务器的VMware GSX Server和VMware ESX Server。本书将主要介绍VMware Workstation，在以下的项目中如果没有特殊说明，VMware即是指VMware Workstation。

VMware虚拟机拥有VMware公司自主研发的Virtualization Layer（虚拟层）技术，它可以将真实计算机的物理硬件设备完全映射为虚拟的计算机设备，在硬件仿真度及稳定性方面做得非常出色。此外，VMware虚拟机提供了独特的Snapshot（还原点）功能，可以在VMware虚拟机运行的时候随时使用Snapshot功能将VMware虚拟机的运行状态保存为还原点，以便在任何时候迅速恢复VMware虚拟机的运行状态，这个功能非常类似于某些游戏软件提供的即时保存游戏进度功能。而且，通过 VMware 虚拟机提供的 VMware Tools 组件，可以在 VMware 虚拟机与真实的计算机之间实现鼠标箭头的切换、文件的拖曳及复制粘贴等，操作非常方便。

VMware Workstation 是一款功能强大的桌面虚拟计算机软件，使用户可在单一的桌面上同时运行不同的操作系统，是进行软件开发、测试，部署新的应用程序的最佳解决方案。

VMware Workstation 可在一部实体机器上模拟完整的网络环境，这个环境和真实的计算机一样，都有芯片组、CPU、内存、显卡、声卡、网卡、软驱、硬盘、光驱、串口、并口、USB 控制器及 SCSI 控制器等设备且提供这个应用程序的窗口就是虚拟机的显示器。

在使用方法上，这台虚拟机和真正的物理主机没有太大的区别，都需要分区、格式化、安装操作系统、安装应用程序和软件，也同样可以设置 BIOS。

虚拟机既可以在实验验证领域使用，也可以广泛应用在实际的生产环境中。具体使用领域主要有以下几个方面：

(1) 软件测试领域。

(2) 合并服务器。

(3) 完成“破坏性”实验。

(4) 减少对昂贵设备的依赖。

(5) 提供理想化的实验环境。

1.5.2 VMware 虚拟机的安装

VMware Workstation 软件每个版本都与当时的计算机操作系统相适应。本书中以 VMware Workstation 9.0 为使用版本，VMware Workstation 9.0 是为微软的操作系统 Windows 8 以及运行 Windows 8 虚拟机而全新设计的。VMware Workstation 虽然在虚拟网络方面具有非常强大的功能，但是各个版本对主机内存的依赖仍然很高。我们在后面推荐安装 VMware Workstation 的内存，仅仅是针对运行 VMware Workstation 软件所需的内存，如果我们要借助它来运行各类操作系统，那么所需要的内存要多得多。通常，我们对于物理主机内存的需求可以大致按照如下公式来估算：

物理主机所需要的最小内存＝主机操作系统占用的内存＋虚拟机操作系统的内存

例如，如果我们的物理主机使用的是 Windows XP 操作系统，我们在 XP 系统上安装虚拟机，并且运行一台 Windows Server 2003 虚拟机，那么我们的物理主机至少需要的内存为 256 MB＝128 MB（物理主机运行 XP 所需要的最小内存）＋128 MB（虚拟机操作系统 Windows Server 2003 所需要的最小内存）。

如果我们需要在 XP 物理主机上同时运行一台 XP 虚拟机、一台 Windows Server 2003 虚拟机和一台 Windows 8 虚拟机，那么我们的物理主机所需要的最小内存为 1.2 GB＝64 MB＋64 MB＋128 MB＋1 GB。

由此可见，我们运行虚拟机的主机配置应该尽可能高一些，这样才能保证我们做实验的过程比较顺利。

面向客户机的 VMware Workstation 是一款商业软件，需要购买 VMware 的产品使用授权。如果不具备产品使用授权，VMware 只能免费试用 30 天，不过在 30 天试用期内 VMware 的功能不会受到限制。在 VMware 官方网站上可以下载到 VMware Workstation

9.0 的安装程序。目前还没有正式的中文版，用户可以下载相关的汉化补丁以便使用。下面以在 Windows 7 系统中安装 VMware Workstation 9.0 为例，介绍其具体的安装步骤。

(1) 在物理主机操作系统 Windows 7 中直接运行 VMware 9.0 的安装程序，进入"VMware 9.0 安装向导"，单击"Next"按钮，开始复制相关安装文件，如图 1.3 所示。

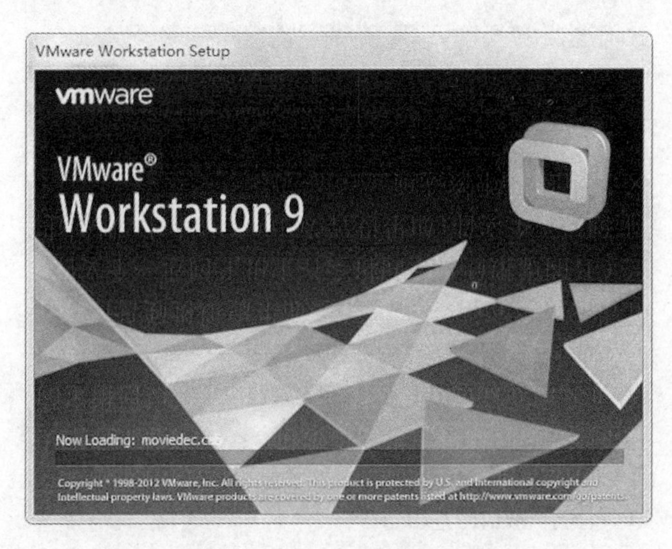

图 1.3　VMware 9.0 安装向导

(2) 复制完成后，进入"安装类型"窗口，在此可以选择安装方式，系统提供"Typical"和"Custom"两种选项。

① "Typical"方式：按照默认设置安装 VMware。

② "Custom"方式：允许以用户自定义的设置安装 VMware，例如可以自行设置安装 VMware 的哪些组件、自定义 VMware 的安装文件夹等。

(3) 选择"Typical"安装方式，单击"Next"按钮，进入"Destination Folder"窗口，在此设置 VMware 9.0 安装目录，一般采用默认安装目录，也可以单击"Change"按钮，更改默认的安装目录。

(4) 安装目录设置后，单击"Next"按钮，进入"Software Updates"窗口，在此默认勾选启动程序的时候进行产品更新检查。

(5) 启动程序的时候进行产品更新检查设置后，单击"Next"按钮，进入"help improve VMware workstation"窗口，在此默认勾选帮助改进 VMware。

(6) "帮助改进 VMware"设置后，单击"Next"按钮，进入"Shortcuts"窗口，在此可以选择运行此软件的快捷方式，例如桌面、开始菜单以及快速启动工具栏。

(7) "Shortcuts"窗口设置后，单击"Next"按钮，即开始执行复制文件、更新 Windows 注册表等操作，出现如图 1.4 所示的"软件安装过程"窗口。

(8) 接下来的操作比较简单，输入软件的序列号后就完成了 VMware 9.0 软件的安装。为了使 VMware 9.0 程序能够运行，必须重新启动 Windows 7，以便更新 Windows 7 的硬件配置信息。同时还可以安装 VMware Workstation 9.0 的汉化补丁，这样使用起来更方便。

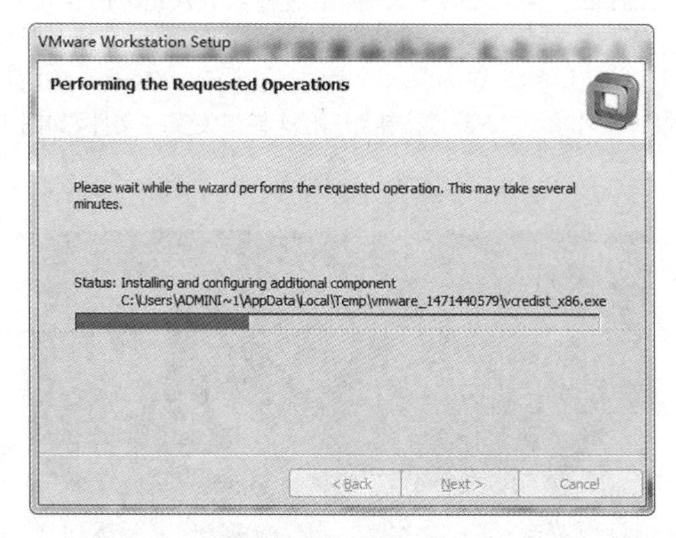

图 1.4　软件安装过程

1.5.3　VMware 虚拟机的应用

在 Windows 7 的“开始”菜单中执行“VMware Workstation”快捷方式，启动 VMware。VMware 的基本操作并不是很复杂，只要清楚工具栏各个按钮的具体含义即可，这里限于篇幅不做详细讲解。下面主要介绍如何在 VMware 虚拟机中建立、管理和配置虚拟机。

1. 在 VMware 中建立虚拟机

图 1.5　欢迎窗口

(1) 用鼠标依次选择 VMware 菜单栏中的“File”→“New Virtual Machine”菜单，弹出如图 1.5 所示“Welcome to the New Virtual Machine Wizard”窗口。

(2) 在“Welcome to the New Virtual Machine Wizard”窗口中提供了“Typical”和“Custom”两种类型的配置选项，“Typical”选项将按照系统的默认设置建立虚拟机，提供的选项比较少；而“Custom”选项允许以自定义的方式建立虚拟机，提供的选项较为丰富。建议选择“Custom”选项，然后单击“Next”按钮。弹出窗口提示我们指定 VMware 的硬件兼容版本，其中提供了“VMware 9.0”、“VMware 8.0”、“VMware 6.5-7.x”、“VMware 6.0”、“VMware 5.x”、“VMware 4.x”6 个选项。由于 VMware 先后经历了若干个版本的发展，不同版本的 VMware 建立的虚拟机，其版本也有所不同。VMware 版本越高，其建立的虚拟机的虚拟硬件配置也就越高，虚拟机的功能也越强大。但由于 VMware 只具有向下兼容性，不具备向上兼容性，因此高版本的 VMware 建立的虚拟机只能在高版本的 VMware 中使用，不能在低版本的VMware中使用。

(3) 为新虚拟机选择了硬件兼容版本后，单击“Next”按钮，出现如图1.6所示“Guest Operating System Installation”窗口。在此窗口中指定源安装文件的位置：可以是“Installer disk”，指定放有安装光盘驱动器的盘符；也可以是“Installer disk image file”(ISO)，指定安装映像文件ISO的位置；还可以创建一个虚拟空白硬盘，以后再来安装操作系统。

(4) 单击“Next”按钮，进入如图1.7所示“Select a Guest Operating System”窗口。该窗口主要是用于选择安装系统类型信息。

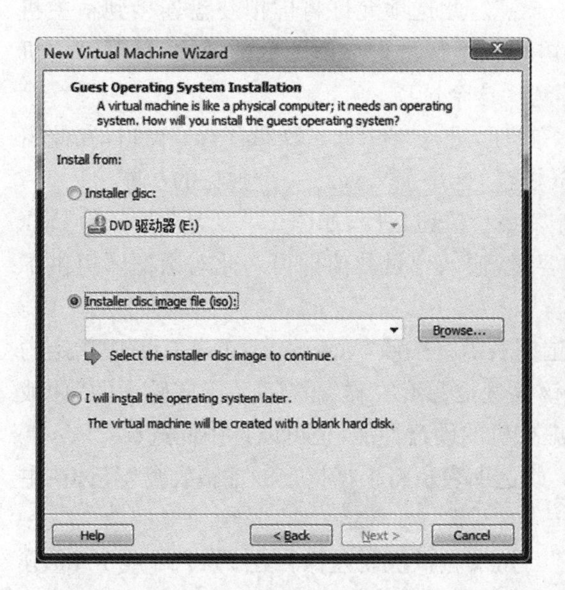

图1.6　Guest Operating System Installation窗口

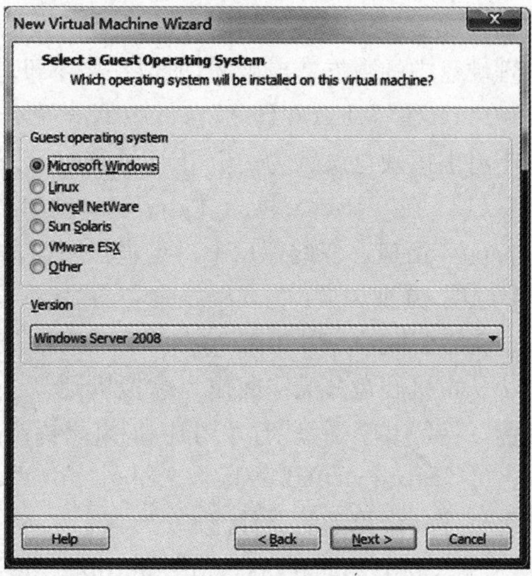

图1.7　系统类型选择窗口

(5) 单击“Next”按钮，进入“Name the Virtual Machine”窗口，可以设置新虚拟机在VMware列表中的显示名称，以及虚拟机配置文件的所在位置。

(6) 单击“Next”按钮，进入“Processor Configuration”窗口，提示新虚拟机设置为单CPU还是双CPU。如果宿主机配置有2个CPU，可以选择“2”，以便在虚拟机中充分发挥双CPU的性能，如果宿主机只配备了1个CPU，选择“1”即可。

(7) 在“Processor Configuration”窗口中单击“Next”按钮，进入“Memory for the Virtual Machine”窗口，这个窗口提示为新虚拟机指定内存容量。VMware提供了一个表示虚拟机内存容量的数轴，只需用鼠标拖动数轴上的滑块，为虚拟机指定需要的内存容量即可。根据选择的虚拟操作系统类型，提供这个虚拟操作系统所需的最小内存容量、推荐的内存容量以及推荐的最大内存容量3个数值以供参考，并在数轴上分别用黄色、绿色及蓝色的箭头标识。

(8) 在“Memory for the Virtual Machine”窗口中单击“Next”按钮，进入“Network Type”窗口，VMware提供了4种不同的虚拟网络适配器类型。VMware网络类型本书后面章节将详细介绍。

(9) 在“Network Type”窗口中单击“Next”按钮，进入“Select I/O Adapter Types”窗口，在此窗口中设置I/O适配器的类型，建议选择系统的默认值。

(10) 在“Select I/O Adapter Types”窗口中单击“Next”按钮，进入如图1.8所示“Select

a Disk”窗口。在此窗口中设置虚拟硬盘,其实也就是为虚拟机设置 *. VMDK 虚拟硬盘镜像文件的过程,有 3 个选项,分别如下:

① “Create a new virtual disk”。建立新的 *. VMDK 虚拟硬盘镜像文件,一般建议新用户选择此项。

② “Use an existing virtual disk”。如果已经有一个现成的 *. VMDK 虚拟硬盘镜像文件,只需要在弹出的对话框中指定 *. VMDK 虚拟镜像文件的名称及所在位置即可,可以省去大量重复安装虚拟机操作系统的时间。

③ “Use a physical disk(for advanced users)”。此选项允许将虚拟硬盘连接到宿主机的物理硬盘。由于连接到物理硬盘可以直接访问位于宿主机物理硬盘的数据,易对宿主机物理硬盘中的数据造成破坏,所以一般不推荐选择这个选项。

(11) 在“Select a Disk”窗口中单击“Next”按钮,进入“Select a Disk Type”窗口,在此窗口中将虚拟硬盘设置为虚拟 IDE 硬盘或 SCSI 硬盘,这是 VMware 一个独特的功能。

(12) 在“Select a Disk Type”窗口中单击“Next”按钮,进入如图 1.9 所示“Specify Disk Capacity”窗口。在此窗口中指定虚拟硬盘的容量,输入容量数值即可。此对话框还提供了 3 个选项,分别如下:

① “Allocate all disk space now”。此复选框表示将按照“Maximum disk size”中指定的大小从主机硬盘分配空间作为虚拟机硬盘。该复选框只有在做“群集”系统实验中的“仲裁磁盘”或者“共享磁盘”时才用到,如果想提高虚拟机的硬盘性能,也可以选中此选项。

② “Store virtual disk as a single files”。此选项表示将根据指定的虚拟硬盘容量,在主机上创建一个单独的文件。

③ “Split virtual disk into multiple files”。如果虚拟机硬盘保存在 FAT32 或 FAT 分区中,此选项表示每 2 GB 的虚拟硬盘空间将会在主机上创建一个文件。例如,创建 8 GB 虚拟硬盘,则会在主机上创建 4 个文件;如果设置为 160 GB 大小,则创建 80 个文件。如果工作目录为 NTFS 分区,则无需选中该选项。

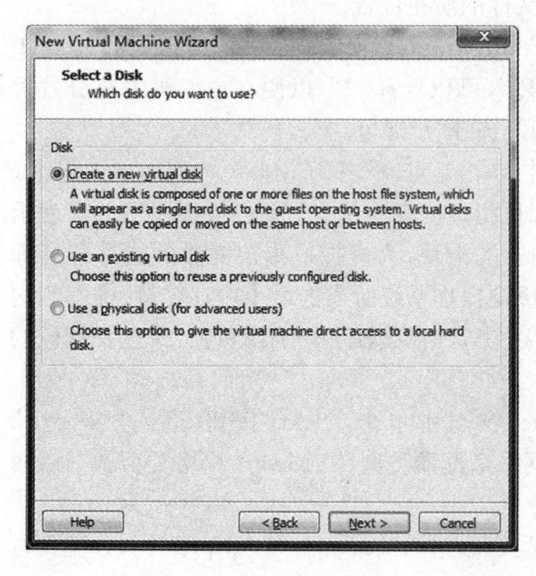

图 1.8　Select a Disk 窗口

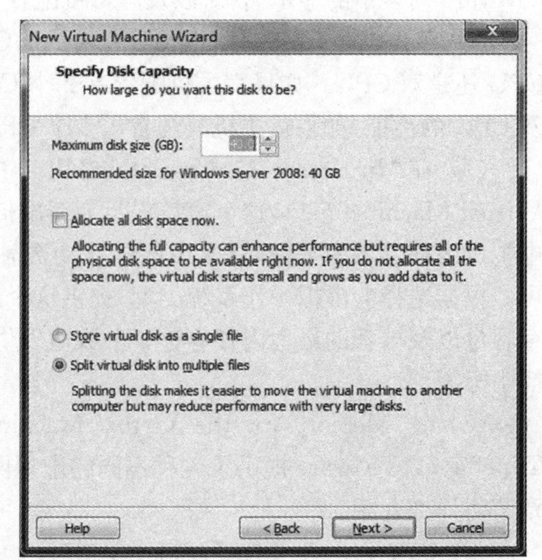

图 1.9　Specify Disk Capacity 窗口

(13) 在“Specify Disk Capacity”窗口中单击“Next”按钮,进入“Specify Disk File”窗口,在此窗口中指定虚拟镜像文件的名称及所在位置,可以用鼠标单击“Browse”按钮进行设置。

(14) 在“Specify Disk File”窗口中单击“Next”按钮,进入“Ready to Create Virtual Machine”窗口,此窗口提示需要为新虚拟机安装虚拟操作系统及 VMware Tools 组件,并列举出前面所有步骤中虚拟机相关的配置。可以单击“Customize Hardware”按钮,再次对虚拟机的相关配置进行修改。单击“Finish”按钮之后,返回到 VMware 的主程序界面,选择“Power on this virtual machine”按钮,会自动接通虚拟机的电源,启动刚刚配置好的虚拟机完成新虚拟机的向导配置。

2. 在 VMware 中安装、使用 VMware Tools 组件

VMware Tools 组件是 VMware 专门为虚拟操作系统准备的附加功能模块组件,安装了 VMware Tools 组件后,方可在 VMware 中实现一些特殊的功能。

VMware Tools 组件的功能主要体现在以下四个方面:

(1) 虚拟硬件设备驱动程序支持。VMware Tools 组件为虚拟操作系统提供了完整的虚拟硬件设备驱动程序支持,使我们可以为那些无法被虚拟操作系统自行识别的虚拟硬件设备安装驱动程序。特别是 VMware 模拟的虚拟显卡 VMware SVGA Ⅱ,必须安装 VMware Tools 组件提供的专用显示驱动程序后,才可以被虚拟操作系统正确识别。

(2) 日期与时间同步。VMware Tools 组件在虚拟机与宿主机之间提供了同步日期与时间的功能,免除了必须为虚拟机单独设置日期与时间的烦恼。

(3) 自动切换鼠标箭头。VMware 存在着虚拟机窗口与宿主操作系统之间切换键盘鼠标操作对象的问题。我们希望将鼠标箭头移动到 VMware 的窗口范围之内时,单击一下鼠标左键,即可将键盘鼠标的操作切换为对虚拟机生效。安装 VMware Tools 组件后,即可自动将键盘鼠标的操作切换,对虚拟机生效。

(4) 虚拟硬盘压缩。VMware Tools 组件提供了虚拟硬盘压缩功能,可以通过它对 *.VMDK 虚拟硬盘镜像文件进行压缩,以便节约宿主机物理硬盘的可用空间。

虚拟操作系统安装 VMware Tools 组件的步骤如下所示:

(1) 首先启动 VMware,加载虚拟操作系统。VMware Tools 组件的安装程序通常保存在“windows. iso”光盘镜像文件里面,存放于“C:\Program Files\VMware\VMware Workstation\”目录下。VMware Tools 组件提供了 Windows、Linux、FreeBSD、Netware 等不同版本的安装程序,分别适用于不同的虚拟操作系统。将这个. iso 光盘镜像文件暂时设置为虚拟机光驱,然后加载. iso 光盘镜像文件。

(2) 双击虚拟机里操作系统的光盘驱动器,将会自动安装 VMware Tools 组件。安装过程很简单,只需用鼠标依次单击“Next”按钮即可。VMware Tools 组件安装程序运行完毕后将提示重新启动虚拟操作系统。重新启动之后,VMware Tools 组件的安装操作即告完成。VMware Tools 组件会在虚拟操作系统的控制面板中添加一个叫作“VMware Tools”的控制面板选项,同时会在虚拟操作系统的任务栏通知区域显示“VMware Tools”的图标,以便在虚拟操作系统中随时调整 VMware Tools 组件的相关设置。

3. 为 VMware 虚拟机设置 Snapshot 还原点

如果需要在 VMware 中使用 Snapshot 还原点功能将某台虚拟机的运行状态保存为还原点,可以在虚拟机正在运行的时候,用鼠标单击 VMware 主程序界面工具栏中的“Take a snapshot of this virtual machine( )”按钮,或者用鼠标依次选择 VMware 主程序界面菜单栏中的“VM”→“Snapshot”→“Take Snapshot”菜单项，弹出如图 1.10 所示“Take Snapshot”对话框，提示输入还原点的名称及备注信息。在这个对话框的“Name”文本框中输入还原点的名称信息(描述信息可以为空)，然后单击“Take Snapshot”按钮即可。

Snapshot 还原点是 VMware 的一个特色功能，它可以将 VMware 中的虚拟操作系统及应用软件的运行状态保存为还原点，之后可以随时加载保存的还原点，将 VMware 还原到之前的运行状态。

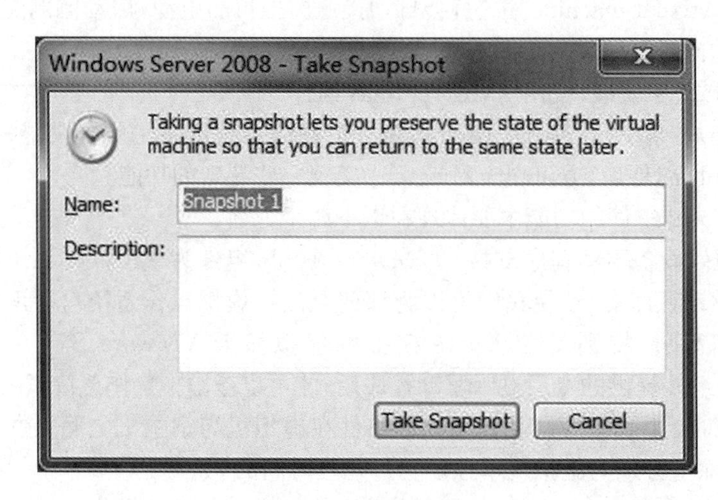

图 1.10 创建还原点

VMware 的 Snapshot(还原点功能)与 Suspend(挂起功能)的区别主要体现在以下两个方面：

① Suspend(挂起功能)只是 VMware 的一种关机方式，当在某台正在运行的虚拟机中执行了 Suspend 挂起操作后，这台虚拟机就会停止运行，虚拟机的运行状态也将被自动保存，只有重新启动这台虚拟机后，才可以将虚拟机恢复为先前的运行状态。Snapshot(还原点功能)则可以随时保存或者恢复还原点，即使为正在运行的虚拟机保存了还原点，这台虚拟机也不会停止运行。

② Suspend 只能一次性地暂时保存虚拟机的运行状态，当重新启动了处于挂起状态的虚拟机之后，Suspend 挂起功能保存的运行状态就自动作废了；Snapshot 则可以无限次数地保存及恢复虚拟机的运行状态，可以为一台虚拟机同时保存多个不同的还原点，并且每一个还原点都可以不限次数地反复使用。

如果需要在 VMware 中使用 Snapshot 将某台虚拟机的运行状态恢复到之前保存的还原点，可以用鼠标单击 VMware 主程序界面工具栏中的“Revert this Virtual Machine to Snapshot(将虚拟机恢复为还原点)”按钮，或者用鼠标依次选择 VMware 主程序界面菜单栏中的“VM”→“Snapshot”→“Revert to Snapshot”菜单。这时 VMware 会自动弹出一个操作确认对话框，提醒在恢复还原点之后，虚拟机当前的运行状态将会丢失，如图 1.11 所示。如果确认需要恢复还原点，只需用鼠标单击“Yes”按钮。

此外，还可以使用 VMware 提供的 Snapshot Manager 还原点管理器程序，对已有的还原点进行管理。用鼠标单击 VMware 主程序界面工具栏中的“Manage Snapshots for this Virtual Machine(管理虚拟机还原点)”按钮，或者用鼠标依次选择 VMware 主程序界面菜单栏中的“VM”→“Snapshot”→“Snapshot Manager”菜单，即可启动 Snapshot Manager 还原点管理器，如图 1.12 所示。可以看到，Snapshot Manager 还原点管理器列出了虚拟机已保存的所有还原点，不仅显示了还原点的保存时间、名称、备注信息、保存还原点时虚拟机的运行状态缩略图，而且还以一个很直观的流程图列出了所有还原点之间的依存关系，用户可以通过流程图看出哪个还原点是在另外哪个还原点的基础上建立的。

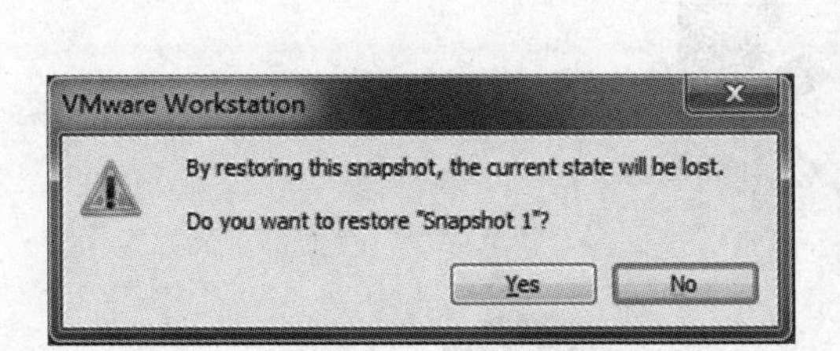

图 1.11　恢复还原点确认窗口

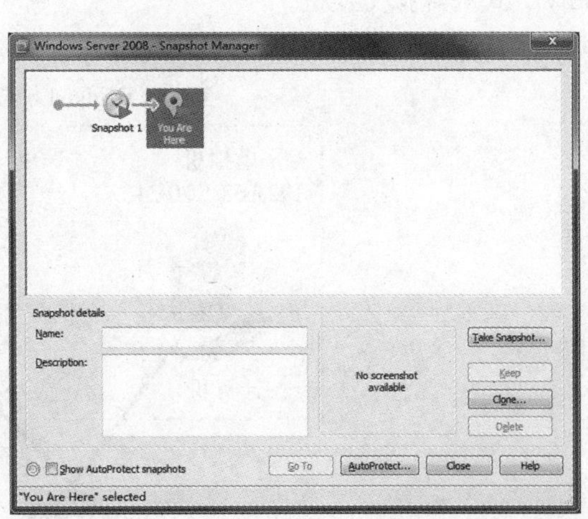

图 1.12　Snapshot Manager 还原点管理器窗口

在 Snapshot Manager 还原点管理器的帮助下，可以对某台虚拟机保存的所有还原点一目了然，并且可以通过 Snapshot Manager 对话框的“Go To(转向)”按钮，随时加载任何一个还原点。此外，Snapshot Manager 还原点管理器还提供了“Clone”(克隆)及“Delete”(删除)两个按钮，可以通过它们复制或删除已有的还原点，非常方便。

4. 在 VMware 中构造不同的网络环境

在 VMware 安装完成之后，在宿主主机的“网络连接”属性对话框内自动出现了两个虚拟交换机(也可以理解为虚拟网卡)，分别是 VMware Network Adapter VMnet 1 和 VMware Network Adapter VMnet 8。这两个虚拟交换机究竟有什么样的功能呢？这就涉及虚拟网络连接类型方面的问题。VMware 的虚拟网络类型主要有三种：桥接网络(Bridged)、网络地址转换(NAT)和独立主机(Host-only)模式。

(1) 桥接网络(Bridged)

在这种模式下，虚拟机就像是局域网中的一台独立主机，与它所依赖的宿主主机平等地存在于网络中，管理员必须像对待局域网中其他真正的物理主机一样来对待虚拟机(例如，为虚拟机分配局域网所要求的网络地址、子网掩码、网关等)。使用 Bridged 模式的虚拟机和宿主主机的关系就像连接在同一个交换机上的两台电脑。虚拟机与物理主机以及外部网络的其他计算机可以相互访问，并且虚拟机可以不经过宿主主机直接与外部网络进行通信。桥接模式的交换机所建立的网络就是桥接类型的网络(Bridged network)。桥接模式的网络连接如图 1.13 所示。

设置虚拟机网卡为桥接模式的方法如下：用鼠标单击 VMware 主程序界面工具栏中的“VM”→“Settings”→“Network adapter”按钮，进入网络设置对话框后，将默认为“NAT”类型的虚拟网卡更改为“Bridged”类型即可。

完成虚拟桥接网络实验，除了需要设置虚拟网卡类型之外，还需要添加虚拟交换机。添加虚拟网络连接设备是在 VMware 的虚拟网络编辑器(Virtual Network Editor)内进行配置的。一共可以添加 10 个虚拟交换机设备，设备代号从 VMnet 0 至 VMnet 9。在这 10 个虚拟网络设备中，默认 VMnet 0 用来设置为 Bridged 桥接网络的虚拟交换机，VMnet 8 用来设置为 NAT 方式的虚拟交换机，VMnet 1～VMnet 9(VMnet 8 除外)用来设置为 Host-only 方式的虚拟交换机。

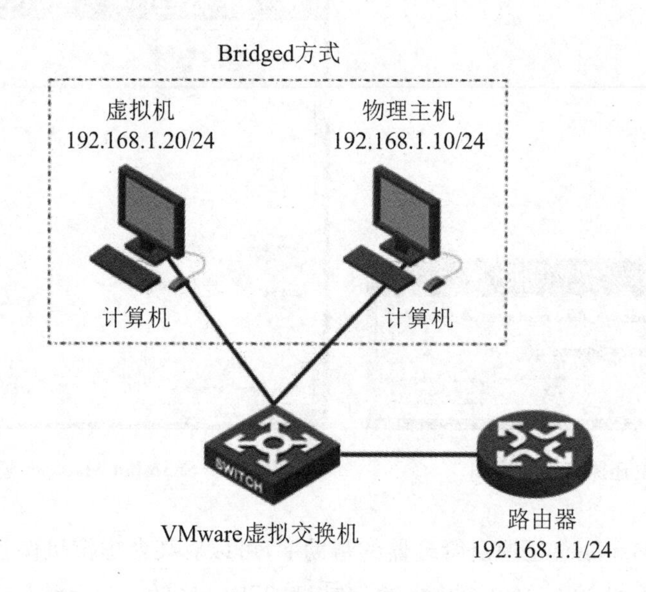

图 1.13　桥接网络类型

(2) 网络地址转换(NAT)

如果希望虚拟机通过宿主主机访问外部网络，但是不希望外部网络访问虚拟的私有网络，那么设置 NAT(网络地址转换)方式就可以实现该功能。NAT 这种模式最简单，虚拟系统不用做任何网络设置就可以访问外部网络，但是外部网络却不能访问私有网络内的虚拟机。这种模式下，虚拟机的网卡连接到所依赖的宿主主机的 VMware Network Adapter VMnet 8 虚拟交换机上。

使用 NAT 模式的虚拟机和所依赖的宿主主机之间的关系描述如下：宿主主机就相当于是开启了 NAT 功能的路由器，虚拟机就是建立在私有虚拟网络中的一台主机，通过 VMware Network Adapter VMnet 8 路由器的 DHCP 服务获得网络参数。虚拟机可以访问宿主主机所在网络的其他主机或者外部网络(反之不行)。NAT 模式的网络连接如图 1.14 所示。启用 NAT 模式就相当于把物理主机变为一台 NAT 服务器，为虚拟机进行网络地址转换，从而实现虚拟私有网络对外网的访问，并且外网不能通过物理主机访问虚拟机。这样的设置可以使私有网络不会受到外部网络的影响和攻击，从而为实验营造了一个完全封闭的环境。

设置虚拟机网卡为 NAT 模式的方法如下：用鼠标单击 VMware 主程序界面工具栏中的“VM”→“Settings”→“Network adapter”按钮，进入网络设置对话框后，将虚拟机网络类型修改为“NAT”类型即可。

(3) 独立主机(Host-only)

Host-only,顾名思义就是独立主机模式。这种模式提供的是主机和虚拟机之间的网络互访,而不是虚拟机访问 Internet 的技术。在某些特殊的网络调试环境中,往往需要将真实环境和虚拟环境隔离开,这时就可采用 Host-only 模式。在 Host-only 模式中,所有的虚拟主机是可以相互通信的,但虚拟系统和真实的网络是被隔离开的。在 Host-only 模式下,虚拟主机的 TCP/IP 配置信息(如 IP 地址、网关地址、DNS 服务器等)既可以手动配置,也可以采用 VMware Network Adapter VMnet 1(Host-only)虚拟网络设备的 DHCP 服务来动态分配。Host-only 模式的网络连接功能如图 1.15 所示。

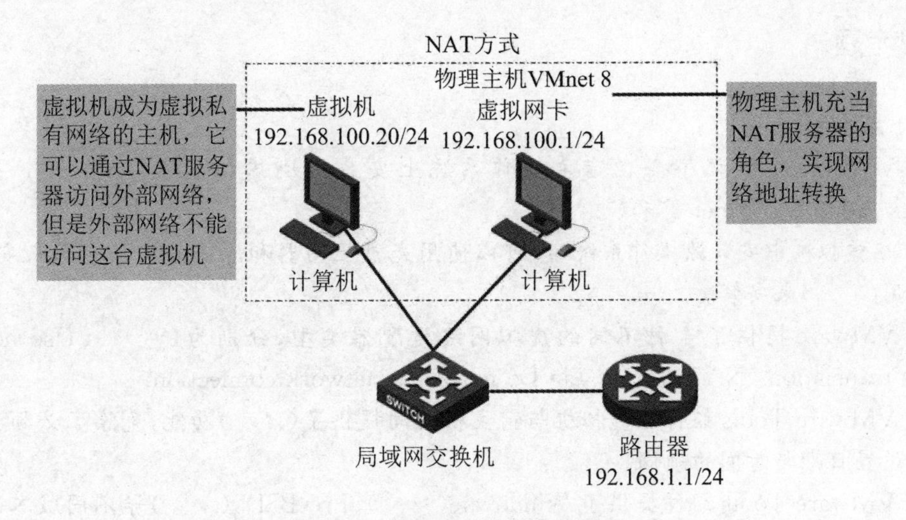

图 1.14 网络地址转换网络类型

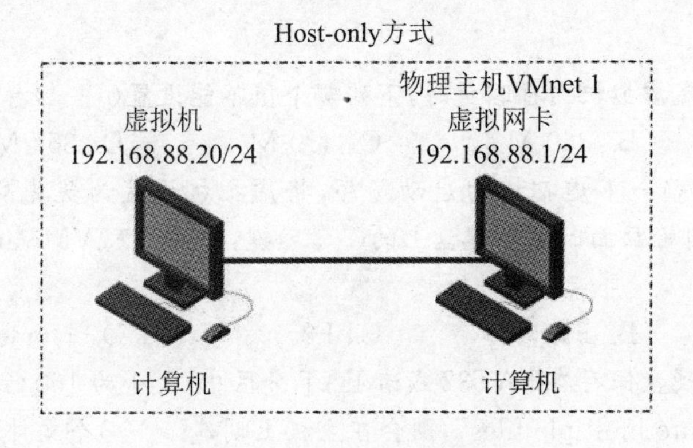

图 1.15 独立主机网络类型

设置虚拟机网卡为独立主机模式的方法如下:用鼠标单击 VMware 主程序界面工具栏中的"VM"→"Settings"→"Network adapter"按钮,进入网络设置对话框后,将虚拟机网络类型修改为"Host-only"类型即可。

本章小结

本章讲述了操作系统的概念,网络操作系统的概念、发展、特性与功能,常见的网络操作系统以及典型代表,VMware虚拟机技术,详细介绍了虚拟机的安装、虚拟机的新建、虚拟机工具的安装与使用、虚拟机的还原点,重点讲解了虚拟机的三种网络类型及其设置。

复习思考题

一、填空题

1. VMware安装程序会在宿主操作系统上安装两块虚拟网卡,分别为"VMware Network Adapter VMnet 8"和(　　)。

2. 在虚拟机中安装源操作系统时,可以使用光盘驱动器和源安装文件光盘来安装,也可以使用(　　)来安装。

3. VMware提供了4种不同的虚拟网络适配器类型,分别为(　　)、Use network address translation (NAT)、(　　)和Do not use a network connection。

4. VMware Tools组件在虚拟机与宿主机之间提供了(　　)功能,免除了必须为虚拟机单独设置日期与时间的烦恼。

5. VMware Tools组件提供了Windows、(　　)、FreeBSD、(　　)等不同版本的安装程序,分别适用于不同的虚拟操作系统。

二、选择题

1. VMware指定虚拟机内存容量时,下列哪个值不能设置(　　)。

A. 512 M　　B. 360 M　　C. 420 M　　D. 357 M

2. 如果需要调整一下虚拟机的启动顺序,将虚拟机设置为优先从光驱启动,可以在VMware出现开机自检画面时按下键盘上的(　　)键,即可进入VMware的虚拟主板BIOS设置。

A. Delete　　B. F10　　C. F2　　D. Home

3. 如果虚拟机硬盘保存在FAT32或者FAT分区中,大小为160 G,同时虚拟机设置为"Split virtual disk into multiple files",则会在主机上创建(　　)个文件。

A. 10　　B. 80　　C. 40　　D. 160

4. 以下(　　)不是Windows Server 2008 Hyper-V服务支持的虚拟网卡类型。

A. 外部　　B. 专用　　C. 内部　　D. 桥接

三、问答题

1. 简述操作系统的概念和网络操作系统的概念。

2. 网络操作系统的发展情况如何?

3. 网络操作系统有哪些特性与功能?

4. 常见的网络操作系统的类型与典型代表有哪些？

5. 虚拟机的主要功能是什么？分别适应于什么环境？

6. VMware Tools 组件在虚拟机中有什么功能？

本章实训

一、实训目的

1. 掌握 VMware Workstation 9.0 的安装方法与过程。

2. 掌握 VMware Workstation 9.0 的基本设置方法。

3. 掌握 VMware Workstation 9.0 中建立、管理与配置各种虚拟机以及网络模式的方法。

二、实训内容

1. 在计算机上安装 VMware Workstation 9.0，使用系统的默认设置，完成后重新启动计算机，启动 VMware Workstation 9.0 软件。

2. 设置虚拟的桥接网络模式、NAT 模式和 Host-only 模式。

第2章　进入 Windows Server 2008

学习目标

本章主要讲述 Windows Server 2008 产品家族、Windows Server 2008 的安装方法、Windows Server 2008 本地用户和本地组的基本管理等内容。通过本章的学习，应达到如下学习目标：

- 了解 Windows Server 2008 产品家族情况及其提升的性能特点。
- 掌握 Windows Server 2008 的安装方法及基本配置。
- 学会管理 Windows Server 2008 的本地用户和本地组。

导入案例

易慧公司当前有员工 200 余人，其中管理人员 18 人，销售人员 30 余人，其他主要为技术工程师。公司原来的网络主要为 Windows Server 2003 的工作组环境，可以实现简单的文件、打印共享。随着公司业务的发展，该公司需要重新规划和更新网络服务。公司 CIO（Chief Information Officer，首席信息官）经过评估，决定采用 Windows 7 作为客户端，使用 Windows Server 2008 企业版作为服务器并实现企业主要的网络服务，以支持内、外网的网络访问需求。作为公司的网络管理员，现要求实现如下目标：

（1）为服务器部署 Windows Server 2008 系统。

（2）创建管理员账号、密码和管理员组。

（3）创建普通员工账号、密码和员工组。

（4）要求所有账号定期进行变更，否则不能登录。

如何安装 Windows Server 2008 系统，如何进行本地用户账号的创建和管理，这是本章将要学习的内容。

2.1　Windows Server 2008 概述

微软公司于 2008 年 2 月 27 日发布了新的网络操作系统——Windows Server 2008。Windows Server 2008 是新一代 Windows Server 操作系统，可以帮助信息技术专业人员最大限度地控制其基础结构，同时提供空前的可用性和管理功能，建立比以往更加安全、可靠和稳定的服务器环境。

2.1.1　Windows Server 2008 产品家族

Windows Server 2008 发行了 5 种不同版本，可以支持各种规模的企业对服务器不断变化的需求。

1. Standard Edition(标准版)

Windows Server 2008 标准版是迄今为止最可靠的 Windows Server 操作系统。它内置了增强的 Web 和虚拟化的功能，旨在提高服务器基础架构的可靠性和弹性，同时节省时间和降低成本。功能强大的工具提供了更好的控制服务器的能力，并简化了配置和管理工作。此外，增强的安全功能提高了操作系统的安全性，有助于保护数据和网络，并为用户的业务打下坚实基础而值得信赖。

Windows Server 2008 标准版最大可支持 4 路处理器，x86 版最多支持 4 GB 内存，而 64 位版最大可支持 64 GB 内存。

2. Enterprise Edition(企业版)

Windows Server 2008 企业版为部署业务关键型应用程序提供了企业级的平台。其群集和热添加处理器功能有助于提高可用性，统一识别管理功能有助于增强安全性，应用程序与虚拟化授权权限的整合可以降低 IT 基础结构的成本。Windows Server 2008 企业版为高度动态、可扩展的 IT 基础结构打下了坚实的基础。

Windows Server 2008 企业版在功能类型上与标准版基本相同，只是支持更高系统硬件配置，同时具有更优良的可伸缩性和可用性，并且添加了企业技术，例如 Failover Clustering 与活动目录量和服务等。

Windows Server 2008 企业版最多可以支持 8 路处理器，x86 版最多支持 64 GB 内存，而 64 位版最大可以支持 2 TB 内存。企业版是为满足各种规模的企业的一般用途而设计的。它是各种应用程序、Web 服务和基础结构的理想平台，具有高度可靠性、高性能和出色的商业价值等优点。企业版包含了标准版所具备的所有功能。在性能上，企业版支持多达 8 个处理器、支持高达 32 GB 内存、支持 8 节点群集和 64 位计算平台。

3. Datacenter Edition(数据中心版)

依靠 Windows Server 2008 数据中心版所提供的企业级平台，可在小型和大型服务器上部署企业关键应用及大规模的虚拟化。其所具备的群集和动态硬件分割功能，增加了可用空间，而通过无限制的虚拟化许可授权来巩固应用，可减少基础架构的成本。此外，此版本亦可支持 2 到 64 颗处理器，因此 Windows Server 2008 数据中心版能够提供良好的基础，用以建立企业级虚拟化和扩充解决方案。

Windows Server 2008 x86 数据中心版最多支持 32 路处理器和 64 GB 内存，而 64 位版最多可支持 64 路处理器和 2 TB 内存。

4. Web Edition(Web 版)

Windows Server 2008 Web 版是特别为单一用途 Web 服务器而设计的系统，建立在新的 Web 基础架构之上，整合了重新设计架构的 IIS 7.0、ASP. NET 和 Microsoft. NET Framework，可帮助企业快速部署网页、网站、Web 应用程序和 Web 服务。

Windows Server 2008 Web 版最多支持 4 路处理器，32 位版最多支持 4 GB 内存，而 64 位版最多支持 32 GB 内存。

5. Windows Server 2008 for Itanium-Based Systems(安腾版)

Windows Server 2008 安腾版针对大型数据库、各种企业和用户应用程序进行了优化，具有高可用性和多达 64 颗处理器的可扩充性，能满足高要求且具关键性的解决方案的需要。Windows Server 2008 安腾版可支持最多 64 路处理器和最多 2 TB 内存。

以上 5 个版本的比较见表 2.1。另外，Windows Server 2008 Standard、Enterprise 和 Datacenter 还有 3 个针对不需要虚拟化的客户，不支持 Windows Server Hyper-V 技术的版本。

表 2.1　Windows Server 2008 家族各个版本比较

	Web	Standard	Enterprise	Datacenter	Itanium
CPU(个)	4	4	8	32/64*	64
内存(GB)	4/32*	4/64*	64/2048*	64/2048*	2048

注："*"表示只有 64 位版本才支持。

2.1.2　Windows Server 2008 的新特性

以 Windows Server 为内核技术并进行了技术改善的 Windows Server 2008，提供了新的 Web 工具、虚拟化技术，改进的安全性以及管理公用服务功能，可协助各种规模的企业针对不断变化的企业需求，提供稳固的 IT 基础架构，提升控制能力、可用性和弹性，帮助企业节省时间、降低成本。

1. Web 工具

Windows Server 2008 利用 Information Services 7.0(IIS 6.0 的重大升级版)，改进了 Web 管理、诊断、开发和应用服务工具等功能，并整合了 Microsoft Web 发行平台，包括 IIS 7.0、ASP.NET、Windows Communication Foundation 以及 Windows SharePoint Services。

(1) 模块化的设计和安装选项可让用户只安装需要的功能，从而减小了被攻击的风险，并使修补操作的管理变得更加容易。

(2) IIS Manager 除了具有以任务为基础的管理界面外，还提供了一个新的 appcmd.exe 命令行工具，使管理工作更加容易。

(3) 跨站部署功能让用户无需额外设定，即可轻松复制多部 Web 服务器的网站设定。

(4) 应用服务和网站的委派管理可让用户依据需求，将控制权交给 Web 服务器的不同部分。

(5) 整合式的 Web 服务器健康管理，具有全方位的诊断和故障排除工具，能更清楚地了解和追踪在 Web 服务器上执行的要求。

(6) Microsoft Web Administration 是一套新的管理 API，可用以编辑 Web 服务器、网站或应用服务的 XML 配置文件，因此可计划性地通过 VM 或 Microsoft Web Administration 访问组件设置存储。

(7) 增强的应用服务池功能可隔离网站和应用服务，达到更高的安全性和稳定性。

(8) 快速 CGI 能可靠地执行 PHP 应用服务、Perl 指令码和 Ruby 应用服务。

(9) 可与ASP.NET功能更紧密地整合，能将横跨IIS 7.0和ASP.NET的所有Web平台组件设定，皆存放在单一组件配置存储中。

(10) 具备扩展性的灵活的模块化功能，可支持使用本地或受管理服务码进行定制(例如新增模块等)。

2. 虚拟化技术

Windows Server Hyper-V系下一代Hypervisor-based服务器虚拟化技术，可让用户整合服务器，以便能更有效地使用硬件，以及增强终端机服务(TS)功能，改善Presentation Virtualization，并使用更简单的授权条款让用户能更直接地使用这些技术。

(1) Windows Server 2008 Hyper-V技术可让用户无需购买任何供应商的软件，即能将服务器角色虚拟化，使其成为在单一实体机器上执行的不同虚拟机器(VM)。

(2) 利用Hyper-V技术，可在单一服务器上同时部署多个操作系统(例如Windows、Linux及其他操作系统)。

(3) 支持最新硬件式虚拟化技术，可执行高需求工作负载的虚拟化。

(4) 新的储存功能(如Pass-through磁盘访问和动态储存增加(Dynamic Storage Addition))可让虚拟机(VM)访问更多资料，而外部服务亦可对存放在虚拟机(VM)上的资料进行更多的访问。

(5) Windows Server虚拟化(WSv)主机或于WSv主机上执行的虚拟机(VM)群集操作，以及虚拟机(VM)的备份操作，皆可在系统运作中进行，因此可让虚拟化的服务器保持高可用性。

(6) 新的管理工具和性能计数器(Performance Counter)可使虚拟化环境的管理及监控变得更为容易。

(7) 终端机服务TS Remote App和TS Web Access使得远程访问服务仅需单一点击动作即可开启，而且如同在用户本机电脑上使用般无缝地执行。

(8) 依靠TS关口(TS Gateway)无需使用虚拟私人网络(VPN)便可跨越防火墙，安全地从远程访问Windows服务。

(9) TS Licensing Manager具有新增功能，可追踪每一用户客户端访问许可(CAL)的TS发行状况。TS Licensing是内建于Windows Server 2008中的一项影响较低的服务，可集中管理、追踪、报告每一用户CAL的TS，并使采购更具效率。

3. 可靠性

Windows Server 2008除了可为用户所有的服务器工作负载和应用服务需求提供稳固的基础之外，还具备易于部署和管理的特性。用户只需要拥有可证明Windows Server的可靠性以及增强的高可用性特色的标志，即可确保关键的应用服务和资料能在用户需要时处在可使用的状态。

(1) Initial Configuration Tasks将安装过程的互动式元件移到安装后，即可让系统管理员在安装操作系统时无需与安装服务互动。

(2) Server Manager是扩充的Microsoft Management Console(MMC)，可使站式界面通过向导设定和监控服务器，简化共同的服务器管理工作。

(3) Windows Power Shell属于选用的全新命令行和脚本语言，可让系统管理员将跨多部服务器的例行系统管理工作自动化。

(4) Windows Reliability and Performance Monitor提供了功能强大的诊断工具，让用

户能够持续深入地探查物理和虚拟服务器环境,找出问题并快速解决。

(5) 服务器管理和资料复制达到最佳化,对位于远程据点(例如分支机构)的服务器具有更好的控制能力。

(6) 组件化的服务器核心(Server Core)安装选项可让安装内容达到最少状态,也就是用户可以仅安装需要的服务器角色和功能,这样可减少服务器的维护需求和攻击表面。

(7) Windows Deployment Services(WDS)提供了简化且高度安全的方法,让用户能够通过网络安装,快速地在电脑上部署 Windows 操作系统。

(8) 一般 IT 人员在使用故障转移群集向导后,也可轻松地实施高可用性解决方案。目前,产品已完整整合了 Internet 协议第 6 版(IPv6),因此散布于各部分的群集节点,已无需局限于使用相同的 IT 子网络,或利用复杂的虚拟区域网络(VLAN)进行设定。

(9) 现在的网络负载平衡(NLB)已可支持 IPv6,并包含多重专属 IP 地址支持,可让多个应用服务存放于同一个 NLB 群集上。

(10) Windows Server Backup 包含了快速备份技术和简化的资料或操作系统还原等。

4. 安全性

已进行强化并整合部分身份识别和访问技术的 Windows Server 2008 操作系统,因包含了多项创新的安全性,而使得由策略驱动的网络更容易部署,并可协助保护用户的服务器基础架构和资料。

(1) 安全性配置向导(Security Configuration Wizard,SCW):可协助系统管理员为已部署的服务器角色配置操作系统,以减少攻击表面范围,带来更稳固与更安全的服务器环境。

(2) 整合式"扩展的组策略(Expanded Group Policy)":能够更有效率地建立和管理"组策略(Group Policy)",亦可扩大策略安全管理所涵盖的范围。

(3) 网络访问保护(Network Access Protection):可确保用户的网络和系统运作,不会被健康状况不佳的电脑影响,并隔离或修补不符合用户所设定的安全性原则的电脑。

(4) 用户账户控制(User Account Control):能提供全新的验证架构,防范恶意软件。

(5) Cryptography Next Generation(CNG):是 Microsoft 创新的核心密码编译 API,由于具备了更好的加密弹性,因此可支持密码编译标准并可供客户自订密码编译演算法,同时也可更有效率地建立、储存和撷取密码金钥。

(6) 只读网域控制站(RODC):可提供更安全的方法,利用主要 AD 数据库的只读复本,为远程及分支机构的用户进行本机验证。

(7) Active Directory Federation Services(AD FS):利用在不同网络上执行的不同身份识别和访问目录,让合作伙伴之间更易于建立信任的合作关系,而且仅需安全的单一登入(SSO)动作,便可进入彼此的网络。

(8) Active Directory Certificate Services(AD CS):具有多项 Windows Server 2008 公开金钥基础结构(PKI)的强化功能,包括监控凭证授权单位(Certification Authorities, CAs)、健康状况不佳的 PKIView,以及以更安全的全新 COM 控制取代 ActiveX,为 Web 注册认证。

(9) Active Directory Rights Management Services(AD RMS):支持 RMS 的应用服务,可协助用户更轻松地保护公司的数据信息,并防范未经授权的用户。

(10) BitLocker Drive Encryption:可提供增强的保护措施,以避免在服务器硬件遗失或遭窃时,资料被盗取或外泄,并且在用户更换服务器时,更安全地删除资料。

2.1.3　升级 Windows Server 2008 的优势

具备内置 Web 与虚拟化技术的 Microsoft Windows Server 2008 可使企业大幅提升其服务器基础架构的可靠性与灵活性。全新的虚拟化工具、增强的 Web 资源管理及安全性功能不仅有助于节约时间、降低成本，同时还可为动态优化的数据中心提供平台。因特网信息服务 IIS 7 与服务管理器（Server Manager）等功能强大的新型工具可提供更完备的服务器控制，并对 Web 配置以及管理任务等进行优化。如：网络接入保护（Network Access Protection）、只读域控制器（Read-only Domain Controller）等高级安全性和可靠性增强功能既能够提高操作系统的性能，而且还可确保服务器环境的安全，从而为商务运营打下坚实的基础。

1. 服务器整合与资源优化——Hyper-V

大多数服务器在工作时都远未发挥出自身应有的能力，据统计，未得到利用的处理能力高达 80%到 90%。凭借 Windows Server 2008 虚拟化解决方案 Hyper-V，单个物理服务器就能支持多个业务系统（Line of Business）上的工作负载。Hyper-V 能帮助企业优化使用硬件资源，并提供足够的灵活性来充分满足不断变化的 IT 需求。新型管理工具可简化部署过程，并使 IT 部门能够像管理网络中物理服务器一样通过熟悉的工具来管理虚拟服务器。

2. 远程用户可灵活地存取应用——TS Remote App

Windows Server 2008 为终端服务（Terminal Services）带来了全面的性能改进与创新功能，其具备的 Terminal Services Remote App 等解决方案使用户能够访问单个独立的应用，而不是只在终端服务器（Terminal Server）会话中访问计算机桌面。这些应用运行于主计算机之上，仅负责向用户发送应用窗口，从而能够显著节约客户端所需要的资源，进而降低管理与部署成本。

3. 最简化的模块化安装——服务器核心(Server Core)

众多网络服务器都可能在网络中执行特定的应用或者担任某些关键的角色。全新的服务器核心安装选项可为运行这些特定应用的服务器或服务器角色提供最简化的环境，从而有助于提高可靠性与效率，使 IT 部门能更好地利用现有硬件。此外，可以通过减少对不必要的文件和功能的更新或补丁来简化持续的管理与补丁管理要求。对于执行特定网络基础架构角色的网络服务器而言，新型 Server Core 安装选项提供了一种高度可靠的高效率平台。由于 Server Core 能够加载运行核心基础架构角色服务器所需的最少的操作系统组件，因而可以有效减少补丁需求，进而也提高了核心网络基础架构服务器的可靠性与安全性。

4. 丰富的 Web 内容与应用——IIS 7.0

随着 Web 内容的日益丰富而且其正成为提供商业应用的高效平台，Web 服务器也在向众多网络的核心发展。IIS 7.0 可为当今要求极高的内容交互提供解决方案，其中包括 ASP（Active Server Pages）与 PHP 中的流媒体和 Web 应用等。借助可简化管理工作的最新界面，采用全新模块化设计的 IIS 7.0 使管理员能够仅安装所需的组件，从而最大限度地缩小 Web 服务器的受攻击面。

5. 更高的网络性能与更完善的控制——新的 TCP/IP 协议栈

高效使用带宽会直接提高通过 WAN 连接至企业中央服务器上远程用户的工作效率。Windows Server 2008 采用经过精心设计的“新一代”TCP/IP，可大幅提升远程办公的性能，从而可加快吞吐速率并能更高效地路由网络流量。通过在分支办公环境中结合采用 Windows Server 2008 与 Windows Vista，将有望把 WAN 连接的吞吐量提高两倍。

6. 避免不健康的设备连接至网络——NAP

随着越来越多的移动用户和企业合作伙伴需要连接至企业组织机构的网络，避免网络遭受外部威胁的工作面临着越来越严峻的挑战。Windows Server 2008 中的网络接入保护(NAP)可阻止不符合规范的计算机接入企业网络。NAP 能够验证试图接入网络的计算机的健康状况，并确保仅让符合企业安全标准的设备成功接入。

7. 针对要求高的工作负载支持业务持续性——高可用性特性

Windows Server 2008 可为大多数要求最严格的商业解决方案提供更高的可扩展性，并能通过高可用性特性帮助企业应对意外停机事件。Windows Server 2008 支持故障恢复群集、网络负载平衡、动态硬件分区、稳健的存储选项以及高级机器自检架构等，可在单点故障问题情况下确保安全。简化的部署与管理工作还能帮助各种规模的组织机构充分发挥上述特性的优势，显著提高可用性与可靠性。

8. 实现安全协作——活动目录联合权限管理(Active Directory Federated Rights Management)

企业需要与合作伙伴和客户实现信息共享，同时又不能失去对该信息的控制。权限管理服务(Rights Management Service)使企业能够控制内外部使用文档的方式，其中包括哪些人可以查看文档，是否能够打印，甚至能否转发或删除等。

9. 异构环境的互联

Windows Server 2008 包含的 Unix 应用程序子系统(SUA)是一种多用户 Unix 环境，能够支持超过 300 种 Unix 命令、实用程序以及外壳脚本等。用户可维护 Windows 域和 Unix 系统的用户名和密码，在其中之一发生变化时可实现证书的自动同步。SUA 运行在基于 Windows 的服务器上，无需任何仿真就能确保本机 Unix 性能，并支持可充分发挥 Windows API 和组件优势的 Unix 应用。

10. 支持 Top-Self Service 和远程站点

分支办公机构等远程站点可能会对 IT 工作提出挑战。分支部门通常没有自己的 IT 员工，这使得软件与安全更新的部署成本高昂、费时耗力，而且我们也很难在远程站点中严格实施安全与 IP 标准。Windows Server 2008 能让远程管理就像在物理总部办公一样，使管理人员能够通过远程管理技术纠正许多问题。全新的 Read-only Domain Controller 为在远程基础架构中进行的活动目录管理提供了一种更安全的途径。

11. 简化管理与自动化——Server Manager 和 PowerShell

服务器管理控制台(Server Manager Console)可为管理服务器的配置与系统信息提供单个统一的控制台，不仅可显示服务器的状态，明确服务器角色配置的问题，同时也能管理服务器上安装的所有角色。Server Manager 构立于服务建模语言(SML)平台之上，能够帮助管理人员用更少的点击次数完成各项任务，而无需在多种工具和接口间繁琐地切换。此外，Server Manager 还可直接与命令行外壳 PowerShell 接口相连，并支持脚本语言自动化。所有能在该接口中使用的 Server Manager 功能也都能用于 PowerShell 脚本。该接口甚至还能帮助管理员编写脚本，向管理员准确显示每个按钮与控件背后到底是什么命令，而且还能让管理员记录 UI 中的任务执行，并将这些任务执行保存为脚本。

2.2 Windows Server 2008 的安装

2.2.1 安装前的准备

1. 系统的硬件设备要求

安装 Windows Server 2008 的最低要求及推荐的配置见表 2.2。

表 2.2 安装 Windows Server 2008 最低要求及推荐的配置

硬件设备	操作系统要求
CPU	最小速度 1 千兆赫(GHz)32 位(X86)处理器或 1 千兆赫(GHz)64 位(X64)处理器;建议速度为 2 千兆赫(GHz)32 位(X86)或 64 位(X64)处理器;最佳速度为 3 千兆赫(GHz)32 位(X86)或 64 位(X64)处理器或更快
内存	最小 512 MB 内存;建议 1 GB 内存;最佳为 2 GB 内存(完全安装)或 1 GB 内存(服务器核心安装)或更大
硬盘空间	最小空间 8 GB;建议 40 GB(完全安装)或 10 GB(服务器核心安装);最佳空间为 80 GB(完全安装)或 40 GB(服务器核心安装)或者更大
显示器	超级 VGA(800×600)或更高分辨率显示器
光驱	DVD-ROM 驱动器
其他	键盘、鼠标、网卡等

2. 系统安装前的注意事项

为了保证 Windows Server 2008 的顺利安装,在开始安装之前必须做好准备工作,如备份文件、检查系统兼容性等。

(1) 切断非必要的硬件连接

如果当前计算机正与打印机、扫描仪、UPS(管理连接)等非必要外设连接,则在运行安装程序之前要将其断开,因为安装程序将自动监测连接计算机串行口的所有设备。

(2) 检查硬件和软件兼容性

为升级启动安装程序,执行的第一个过程是检查计算机硬件和软件的兼容性。安装程序在继续执行前将显示一个报告,使用该报告以及 Relnotes. htm(位于安装光盘的\Docs 文件夹)中的信息来确定在升级前是否需要更新硬件、驱动程序或软件。

(3) 检查系统日志

如果在计算机中安装有 Windows 2000/XP/2003,建议使用"事件查看器"查看系统日志,寻找可能在升级期间引发问题的最新错误或重复发生的错误。

(4) 备份文件

如果从其他操作系统升级至 Windows Server 2008,建议在升级前备份当前的文件,包括含有配置信息(如系统状态、系统分区和启动分区等)的所有内容,以及所有的用户和相关数据。建议将文件备份到不同的媒介,如磁盘驱动器或网络上其他计算机的硬盘,尽量不要保存在本地计算机的其他非系统分区。

(5) 断开网络连接

网络中可能会有病毒在传播,因此,如果不是通过网络安装操作系统,在安装之前就应拔下网线,以免新安装的系统感染上病毒。

(6) 规划分区

Windows Server 2008 要求必须安装在 NTFS 格式的分区上,全新安装时直接按照默认设置格式化磁盘即可。如果是升级安装,则应预先将分区格式化成 NTFS 格式,并且如果系统分区的剩余空间不足 32 GB(基础版 10 G),则无法正常升级。建议将 Windows Server 2008 目标分区至少设置为 40 GB 甚至更大。

3. 系统安装方式

Windows Server 2008 有多种安装方式,分别适用于不同的环境,选择合适的安装方式可以提高工作效率。除了常规的使用 DVD 启动安装方式以外,还有升级安装、远程安装及 Server Core 安装等。

(1) 全新安装

使用 DVD 启动服务器并进行全新安装是最基本的方法。根据提示信息,适时插入 Windows Server 2008 安装光盘即可。

(2) 升级安装

如果计算机中安装了 Windows Server 2003 或 Windows Server 2003 R2 等操作系统,则可以直接升级成 Windows Server 2008,不需要卸载原来的 Windows 系统,而且升级后还可以保留在原来的位置。

在 Windows 状态下,将 Windows Server 2008 安装盘插入光驱并自动运行,会显示出“安装 Windows”界面。单击“现在安装”按钮即可启动安装向导,当进行至如图 2.1 所示的“你想进行何种类型的安装”界面时,选择“升级”,即可升级到 Windows Server 2008。

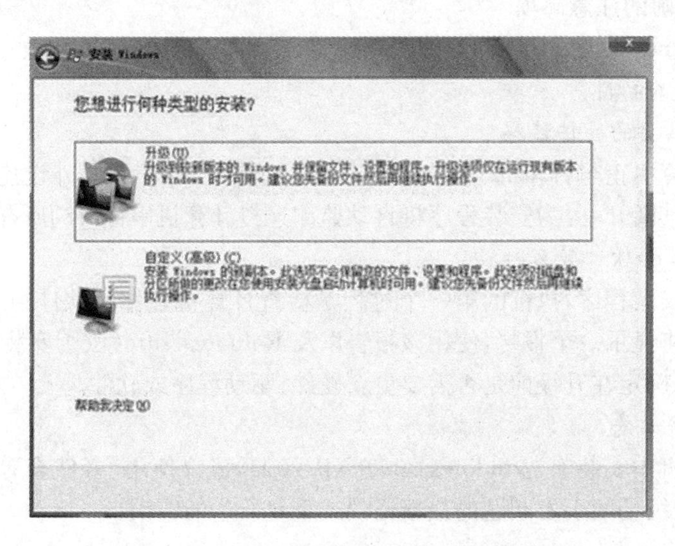

图 2.1 “你想进行何种类型的安装”界面

(3) 通过 Windows 部署服务远程安装

如果网络中已经配置了 Windows 部署方式，则通过网络远程安装也是一种不错的选择。但需要注意的是，采取这种安装方式必须确保计算机网卡具有 PXE(预启动执行环境)芯片，支持远程启动功能。否则，就需要使用 fbfg. exe 程序生成启动软盘来启动计算机进行远程安装。

在利用 PXE 功能启动计算机的过程中，根据提示信息按下引导键(一般为"F12"键)，会显示当前计算机所使用的网卡的版本等信息，并提示用户按下"F12"键，启动网络服务引导。

(4) Server Core 安装

Server Core 是新推出的功能，如图 2.2 所示。确切地说，Windows Server 2008 Server Core 是微软公司在 Windows Server 2008 中推出的革命性功能部件，是不具备图形界面的纯命令行服务器操作系统，只安装了部分应用和功能，因此会更加安全和可靠，同时降低了管理的复杂程度。

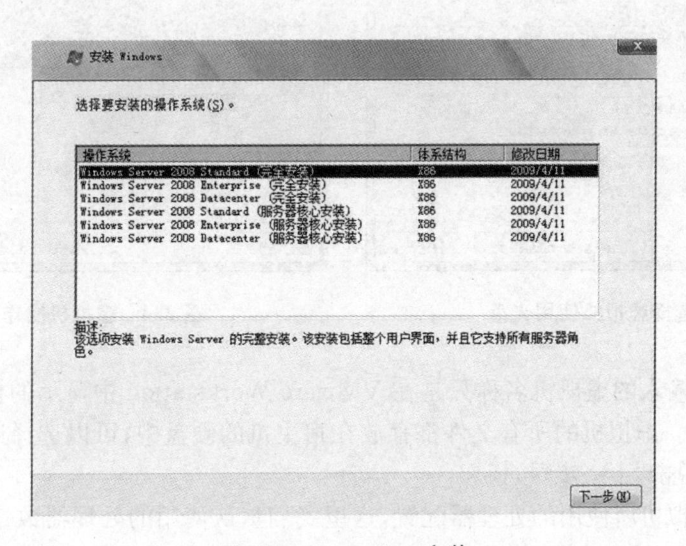

图 2.2　Server Core 安装

2.2.2　VMware 安装 Windows Server 2008 步骤

以下步骤利用前一章节中学习的 VMware 软件将 Windows Server 2008 全新安装到用户的计算机上，并将其设为工作组网络中的独立服务器，以后我们再学习如何将其升级为域控制器或将其加入域中变为成员服务器。

(1) 在 VMware Workstation 中选择"文件"→"新建"→"虚拟机"按钮，在弹出的窗口中选择"自定义(高级)"，单击"下一步"按钮。(这里我们使用的是 VMware 的英文版，考虑到读者的实际情况，在介绍过程中将各种按钮等的名称做了相应汉化。)

(2) 选择建立虚拟机的版本。VMware Workstation 所建立的虚拟机能保证向下兼容，即 VMware Workstation 9.0 所建立的虚拟机，使用 VMware Workstation 9.0 及以上版本可以运行，反之则不可以。如果我们希望用 VMware Workstation 9.0 建立的虚拟机可以被 7.0 以下的版本打开，这里就需要选择建立较低版本的虚拟机。如果不考虑使用老版本的

VMware Workstation,可以直接单击“下一步”按钮。

(3) 在安装客户机操作系统界面选择“我以后再安装操作系统”后,单击“下一步”按钮,可以在虚拟机建立完成后再放入光盘,如图 2.3 所示。

(4) 选择虚拟机使用的操作系统版本,这里根据需要选择“Microsoft Windows”→“Windows Server 2008”按钮。选择完成后单击“下一步”按钮,如图 2.4 所示。

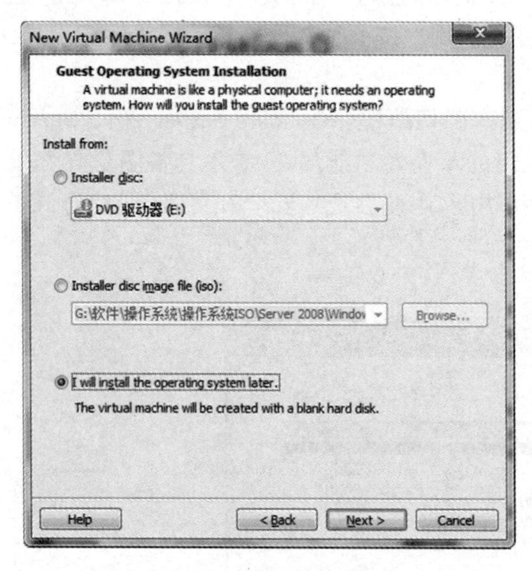

图 2.3 选择虚拟机使用光盘

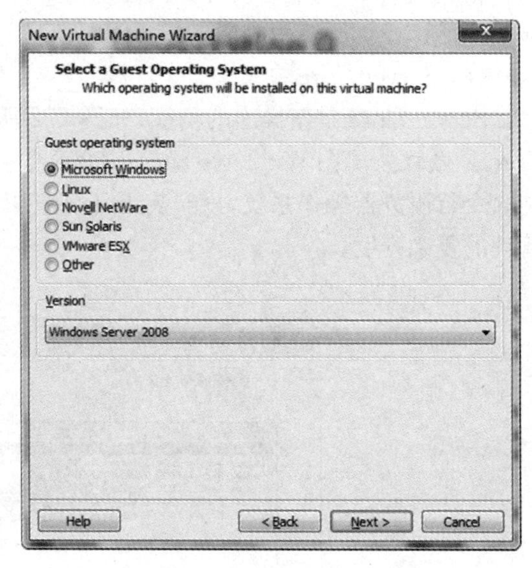

图 2.4 虚拟机操作系统版本

(5) 在这里输入的虚拟机名称只是在 VMware Workstation 中显示的标签名而并不是虚拟机的主机名。虚拟机的所有文件都存放在宿主机的硬盘中,可以选择适当的位置来存放,输入完成后单击“下一步”按钮。

(6) 选择虚拟机所使用的处理器配置,这里我们默认使用的处理器数量为 1,每个处理器的核心数量为 1,输入完成后,单击“下一步”按钮。

(7) 选择虚拟机所使用的虚拟内存大小,这里我们使用了默认的 1024 MB 内存,输入完成后单击“下一步”按钮。

(8) 选择网络类型,在这里我们选择了“使用桥接网络”,选择完成之后,单击“下一步”按钮,如图 2.5 所示。

(9) 选择磁盘,在这里我们默认选择“Create a new virtual disk”类型,选择完成之后单击“下一步”按钮,如图 2.6 所示。

(10) 选择磁盘类型,在这里我们默认选择“SCSI”类型,选择完成之后单击“下一步”按钮。

(11) 指定磁盘容量,输入虚拟机的磁盘容量,这里我们设置了最大磁盘大小为 40 GB,虚拟磁盘占用硬盘的实际大小是以虚拟机中保存数据的大小为准的,输入完成之后单击“下一步”按钮。

(12) 选择虚拟磁盘的保存目录及文件名,默认情况下虚拟磁盘保存在虚拟机所在的目录中,输入完成后单击“下一步”按钮。

(13) 完成以上配置之后,单击“完成”按钮完成虚拟机的建立。

（14）完成虚拟机的建立之后，可以单击图2.7中的绿色按钮（Power on this virtual machine）来开启此虚拟机。

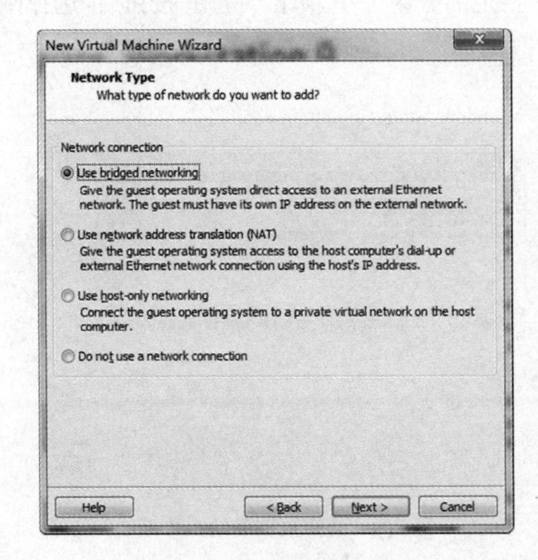

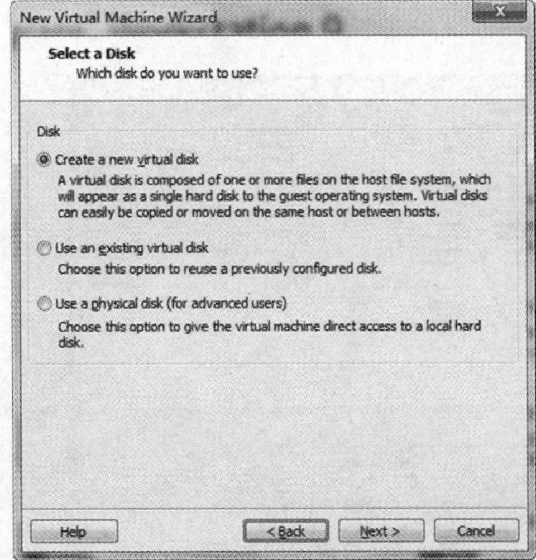

图2.5　网络类型选择　　　　**图2.6　磁盘选择**

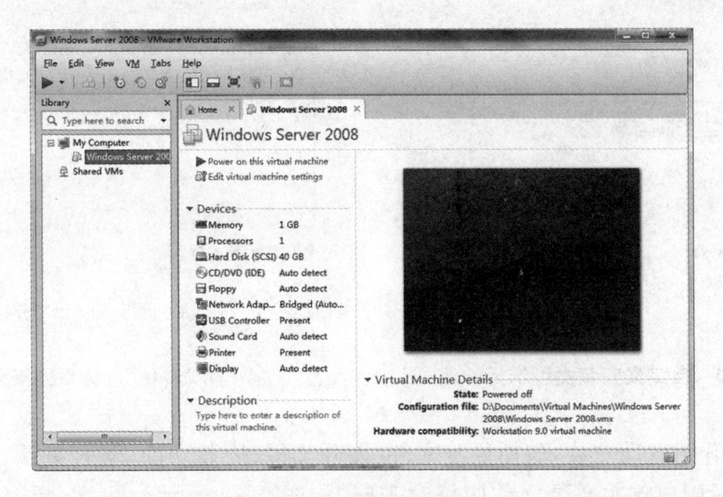

图2.7　运行虚拟机

（15）在使用虚拟机时，如果我们要使用虚拟光驱挂载ISO文件，还需要选择虚拟机菜单栏中的“VM”→“Settings”→“hardware”按钮，选中“CD/DVD(IDE)”，然后点击“Connection”按钮选项中的“Use ISO image file”→“Browse”按钮，选择合适的ISO镜像文件，如图2.8所示。

（16）此时单击图2.8中的“OK”按钮即可进入Windows Server 2008安装界面。

（17）在出现的界面中，单击“下一步”，进入Windows Server 2008初始安装界面，单击“下一步”，点击界面中的“现在安装”按钮，选择要安装的操作系统版本“Windows Server 2008 Enterprise(完全安装)”，如图2.9所示。

（18）在图2.9中单击“下一步”按钮，勾选“我接受许可条款”后单击“下一步”按钮，选择安装类型“自定义(高级)”，如图2.10所示。

（19）在图2.10中直接单击“下一步”按钮，选择将操作系统安装在何处。此时可以对磁盘创建分区，并安装上操作系统。单击“驱动器（高级）（A）”后选择“新建”按钮可以在此硬盘上创建新的磁盘分区，在“大小”栏中输入指定的分区大小，单击“应用”按钮后，选择刚才创建的分区，单击“下一步”按钮，如图2.11所示。

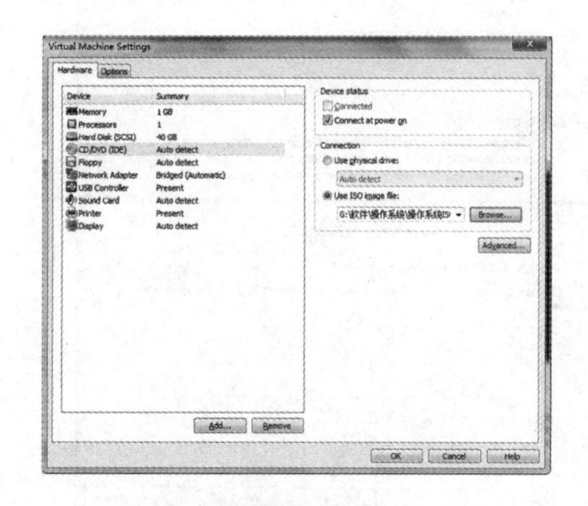

图2.8　使用虚拟光驱

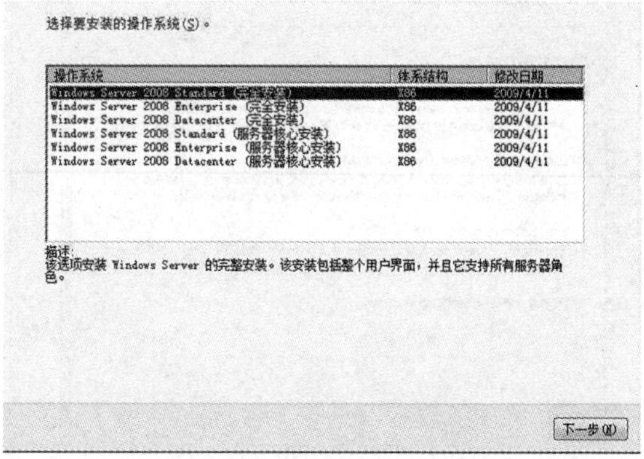

图2.9　选择要安装的操作系统

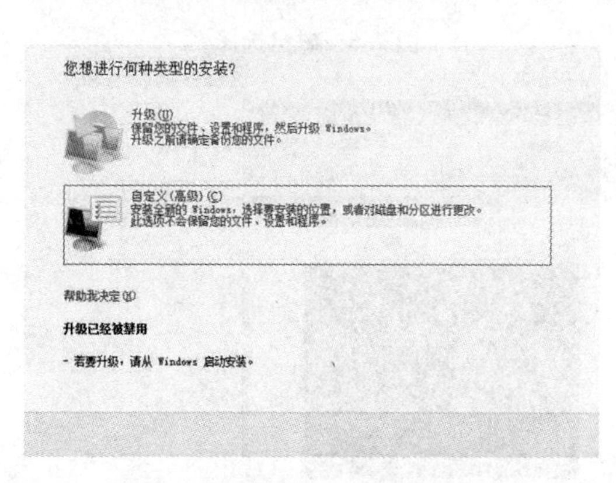

图2.10　自定义安装类型选择

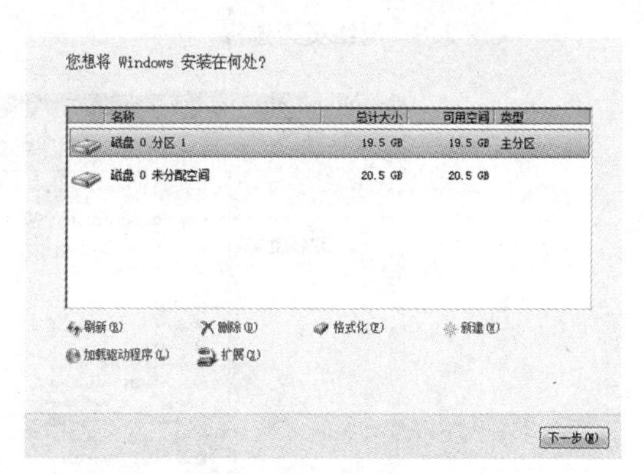

图2.11　选择系统安装分区

（20）系统开始自动安装，包括复制文件、展开文件、安装功能、安装更新、完成安装并自动重启。重启后用户首次登录之前应修改密码，如图2.12所示。注意：新密码必须满足长

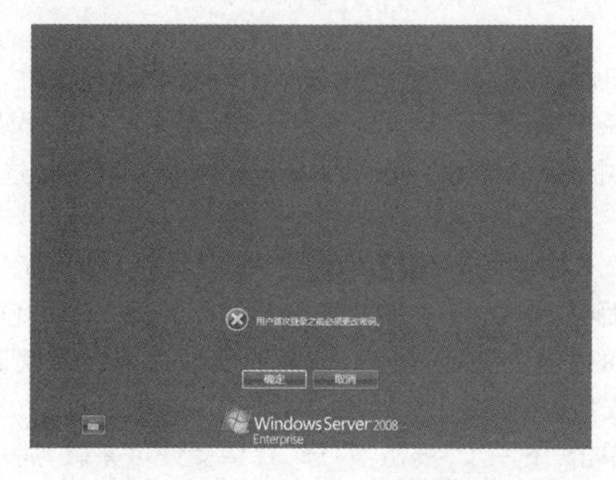

图2.12　用户登录之前修改密码

度要求，即长度在7位以上，密码中最好包含有字符、数字、特殊符号。

修改完密码登录之后，即可宣告 Windows Server 2008 安装完成。

2.3　Windows Server 2008 的基本配置

安装 Windows Server 2008 与 Windows Server 2003 最大的区别就是，在安装过程中不会提示设置计算机名、网络连接信息等，因此所需时间大大减少，一般10多分钟即可安装完成。在安装完成后，应先设置一些基本配置，如计算机名、IP 地址、配置自动更新等，这些均可在服务管理器中完成。

2.3.1　服务器名配置

Windows Server 2008 系统在安装过程中不需要设置计算机名，而是使用由系统随机配置的计算机名。但系统配置的服务器名不仅冗长，而且不便于标记，因此，为了更好地标识和识别服务器，应将其改为易记或有一定意义的名称。

(1) 选择"开始"→"所有程序"→"管理工具"→"服务器管理器"按钮，打开"服务器管理器"窗口，在"计算机信息"区域中单击"更改系统属性"按钮，弹出如图2.13所示的"系统属性"对话框。

(2) 单击"更改"按钮，显示如图2.14所示的"计算机名/域更改"对话框。在"计算机名"文本框中输入新的名称，如 Win2008。在"工作组"文本框中可以更改计算机所处的工作组。

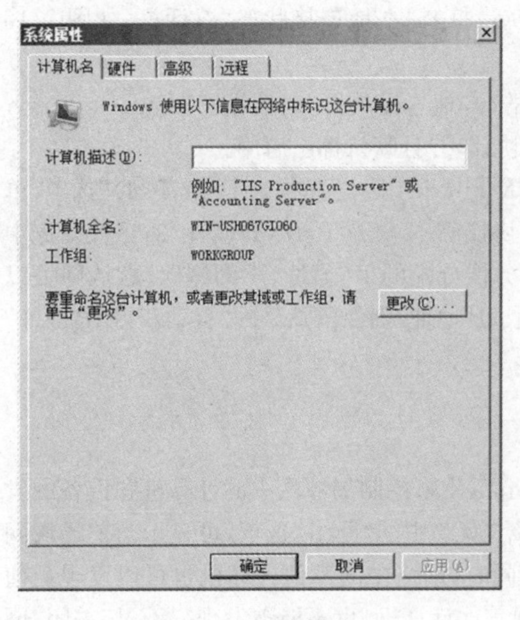

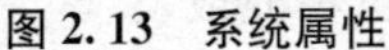

图 2.13　系统属性

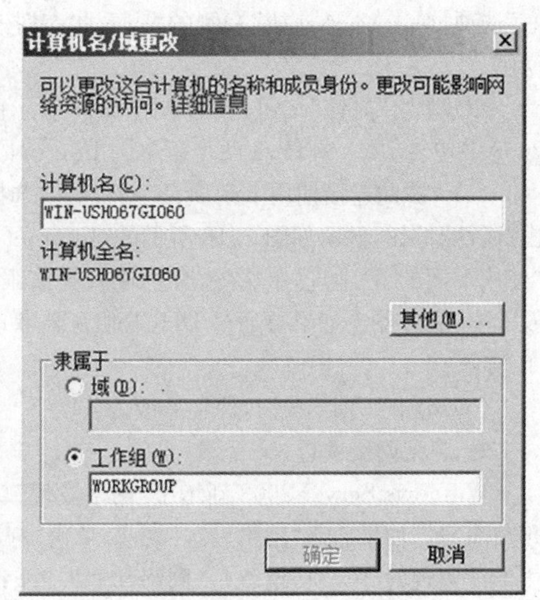

图 2.14　计算机名/域更改

(3) 单击“确定”按钮,显示“计算机名/域”提示框,提示必须重新启动计算机才能应用更改,单击“确定”按钮,回到“系统属性”对话框,再单击“关闭”按钮,关闭“系统属性”对话框。接着弹出提示对话框,提示必须重新启动计算机以应用更改,如图 2.15 所示。

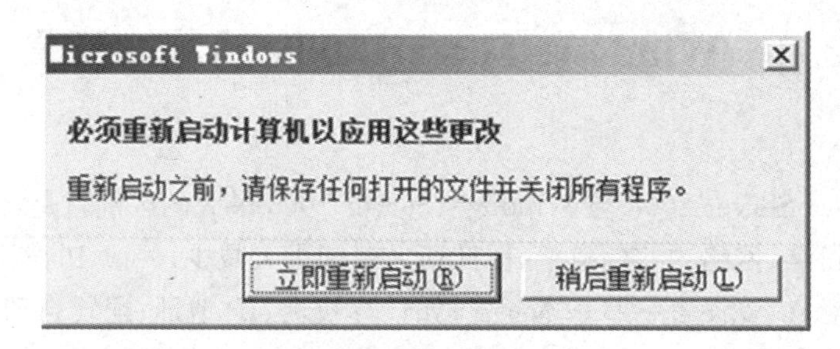

图 2.15 计算机重启提示框

(4) 单击“立即重新启动”按钮,即可立即重新启动计算机并应用新的计算机名。若单击“稍后重新启动”按钮,则不会立即重新启动计算机。

2.3.2 网络配置

网络配置是提供各种网络服务的基础。Windows Server 2008 安装完成后,默认为自动获取 IP 地址,自动从网络中的 DHCP 服务器获取 IP 地址。不过,由于 Windows Server 2008 往往用于提供网络服务,所以通常需要设置静态 IP 地址。另外,还可以配置网络发现、文件共享等功能,实现与网络的正常通信。

1. 配置 TCP/IP

(1) 右击桌面右下角任务托盘区域的网络连接图标,选择快捷菜单中的“网络和共享中心”选项,单击“本地连接”右侧的“查看状态”按钮,打开“本地连接状态”对话框,如图 2.16 所示。

(2) 单击“属性”按钮,显示如图 2.17 所示的“本地连接属性”对话框。Windows Server 2008 中包含 IPv6 和 IPv4 两个版本的 Internet 协议,并且默认都已启用。

(4) 在“此连接使用下列项目”列表框中选择“Internet 协议版本 4(TCP/IPv4)”选项,单击“属性”按钮,显示如图 2.18 所示的“Internet 协议版本 4(TCP/IPv4)属性”对话框。选中“使用下面的 IP 地址”单选项,分别输入为该服务器分配的 IP 地址、子网掩码、默认网关以及 DNS 服务器。如果要通过 DHCP 服务器获取 IP 地址,则保留默认的“自动获得 IP 地址”单选项。

(5) 单击“确定”按钮,保存修改。

2. 启用网络发现

Windows Server 2008 新增了“网络发现”功能,用来控制局域网中的计算机和设备的发现与隐藏。如果启用“网络发现”功能,单击“开始”菜单中的“网络”选项,可显示当前局域网中能被发现的计算机,也就是“网络邻居”功能;同时,网络中的其他计算机也可以发现当前计算机。如果禁用“网络发现”功能,既不能发现其他计算机,也不能被发现。不过,关闭“网络发现”功能时,其他计算机仍可以通过搜索或指定计算机名、IP 地址的方式访问到该计算机,但不会显示在其他用户的“网络邻居”中。

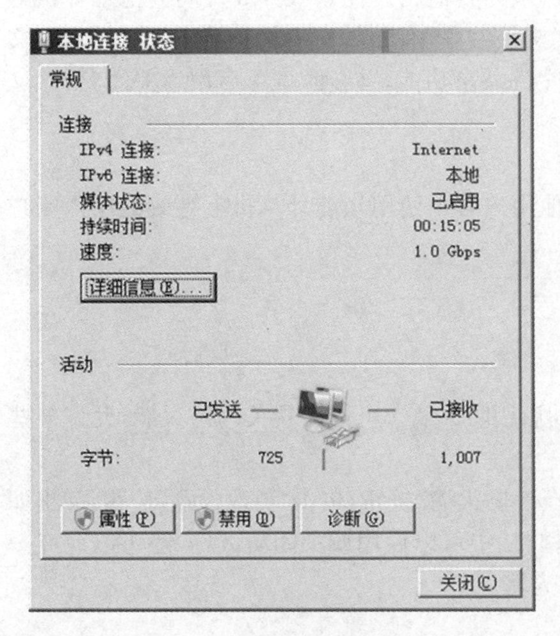

图 2.16 本地连接状态

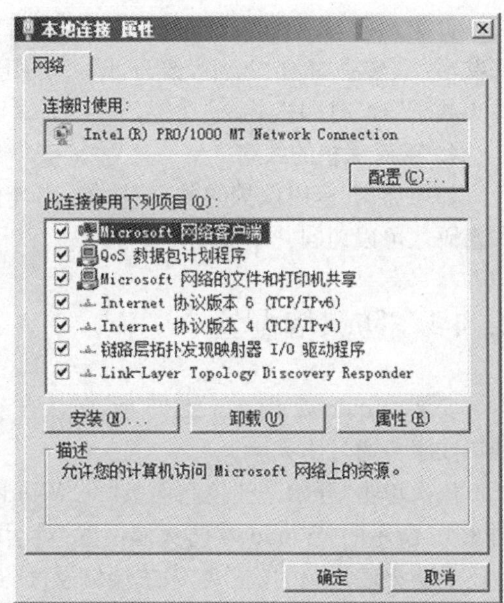

图 2.17 本地连接属性

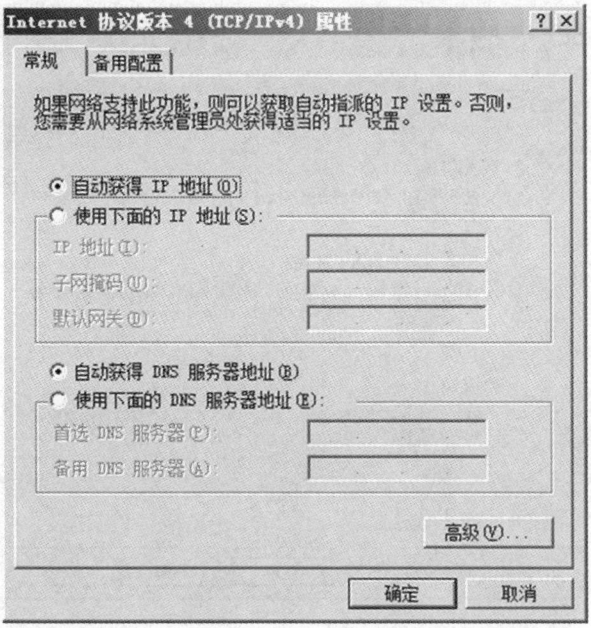

图 2.18 Internet 协议版本 4(TCP/IPv4)属性

为了便于计算机之间的互相访问,可以启用此功能。单击“网络”菜单上的“网络和共享中心”按钮,出现“网络和共享中心”对话框,单击右侧的向下的小箭头,出现“共享和发现”对话框,选择“启用网络发现”单选项,然后单击“应用”按钮即可。

3. 文件共享

网络管理员可以通过启用文件共享功能，来为其他用户提供服务或访问其他计算机的共享资源。在“共享和发现”对话框中，单击“文件共享”右侧的向下的小箭头，选择“启用文件共享”单选项，单击“应用”按钮，即可启用文件共享功能。同理，也可启用或关闭“公共文件夹共享”和“打印机共享”功能。

4. 密码保护的共享

如果启用“密码保护的共享”功能，则其他用户必须使用当前计算机上有效的用户账户和密码才可以访问共享资源。

2.3.4 防火墙配置

安装 Windows Server 2008 后，默认自动启用防火墙。可以设置关闭防火墙，允许某些端口或服务通过防火墙。

依次单击“开始”→“控制面板”→“Windows 防火墙”按钮，单击“更改设置”按钮，弹出如图 2.19 所示的“Windows 防火墙设置”对话框，从中可以启用或关闭防火墙，还可以允许一些不受防火墙影响的例外程序或端口通过防火墙。

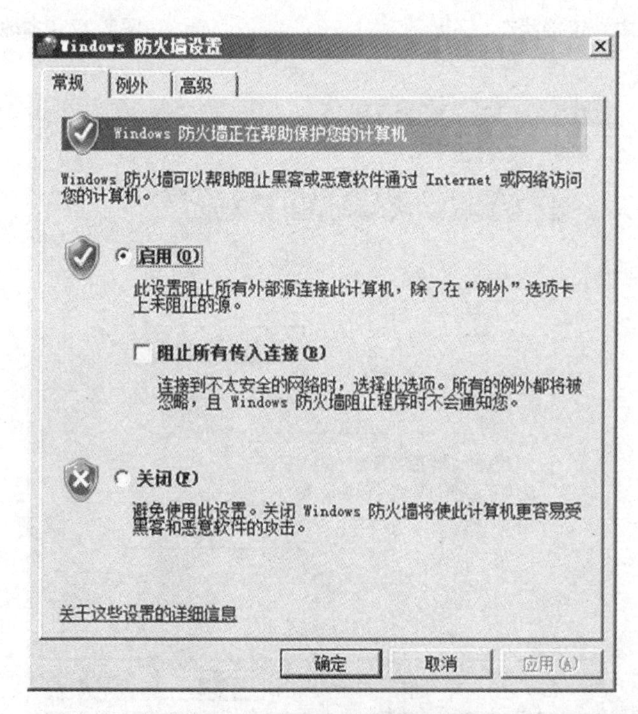

图 2.19 Windows 防火墙设置

防火墙可以是软件，也可以是硬件，它能够检查来自 Internet 或网络的信息，根据防火墙设置阻止或允许这些信息通过计算机。

2.3.5　自动更新配置

系统更新是Windows系统必不可少的功能,Windows Server 2008也是如此。为了增强系统功能,避免因漏洞而造成故障,必须及时安装更新程序,以保护系统的安全。

(1) 单击左下角"开始"菜单右侧的"服务器管理器"图标,打开"服务器管理器"窗口,选中左侧的"服务管理器"选项,在"安全信息"区域中单击"配置更新"超级链接,显示如图2.20所示的"Windows Update"对话框。

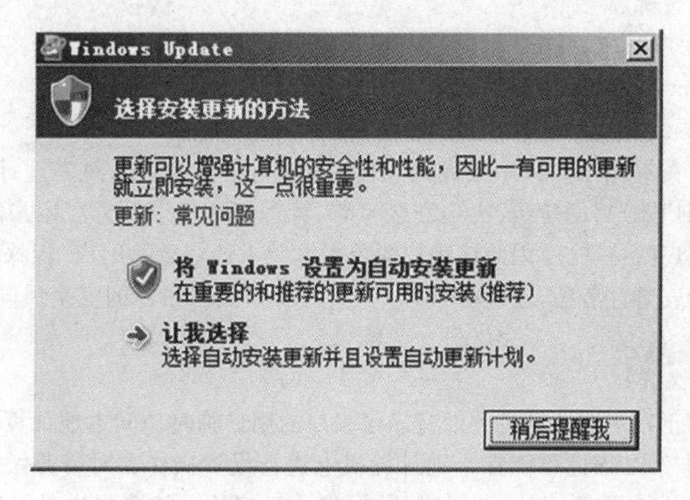

图2.20　Windows Update

(2) 单击"将Windows设置为自动安装更新"按钮,Windows Server 2008就会根据系统配置自动从Windows Update网站检测并下载更新。

2.4　Windows Server 2008本地用户和组管理

2.4.1　本地用户

1. 用户账号的概念

所谓用户账号是对计算机使用者的一种标识,把计算机使用者和用户账号联系起来,让使用计算机的人通过用户账号登录到计算机,根据用户被赋予的访问权限,访问相应的资源。它主要包括登录所需的用户名和密码、与用户账户具有成员关系的组、用户使用的计算机和网络及访问它们的资源的用户权限。

在Windows Server 2008网络中主要有两种账户类型:域用户账户和本地用户账户。除此之外,当Windows Server 2008安装完毕后,还会自动建立一些内置账户。关于域用户账户将在以后章节中进行详细的介绍。

2. 本地用户

本地用户是存储在当前计算机上，可供用户登录到计算机访问本地资源的用户账户。本地用户一般在独立于网络的计算机，或在相对较小的网络环境中使用。本地用户只能建立在 Windows Server 2008 独立服务器、Windows Server 2008 成员服务器或 Windows Server 2008 计算机的本地安全数据库中，而不是在域控制器(DC)中。用户可以利用本地用户账户登录此账户所在的计算机，但是只能访问此计算机内的资源，无法访问网络上其他计算机上的资源。当用户利用本地用户账户登录时，身份验证过程是在本地账号数据库 SAM 中完成的。在工作组环境中，从其他计算机登录本地计算机时，也必须使用本地用户账户登录才能访问本地资源。

3. 内置的用户账户

Windows Server 2008 中常见的内置用户账户有两个：

(1) Administrator(系统管理员)

该账户拥有在本地计算机中最高的权限，可以利用该账户来对本地计算机进行管理。例如创建其他用户账户、创建组、实施安全策略、管理打印机以及分配用户对资源的访问权限等。由于该账户的特殊性，因此该账户深受黑客及不怀好意的用户“青睐”，成为被攻击的首选对象。出于安全性考虑，建议将该账户更名，以降低该账户的安全风险，但无法将该账户删除。

(2) Guest(来宾)

该账户被用于在本地计算机中没有固定账户的用户临时访问本地计算机时使用。该账户仅有少部分的权限，因此不能在本地计算机上进行设置操作和对资源做永久性改变。默认情况下，Guest 账户是停用的，如果需要，可以手动启用。该账户也是黑客攻击的主要对象之一，建议停用该账户。

2.4.2 账户名命名规则及密码设置原则

1. 账户名命名规则

账户名必须唯一，且不区分大小写。

账户名最多可包含 256 个字符。

在账户名中不能使用的字符有‘、/、\、[、]、:、;、|、=、,、+、*、?、＜、＞。

账户名可以是字符和数字的组合。

账户名不能与组名相同。

2. 密码设置原则

必须为 Administrator 账户分配密码，此举是防止未经授权就使用。

系统默认用户的密码至少应包含 6 个字符，还要至少包含 A～Z、a～z、0～9、非字母和数字(例如!、#、$、%)四组字符中的三种。

密码的长度在 8～128 之间。

密码不应包含全部或部分的用户账户名。

密码中不能使用以下字符：‘、/、\、|、;、:、=、,、+、[、]。

2.4.3　创建本地用户账户

创建本地用户账户可以在任何一台除了域的 DC 以外的基于 Windows Server 2008 的计算机上进行。工作组模式是使用本地用户账户的最佳场所。

在 Windows Server 2008 上，可以通过单击“开始”→“所有程序”→“管理工具”→“计算机管理”→“系统工具”→“本地用户和组”按钮来创建本地用户账户。如图 2.21 所示。

用鼠标右键单击图 2.21 中的“用户”按钮，弹出快捷菜单，单击“新用户”按钮，打开“新用户”对话框，如图 2.22 所示，输入该用户的相关信息，其中的“用户名”就是登录时用的账户名称，单击“创建”按钮完成账户创建。

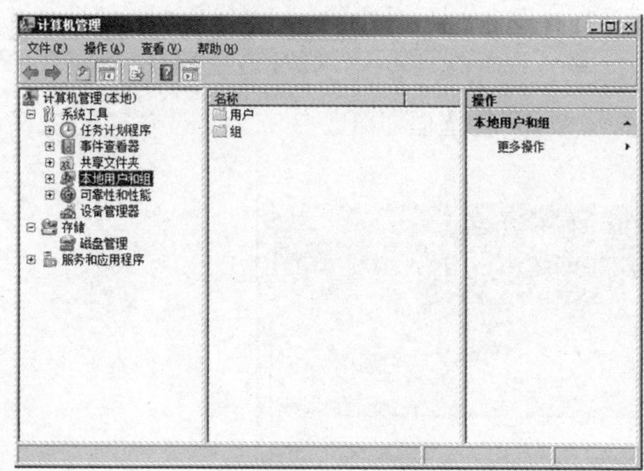

图 2.21　计算机管理

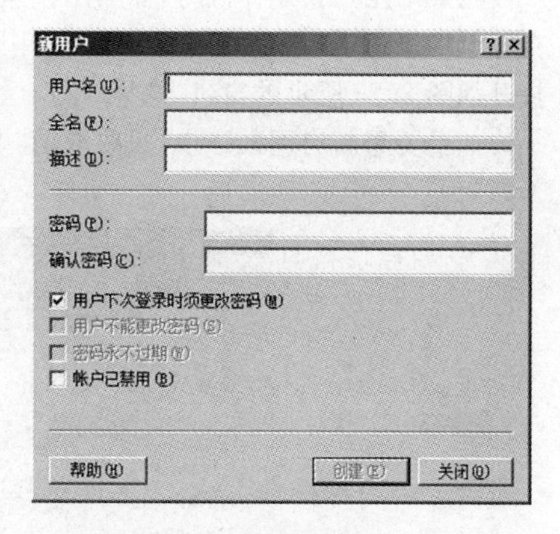

图 2.22　创建新用户

用户名：系统本地登录时使用的名称。

全名：用户的全称。

描述：关于该用户的说明文字。

密码：用户登录时使用的密码。

确认密码：为防止密码输入错误，需再输入 1 遍。

用户下次登录时须更改密码：用户首次登录时，使用管理员分配的密码，当用户再次登录时，强制用户更改密码，用户更改后的密码只有用户知道，这就保证了安全使用。我们这里是管理员统一创建账户，应该选择此项。

用户不能更改密码：通常用于公共账户，防止有人更改密码。

密码永不过期：密码默认的有效期为 42 天，超过 42 天系统会提示用户更改密码。选择此项表示系统永远不会提示用户改密码。

账户已禁用：选择该项表示任何人都无法使用这个账户登录，适用于某员工休假时，防止他人冒用该账户登录。

2.4.4　更改本地用户账户

如果要更改已经建立的账户的登录名，可单击“计算机管理”→“本地用户和组”→“用户”,在出现的用户列表中右击该账户,选择“重命名”,输入新名字。

2.4.5 删除本地用户账户

如果某用户离开公司,为防止其他用户使用该用户账户登录,就要删除该用户的账户。单击“计算机管理”→“本地用户和组”→“用户”,在出现的用户列表中右击该账户,选择“删除”→“是”按钮即可。

2.4.6 禁用与激活本地用户账户

当某个用户长期休假时,要禁用该用户的账户,不允许该账户登录。此时该账户信息会在计算机管理窗口中显示为“×”。禁用账户的具体步骤如下:右击账户,选择“属性”按钮,打开如图 2.23 所示的窗口,选择“账户已禁用”。

如果要重新启用某账户,只要取消“账户已禁用”复选框即可。

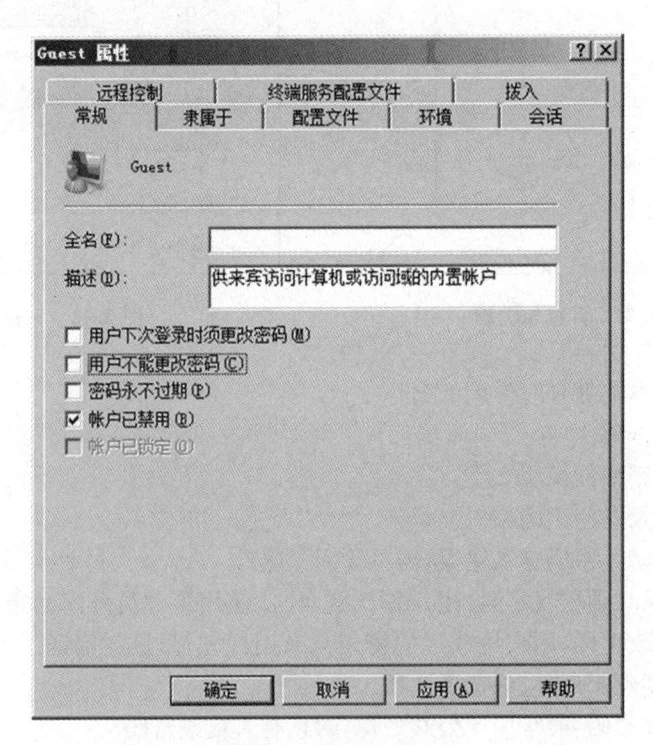

图 2.23 禁用账户

2.4.7 本地用户账户属性

账户的属性如图 2.23 所示,包括常规、隶属于、配置文件、环境、会话、拨入、终端服务配置文件和远程控制等项目。

“常规”选项卡:主要设置用户名描述和密码期限的问题。

"隶属于"选项卡：设置用户所属组，通过"添加"按钮，可将用户添加到合适的用户组中去。

"配置文件"选项卡：说明用户每次登录系统时使用的配置，包括桌面设置、控制面板设置、可用的菜单选项以及应用程序等。

"拨入"选项卡：和远程访问 VPN 的设置有关。

"环境"、"会话"、"远程控制"和"终端服务配置文件"选项卡：都和终端服务有关，具体配置见有关终端服务器配置的内容。

2.4.8　本地组

组是用户账号的集合。用组来组织用户是一种有效的用户管理手段，组可以像用户一样被赋予权限，此时组内的用户会获得组所具有的所有的权限。使用组可简化对用户资源访问权限的管理，避免多次重复性操作。需要注意的是，一个用户可以同时属于多个不同的组。

本地组是本地用户账号的集合。本地组仅存在于本地，是在非域控制器的 Windows Server 2008 上创建的。本地组就像本地用户一样，只存在于本地计算机的 SAM 中，只在本地计算机上起作用。

当安装 Windows Server 2008 时，系统将自动创建一些内置的本地组，主要如下。

Administrators：在系统内有最高权限，可以赋予权限；可添加系统组件，升级系统；可配置系统参数，如注册表的修改、配置安全信息等。内置的系统管理员账户是 Administrators 组的成员。如果这台计算机加入到域中，域管理员自动加入到该组，从而具有系统管理员的权限。

Backup Operators：该组的成员可以备份和还原服务器上的文件，而不管保护这些文件的权限如何，因为执行备份任务的权限高于其他所有文件权限。但是该组成员不能更改文件安全设置。该组成员的具体权限有通过网络访问此计算机；允许本地登录；备份文件和目录；跳过遍历检查；作为批处理登录；还原文件和目录；关闭系统，等等。

Cryptographic Operators：授权此组的成员可执行加密操作。

Distributed COM Users：允许成员启动、激活和使用此计算机上的分布式 COM 对象。

Guests：该组的成员拥有一个在登录时创建的临时配置文件；在注销时，该配置文件被删除。内置的 Guest 账户是该组的成员。

IIS_IUSRS：这是 Internet 信息服务(IIS)使用的内置组。

Network Configuration Operators：该组的成员可以更改 TCP/IP 设置并更新和发布 TCP/IP 地址。

Performance Monitor Users：该组的成员可以从本地服务器和远程客户端监视性能计数器。

Performance Log Users：该组的成员可以从本地或远程管理性能计数器、日志和警报。

Power Users：存在于非域控制器上，可进行基本的系统管理；如共享本地文件夹、管理系统访问和打印机、管理本地普通用户等；但是它不能修改 Administrators 组、Backup Operators 组，不能备份/恢复文件，不能修改注册表。

Remote Desktop Users：该组的成员可以通过网络远程登录。

Users:是一般用户所在的组,新建的用户都会自动加入该组,对系统有基本的权力,如运行程序、使用网络;不能关闭 Windows Server 2008,不能创建共享目录和本地打印机。如果这台计算机加入到域,则域的用户自动被加入到该机的 Users 组。

2.4.9 创建本地组

具体的操作步骤如下:

(1) 打开“管理工具”中的“计算机管理”。

(2) 展开“本地用户和组”,单击“组”按钮。

(3) 单击“操作”菜单,然后单击“新建组”按钮。

(4) 在弹出的对话框中,输入“组名”和“描述”信息。

(5) 单击“添加”按钮可以将一个或多个用户添加到新组中。

(6) 单击“创建”按钮完成本地组的创建。

本章小结

Windows Server 2008 是微软旗舰型服务器产品,它提供了企业需要的高性能和高安全性。本章首先讲述了 Windows Server 2008 的各个版本及性能特性,然后详细地讲述了 Windows Server 2008 安装前的准备和安装步骤,而后讲述了本地用户和本地组的管理,最后对 Windows Server 2008 网络基本架构进行了简单的介绍。本章的重点是 Windows Server 2008 的安装、本地用户和本地组的管理。在实际应用中用户与组的管理是很频繁的工作,也是重点工作。熟练掌握用户与组的管理,将能明显地提高工作效率。

复习思考题

一、填空题

1. Windows Server 2008 只能安装在(　　)文件系统的分区中,否则安装过程中会出现错误提示而无法正常安装。

2. Windows Server 2008 的管理员密码要求必须符合以下条件:① 至少 6 个字符;② 不包含用户账户名称中超过两个以上的连续字符;③ 包含(　　)、小写字母(a～z)、数字(0～9)、(　　)4 组字符中的 3 组。

3. Windows Server 2008 中的(　　),相当于 Windows Server 2003 中的 Windows 组件。

4. Windows Server 2008 安装完成后,为了保证能够长期正常使用,必须和其他版本的 Windows 操作系统一样进行激活,否则只能够试用(　　)。

二、选择题

1. 在 Windows Server 2008 系统中,如果要输入 DOS 命令,可在“运行”文本框中输入(　　)。

A. TTY　　B. AUTOEXE　　C. MMC　　D. CMD

2. Windows Server 2008 系统安装时生成的 Documents and Settings. Windows 以及 Windows\System32 文件夹是不能随意更改的，因为它们是(　　)。

A. Windows 正常运行时所必需的用户文件夹

B. Windows 正常运行时所必需的应用软件文件夹

C. Windows 正常运行时所必需的系统文件夹

D. Windows 的桌面

3. 有一台服务器的操作系统是 Windows Server 2003，文件系统是 NTFS，无任何分区，现要求对该服务器进行 Windows Server 2008 的安装，保留原数据，但不保留操作系统，应使用下列(　　)种方法进行安装才能满足需求。

A. 在安装过程中进行全新安装并格式化磁盘

B. 做成双引导，不格式化磁盘

C. 重新分区并进行全新安装

D. 对原操作系统进行升级安装，不格式化磁盘

4. 下面(　　)不是 Windows Server 2008 的新特性。

A. Active Directory　　B. Hyper-V　　C. Server Core　　D. PowerShell

三、问答题

1. Windows Server 2008 有哪些版本？其主要特点各是什么？各适用于什么场合？

2. Windows Server 2008 有哪些特性？

3. 安装 Windows Server 2008 时需要哪些准备工作？安装时应注意哪些问题？

4. 什么是本地用户和组？有哪些内置的本地用户和组？

5. Windows Server 2008 网络有哪两种网络类型？各自特点是什么？

6. 在 Windows Server 2008 中，网络组件包含哪些内容？其中基本的网络服务有哪些？

本章实训

一、实训目的

1. 掌握 Windows Server 2008 网络操作系统在 VMware 中的安装。

2. 掌握 Windows Server 2008 网络操作系统的基本设置。

二、实训内容

1. 利用 VMware 新建 Windows Server 2008 网络操作系统，设置虚拟机的网卡模式为桥接，内存大小为 1024 MB，硬盘大小为 40 GB。

2. 安装 Windows Server 2008，系统分区大小为 30 GB，管理员密码为 Winds2008。对系统进行如下初始配置：计算机名 WS-2008；工作组为“work”；设置 TCP/IP 协议，其中要求禁用 TCP/IPv6 协议，IP 地址为 192.168.1.100，子网掩码为 255.255.255.0，网关设置为 192.168.1.1。

3. 创建本地用户和本地组，名称分别是 bird、wyc(用户)和 sweet(组)，并将用户 bird 和 wyc 加入 sweet 组。创建一个普通用户，命名为 xw，赋予它管理员权限。

第3章 Windows Server 2008 文件系统管理

学习目标

本章主要讲述 Windows Server 2008 的文件系统类型、文件和文件夹的 NTFS 权限、文件的压缩与加密、共享文件夹与打印机以及分布式文件系统(DFS)等内容。通过本章的学习,应达到如下学习目标:

- 理解并掌握 Windows Server 2008 所支持的文件系统类型及其转换。
- 理解文件和文件夹的 NTFS 权限概念,并学会 NTFS 权限的设置。
- 掌握文件和文件夹的压缩与加密的操作。
- 学会共享文件夹的创建与管理操作。
- 学会共享打印机的添加与访问操作。
- 理解分布式文件系统(DFS)的相关概念,并学会 DFS 的创建与应用。

导入案例

现要求你为某公司中的生产部、计划部和销售部等三个部门设置一个共享文件夹树状结构,具体要求如下:

(1) 在服务器上设置一个共享文件夹,并把它的共享名指定为“共享信息”。

(2) 在“共享信息”文件夹中设置一个“生产信息”文件夹,确保公司中的每一个员工都能读取这个文件夹中的内容,但不能在这个文件夹中进行任何修改。“生产部”组中的成员能够完全管理这个“生产信息”文件夹。

(3) 在“共享信息”文件夹中设置一个“计划信息”文件夹,确保公司中的每一个员工都能读取这个文件夹中的内容,但不能在这个文件夹中进行任何修改。“生产部”组中的成员能够在该文件夹中写入内容以更新生产完成情况。“计划部”组中的成员能够完全管理这个“计划信息”文件夹。

(4) 在“共享信息”文件夹中设置一个“销售信息”文件夹,确保公司中的每一个员工都能读取这个文件夹中的内容,但不能在这个文件夹中进行任何修改。“销售部”组中的成员能够完全管理这个“销售信息”文件夹。

(5) 在服务器上设置一个共享打印机,并把它的共享名指定为“共享打印机”。

要实现上述目标,首先要确保服务器磁盘文件系统为 NTFS 格式,其次要会设置共享文件夹和利用 NTFS 权限控制访问共享文件夹的用户。通过本章的学习,我们可以轻松地解决上述提到的问题。

3.1 Windows Server 2008 支持的文件系统及其转换

计算机的文件系统是一种存储和组织计算机数据的方法，它使得对计算机数据的访问和查找变得容易。用户使用文件系统来保存数据时，不必关心数据实际保存在硬盘(或光盘)的地址为多少的数据块上，只需知道这个文件所属的目录和文件名即可。

与 Windows Server 2003 不同的是，运行 Windows Server 2008 的磁盘分区，只能使用 NTFS 型文件系统。下面将对 FAT(包括 FAT16 和 FAT32)和 NTFS 这两类常用的文件系统进行比较，以使用户更直观地掌握 NTFS 的优势与特性。

3.1.1 FAT 文件系统

FAT(File Allocation Table，文件分配表)文件系统包括 FAT16 和 FAT32 两种文件系统。

1. FAT16 文件系统

FAT16 文件系统(也称为 FAT 文件系统)是最初用于小型磁盘和简单文件结构的简单文件系统。FAT 文件系统得名于它的组织方法：放置在分区起始位置的文件分配表。为了保护分区，文件系统使用了两份复制品，即使损坏了一份也能确保正常工作。另外，为确保正确装卸启动系统所必需的文件，文件分配表和根文件夹必须存放在固定的位置。

采用 FAT 文件系统格式化的分区以簇的形式进行分配。默认的簇大小由分区的大小决定。对于 FAT 文件系统，簇数目必须可以用 16 位的二进制数字表示，并且是 2 的乘方。

FAT 最大可以管理 2 GB 的分区，每个分区最多只能有 65525 个簇，可以运行 Windows 95、Windows for Workgroups、MS-DOS、OS/2 或 Windows 95 等以前版本的操作系统。

2. FAT32 文件系统

FAT32 文件系统提供了比 FAT16 文件系统更为先进的文件管理特性。例如，支持超过 32 GB 的分区以及通过使用更小的簇来更有效率地使用磁盘空间。作为 FAT 文件系统的增强版本，它可以在容量从 512 MB 到 2 TB 的驱动器上使用。

在以前的操作系统中，只有 Windows 2003、Windows 2000、Windows 98 和 Windows 95 OEM Release 2 版能够访问 FAT32 分区。MS-DOS、Windows 3.1 及较早的版本、Windows for Workgroups、Windows NT 4.0 及更早的版本等都不能识别 FAT32 分区，同时也不能从 FAT32 上启动它们。

对于大于 32 GB 的分区，建议使用 NTFS 而不用 FAT32 文件系统。

3.1.2 NTFS 文件系统

Windows Server 2008 所推荐使用的 NTFS 文件系统提供了 FAT16 和 FAT32 文件系统所没有的安全性、可靠性和兼容性。其设计目标就是用来在很大的硬盘上能够很快地执行诸如读、写和搜索这样的标准文件操作，甚至包括像文件系统恢复这样的高级操作。

NTFS 文件系统包括了公司环境中文件服务器和高端个人计算机所需的安全特性。

NTFS文件系统还支持对于关键数据完整性十分重要的数据访问控制和私有权限。除了可以赋予Windows 2008计算机中的共享文件夹特定权限外，NTFS文件和文件夹无论共享与否都可以赋予权限。NTFS是Windows 2008中唯一允许为单个文件指定权限的文件系统。然而，当用户从NTFS分区移动或复制文件到FAT分区时，NTFS文件系统权限和其他特有属性将会丢失。

像FAT文件系统一样，NTFS文件系统使用簇作为磁盘分配的基本单元。在NTFS文件系统中，默认的簇大小取决于分区的大小。

注意：从Windows 2000起使用的是NTFS 5.0版本，而早期的Windows NT 4.0所使用的是NTFS 4.0版本。

3.1.3 不同文件系统的转换

采用convert.exe命令可将FAT或FAT32文件系统的分区或卷转换为NTFS，可以保证文件不会丢失，这与重新格式化不同，格式化将会删除掉分区或卷上的所有数据。

运行convert.exe的语法如下：

convert volume /FS:NTFS [/V]

其中参数含义如下：

(1) volume：指定驱动器(后跟一个冒号)、装入点或卷名。

(2) /FS:NTFS：指定要将卷转换成NTFS。

(3) /V：指定转换必须在详细模式中进行。

如果要将一个没有文件的FAT或FAT32的分区(卷)转化成NTFS，或者是不想继续保留原来FAT或FAT32的分区(卷)上的文件，建议使用NTFS重新格式化该分区(卷)，而不是转换FAT或FAT32文件系统，因为使用NTFS格式化的分区与从FAT或FAT32转换来的分区相比，磁盘碎片较少，且性能更好。

例如，要想将D盘进行文件系统转换，可以按照以下步骤操作：

(1) 打开“开始”菜单，单击“运行”按钮。

(2) 在弹出的对话框中键入：cmd，按回车键即可打开类似于MS-DOS的窗口。

(3) 键入以下命令：convert D:/FS:NTFS并按回车键，然后再输入当前的卷标，系统将完成转换。

注意：从FAT或FAT32转换到NTFS的过程是单向的，也就是说可以在不丢失磁盘上的数据的情况下进行这种转换，但是如果要将一个NTFS分区或卷转换成FAT或FAT32，唯一的办法就是重新格式化，所以在分区或卷从NTFS转换到FAT或FAT32过程中，数据将全部丢失。

3.2 文件与文件夹的NTFS权限

NTFS权限是基于NTFS分区实现的，可以极大地提高系统的安全性，使得只有授权的用户才能访问特定的资源。NTFS权限不仅在用户访问本地计算机硬盘上的资源时受到限制，而且在用户通过网络来访问资源时同样起作用。

NTFS 权限是面向资源分配的，而不是面向用户分配的。也就是说，可以对某一文件进行设置，允许或拒绝某用户访问这个文件。但不能对一个用户设置，使得这个用户可以访问某文件。

在 NTFS 分区上的每一个文件和文件夹都有一个列表，被称为 ACL（Access Control List，访问控制列表）。该列表记录着所有被分配了访问权限的用户、组和计算机的名称以及它们被分配的权限的类型。如果一个用户想访问一个文件或文件夹，那么相应的 ACL 中必须包含一个记录，这个记录称为 ACE（Access Control Entry，访问控制项），其中明确地记录着访问者对这个文件或文件夹的访问权限。如果 ACL 中没有相应的 ACE 存在，那么系统将会拒绝该用户对资源的访问。

3.2.1 NTFS 权限类型

NTFS 权限分为标准 NTFS 权限和特别 NTFS 权限两大类。

标准 NTFS 权限是将一些常用的系统权限选项比较笼统地组成 6 种"套餐型"的权限，即完全控制、修改、读取和运行、列出文件夹目录、读取、写入。标准 NTFS 权限及其意义见表 3.1。

表 3.1 标准 NTFS 权限及其意义

标准权限的类型	对文件夹的意义	对文件的意义
读取（Read）	用户可以查看文件夹中的文件和子文件夹；查看该文件夹的属性、所有者和权限分配情况	用户可以阅读文件；查看该文件的属性、所有者和权限分配情况
写入（Write）	允许用户在该文件夹中建立新的文件和子文件夹；也可以改变文件夹的属性、查看文件夹的所有者和权限分配情况	用户可以改写该文件；改变文件的属性；查看该文件的所有者和权限分配情况
列出文件夹目录（List Folder Contents）	允许用户查看该文件夹中的文件和子文件夹的名称	无效
读取和运行（Read & Execute）	用户拥有读取和列出文件夹目录的权限，也允许用户在资源中进行移动和遍历，这使得用户能够直接访问子文件夹和文件	运行应用程序并具有"读取"权限
修改（Modify）	允许用户修改或删除该文件夹，同时让用户拥有写入、读取和运行的权限	用户可以修改、重写入或删除任何现有文件，查看还有哪些用户在该文件上有权限
完全控制（Full Control）	允许用户对文件夹、子文件夹、文件进行全权控制	允许用户执行上述的所有权限，包括两个附加的高级属性

在大多数的情况下，标准 NTFS 权限是可以满足管理需要的，但对于权限管理要求严格的环境，它往往不能令管理员满意。如只想赋予某用户有建立文件夹的权限，却没有建立文

件的权限;如只能删除当前目录中的文件,却不能删除当前目录中的子目录的权限等。这时就可以让特别 NTFS 权限来大显身手了。特别 NTFS 权限不再使用“套餐型”,而是允许用户进行“菜单型”的细化权限管理选择。

特别 NTFS 权限包含了在各种情况下对资源的访问权限,其规定约束了用户访问资源的所有行为。在通常情况下,用户的访问行为都是几个特定的特别 NTFS 权限的组合或集合。事实上,标准 NTFS 权限也是特别 NTFS 权限的特定组合。特别 NTFS 权限及其意义见表 3.2。

表 3.2 特别 NTFS 权限及其意义

特别权限的类型	意 义
遍历文件夹/运行文件	“遍历文件夹”可以让用户即使在无权访问某个文件夹的情况下,仍然可以切换到该文件夹内,该权限只适用于文件夹,而不适用于文件;只有当在“组策略”中将“跳过遍历检查”项授予了特定的用户或用户组时,该项权限才会生效;默认情况下,包括 Administrator、Users、Everyone 等在内的组都可以使用该权限。对于文件来说,拥有了“运行文件”权限后,用户可以执行该程序文件。如果仅为文件夹设置了“遍历文件夹”权限,并不会让用户对其中的文件带上“执行”的权限
列出文件夹/读取数据	“列出文件夹”让用户可以查看该文件夹内的文件名称与子文件夹的名称;该权限只适用于文件夹。 “读取数据”让用户可以查看文件内的数据;该权限只适用于文件
读取属性	让用户可以查看文件夹或文件的属性,如系统、只读、隐藏等属性
读取扩展属性	让用户可以查看文件夹或文件的扩展属性;扩展属性由应用程序自行定义并可以被应用程序修改,不同的应用程序可能有不同的设置
创建文件/写入数据	“创建文件”让用户可以在文件夹内创建新文件;该权限只适用于文件夹。 “写入数据”让用户能够更改文件内的数据;该权限只适用于文件
创建文件夹/附加数据	“创建文件夹”让用户可以在文件夹内创建子文件夹;该权限只适用于文件夹。 “附加数据”让用户可以在文件的后面添加数据,但是无法更改、删除、覆盖原有的数据;该权限只适用于文件
写入属性	让用户可以更改文件夹或文件的属性,例如只读、隐藏等属性
写入扩展属性	让用户可以更改文件夹或文件的扩展属性;扩展属性是由应用程序自行定义的
删除子文件夹及文件	让用户可以删除该文件夹内的子文件夹或文件,即使用户对这个子文件夹或文件没有“删除”的权限,也可以将其删除
删除	让用户可以删除当前文件夹与文件。另外,即使用户对该文件夹或文件没有“删除”的权限,但是只要它在其父文件夹具有“删除子文件夹及文件”的权限,它还是可以删除该文件夹或文件
读取权限	让用户可以读取文件夹或文件的权限设置
更改权限	让用户可以更改文件夹或文件的权限设置
取得所有权	让用户可以夺取文件夹或文件的所有权,一旦获取了所有权,用户就可以对文件或文件夹进行全权控制

特别 NTFS 权限和标准 NTFS 权限的关系见表 3.3。

表 3.3 特别 NTFS 权限和标准 NTFS 权限的关系

特别 NTFS \ 标准 NTFS	完全控制	修改	读取及运行	读取	写入	列出文件夹目录
遍历文件夹/运行文件	√	√	√			√
列出文件夹/读取数据	√	√	√	√		√
读取属性	√	√	√	√		√
读取扩展属性	√	√	√	√		√
创建文件/写入数据	√	√			√	
创建文件夹/附加数据	√	√			√	
写入属性	√	√			√	
写入扩展属性	√	√			√	
删除子文件夹及文件	√					
删除	√	√				
读取权限	√	√	√	√		√
更改权限	√					
取得所有权	√					

注：打"√"处为两者有相应关系。

需要说明的是，"更改权限"和"取得所有权"在管理用户对文件夹或文件的访问时特别有用。

(1) 更改权限：如果一个用户对一个文件夹或文件有"更改权限"的权限，那么这个用户就有权力更改此文件夹或文件的权限设置。换言之，如果想更改一个文件夹或文件的权限设置，就必须拥有"更改权限"的权限，除了具有"取得所有权"外。

(2) 取得所有权：当一个文件夹或文件被建立之后，它的建立者就是它的所有者。但是所有者并不是固定不变的。如果一个用户对一个文件夹或文件有"取得所有权"的权限，那么这个用户就有能力取得此文件夹或文件的所有权并成为该文件夹或文件的所有者。无论一个文件夹或文件对某个用户有多么严格的访问权限设置，一旦这个用户取得了该文件夹或文件的所有权后，即使他没有"更改权限"的权限，他也可以更改权限设置。如果想取得一个文件夹或文件的所有权，就必须拥有"取得所有权"的权限。

Administrators 组的成员拥有取得任何文件夹或文件所有权的权力。例如，一个职员被调出了公司，他在离开公司之前，将他自己建立的一个文件夹的权限设置成了除了他自己以外任何人都无法访问。在这种情况下，包括管理员在内的任何人都不能对这个文件夹进行更名或删除等操作，甚至没有人可以打开这个文件夹。但是因为管理员有取得任何文件夹所有权的权力，所以他可以先取得这个文件夹的所有权，然后再更改它的权限使得这个文件夹可以被访问。

3.2.2 NTFS权限的使用规则

1. 多重NTFS权限

一个用户可能属于多个组，而这些组对同一个文件夹或文件具有不同的权限的时候，这个用户就拥有了多重NTFS权限。此时，这个用户对该文件夹或文件的有效权限遵循下列原则：

（1）权限累计原则。用户对该资源的最终有效权限是在这些组中最宽松的权限，即累加权限，将所有的权限累加在一起即为该用户的权限。例如，用户A对文件夹A中的文件权限是“读取”；用户A又属于组B，组B对文件夹A中的文件权限是“写入”，则根据此原则，用户A对文件夹A中的文件的有效权限是“读取”和“写入”的累加。

（2）文件权限超越文件夹权限原则。当用户或组对某个文件夹以及该文件夹下的文件有不同的访问权限时，用户对文件的最终权限是用户被赋予访问该文件的权限。例如，用户A既属于组A又属于组B，组A对某个文件夹具有“完全控制”权限，但组B对该文件夹下的File1.doc文件只有“读取”权限，则根据此原则，用户对该文件的最终权限为“读取”而非“完全控制”。

（3）拒绝权限超越所有其他权限原则。当用户对某个资源有拒绝权限时，该权限覆盖其他任何权限，即在访问该资源时只有拒绝权限是有效的。当有拒绝权限时权限累计原则无效。因此对于拒绝权限的授予应该慎重。例如，用户A属于组A和组B，用户A本身对FILE1有“完全控制”的权限，组A对FILE1有“写入”权限，组B对FILE1有拒绝“写入”权限，那么根据此原则，用户A对FILE1的有效权限是拒绝“写入”。

（4）权限最小化原则。仅给用户真正需要的权限。权限的最小化原则是安全的重要保障。在实际的权限赋予操作中，我们必须为资源明确赋予允许或拒绝操作的权限，限制用户从不能访问或不必要访问的资源得到有效的权限。例如，系统中新建的受限用户C在默认状态下对文件夹myftp是没有任何权限的，现在需要为这个用户赋予对文件夹myftp有“读取”的权限，那么根据此原则，必须在文件夹myftp的权限列表中为用户C添加“读取”权限。

2. NTFS权限的继承

默认情况下，一个文件夹的权限会被它所包含的文件和子文件夹继承，并且会传播给在此文件夹中新建立的文件夹或文件。当然，我们也可以阻止这种继承，使用户对文件和子文件夹的访问权限与父文件夹不同。

如果阻止了一个子文件夹和文件继承父文件夹的权限，那么这个子文件夹将变成一个新的父文件夹。也就是说，在这种情况下，这个新的父文件夹中的文件和子文件夹将继承新的父文件夹的权限，而原来的父文件夹的权限设置将不会影响到新父文件夹中的文件和子文件夹。在断开继承链的时候，可以选择取消来自于父文件夹的权限，也可以复制一份父文件夹的权限。

权限的继承实际上是将父文件夹的权限自动复制到每个子文件夹和文件的ACL中，所以对父文件夹的权限的修改，会自动导致对所有子文件夹和文件中继承的权限进行修改。如果子文件夹和文件的数量较多时，这会持续较长的时间。因此，对于一个文件夹或文件，继承父文件夹的权限不能在当前文件夹中修改，只能在定义这个权限的父文件夹中修改。

3. 复制或移动文件夹或文件时权限的变化

当一个文件夹或文件被复制或移动的时候，它们的权限会根据被复制或移动的位置而发生改变。具体的变化如下：

(1) 在同一个NTFS分区内或不同的NTFS分区之间复制文件夹或文件，此文件夹或文件将继承目标文件夹的权限。

(2) 在同一个NTFS分区内移动文件夹或文件，此文件夹或文件将保留它原来的权限。

(3) 在不同的NTFS分区之间移动文件夹或文件，此文件夹或文件将继承目标文件夹的权限。

(4) 把文件夹或文件从NTFS分区复制或移动到FAT或FAT32分区上，此文件夹或文件将丢失所有NTFS权限，因为FAT分区不支持NTFS权限。

注意：要想进行文件夹或文件的复制工作，必须拥有对源文件夹的“读取”权限和对目标文件夹的“写入”权限；要想进行移动工作，必须拥有对源文件夹的“修改”权限和对目标文件夹的“写入”权限。

3.2.3　NTFS权限的设置

只有管理员(Administrator)、具有“完全控制”权限的用户以及文件夹或文件的所有者才能改变此文件夹或文件的NTFS权限。

1. 设置标准NTFS权限

具体的操作步骤如下：

(1) 用鼠标右键单击要设置权限的文件夹或文件→“属性”→“安全”选项卡，如图3.1所示。

(2) 可以通过单击“编辑”按钮来添加新的用户或组的权限。在图3.1中单击“编辑”按钮，弹出添加组或用户名对话框，如图3.2所示，可以通过单击“添加”按钮来添加新的用户

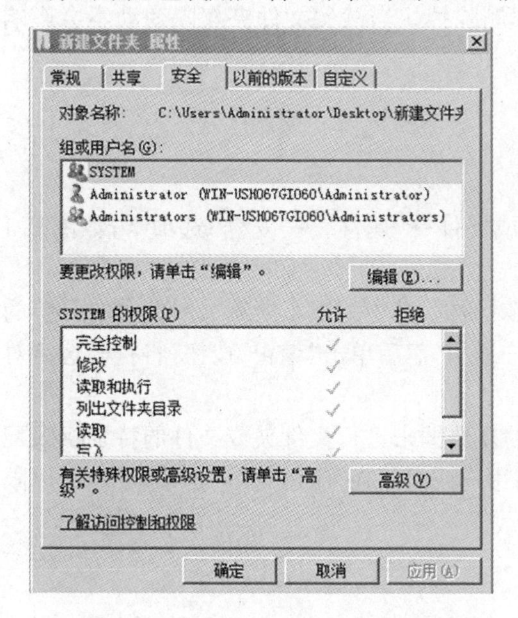

图3.1　文件(夹)属性的“安全”选项卡

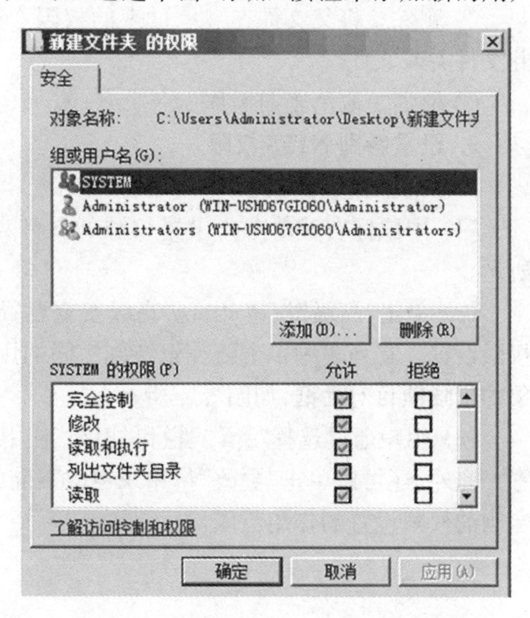

图3.2　添加新的用户或用户组权限

或组的权限。在“输入对象名称来选择”选项框中输入新的组或用户名，然后单击“确定”按钮完成添加；还可以通过单击“高级”按钮，在弹出的对话框中单击“立即查找”按钮搜索组或用户名再完成添加。

(3) 可以通过单击图 3.2 中的“删除”按钮来删除组或用户。先在“对象名称”窗口中选择组或用户名，然后单击“删除”按钮。需要注意的是：如果当前文件夹或文件和父文件夹之间的继承关系没有阻断，那么将不能删除用户或组，必须取消继承关系后才能进行删除工作。

(4) 若要修改现有的组或用户的权限，先在“对象名称”窗口中选择组或用户名，然后在“权限”窗口中设置相应的权限。

2. 设置权限的继承关系

(1) 用鼠标右键单击要设置权限的文件夹或文件→“属性”→“安全”选项卡，如图 3.1 所示。

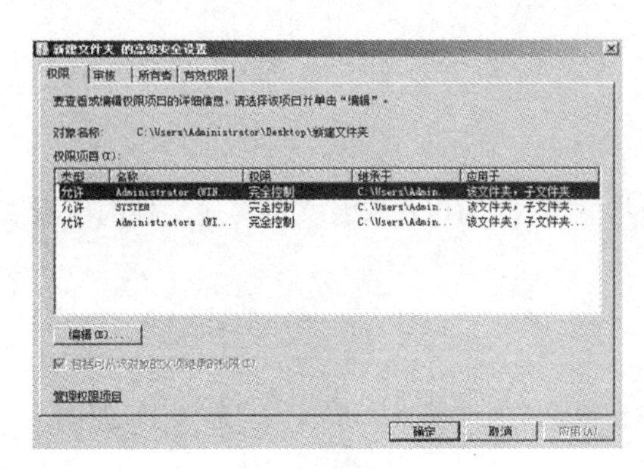

图 3.3 权限的继承

(2) 单击“高级”按钮，弹出如图 3.3 所示的对话框。如果在权限窗口中的“允许父项的继承权限传播到该对象和所有的子对象，包括那些在此明确定义的项目”复选框是选中的，说明它已经继承了父文件夹的权限。若不想要继承父文件夹的权限，请将该复选框选中清除。清除时将弹出一个对话框中，其中包含三个说明：

① 复制。将父文件夹继承过来的权限复制给当前文件夹或文件。当父文件夹的权限发生改变时，不再会影响到此文件夹或文件。

② 删除。将父文件夹继承过来的权限全部删除掉。当然父文件夹权限变动不会影响此文件夹或文件。

③ 取消。取消当前操作。

3. 设置特别 NTFS 权限

具体的操作步骤如下：

(1) 用鼠标右键单击要设置权限的文件夹或文件→“属性”→“安全”选项卡，如图 3.1 所示。

(2) 单击“高级”按钮，出现“高级安全设置”对话框，其中列出了所有“允许”和“拒绝”的权限设置。在列表中单击要编辑特别权限的用户或组，然后单击“编辑”按钮，将打开选定对象的权限项目对话框，如图 3.4 所示。

(3) 用户通过选择“允许”栏和“拒绝”栏中的复选框来进行文件夹或文件的特别权限配置。此外，还可以单击“更改”按钮来更改当前的用户或组。在“应用到”下拉菜单中，可以限定当前权限设置的作用范围。

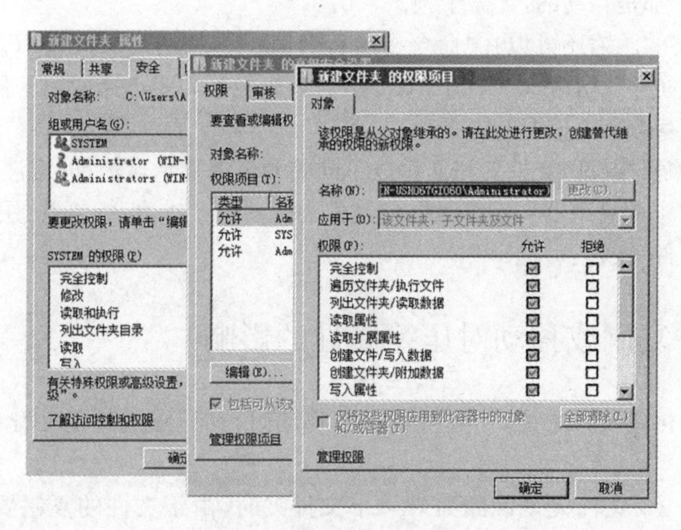

图 3.4　特别权限的设置

3.3　文件的压缩与加密

3.3.1　文件、文件夹的压缩与解压缩

在 Windows Server 2008 中，可以对 NTFS 磁盘分区上的文件、文件夹进行压缩，以充分利用磁盘空间。

设置文件夹压缩属性的过程是：鼠标右键单击要设置的文件夹，选择"属性"→"常规"→"高级"，在弹出的对话框中选中"压缩内容以便节省磁盘空间"复选框，可将该文件夹标记为"压缩"文件夹，如图 3.5 所示。压缩之后，在该文件夹内所添加的文件、子文件夹与子文件夹内的文件都会被自动压缩；也可以选择将已经存在于该文件夹内的现有文件、子文件夹与子文件夹内的文件压缩，或者保留原有的状态。对文件夹的压缩实际上是为了更加方便地对文件进行压缩。

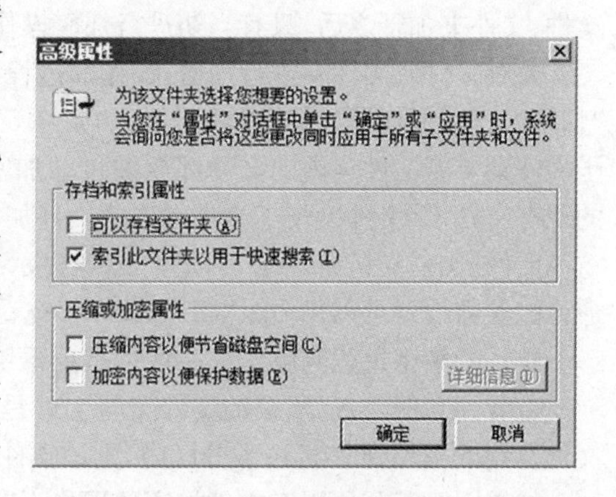

图 3.5　压缩文件夹

不论文件夹是否已压缩，都可以单独压缩文件，其压缩过程与文件夹相似。

当用户或应用程序要读取压缩文件时，系统会将文件由磁盘内读出、自动解压缩后供用户或应用程序使用；而当用户或应用程序要将文件写入磁盘时，它们会被自动压缩后再写入磁盘内，这些操作都是自动的，无需干预。

文件、文件夹的压缩还可以在"命令提示符"环境下，利用 COMPACT. EXE 程序实现，该命令的参数设置可以用命令"COMPACT/?"查看，根据需要选择使用。需要注意的是，磁盘空间的计算不考虑文件压缩的因素。

可以让被压缩的磁盘、文件夹和文件以不同的颜色来显示，设置的方法是：打开"我的电脑"或"Windows 资源管理器"→"工具"→"文件夹选项"→"查看"→复选"用彩色显示加密或压缩的 NTFS 文件"按钮。

3.3.2 文件复制或移动对压缩属性的影响

对 NTFS 分区的文件来说，当其被复制或移动时，其压缩属性的变化依下列情况而不同，具体如下：

(1) 文件由一个文件夹复制到另外一个文件夹时，由于文件的复制要产生新文件，因此，新文件的压缩属性继承目标文件夹的压缩属性。

(2) 文件由一个文件夹移动到另外一个文件夹时，分为如下两种情况：

① 如果移动是在同一个分区中进行的，则文件的压缩属性不变。因为在 Windows Server 2008 中，同一磁盘中文件的移动只是指针的改变，并没有真正地移动。

② 如果移动到另一个分区的某个文件夹中，则该文件将继承目标文件夹的压缩属性。因为移动到另一个分区，实际上是在那个分区上产生一个新文件。

文件夹的移动或复制的原理与文件是相同的。另外，如果将文件从 NTFS 分区移动或复制到 FAT 或 FAT32 分区内或者是软盘上，则该文件会被解压缩。

3.3.3 文件与文件夹的加密与解密

Windows Server 2008 提供的文件加密功能是通过"加密文件系统(EFS)"来实现的。文件、文件夹加密之后，只有当初进行加密操作的用户能够使用，提高了文件的安全性。

要对文件或文件夹进行加密，操作的过程与压缩类似，只是在"压缩或加密属性"处选择"加密内容以便保护数据"选项即可，如图 3.5 所示。加密之后，该文件夹内所添加的文件、子文件夹与子文件夹内的文件都会被自动加密；也可以同时将之前已经存在于该文件夹内的现有文件、子文件夹与子文件夹内的文件加密，或者保留其原有的状态。

文件、文件夹的加密还可以在"命令提示符"环境下，利用 CIPHER. EXE 程序实现，该命令的参数设置可以用命令"CIPHER/?"查看，根据需要选择使用。

文件的解密过程与解压缩一样都是由系统自动完成的，无需用户干预。

需要注意的是：已压缩的文件夹与文件是无法加密的，二者只能选其一；如果将已加密文件复制或移动到非 NTFS 分区内，则该文件会被自动解密。

如果因为某些原因对文件加密的用户不存在了，将导致文件无法解密，此时可以使用数据恢复代理来解密数据。

3.4　共享文件夹与打印机

3.4.1　文件共享概述

为了让局域网用户之间可以方便快捷地交换文件，Windows Server 2008 提供了共享文件夹的功能来实现文件共享，并可以根据不同的需要规定不同的共享权限，以提高安全性。文件共享和打印共享是 Windows 操作系统最早的也是最基本的功能之一。设置共享文件夹无论是在工作组模式中还是在域模式中都是在网络中共享文件资源的方法，因为文件不能被直接共享到网络中，必须通过共享文件夹才能发布出来。

将计算机内的文件夹设为“共享文件夹”后，用户就可以通过网络来访问该文件夹内的文件、子文件夹等数据，不过用户还必须要有适当的权限。共享文件夹只有“完全控制”、“更改”和“读取”3 种权限。

可以设置用户对共享文件夹的使用权限。用户对某个共享文件夹的有效权限是其所有权限来源的总和，但是只要其中有一个权限被设为拒绝访问，则用户最后的有效权限都将是无法访问此资源。例如，对用户 A 授予了“读取”权限，又对用户 A 所在的组 Manager 授予了“更改”权限，则用户 A 最后的有效权限为“更改”权限；如果又对用户 A 所在的组 Sales 设置“完全控制”为拒绝，则用户 A 最后的有效权限为“拒绝访问”。

共享文件夹权限只对通过网络来访问共享文件夹的用户有效，若用户是由本地登录来访问该文件夹的，则不受此权限的约束。

如果将共享文件夹复制到其他的分区内，则原文件夹仍然处于共享状态，但复制的目标文件夹不被共享。如果将共享文件夹移动到其他的分区内，则丢失共享属性。

如果共享文件夹位于 NTFS 分区上，那么还可以针对共享文件夹内的个别子文件夹或文件设置其 NTFS 权限，当然 NTFS 权限对网络用户和本地用户均起作用。若同时设置了共享文件夹权限与 NTFS 权限，则最后的有效权限取这两种权限之中最严格的设置。例如，经过累加后，若用户 A 对共享文件夹 D:\software 的最后有效权限为“完全控制”，而用户 A 对该文件夹内的 Readme. txt 文件的最后有效 NTFS 权限为“读取”，则最后用户 A 对 Readme. txt 文件的有效权限为最严格的“读取”。

3.4.2　添加与管理共享文件夹

在 Windows Server 2008 计算机内，用户必须属于 Administrators 或 Power Users 等内置组的成员，才有权将文件夹设置为共享文件夹。

在 Windows Server 2008 中可以有多种方法把一个文件夹设置为共享文件夹，最常用的办法是在“计算机”或“资源管理器”中用鼠标右键单击要共享的文件夹，然后选择“共享和安全”，将出现如图 3.6 所示的“文件共享”对话框，单击“共享”按键即可。也可以在“管理工具”的“计算机管理”中双击“共享文件夹”，用鼠标单击“共享”来新建共享文件夹；在此还能看到服务器上已建立的共享文件夹、用户正在使用的共享文件以及都有哪些客户连接到本机上。

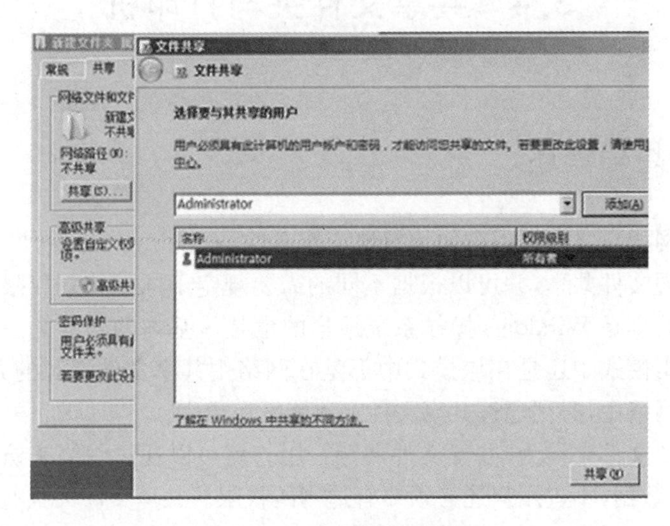

图 3.6 “文件共享”对话框

共享文件夹还可以通过高级共享中的选项来设置，具体说明如下：

① “共享名”：默认名称与文件夹名称相同，也可以设为不同的名称。网络用户就是通过该共享名访问文件夹的内容。

② “用户数限制”：限制一次最多可以有多少个用户与该共享文件夹连接。Windows Server 2003 的最大连接数则取决于所购买的许可证数，默认为“最多用户”。

③ “权限”：可以通过单击“权限”按钮来设置允许访问该文件夹的用户权限。

④ “缓存”：设置如何让用户在脱机时访问该共享文件夹。

如果不再想将该文件夹设为共享，则只需单击“不共享该文件夹”按钮即可。

在某些情况下用户可能不想让其他的访问者看到自己的共享文件夹，此时可以将共享文件夹隐藏起来。创建一个隐藏的共享文件夹只要在指定共享名称的时候在名称后面加一个“$”就可以了，网络上的用户看不到这个共享文件夹，但仍然可以访问这个共享文件夹。

Windows Server 2008 自动建立了许多隐藏共享，用来供系统内部使用，例如 C$、D$、Admin$、IPC$等，默认的共享权限是 Administrators 组有完全控制的权限。由计算机创建的系统管理隐藏共享可以被删除，但它们在用户停止并重新启动服务器服务或重新启动计算机后会被重新创建出来。不过可以修改注册表来删除这些共享。(下面的这些键值在默认情况下在主机上是不存在的，需要自己手动添加。)

对于服务器而言：

Key：HKLM\SYSTEM\CurrentControlSet\Services\lanmanserver\parameters

Name：AutoShareServer

Type：DWORD

Value：0

对于工作站而言：

Key：HKLM\SYSTEM\CurrentControlSet\Services\lanmanserver\parameters

Name：AutoShareWks

Type：DWORD

Value：0

修改注册表后需要重启服务器服务或重新启动机器。

注意：尽管系统管理共享会存在安全隐患，但删除这些系统管理共享会影响服务器服务需要，同时还会给依赖这些共享的管理员和程序或服务带来不便。

3.4.3 从网络上访问共享文件夹

共享文件夹设置好之后，网络上的用户可以通过以下方法访问共享文件夹。

1. 通过“网络”访问共享文件夹

在桌面上双击“网络”，打开“网络”对话框，在其中单击“查看计算机和设备”，查看域、工作组或邻近的计算机，在其中找到共享文件夹所在的计算机，双击该计算机即可看到共享文件夹。

2. 通过“映射网络驱动器”访问共享文件夹

如果某个共享文件夹经常被访问，则可以利用“映射网络驱动器”将共享文件夹映射为网络用户本地计算机的一个驱动器，这样当用户需要访问该共享文件夹时就只需双击“我的电脑”中的网络驱动器就可以了。对于用户而言，这就像访问本地计算机上的驱动器一样，但其实质仍然是通过链接到网络上的共享文件夹来访问，映射网络驱动器就好像是给该共享文件夹在用户的本地计算机上创建了一个快捷方式。

创建映射网络驱动器操作步骤如下：

(1) 用鼠标右键单击“我的电脑”，选择“映射网络驱动器”。

(2) 在弹出的对话框的“驱动器”下拉菜单中选中一个字符作为该网络驱动器的盘符(Z：～A：)。在“文件夹”编辑框中可以直接输入网络驱动器的UNC路径，UNC路径形如“\servername\sharename”，其中“servername”是提供共享的计算机名，“sharename”为文件夹的共享名。也可以单击“浏览”按钮，在“浏览文件夹”对话框中找到共享文件夹。

(3) 如果每次登录都要映射网络驱动器，则选中“登录时重新连接”复选框。

映射完成后，打开“我的电脑”，就会看到多了一个网络驱动器，通过该驱动器就可以像使用本地磁盘一样直接访问共享文件夹，而不用通过“网上邻居”一层一层地展开来寻找共享文件夹。

3. 通过使用“运行”命令

如果知道共享文件夹的UNC路径，则可以利用“运行”命令直接访问该共享文件夹。此种方式更多地用在隐藏共享文件夹的访问上。

3.4.4 打印机概述

打印机作为各种计算机的最主要输出设备之一，随着计算机技术的发展和用户需求的日趋完美，得到了较大的发展。尤其是近年来，打印机技术取得了较大的进展，各种新型实用的打印机应运而生，一改以往针式打印机一统天下的局面。目前，在打印机领域形成了针式打印机、喷墨打印机、激光打印机三足鼎立的局面，各自发挥其优点，满足各种用户不同的需求。

激光打印机以其打印速度快、打印品质高等优点，在人们的日常工作中越来越受到青睐。但了解其工作原理的人并不多。本书根据激光打印机的工作特点，简述一下激光打印机的工作原理。

激光打印机一般分成6大系统，具体如下：

1. Power System(供电系统)

供电系统作用于其他5个系统。根据需要，输入的交流电被调控为高压电、低压电、直流电。高压电一般作用于成像系统，许多型号的打印机用的都是单独的高压板，如HP4、HP4V、方正文杰280、Xerox P8E、Canon BX/BX2等。但随着集成化的增高，很多打印机的高压板、电源板以及DC控制板被集成在一起，如HP5L/6L、HP4L/4P、HP5P/6P、HP4000、HP5000等。低压电主要用来驱动各个引擎马达，其电压根据需要而定，如HP5L/6L主要有5 V、12 V电压，而HP5000主要有3.4 V、5 V、24 V电压。直流电主要用来驱动DC板上的各种型号的传感器、控制芯片以及CPU等。

2. DC Controller System(直流控制系统)

直流控制系统主要用来协调和控制打印机的各系统之间的工作:从接口系统接收数据、驱动控制激光扫描单元、测试传感器、控制交直流电的分布、过压/欠流保护、节能模式、控制高压电的分布等。其电路构成比其他5个系统都复杂，涉及电路的一些专业知识，如放大电路、反馈电路、整流电路等，是维修的一个难关。

3. Formatter System(接口系统)

接口系统是打印机和计算机连接的桥梁，它负责把计算机传递过来的一定格式的数据翻译成DC板能处理的格式，并传递给DC板。接口系统的构成一般有三个部分:接口电路、CPU和BIOS电路。在接口电路里主要有一些负责产生稳压电流的芯片(为保护和驱动其他芯片)。CPU的主要任务是翻译接口电路传递过来的数据，控制信号灯以及传递给DC板翻译过的数据。有些型号的打印机，其接口电路也做进CPU，如HP4L/4P。BIOS电路这部分主要有打印机自身的一些配置，以及生产厂家的一些相关信息。但有的打印机接口系统并没有BIOS电路，一般不能打印自检测试页，如文正文杰280、Epson 5700/5800等，而我们平时的接口维修也只是局限于接口电路。

4. Laser/Scanner System(激光扫描系统)

激光扫描系统的主要作用是产生激光束，在OPC(感光鼓)表面曝光，形成映象。激光扫描系统主要有三个部分:多边形旋转马达、发光控制电路和透镜组。旋转马达主要通过高速旋转的多棱角镜面，把激光束通过透镜折射到OPC表面。发光控制电路主要是产生调控过的激光束，主要由激光控制电路和发光二极管组成。透镜组主要通过发散、聚合功能把光线折射到OPC表面。

5. Image Formation System(成像系统)

成像系统的工作大致上分为两个过程:前期的准备工作和后期的定影成形工作。其整个工作过程大致分为7个步骤：

① 充电。通过充电辊给OPC表面充上高压电。

② 曝光。利用OPC表面的光导特性，使OPC表面曝光，形成一定形状不等位的电荷区。

③ 显影。碳粉颗粒在电场作用下吸附在OPC表面被曝光的区域。

④ 转印。当打印纸通过转印辊时，被带上与碳粉相反的电荷，使碳粉颗粒按一定的形状转印到纸上。

⑤ 分离。纸张从 OPC 和转印辊上分离出来。

⑥ 定影。已经印上字的打印纸上的碳粉颗粒，需要熔化后才能渗透到纸里。

⑦ OPC 清洁。OPC 表面的碳粉并未完全被转印到纸上，通过刮刀清理后，方可完成下一轮转印成像过程。

在定影成形过程中，加热组件是个很重要的部件，它通过一定范围的高温，将碳粉熔化。目前加热部件主要有两种形式：陶瓷加热、灯管加热。陶瓷加热的优点是加热速度快，预热时间短；缺点是易爆、易折。而灯管加热则相对稳定些，缺点是预热时间较长。现在有很多打印机都采用双灯管加热，如 HP5SI、HP8100、HP4500 等。但不论哪种形式的加热，其温控都是通过热敏元件感应温度变化来完成自动闭合的。

6. Pick-up/Feed System(搓纸系统)

搓纸系统主要由进纸系统和出纸系统构成。现有的大部分机型都可扩充多个进纸单元，而出纸系统也是应打印介质的需要，设置成两个出纸口。打印纸在整个输纸线路中的走动都有严格的时间范围，超出了这个时间范围，打印机就会报卡纸。而对具体位置的监控则是通过一系列的传感器监测完成的。目前激光打印机中的传感器大部分是光敏二极管元件构成的。

各种型号的激光打印机在机型和某个系统上的具体设计可能不同，但是它们的工作原理大致却是一样的，只不过根据设计需要某个局部的功能得到了增强。

3.4.5　添加与管理共享打印机

Windows Server 2008 家族中的产品支持多种高级打印功能。例如，无论运行 Windows Server 2008 家族操作系统的打印服务器计算机位于网络中的哪个位置，都可以对它进行管理。另外，不必在客户端计算机上安装打印机驱动程序，就可以使用网络打印机，当客户端连接运行 Windows Server 2008 家族操作系统的打印服务器计算机时，驱动程序将自动被下载。

1. 基本概念

为了建立网络打印服务环境，首先需要理解清楚下列两个概念：

(1) 打印设备。实际执行打印的物理设备，可以分为本地打印设备和带有网络接口的打印设备。根据使用的打印技术，可以分为针式打印设备、喷墨打印设备和激光打印设备。

(2) 打印服务器。连接本地打印机，并将打印机共享的计算机系统。网络中的打印客户端会将作业发送到打印服务器处理，因此打印服务器需要有较高的内存以处理作业，对于较频繁或大尺寸文件的打印环境，还需要打印服务器上有足够的磁盘空间以保存打印假脱机文件。

2. 共享打印机的连接

在网络中共享打印机时，主要有两种不同的连接模式，分别是“打印服务器＋打印机”模式和“打印服务器＋网络打印机”模式。

(1) “打印服务器＋打印机”模式：就是将一台普通打印机安装在打印服务器上，然后通过网络共享该打印机，供局域网中的授权用户使用。打印服务器既可以由通用计算机担任，也可以由专门的打印服务器担任。如果网络规模较小,则可采用普通计算机担任服务器,操作系统可以采用 Windows 98/Me 或 Windows 2000/XP/7。如果网络规模较大,则应当采用专门的服务器,操作系统也应当采用 Windows Server 2008,从而便于对打印权限和打印队列的管理,适应繁重的打印任务。

(2)“打印服务器+网络打印机”模式:是将一台带有网卡的网络打印设备通过网线联入局域网,给网络打印设备设定一个 IP 地址,使网络打印设备成为网络上的一个不依赖于其他 PC 的独立节点,然后在打印服务器上对该网络打印设备进行管理,用户就可以使用网络打印机进行打印了。网络打印设备通过 EIO 插槽直接连接网络适配卡,能够实现高速打印输出。打印设备不再是 PC 的外设,而成为一个独立的网络节点。

由于计算机的端口有限,因此,采用普通打印设备时,打印服务器所能管理的打印机数量也就较少。网络打印设备采用以太网端口接入网络,因此一台打印服务器可以管理数量非常多的网络打印机,更适用于大型网络的打印服务。

3. 安装打印服务器

若要提供网络打印服务,必须先将计算机安装为打印服务器,安装并设置共享打印机,然后再为不同操作系统安装驱动程序,使得网络客户端在安装共享打印机时,不再需要单独安装驱动程序。

从服务管理器中,使用添加角色向导,选择“打印服务”角色,单击“下一步”按钮,出现添加打印服务,在添加打印服务中单击“下一步”按钮,进入“选择打印服务器角色”界面,如图 3.7 所示。

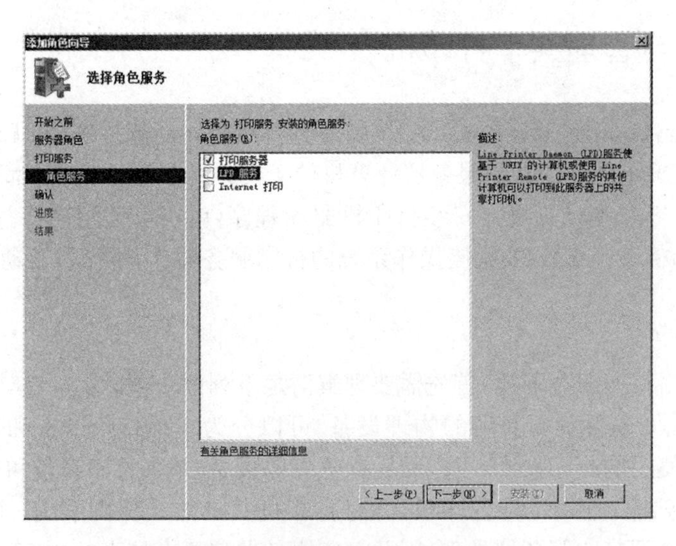

图 3.7 选择打印服务器角色

勾选图 3.7 中的“打印服务器”复选框,单击“下一步”按钮,单击“安装”按钮,直至打印服务安装完毕。

在 Windows Server 2008 中,若要对打印机和打印服务器进行管理,必须安装“打印服务器”角色。而“LPD 服务”和“Internet 打印”这两个角色则是可选项。选择“LPD 服务”角色服务之后,客户端需安装“LPR 端口监视器”功能才可以打印到已启动 LPD 服务的共享打印机,Unix 打印服务器一般都会使用 LPD 服务。选择“Internet 打印”角色服务之后,客户端需安装“Internet 打印客户端”功能后，才可以通过 Internet 打印协议(IPP)经由 Web 来连接并打印到网络或 Internet 上的打印机。

4. 安装本地打印机

在已成为网络中的打印管理服务器的这台计算机上安装本地打印机，也可以管理其他打印服务器。设置过程如下：

(1) 确保打印机设备已连接到计算机上，然后以管理员身份登录系统，依次单击“开始”→“管理工具”→“打印管理”菜单命令，进入到“打印管理”控制台窗口。

(2) 在“打印管理”控制台窗口中，展开“打印服务器”→“本地服务器”节点。单击“打印机”，在中间的详细窗格空白处右击，在弹出的菜单中选择“添加打印机”按钮，如图 3.8 所示。

(3) 在“打印机安装”对话框中选择“使用现有的端口添加新打印机”选项，单击右边的下拉列表按钮，然后在下拉列表框中根据具体的连接端口进行选择，本例选择“LPT1:(打印机端口)”选项，然后单击“下一步”按钮，如图 3.9 所示。

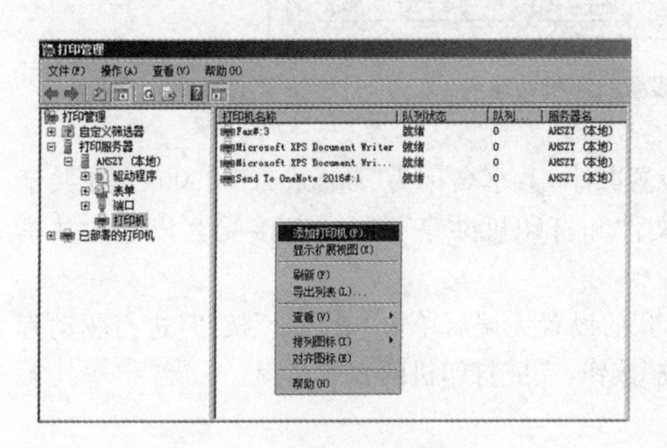

图 3.8　添加打印机

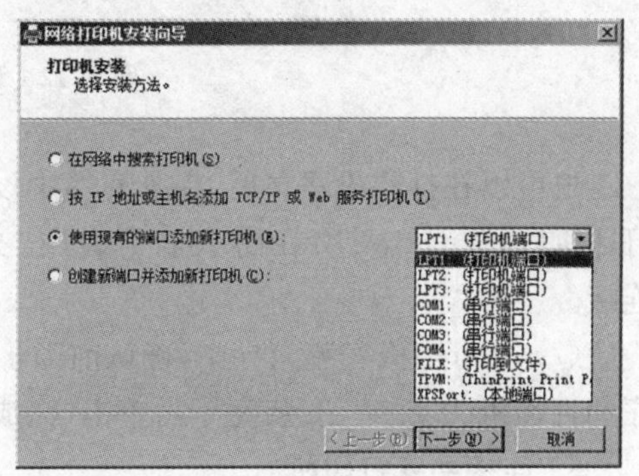

图 3.9　选择打印机

(4) 在“打印机驱动程序”对话框中，选择“安装新驱动程序”选项，然后单击“下一步”按钮，如图 3.10 所示。

(5) 在打印机安装向导中，需要根据计算机具体连接的打印设备情况选择打印设备生产厂商和打印机型号，选择完毕后，单击“下一步”按钮，如图 3.11 所示。

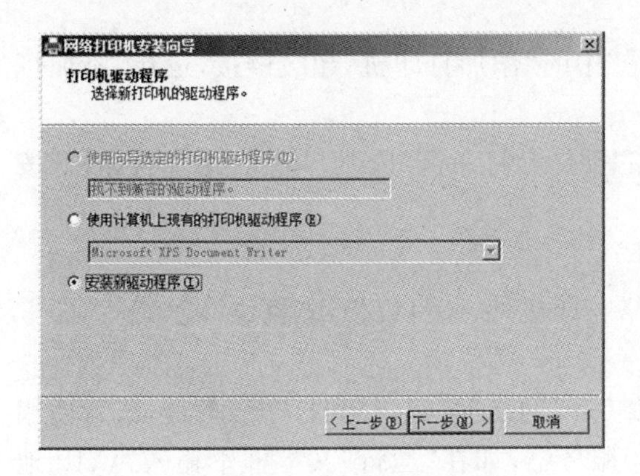

图 3.10　选择打印机驱动程序信息

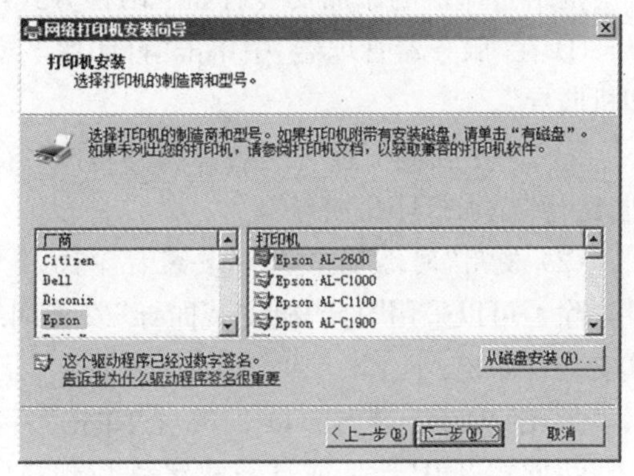

图 3.11　完成打印机安装

(6) 在“打印机名称和共享设置”对话框中选择“共享打印机”复选项，并设置共享名称，然后单击“下一步”按钮，如图 3.12 所示。

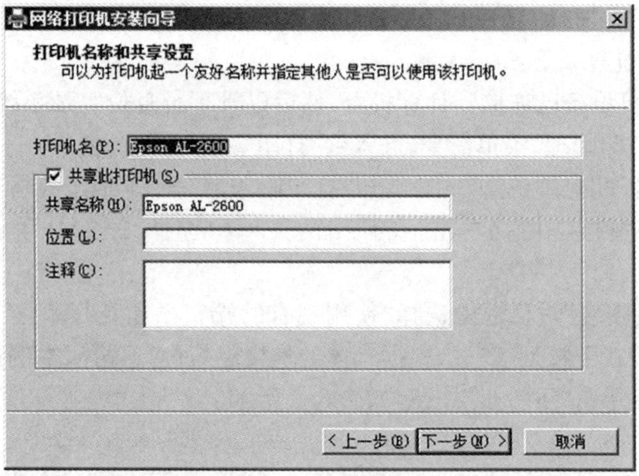

图 3.12 设置打印机共享名

也可以在打印机建立后，在其属性中设置共享，共享名称为“Epson AL-2600”。在共享打印机后，Windows 将在防火墙中启用“文件和打印机共享”例外，以接受客户端的共享连接。

(7) 在打印机安装向导中，确认前面步骤的设置无误后单击“下一步”按钮，进行驱动程序和打印机的安装。安装完毕后单击“完成”按钮，完成打印机的安装过程。

5. 连接共享打印机

打印服务器设置成功后，即可在客户端安装共享打印机。共享打印机的安装与本地打印机的安装过程非常相似，都需要借助“添加打印机向导”来完成。在安装网络打印机时，在客户端不需要为要安装的打印机提供驱动程序。

(1) 添加网络打印机

客户端打印机的安装过程与服务器的设置有很多相似之处，但也不尽相同。其安装在“添加打印机向导”的引导下即可完成。

网络打印机的添加安装有如下两种方式：

① 在“服务器管理器”中单击“打印服务器”中的“添加打印机”超级链接，运行“添加打印机向导”。

② 打开“控制面板”→“硬件和打印机”，在“硬件和打印机”选项下单击“添加打印机”按钮，运行“添加打印机向导”。

(2) 使用“网络”或“查找”安装打印机

除了可以采用“打印机安装向导”安装网络打印机外，还可以使用“网络”或“查找”的方式安装打印机。

① 在 Windows Server 2008 上，单击“开始”→“网络”按钮，找到打印服务器，或者使用“查找”方式以 IP 地址或计算机名称找到打印服务器，如在“运行”文本框中输入“\\IP 地址”。双击打开该计算机，根据系统提示输入有访问权限的用户名和密码，然后显示其中所

有的共享文档和共享打印机。

② 双击要安装的网络打印机,如 Epson AL-2600,该打印机的驱动程序将自动被安装到本地,并显示该打印机中当前的打印任务;或右击共享打印机,在弹出的快捷菜单中单击"连接"按钮,完成网络打印机的安装。

6. 管理打印服务器

(1) 设置打印优先级

高优先级的用户发送来的文档可以越过等候打印的低优先级的文档队列。如果两个逻辑打印机都与同一打印设备相关联,则 Windows Server 2008 操作系统首先将优先级最高的文档发送到该打印设备。

要利用打印优先级系统,需为同一打印设备创建多个逻辑打印机。为每个逻辑打印机指派不同的优先等级,然后创建与每个逻辑打印机相关的用户组。例如,Group 1 中的用户拥有访问优先级为 1 的打印机的权利;Group 2 中的用户拥有访问优先级为 2 的打印机的权利。依此类推,1 代表最低优先级,99 代表最高优先级。

(2) 设置打印机池

打印机池就是将多个相同或者特性相同的打印设备集合起来,然后创建一个(逻辑)打印机映射到这些打印设备,也就是利用一个打印机同时管理多台相同的打印设备。当用户将文档发送到此打印机时,打印机会根据打印设备是否正在使用,决定将该文档送到"打印机池"中的哪一台打印设备打印。例如,当"A 打印机"和"B 打印机"忙碌时,有一个用户要打印文档,逻辑打印机就会直接转到"C 打印机"打印。

(3) 管理打印队列

打印队列是存放等待打印文件的地方。当应用程序选择了"打印"按键后,Windows 就创建一个打印工作且开始处理它。若打印机这时正在处理另一项打印作业,则在打印机文件夹中将形成一个打印队列,保存着所有等待打印的文件。可针对打印队列执行以下操作:

① 查看打印队列中的文档。

② 调整打印文档的顺序。

③ 暂停或继续打印一个文档。

④ 暂停或重新启动打印机的打印作业。

⑤ 删除打印文件。

(4) 为不同用户设置不同的打印权限

打印机被安装在网络上之后,系统会为它指派默认的打印机权限。该权限允许所有用户打印,并允许选择组来对打印机、发送给它的文档或这两者加以管理。

因为打印机可用于网络上的所有用户,所以可能就需要通过指派特定的打印机权限来限制某些用户的访问权。具体如下:

① 管理打印机权限。

② 管理文档权限。

③ 管理拒绝权限。

(5) 设置打印机的所有者

在默认情况下,打印机的所有者是安装打印机的用户。如果这个用户不再能够管理这台打印机,就应由其他用户获得所有权以管理这台打印机。以下用户或组成员能够成为打印机的所有者:

① 由管理员定义的具有管理打印机权限的用户或组成员。

② 系统提供的 Administrators 组、Print Operators 组、Server Operators 组和 Power Users 组的成员。

如果要成为打印机的所有者，首先要使用户具有管理打印机的权限，或者加入上述的组。

3.5 分布式文件系统

分布式文件系统(DFS)是一种服务。通过 DFS，可以使分布在多个服务器上的文件如同位于网络上的同一个位置一样显示在用户面前，用户在访问文件时不再需要知道和指定它们的实际物理位置，这样就使用户访问和管理那些物理上跨网络分布的文件更加容易。

3.5.1 分布式文件系统概述

网络资源可能分散在网络中的任何一台计算机上，用户为了能够访问到这些共享文件夹，必须知道这些共享文件夹的网络路径(UNC 路径)才能够访问这些共享文件夹，并且当要访问多个相关的共享文件夹时，必须在“网上邻居”或“网络驱动器”之间频繁切换。假设公司的财务部门有三个数据库文件设置在三个文件服务器的共享文件夹中，当用户需要访问这三个文件时就要频繁地使用“网上邻居”在三个服务器上寻找共享文件夹。这三个共享文件夹虽然在内容上是有关的，但在放置的位置上却是相互独立的，这就造成了用户在访问网络资源的时候操作过于繁琐。这种情况在小规模的网络中并不明显，但是在大型的网络中，尤其在服务器数量众多的时候，让每一个用户都记住所要访问的文件所在的服务器等相关信息是十分困难的，也是不现实的。

为了解决这个问题，自 Windows 2000 开始引入了 DFS。DFS 将多个相关的共享文件夹集成到一个树状结构中供用户访问，用户可以像访问本地硬盘中的文件夹一样访问网络中的共享文件夹，这个树状结构就组成了 DFS。

引入 DFS 后，用户在访问分散在网络中的资源时，不需要再去各个服务器上一个一个地寻找共享文件夹，只需要访问放置在一台服务器上的 DFS“树根”文件夹，当用户打开这个“树根”文件夹时，就会看见其下的子文件夹，再通过双击选择所需要的子文件夹即可访问共享资源。这里的子文件夹其实就是分布在网络中其他服务器上的共享文件夹，当用户在访问这些子文件夹的时候，其访问被 DFS 自动地重新定向到网络中另一个服务器上的共享文件夹，而用户本身并不知道(也无需知道)究竟这些文件夹放置在什么具体位置。

当使用了 DFS 之后，用户就只需知道 DFS 的“树根”文件夹的位置在哪台服务器上就可以了，对于用户而言，他们看到的 DFS“树根”文件夹和其下的子文件夹在表现形式上与普通的共享文件夹没有任何区别。

DFS 同时还提供容错和负载均衡的功能。如果共享文件夹在网络中有多个相同的副本(多个内容相同的共享文件夹放置在不同的服务器上)，当其中一个副本因意外而停止共享时(如放置该文件夹的服务器宕机)，则当用户访问该文件夹的时候 DFS 可以自动将其他副本提供给用户使用，从而达到容错的功能。另外 DFS 也会在多个副本之间自动选择一个以响应用户的请求，从而降低服务器的工作强度。而这一切均不需要用户参与操作，完全由DFS自动完成。

由DFS形成的共享文件夹树状结构与硬盘中的文件夹一样有根目录，这被称为DFS根，也称DFS根目录(即DFS"树根"文件夹)。DFS根是整个DFS树状拓扑结构的起点，在"网络"中显示的时候本身就是一个共享文件夹，其下包含指向其他服务器上的共享文件夹的DFS链接。这些链接在显示的时候就表现为DFS根文件夹的子文件夹。DFS根文件夹就是用户唯一所需要知道的共享文件夹，在访问分布在网络中的资源时都是从这个文件夹开始的。

分布式文件系统包括两种技术，可以同时使用或分别使用这两种技术，在基于Windows的网络上提供容错且灵活的文件共享和复制服务。

使用DFS命名空间，可以将位于不同服务器上的共享文件夹组合到一个或多个逻辑结构的命名空间，每个命名空间作为具有一系列子文件夹的单个共享文件夹显示给用户。命名空间的基本结构可以包含位于不同服务器以及多个站点中的大量共享文件夹。由于共享文件夹的基本结构对用户是隐藏的，因此DFS命名空间中的单个文件夹可与多个服务器上的多个共享文件夹相对应。此结构可提供容错功能，并能够将用户自动连接到本地共享文件夹(可用时)，而不是通过广域网(WAN)连接对这些用户进行路由。

DFS复制是一个多主机复制引擎，使用该引擎，可以通过局域网或广域网(WAN)网络连接同步多个服务器上的文件夹。它使用远程差分压缩(RDC)协议，仅更新自上次复制后已更改的那部分文件。DFS复制可与DFS命名空间结合使用，也可单独使用。

2.5.2 创建分布式文件系统

1. 安装DFS

从服务器管理器中，使用添加角色向导选择"文件服务"角色，然后选择"分布式文件系统"角色服务。这样会将服务器配置为文件服务器，安装"DFS管理"管理单元，以及安装并启动"DFS命名空间"和"DFS复制服务"。

从服务器管理器中，使用添加功能向导安装"远程服务器管理工具"功能，并使用"DFS管理"选项选择"文件服务"功能。"DFS管理"选项会在服务器上安装"DFS管理"管理单元，但不安装任何DFS服务。

2. 创建DFS

当设置好DFS之后就可以像访问其他共享文件夹一样访问该DFS根文件夹及其下的子文件夹，同时这些DFS链接所指向的共享文件夹的权限也仍然独立地起作用。可以通过"网络"或使用浏览器来访问DFS根文件夹。

创建DFS的具体操作如下：

(1) 在"管理工具"中单击"DFS Management"，出现"DFS管理"对话框。

(2) 在"操作"菜单上单击"新建命名空间服务器"，出现"新建命名空间服务器向导"对话框，直接单击"下一步"按钮。

(3) 在"命名空间服务器"中输入服务器名，如图3.13所示，然后单击"下一步"按钮。

(4) 在"命名空间名称和设置"中输入名称，如图3.14所示，然后单击"下一步"按钮。

(5) 在"命名空间类型"中选择"独立命名空间"，如图3.15所示，选择域根目录，然后单击“下一步”按钮。

(6) 在“复查设置并创建命名空间”中单击“创建”按钮，完成创建，如图 3.16 所示。

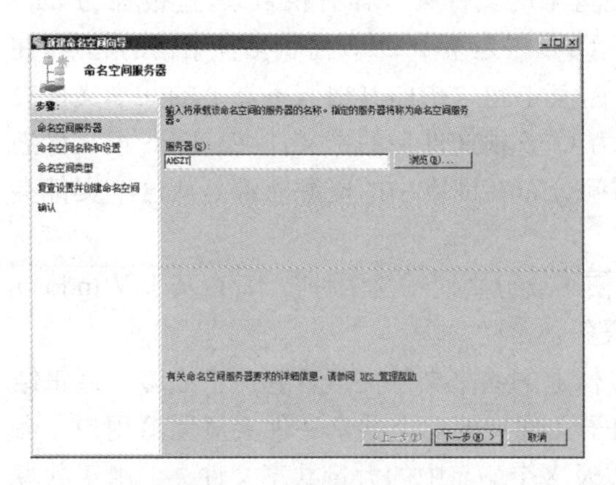

图 3.13　命名空间服务器

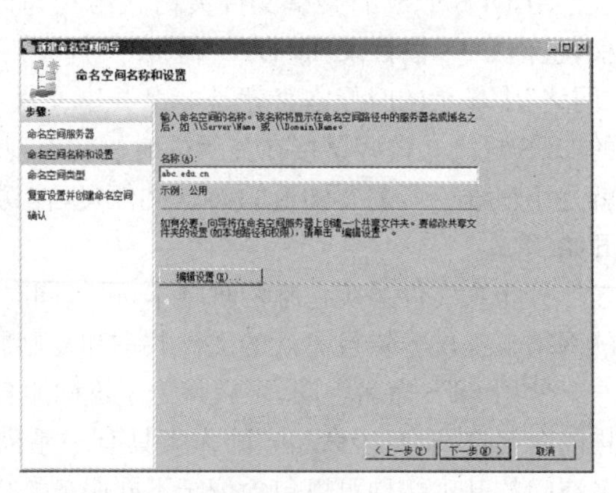

图 3.14　命名空间名称和设置

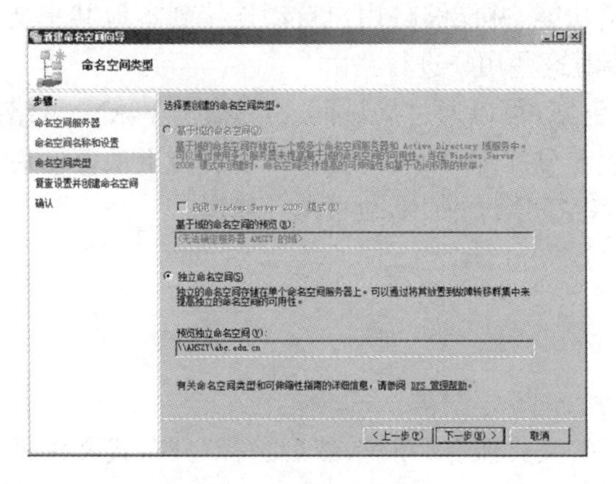

图 3.15　命名空间类型

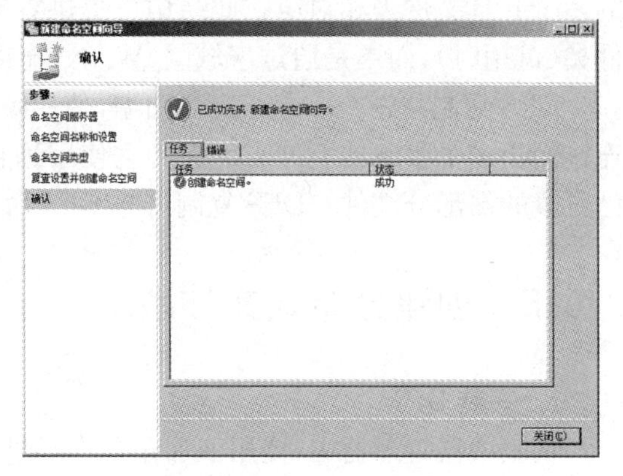

图 3.16　完成命名空间设置

(7) 出现“确认”对话框，单击“关闭”按钮结束设置，出现 DFS 管理控制台。

下面将建立 DFS 子节点“Images”，DFS 子节点就是“DFS 链接”。不过要将其映射到两个地方，一个是“\\Computer1\images”，另一个是“\\Computer2\images”，由于映射到两个地方，因此它具备容错的功能。

下面是将“Images”映射到共享文件夹“\\Computer1\images”的具体步骤：

(1) 在 DFS 根目录“\\ahszy.com\Software”上用鼠标右键单击，选择“新建文件夹”选项。

(2) 在出现的对话框中，输入名称、添加文件夹目标路径；或单击“浏览”按钮从可用共享文件夹列表中选择。完成后单击“确定”按钮，即可将该文件夹添加到 DFS 中。

下面是将“Images”映射到另一个共享文件夹“\\Computer2\images”的具体步骤：

(1) 在上面建立的链接 Images 上用鼠标右键单击，选择“复制文件夹”选项。

(2) 在打开的“配置复制向导”对话框中，单击“下一步”按钮。在出现的对话框中，设置初始主机为“\\Computer2\images”。单击“下一步”按钮，在打开的对话框中选择复制拓扑。单击“完成”按钮，结束配置复制。在配置复制的过程中，要注意以下 3 个问题：

① 自动复制只适用于NTFS格式,其他类型的文件,如FAT文件,则必须手动复制。

② DFS使用文件复制服务(FRS,File Replication Service)来保持副本的自动同步,所以配置复制的服务器都要确保安装FRS并设置为自动启动。

③ 保证客户机与服务器能够正确解析DFS所在域的域名。

本章小结

文件系统管理是Windows操作系统应用中的一项重要内容,共享网络中的各种资源,可以大大提高网络办公效率,通过控制不同的用户对共享资源的访问权限来加强网络安全管理。本章首先介绍了Windows Server 2008的文件系统类型及其转换方法,然后详细分析了文件与文件夹的NTFS权限类型和使用规则,并介绍了NTFS权限设置的详细步骤,而后介绍了通过加密、压缩文件和文件夹来加强其安全性和提高磁盘效率,最后介绍了共享文件夹的创建和访问方法以及如何创建和使用DFS来访问网络上的共享资源。与FAT文件系统相比,NTFS文件系统支持大硬盘,安全性和可靠性也得到全面提升,因此强烈建议在专用服务器上使用Windows Server 2008的NTFS文件系统。

复习思考题

一、填空题

1. 加密文件系统(EFS)提供了用于在(　　)卷上存储加密文件的核心文件加密技术。

2. 共享权限分(　　)、(　　)、(　　)。

3. 创建共享文件夹的用户必须为(　　)、Server OperMors、Power Users等用户组的成员。

4. 分布式文件系统(Distributed File System,DFS)为整个企业网络上的文件系统资源提供了一个(　　)结构。

5. 共享用户身份有以下3种:读者、参与者、(　　)。

6. 复制拓扑用来描述DFS各服务器之间复制数据的逻辑连接,一般有(　　)、(　　)、(　　)。

二、选择题

1. 下列(　　)不属于Windows Server 2008 DFS复制拓扑。

A. 交错　　B. 环状　　C. 集散　　D. 没有拓扑

2. 目录的可读意味着(　　)。

A. 可在该目录下建立文件　　B. 可以查看该目录下的文件

C. 可以从一个目录转到另一个目录　　D. 可删除该目录下的文件

3. (　　)属于共享命名管道的资源。

A. IPC$　　B. PRINTS　　C. dfiveletters　　D. ADMINS

4. “卷影副本”内的文件只可以读取,不可以修改,而且每个磁盘最多只可以有(　　)

个“卷影副本”，如果达到此限制数，则最旧版本也就是最开始创建的第一个“卷影副本”会被删除。

A. 8　　B. 1024　　C. 64　　D. 256

5. 要启用磁盘配额管理，Windows Server 2008 驱动器必须使用(　　)文件系统。

A. FAT16 或 FAT32　　B. NTFS 或 FAT32

C. NTFS　　D. FAT32

三、问答题

1. NTFS 与 FAT 相比，有哪些优点？

2. NTFS 权限有哪两种类型？标准类型包括哪些内容？

3. NTFS 权限使用的规则有哪些？

4. 对在 NTFS 分区上共享的文件和文件夹，最好的安全措施是什么？

5. 一个用户对一个文件夹具有写入权限，他同时是 engineering 组的成员，该组对该文件夹具有读取权限。那么这个用户对该文件夹具有什么权限？

6. 怎样创建隐藏共享？

7. 什么样的共享是在驱动器的根上自动创建的？

8. 文件加密后，在使用的时候需要解密吗？为什么？

9. 怎样限制某个用户使用服务器上的磁盘空间？

10. 什么是分布式文件系统？

11. 怎样创建、添加 DFS 根目录？

本章实训

一、实训目的

1. 掌握设置 NTFS 权限的方法。

2. 了解文件夹的共享设置。

3. 掌握加密、压缩文件和文件夹的方法。

4. 掌握创建和使用分布式文件系统的方法。

二、实训内容

1. 设置 NTFS 的文件和文件夹基本权限。例如，一个名为 test 的文件夹，设置两个不同的用户 user1 和 user2，user1 对 test 具有完全控制权，而 user2 只有读取权限。

2. 在本地磁盘某驱动器(NTFS 格式)上新建一个文件夹，将该文件夹命名为“myfile”，并将其设为共享文件夹，且 guest 用户可以完全控制。

3. 在局域网中的某台计算机上将上题中的共享文件夹映射为该计算机的 X 驱动器。

4. 加密或压缩一个文件或文件夹，并用彩色显示加密或压缩的文件或文件夹。

5. 执行创建 DFS 根目录，创建 DFS 链接，筛选 DFS 链接，检查 DFS 根目录或链接的状态和删除 DFS 根目录、DFS 链接等操作。

第 4 章　Windows Server 2008 磁盘管理

学习目标

本章主要讲述 Windows Server 2008 的磁盘类型、在基本磁盘上建立分区、在动态磁盘上建立卷、使用"磁盘管理工具"进行磁盘管理和磁盘配额等内容。通过本章的学习，应达到如下学习目标：

- 理解并掌握 Windows Server 2008 的磁盘类型。
- 熟练掌握在基本磁盘上创建主分区、扩展分区和逻辑分区的方法。
- 掌握在动态磁盘上创建各种类型的卷。
- 学会使用"磁盘管理工具"进行磁盘管理和磁盘配额。

导入案例

易慧公司为了实施办公自动化系统，购置了一台带有 6 块 500 GB 的 SCSI 磁盘的专用服务器。公司老总要求网络中心管理人员确保办公系统应用软件和数据库系统中数据的安全可靠，除了公司办公室人员可以不受限制地使用服务器上的磁盘空间，其他科室办公人员最多只能使用服务器上 500 M 磁盘空间。假如你是网络中心的管理员，你将怎样进行磁盘管理才能满足老总的要求？

要实现上述目标：首先要选取一块磁盘作为基本磁盘，将基本磁盘划分出一个 400 GB 的主分区安装 Windows Server 2008 系统，再划分出一个 100 GB 的扩展分区，在扩展分区上创建逻辑盘。其次将剩下的 5 块磁盘用作动态磁盘创建 RAID-5 卷来存储办公系统应用软件和数据库系统中的数据。最后利用磁盘配额对用户使用动态磁盘上的空间进行限额管理。通过本章的学习，利用有关磁盘管理知识可以顺利地解决公司老总提出的问题。

4.1　Windows Server 2008 中的磁盘类型

Windows Server 2008 的磁盘分区有 MBR 和 GPT 两种形式。

MBR 形式：是标准的传统形式，其磁盘存储在 MBR(Master Boot Record，主引导记录)内。MBR 位于磁盘的最前端，开机时，主板上的 BIOS(基本输入输出系统)会先读取 MBR，并将计算机的控制权交给 MBR 内的程序，然后由此程序来继续启动工作。

GPT 形式：磁盘存储在 GPT(GUID Partition Table)内。GPT 也位于磁盘的最前端，

而且它有主分区表与备份磁盘分区表,可提供故障转移功能。GPT 磁盘以 EFI(Extensible Firmware Interface)作为计算机硬件与操作系统之间沟通的桥梁,EFI 所扮演的角色类似于 MBR 磁盘的 BIOS。

MBR 磁盘分区最多可分四个主分区,或三个主分区与一个扩展分区;GPT 磁盘分区最多可创建 128 个主分区,大于 2 TB 的分区必须使用 GPT 磁盘分区形式。

Windows Server 2008 支持两种磁盘类型:基本磁盘和动态磁盘。

安装 Windows Server 2008 时,用户的硬盘自动初始化为基本磁盘。安装完成后,用户可使用升级向导将它们转换为动态磁盘。可在同一个计算机系统上同时使用基本磁盘和动态磁盘,但同一个物理硬盘(不管这个硬盘被划分成多少个区)只能被全部划分为基本磁盘或是动态磁盘。

4.1.1 基本磁盘

基本磁盘是长期以来一直使用的磁盘类型(在 Windows 2000 以后的系统中称为基本磁盘),是以前旧版操作系统 DOS、Windows 9x/NT、Windows 2000、Windows 2003 等操作系统都支持和使用的磁盘类型。

在 Windows Server 2008 内,任何一台新安装的硬盘会被设置为基本磁盘,而在使用之前,需要将一台物理硬盘进行分区,否则将不能使用。基本磁盘上可以包含主磁盘分区和扩展分区,而在扩展分区中又可以划分出一个或多个逻辑分区。通过这样的方式来组织磁盘资源。

1. 主磁盘分区

用来启动操作系统的分区,即系统的引导文件存放的分区。当计算机自检后会自动在物理硬盘上按设定找到一个被激活的主磁盘分区,并在这个分区中寻找启动操作系统的引导文件。

对于"主启动记录(MBR)"基本磁盘,最多可以创建四个主磁盘分区,或最多三个主磁盘分区加上一个扩展分区。这样就可以互不干扰地安装多套不同类型的操作系统,例如 Windows Server 2003+Windows Server 2008+Unix+Red Hat Enterprise 5,将它们分别安装到不同的主磁盘分区内,当计算机启动时,它会按照你的设置从这 4 个主磁盘分区内选择一个来启动。当主磁盘分区被划分好之后会被赋予一个盘符,通常情况下是"C:"。

对于"GUID 分区表(GPT)"基本磁盘(一种基于 Itanium 计算机的可扩展固件接口 EPI 使用的磁盘分区架构),最多可创建 128 个主磁盘分区。由于 GPT 磁盘并不限制 4 个分区,因而不必创建扩展分区或逻辑驱动器。

2. 扩展分区

一种分区类型,只可以在基本的主启动记录(MBR)磁盘上创建。扩展分区不能用来启动操作系统,也就是说在计算机启动时,它并不会直接到扩展磁盘分区内读取启动操作系统的数据。每一块硬盘上只能有一个扩展分区,通常情况下将除了主磁盘分区以外的所有磁盘空间划分为扩展分区。扩展分区在划分好之后不能直接使用,不能被赋予盘符,必须要在扩展分区中划分逻辑分区才可以使用。逻辑分区是在扩展分区之内进行磁盘容量的划分的。一个扩展分区可以被划分为一个或多个逻辑分区。每个逻辑分区都被赋予一个盘符,即平时看到的"D:"、"E:"、"F:"……

另外，Windows Server 2008 还定义了两个与磁盘分区有关的名词：

① Boot Partition(引导磁盘分区)：用来存储 Windows Server 2008 操作系统文件的磁盘分区，也就是 Boot Partition。操作系统文件一般放在 WINNT 文件夹内，该文件夹所在的磁盘分区就是 Boot partition。

② System Partition(系统磁盘分区)：该分区内存储了一些用来启动操作系统的文件，例如 boot. ini、ntdetect. com、ntldr 等文件。Windows Server 2008 利用这些文件所提供的功能，到 boot Partition 分区内读取其他所有启动 Windows Server 2008 需要的文件，如图 4. 1 所示。

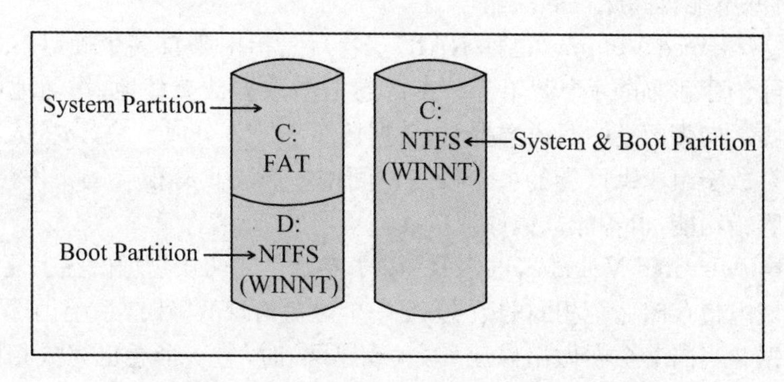

图 4. 1　System Partition 和 Boot Partition 示意图

4.1.2　动态磁盘

动态磁盘是在 Windows 2000 中开始引入的一种磁盘管理方式。利用动态磁盘可以实现很多基本磁盘不能或不容易实现的功能。如：在动态磁盘中可以设置简单卷、跨区卷、带区卷、镜像卷、RAID-5 卷等多种类型的卷。需要说明的是，在动态磁盘上微软不再使用分区的概念，而是使用卷来描述动态磁盘上的每一个空间划分。与分区相同的是，卷也有一个盘符，并且在使用之前也要经过格式化，但不能通过 MS-DOS、Windows 9x 来访问。

可以将一个基本磁盘升级为动态磁盘，这需要在规划硬盘时必须至少留 1 MB 未分配的磁盘空间。

1. 动态磁盘的优点

(1) 每个硬盘上可以创建的卷的数量不受限制。

(2) 可以动态调整卷。不像在基本磁盘中，添加、删除分区之后都必须重新启动操作系统，动态磁盘的扩展、建立、删除、调整均不需重新启动计算机即可生效。

(3) 卷可以包含硬盘上任何可用的不连续空间。

(4) 卷的配置信息存储在硬盘上，而不是在注册表或其他无法被正确更新的地方。而且这个信息可以在卷之间互相复制，因此提高了容错能力。

2. 动态磁盘中卷的类型

动态磁盘中卷的类型共有 5 种，这些卷又可以分两大类：一类是非磁盘阵列卷，包括简单卷和跨区卷；另一类是磁盘阵列卷，包括带区卷、镜像卷和带奇偶校验的带区卷。

(1) 简单卷(Simple Volume)：是动态磁盘中的最基本单位，它的地位与基本磁盘中的主分区相当。要求必须是建立在同一硬盘上的连续空间中,但在建立好之后可以扩展到同一磁盘中的其他非连续空间中。如果跨越多个磁盘扩展简单卷,则该卷就成了跨区卷。简单卷不能容错,但可以被镜像。

(2) 跨区卷(Spanned Volume):是指由来自多个硬盘(最少 2 个,最多 32 个)上的磁盘空间组成的一个逻辑卷。任何时候都可以通过扩展跨区卷来添加它的空间。向跨区卷中写入数据必须先将同一个跨区卷中的第一个磁盘中的空间写满,才能再向同一个跨区卷中的下一个磁盘空间中写入数据。所以一块硬盘失效只影响此硬盘上的内容,而不会影响到其他的硬盘内容。每块硬盘用来组成跨区卷的空间大小不必相同,跨区卷仅仅用来提高磁盘空间的利用率,并不能提高磁盘的性能。

(3) 带区卷(Striped Volume,也称 RAID-0 卷):是指由来自多个硬盘(最少 2 个,最多 32 个)上的相同空间组成的一个逻辑卷。带区卷上的数据被交替地、均匀地(以带区形式)分配给这些磁盘。向带区卷中写入数据时,数据按照 64 KB 分成一块,这些大小为 64 KB 的数据块被分散存放于组成带区卷的各个硬盘空间中。该卷具有很高的文件访问效率(读和写),但不支持容错功能,也不能被镜像或扩展。

(4) 镜像卷(Mirrored Volume,也称 RAID-1 卷):是在两块物理磁盘上复制数据的容错卷。这两个区域内将存储完全相同的数据,当一个磁盘出现故障时,系统仍然可以使用另一个磁盘内的数据。当向一个卷做出修改(写入或删除)时,另一个卷也完成相同的操作。镜像卷有很好的容错能力,并且可读性能好,但是磁盘利用率很低(50%)。

(5) 奇偶校验的带区卷(Striped Volume,也称 RAID-5 卷):该卷具有容错能力,在向 RAID-5 卷中写入数据时,系统会通过特殊的算法计算出任何一个带区校验块的存放位置。这样就可以确保任何对校验块进行的读写操作都会在所有的 RAID 磁盘中均衡,从而消除了产生瓶颈的可能性。当一块硬盘中出现故障时,可以利用其他硬盘中的数据和校验信息恢复丢失的数据。RAID-5 卷的读性能很好,而写性能不太好(主要视物理硬盘的数量而定)。RAID-5 卷不对存储的数据进行备份,而是把数据和相对应的奇偶校验信息存储到组成 RAID-5 的磁盘上。创建 RAID-5 卷的要点主要有两个:一是来自不同硬盘的空间的大小必须相同;二是组成 RAID-5 卷最少需要 3 块硬盘,最多为 32 块硬盘。

4.2 基本磁盘分区

在基本硬盘上可以建立主分区、扩展分区和逻辑驱动器。在建立逻辑驱动器之前必须建立扩展分区,因为逻辑驱动器是在扩展分区上建立的。

可以用 Windows Server 2008 中提供的“磁盘管理工具”来管理硬盘。可以通过以下两个途径打开“磁盘管理工具”:

① 单击“开始”→“所有程序”→“管理工具”→“计算机管理”→“存储”→“磁盘管理”按钮。

② 用鼠标右键单击“计算机”→“管理”→“存储”→“磁盘管理”按钮,打开的对话框如图 4.2 所示。

在 Windows Server 2008 中创建主分区和扩展分区要求所操作的计算机中必须要有一

块未指派的磁盘空间。为了能够顺利完成后面的实验，建议计算机中至少要有两块硬盘（其中一块装有 Windows Server 2008 系统作为基本磁盘，其他几块用来做试验）。需要注意的是：如果新添加的磁盘是在关机的情况下安装的，则在计算机重新启动时，系统会自动检测到这台磁盘，并且自动更新磁盘系统的状态。对于支持“Hot Swapping（热插拔）”功能的计算机，在不停机的情况下添加新磁盘，需要用鼠标右键单击“磁盘管理”，在弹出的菜单中选择“重新扫描磁盘”来更新磁盘状态。

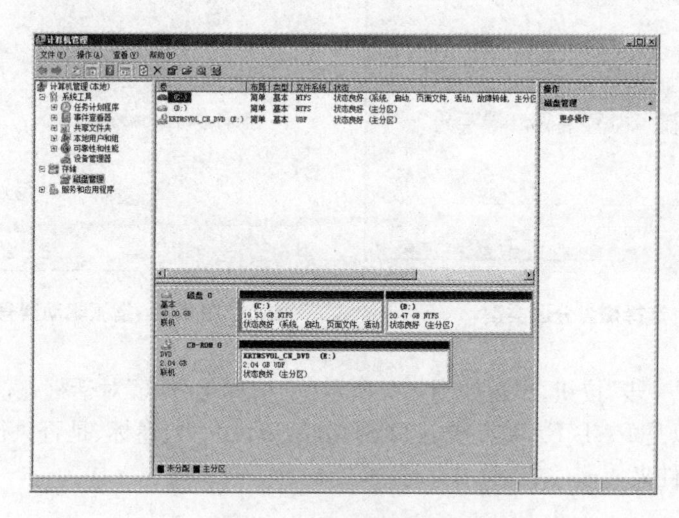

图 4.2　磁盘管理控制台

4.2.1　创建主分区

一块基本磁盘内最多可有 4 个主分区。创建主分区的具体步骤如下：

(1) 启动“磁盘管理”选项。

(2) 选取一块未指派的磁盘空间。

(3) 用鼠标右键单击该空间→“新建磁盘分区”选项，出现“欢迎使用新建磁盘分区向导”。

(4) 单击“下一步”按钮，出现如图 4.3 所示的“选择分区类型”对话框，选择“主磁盘分区”选项。

(5) 单击“下一步”按钮，出现“指定分区大小”对话框，输入该主磁盘分区的容量。

(6) 单击“下一步”按钮，出现如图 4.4 所示的“指派驱动器号和路径”对话框，选择一个驱动器号。

其中需要说明的选项是：

① “指派以下驱动器号”：用来代表该磁盘分区，例如“E：”、“F：”。

② “装入以下空白 NTFS 文件夹中”：将磁盘映射到一个 NTFS 空文件夹。如：利用“C：\Software”来代表该磁盘分区，则以后所有指定要存储到“C：\Software”的文件，都会被存储到该磁盘分区内，而不是 C 盘的 Software 文件夹中。注意：该文件夹必须为空，并且该文件夹必须是位于 NTFS 卷内。这个功能适用于 26 个磁盘驱动器号（“A：”～“Z：”）不够用的

情况。

③ “不指派驱动器号或驱动器路径”：可以在事后再指定磁盘驱动器代号或者利用一个空文件夹来代表此磁盘分区。

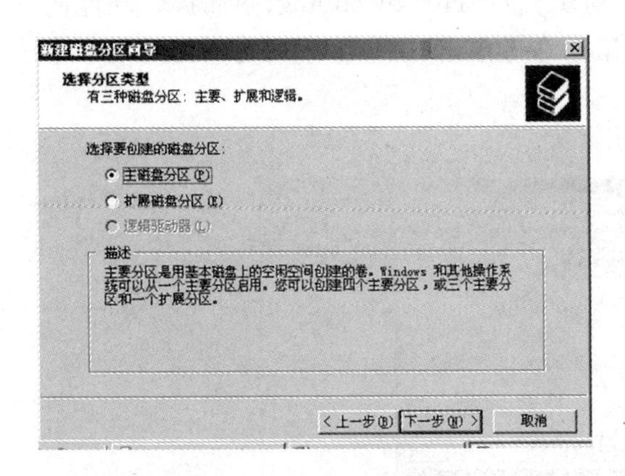

图 4.3 选择磁盘分区类型

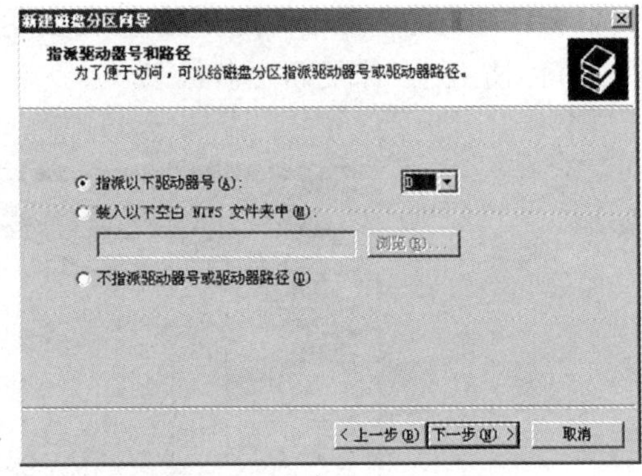

图 4.4 指派驱动器号和路径

(7) 单击“下一步”按钮，出现如图 4.5 所示的“格式化分区”对话框，选择要格式化的文件系统类型(可以是 FAT、FAT32 或 NTFS)、分配单位大小、卷标、是否执行快速格式化、是否启动文件和文件夹压缩。

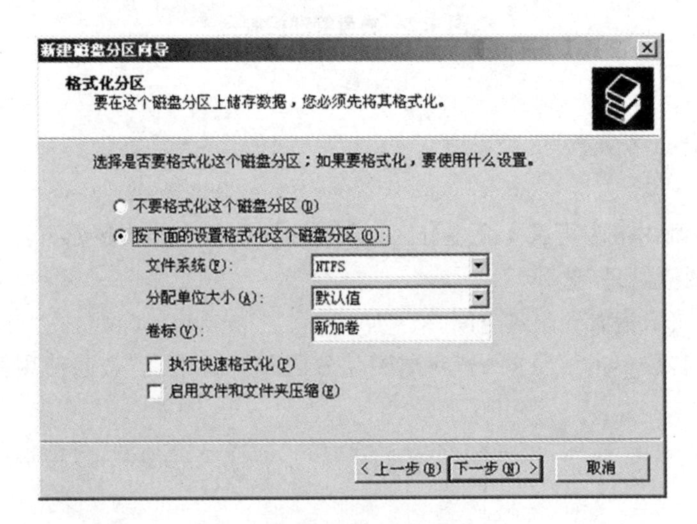

图 4.5 格式化分区

其中需要说明的选项是：

① “文件系统”：可选择 FAT、FAT32 或 NTFS 文件系统。

② “分配单位大小”：分配单位是磁盘的最小分配单位。如：若分配单位为 10 KB，则当要存储一个文件大小为 8 KB 的文件时，因为分配单位为 10 KB，因此系统会一次就分配 10 KB 的磁盘空间，但是该文件只会用到 8 KB，多余的 2 KB 将会被浪费。但是如果缩小分配单位为 1 KB，则因为系统必须连续分配 8 次才能够完成，这将影响到系统的效率。除非有特殊的需求，否则此处一般选用默认值，系统会根据该分区的大小自动设置适当的分配单位

大小。

③“卷标”:为该磁盘分区设置一个名称。默认为“新加卷”。

④“执行快速格式化”:选择此选项时,系统会重新创建FAT、FAT32或NTFS格式,但不去检查是否有坏扇区,同时磁盘内原有文件并不会真正地被删除,利用特殊的磁盘工具程序可将其恢复。

⑤“启动文件和文件夹压缩”:选择此项,则将该磁盘分区设为“压缩磁盘”,以后添加到该磁盘分区内的文件及文件夹都会被自动压缩。

(8) 单击“下一步”按钮,出现“正在完成新建磁盘分区向导”对话框,单击“完成”按钮,系统开始格式化该分区。

4.2.2　创建扩展分区

可以在基本磁盘中还没有使用(未指派)的空间中创建扩展磁盘分区,但是在一块基本磁盘中只可以创建一个扩展磁盘分区。创建好扩展磁盘分区后,就可以将该扩展磁盘分区分成一段或数段,每一段就是一个逻辑磁盘驱动器。在指派磁盘驱动器号给逻辑磁盘驱动器后,该逻辑磁盘驱动器就可供存储数据。创建扩展分区的步骤如下:

(1) 启动“磁盘管理”选项。

(2) 选取一块未指派的空间。

(3) 用鼠标右键单击该空间→“新建磁盘分区”选项,出现“欢迎使用新建磁盘分区向导”。

(4) 单击“下一步”按钮,出现如图4.6所示的“选择分区类型”对话框,选择“扩展磁盘分区”。

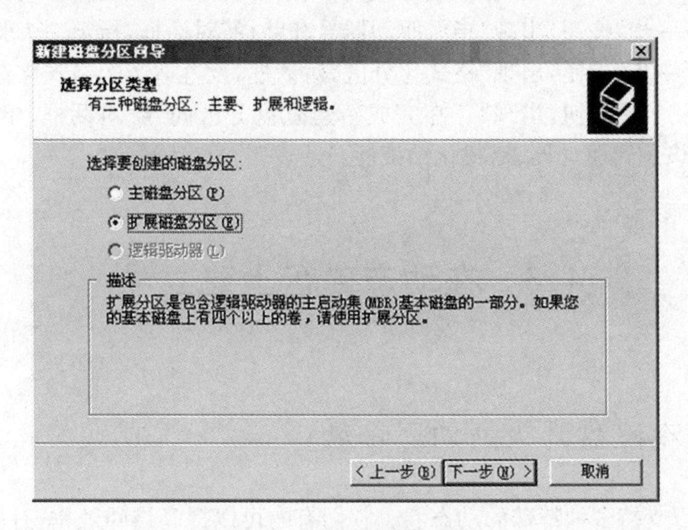

图4.6　选择扩展磁盘分区

(5) 单击“下一步”按钮,出现“指定分区大小”对话框,输入该扩展分区的容量。

(6) 单击“下一步”按钮,出现“正在完成新建磁盘分区向导”对话框,单击“完成”按钮,将未指派空间变成为可用空间。

4.2.3 创建逻辑驱动器

创建逻辑驱动器的具体步骤如下：

(1) 用鼠标右键单击扩展磁盘分区，在弹出的菜单中选择“创建逻辑驱动器”选项，出现“欢迎使用新建磁盘分区向导”对话框。

(2) 单击“下一步”按钮，出现如图4.7所示的“选择分区类型”对话框，选择“逻辑驱动器”。

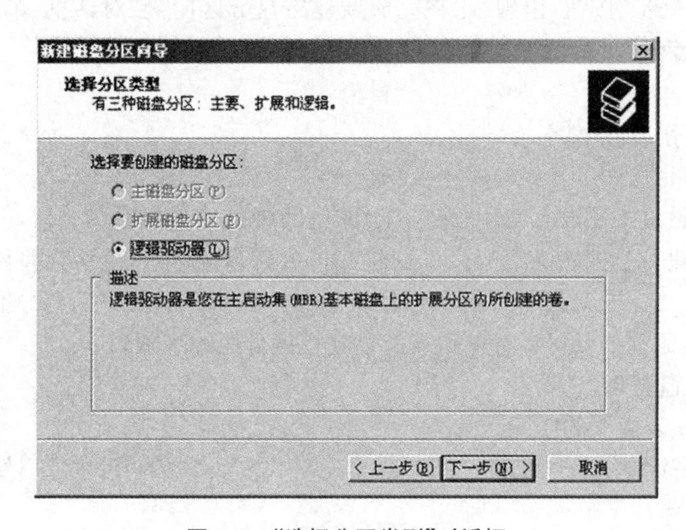

图4.7 “选择分区类型”对话框

(3) 单击“下一步”按钮，出现“指定分区大小”对话框，输入该逻辑驱动器的容量。

(4) 单击“下一步”按钮，出现“指派驱动器号和路径”对话框，指定一个驱动器代号。

(5) 单击“下一步”按钮，出现“格式化分区”对话框，设置适当的格式化选项值。

(6) 单击“下一步”按钮，出现“正在完成新建磁盘分区向导”对话框，单击“完成”按钮，系统开始格式化该逻辑驱动器，格式化结束后新建逻辑分区完成。

4.3 在动态磁盘上建立卷

4.3.1 从基本磁盘升级到动态磁盘

动态磁盘可以支持多种特殊的动态卷。它们有的可以提高访问效率，有的可以提供容错功能，有的可以扩大磁盘的使用空间。正是基于动态磁盘的这些优点，所以当安装好 Windows Server 2008 之后可以将原有磁盘上的基本磁盘转化为动态磁盘。在基本磁盘升级到动态磁盘的过程中，磁盘上的数据不会丢失。需要注意的是：从基本磁盘转换为动态磁盘要求硬盘上至少有1 MB的未分配空间，从动态磁盘转换为基本磁盘的操作会导致磁盘上的数据丢失。

将基本磁盘升级为动态磁盘的具体步骤如下：

(1) 关闭所有正在运行的应用程序,启动"磁盘管理"。

(2) 用鼠标右键单击要升级的基本磁盘(如磁盘1或磁盘2,注意从基本磁盘转换为动态磁盘只能转换整个硬盘,而不能转换某个分区或驱动器)→"转换到动态磁盘"选项,出现"转换为动态磁盘"对话框,如图4.8所示。

(3) 选择一个或多个磁盘,单击"确定"按钮。如果要转换的磁盘上没有安装操作系统,则系统开始转换磁盘。完成操作后,在"磁盘管理"选项中可以看到磁盘的类型都已经变为"动态"。

(4) 如果要转换的磁盘上有操作系统,将出现"要转换的磁盘"对话框,如图4.9所示。列表中列出了待转换磁盘的情况,单击"转换"按钮,出现如图4.10所示的系统提示框。

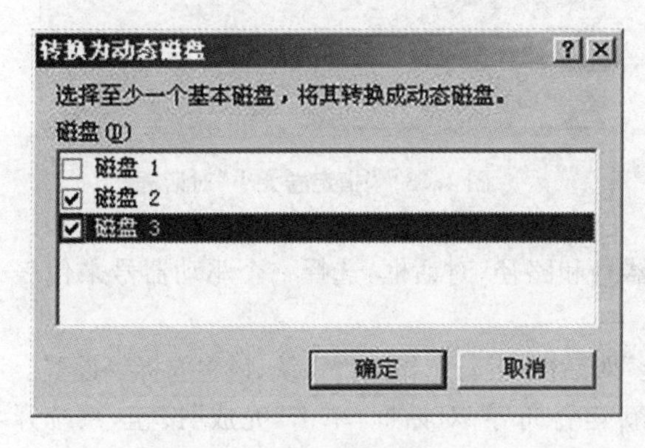

图4.8 转换为动态磁盘

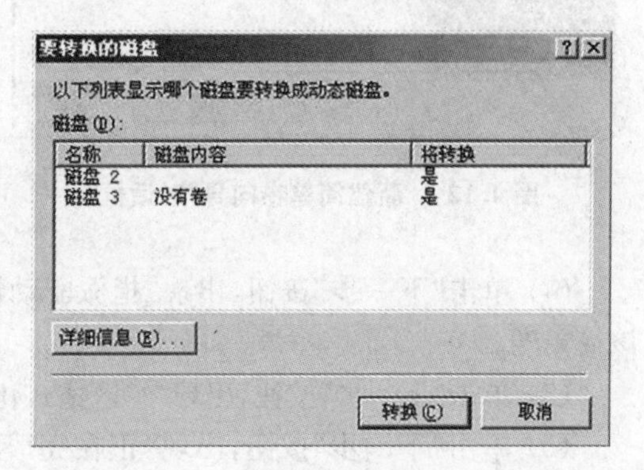

图4.9 "要转换的磁盘"对话框

(5) 单击"是"按钮确认,出现如图4.11所示的转换磁盘提示框。单击"是"按钮,出现"确认"提示框,提示"要完成转换过程,需要重新启动",单击"确认"按钮,系统重启,并完成转换。完成操作后,在"磁盘管理"中可以看到磁盘的类型已经变为"动态"。

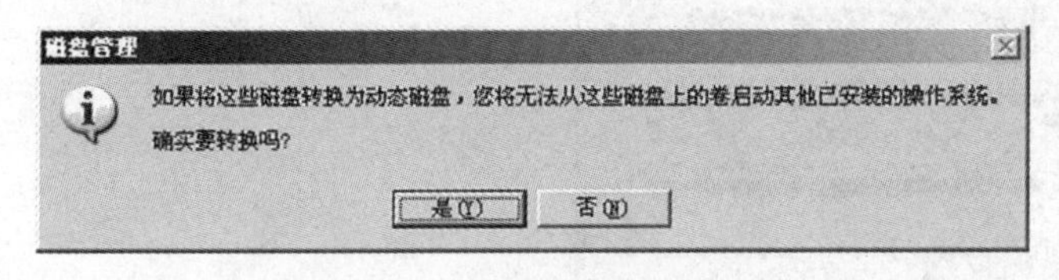

图4.10 "磁盘管理"提示框

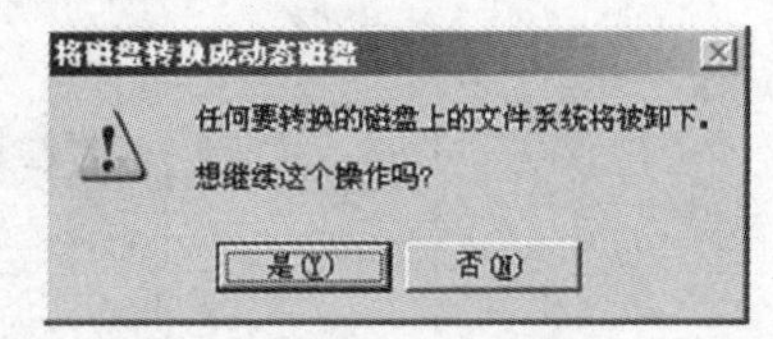

图4.11 "转换磁盘"提示框

假设要转换的磁盘在转换之前就已经创建了磁盘分区,如果其为主磁盘分区或扩展磁盘分区,则它们会被转换为"简单卷";如果其为镜像集、带区集、奇偶校验的带区集、卷集等由 Windows NT 4.0 升级过来的卷,则会被自动转换为对应的动态卷。

4.3.2 简单卷

创建简单卷的具体步骤如下:

(1) 启动"磁盘管理"。

(2) 用鼠标右键单击一块动态磁盘内的未指派空间,出现如图4.12所示的"新建简单卷向导"对话框。

(3) 单击“下一步”按钮,出现如图 4.13 所示的“指定卷大小”对话框,设置“简单卷大小”选项。

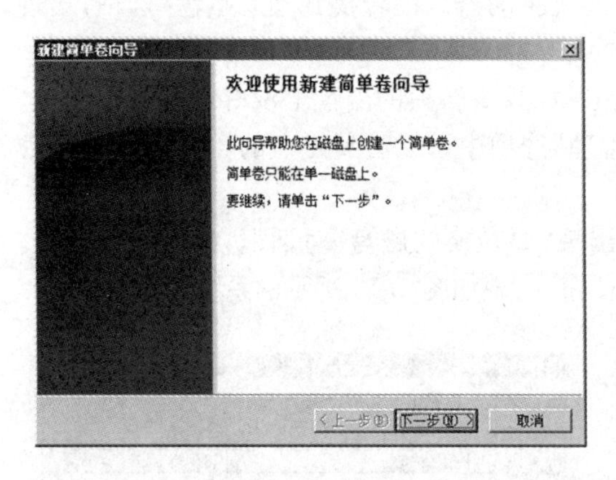

图 4.12 “新建简单卷向导”对话框

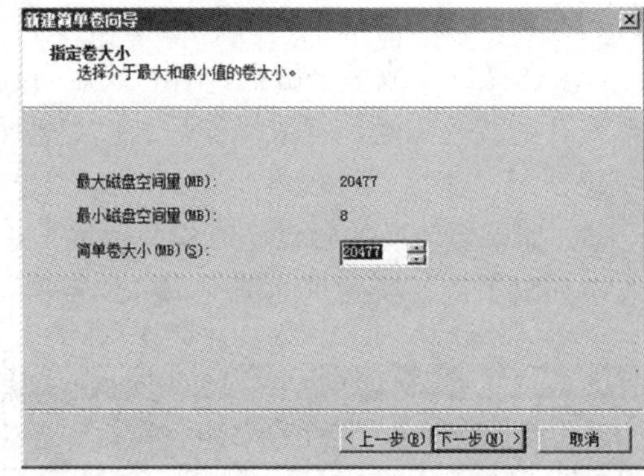

图 4.13 “指定卷大小”对话框

(4) 单击“下一步”按钮,出现“指派驱动器号和路径”对话框,选择一个驱动器号来代表该简单卷。

(5) 单击“下一步”按钮,出现“卷区格式化”对话框,进行选择文件系统、设置卷标等设置。

(6) 单击“下一步”按钮,出现“正在完成新建卷向导”对话框,单击“完成”按钮,系统开始格式化该简单卷。完成后如图 4.14 所示。

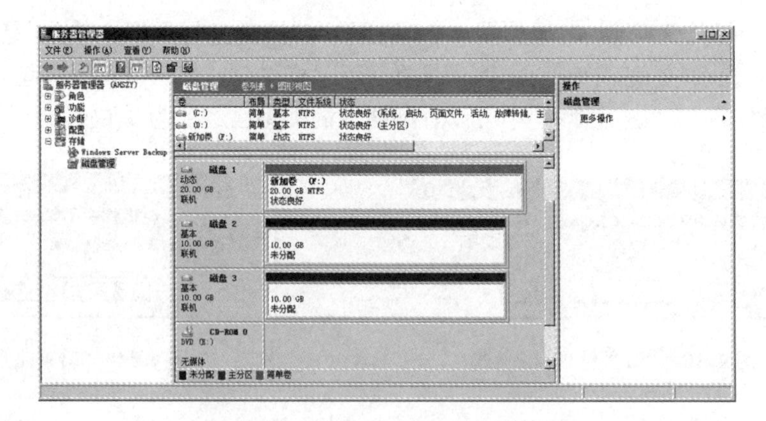

图 4.14 简单卷(F:)创建完成对话框

可以扩展 NTFS 格式的简单卷(FAT/FAT32 格式不能被扩展),也就是将其他的未指派空间合并到简单卷内,以便扩大其容量,但这些未指派空间局限于本磁盘上,如果选用了其他磁盘上的空间,则扩展后就变成了跨区卷。简单卷可以成为镜像卷、带区卷或 RAID-5 卷的成员之一,但被扩展为跨区卷后,则丢失此功能。

4.3.3 跨区卷

跨区卷是将分散在多个物理磁盘上的未指派空间组合到一个逻辑卷中,对用户而言,在访问和使用的时候感觉不到是在使用多个磁盘。假设在磁盘 0 上有 300 MB 的空间，在磁盘 1 上有 100 MB 的空间，则可以将这 400 MB 的磁盘空间组成一个跨区卷。数据将先写入到该卷的前 300 MB 中，写满后再写入到后 100 MB 中。利用跨区卷可以将分散在多个磁盘上的小的磁盘空间组合在一起，形成一个大的能够统一使用和管理的卷，从而有效地提高磁盘空间的利用率。

创建跨区卷的具体操作如下：

(1) 启动"磁盘管理"选项。

(2) 用鼠标右键单击一块动态磁盘的未指派空间，出现"新建卷向导"对话框。

(3) 单击"下一步"按钮，出现如图 4.12 所示的"新建简单卷向导"对话框。

(4) 单击"下一步"按钮，出现如图 4.15 所示的"选择磁盘"对话框，因为跨区卷要求两块或两块以上的磁盘，因此在"所有可用的动态磁盘"列表中选择另一个磁盘，单击"添加"按钮将其加入到"选定的动态磁盘"列表，然后输入来自不同磁盘的空间大小。

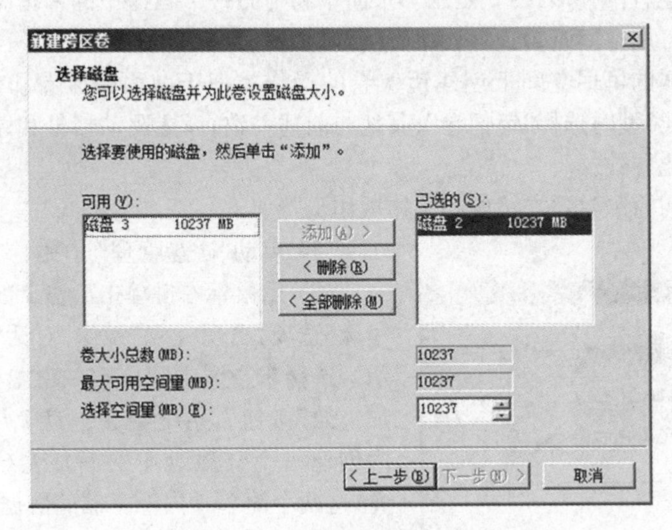

图 4.15　"选择磁盘"对话框

(5) 单击"下一步"按钮，出现"指派驱动器号和路径"对话框，选择一个驱动器号来代表跨区卷。

(6) 单击"下一步"按钮，出现"卷区格式化"对话框，为跨区卷指定文件系统格式以及是否进行格式化。

(7) 单击"下一步"按钮，出现"正在完成新建卷向导"对话框，单击"完成"按钮，系统开始创建与格式化该跨区卷。

4.3.4　带区卷

带区卷与跨区卷的最大区别是来自于不同磁盘的空间大小必须相同，而且数据写入是以 64 KB 为单位平均写入每个磁盘内。读取数据的时候也一样，数据是从多块磁盘中同时读取出来。因此其读写性能是最好的。但它不支持容错功能，其成员当中任何一个磁盘出现故障时，整个带区内的数据都将跟着丢失。而且带区卷一旦被创建好后，就无法再被扩展。带区卷的功能类似于磁盘阵列 RAID 0 标准(条带化存储,存取速度快,但不具有容错能力)。

创建带区卷的操作与创建跨区卷的操作相似,需要注意的是:不同磁盘参与带区卷的空间大小必须一样,并且最大值不能超过参与该卷的未指派空间的最小容量。最后生成的带区卷是参与该卷的未指派空间的总和。

4.3.5 镜像卷

镜像卷是一种具有容错功能的卷,组成该卷的空间必须来自于不同的磁盘。数据在写入的时候是被同时写入到这两个磁盘中,当一块磁盘出现故障时可以由另一块磁盘提供数据。镜像卷的容错性能非常好,读性能较好,但这种卷的磁盘利用率很低(50%)。其功能类似于磁盘阵列 RAID 1 标准。与跨区卷、带区卷不同的是,它可以包含系统卷和启动卷。

镜像卷的创建有两种形式:一是用一个简单卷与另一个磁盘中的未指派空间组合;二是由两个未指派的可用空间组合。

在两个未指派的可用空间上创建镜像卷的操作类似于前面跨区卷和带区卷的创建过程,区别是选择卷类型时选择"镜像卷";其他与前述一致,设置驱动器号和路径,设置磁盘空间大小以及格式化参数。

为一个已有的简单卷添加镜像的具体操作步骤如下:

(1) 启动"磁盘管理"选项。

(2) 用鼠标右键单击磁盘 1 的简单卷→"添加镜像"选项,出现"添加镜像"对话框,如图 4.16 所示。选择未指派空间所在的磁盘 2,然后单击"添加镜像"按钮。系统会在磁盘 2 中的未指派空间内创建一个与磁盘 1 的新加卷(E:)相同的简单卷,这两个简单卷内所存储的数据相同。

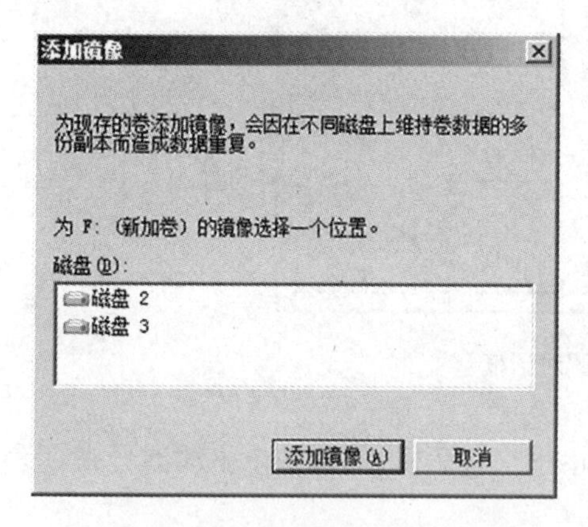

图 4.16 "添加镜像"对话框

整个镜像卷被视为一体,如果要单独使用镜像卷中的某一个成员,则可以通过下列方法之一:

(1) 中断镜像:用鼠标右键单击镜像卷中任何一个成员,在弹出菜单中选择"中断镜像"按钮即可中断镜像关系。镜像关系中断以后,两个成员都变成了简单卷,但其中的数据都会被保留。并且,磁盘驱动器号也会改变,处于前面卷的磁盘驱动器号沿用原来的代号,而后一个卷的磁盘驱动器号将会变成下一个可用的磁盘驱动器号。

(2) 删除镜像:用鼠标右键单击镜像卷中任何一个成员,在弹出菜单中选择"删除镜像"按钮,选择删除其中的一个成员,被删除成员中的数据将全部被删除,它所占用的空间将被改为未指派的空间。

镜像卷具有容错能力,如果其中某个成员出现故障时,系统还能够正常运行,但是不再具有容错能力,需要修复出现故障的磁盘。修复的方法很简单,删掉出现故障的磁盘,添加一台新磁盘(该磁盘需要转换为动态磁盘),然后用镜像卷中的工作正常的成员(此时已变为简单卷)重新添加镜像即可。

4.3.6　RAID-5 卷

RAID-5 卷与带区卷相类似，也是由多个分别位于不同磁盘的未指派空间所组成。不同的是：RAID-5 在存储数据时，会另外根据数据的内容计算出其奇偶校验数据，并将该奇偶校验数据一起写入到 RAID-5 卷内。当某个磁盘因故无法读取时，系统可以利用该奇偶校验数据，推算出故障磁盘内的数据，让系统能够继续运行。不过，只有在一块硬盘故障的情况下，RAID-5 卷才提供容错功能。若有两块及其以上的硬盘出现问题时，RAID-5 卷是无法恢复数据的。因此，在 RAID-5 卷中若有一块硬盘出现故障要及时更换处理。

RAID-5 卷至少要由 3 个磁盘组成，系统以 64 KB 单位写入数据。且奇偶校验数据不是存储在固定的磁盘内，而是依序分布在每个磁盘内。如：第一次写入时存储在磁盘 0，第二次写入时存储在磁盘 1……存储到最后一个磁盘后，再从磁盘 0 开始存储。

RAID-5 卷的写入效率相对镜像卷较差，因为写入数据的同时要进行奇偶校验数据的计算，但读取数据时性能较好，因为可以同时从多个磁盘读取数据，并且不用计算奇偶校验数据。

RAID-5 卷的磁盘空间有效利用率为 $(n-1)/n$，其中 n 为磁盘的数目。如：n 为 4 时，利用率为 75%。从这一点上看，比镜像卷的 50%要好。

创建 RAID-5 卷的具体操作步骤如下：

(1) 启动“磁盘管理”选项。

(2) 用鼠标右键单击一块动态磁盘的未指派空间，出现“新建 RAID-5 卷向导”对话框。

(3) 单击“下一步”按钮，出现“选择磁盘”对话框，系统默认会以其中容量最小的空间为单位，用户也可以自己设定容量。注意：如果可用的磁盘不足 3 个时，将不允许创建 RAID-5 卷。

(4) 单击“下一步”按钮，类似前面创建其他动态卷，指派驱动器号和路径、设置格式化参数之后，即可完成 RAID-5 卷的创建。创建完成后在管理控制台中可以看到“布局”属性为“RAID-5”的逻辑卷，如图 4.17 所示。

如果 RAID-5 卷中某一磁盘出现故障时（这里假定磁盘 3 出现故障），将会出现如图 4.18 所示的情形，出现标记为“丢失”的动态磁盘。

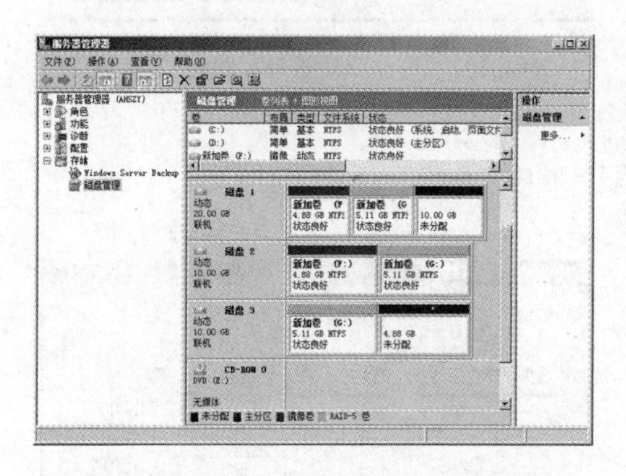

图 4.17　RAID-5 卷(G:)创建完成对话框

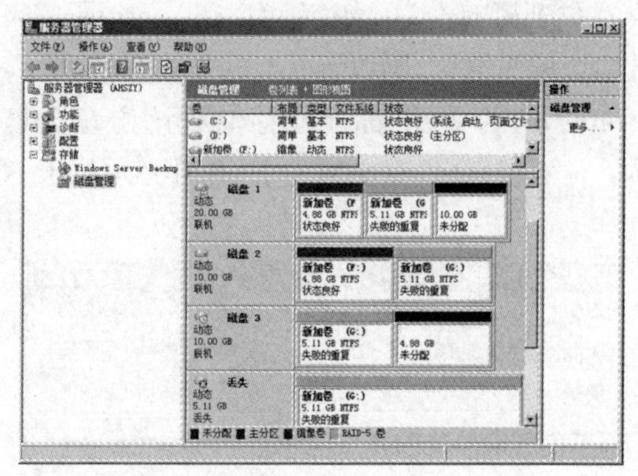

图 4.18　新加卷(G:)丢失对话框

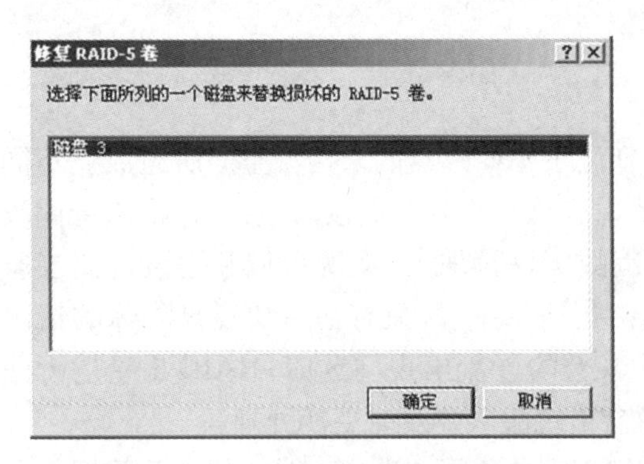

图 4.19 “修复 RAID-5 卷”对话框

要恢复 RAID-5 卷，可参照如下步骤进行：

(1) 将故障盘从计算机中拔出，将新磁盘装入计算机，保证连线正确。

(2) 用鼠标右键单击“磁盘管理”选项，选择“重新扫描磁盘”。

(3) 用鼠标右键单击“失败”选项的 RAID-5 卷工作正常的任一成员，在弹出菜单中选择“修复卷”选项，弹出如图 4.19 所示的对话框，选择新磁盘来取代原来的故障磁盘。单击“确定”按钮。

(4) 完成之后将标记为“丢失”的磁盘删除掉，RAID-5 卷恢复正常。

4.4 磁盘管理

4.4.1 更改磁盘驱动器号及路径

更改磁盘驱动器号或者磁盘路径操作如下：

(1) 用鼠标右键单击要更改的磁盘分区(卷)或光驱→“更改驱动器名和路径”按钮，弹出如图 4.20 所示的对话框。

(2) 单击“更改”按钮，在如图 4.21 所示的对话框中更改驱动器号。

(3) 在图 4.20 中单击“添加”按钮，出现如图 4.22 所示的对话框，可以设置一个文件夹对应到磁盘分区，如：利用“C:\software”来代表该磁盘分区，则以后所有指定要存储到“C:\software”的文件，都会被存储到该磁盘分区内。注意：该文件夹必须为空，并且必须位于 NTFS 卷内。单击“确定”按钮即可。

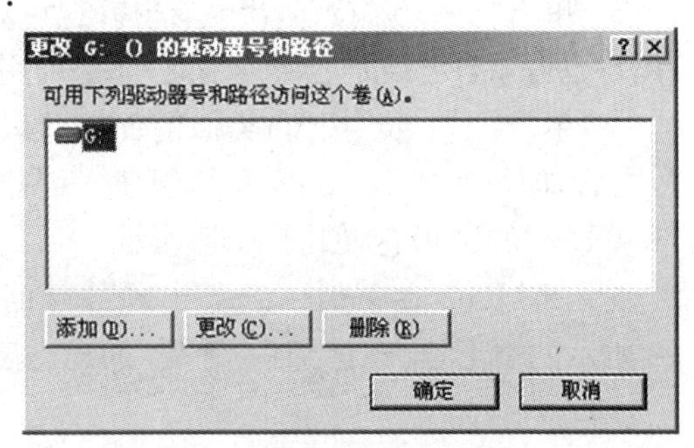

图 4.20 “更改驱动器号和路径”对话框

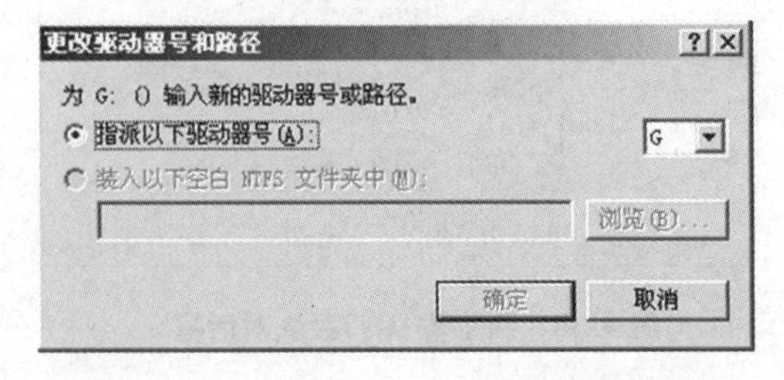

图 4.21 “更改驱动器号和路径”对话框

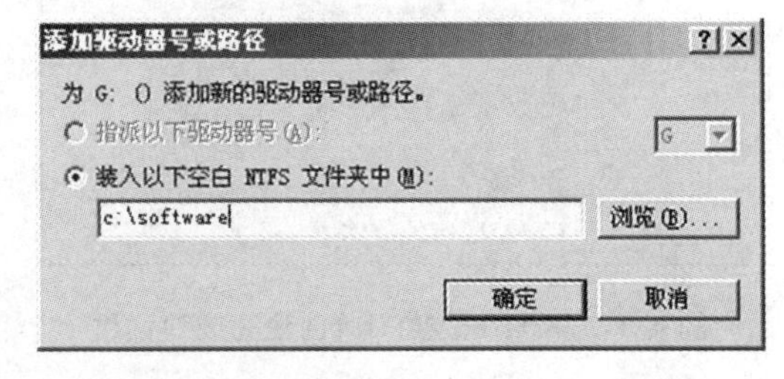

图 4.22 “添加驱动器号或路径”对话框

需要说明的是：我们无法更改系统磁盘分区与启动磁盘分区的磁盘驱动器号。一般情况下，建议不要任意更改磁盘驱动器号，因为这有可能造成一些应用程序无法正常运行。

4.4.2　磁盘整理与故障恢复

Windows Server 2008 中自带了“碎片整理”、“磁盘查错”等工具，在“计算机”或“资源管理器”中用鼠标右键单击任意一个磁盘，选择“属性”菜单，打开“属性”对话框，选择“工具”属性页，如图 4.23 所示，其中包含了“碎片整理”、“查错”和“备份”三个常用工具。

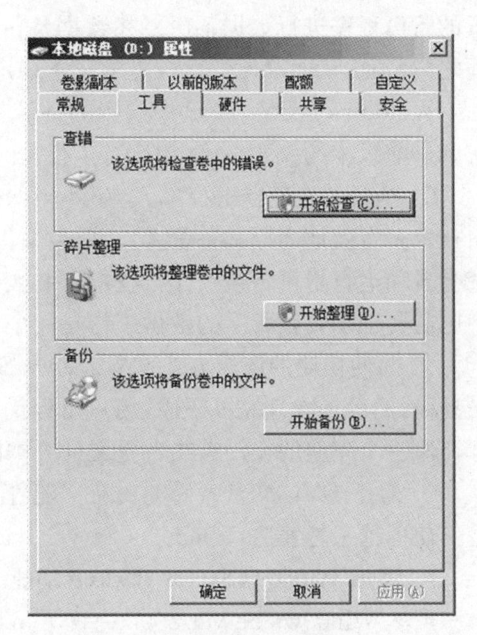

图 4.23　“工具”选项卡

(1) “碎片整理”工具：是用来消除磁盘上的碎片的，即整理一些零散的数据。磁盘使用一段时间后，由于不断地进行添加或删除操作，其中的数据难免会零零散散，因而使得系统在读取磁盘内的文件时浪费较多的时间，造成访问效率降低。通过磁盘碎片整理可以让同一个文件存储在磁盘内的连续空间中，从而提高磁盘访问效率。单击图 4.23 中的“开始整理”按钮即可进行磁盘碎片整理。

(2) “查错”工具：提供了检查磁盘错误的功能，当它扫描到磁盘内有损坏的扇区时，就将该扇区标记起来，之后就不会再尝试将数据写在该扇区内了。若该扇区的内容可勉强读出，则会在读出数据后，将这些数据存储到其他扇区，并将该不稳定的扇区标记起来，以免以后再将数据写入其中。单击图 4.23 中的“开始检查”按钮即可进行磁盘检查。

(3) “备份”工具：可用来进行备份/还原操作，以及创建紧急修复磁盘的工作，如图 4.23 所示。

4.4.3　备份和还原数据

系统容错指的是在系统出现各种软硬件故障时，系统仍然能够保护正在运行的工作和继续提供正常服务的能力，因此保证数据和服务的可用性是容错的一个重要内容。灾难恢复是指在出现软硬件故障后尽最大可能保护重要的数据，使资源不受破坏，也包括当出现故障时使损失降低到最小，并且不影响其他服务。主要的系统容错和灾难恢复方法有如下 3 种：

(1) 配置不间断电源

不间断电源实际上就是一个蓄电池，主要作用是保证输入计算机的供电不中断，防止电压欠载、电涌和频率偏移现象。有了不间断电源之后，一旦遇到意外断电之类的情况，计算机就不会由于突然断电而造成系统崩溃、程序出错、文件丢失，甚至硬盘损坏之类的故障。

(2) 利用 RAID 实现容错

RAID 是为了防止因为硬盘故障而导致数据丢失或者导致系统不能正常工作的一组硬盘

阵列。通过RAID可以将重复的数据保存到多个硬盘上，因此降低了数据丢失的风险。常见的RAID分为硬件RAID和软件RAID两种。前者由第三方供应商提供各种磁盘阵列产品；后者主要是整合在操作系统中的软件RAID，如Windows Server 2008中内置的RAID功能。

（3）数据的备份和还原

数据的备份和还原是预防数据丢失的最常用手段之一。一方面可以借助Ghost之类的专业工具对某个分区甚至整个磁盘进行备份；另一方面可以使用Windows Server 2008中内置的备份程序进行数据备份。在数据备份完成之后，一旦发现数据出错也能够在最短的时间之内恢复，从而确保计算机能够正常稳定地运行。

Windows Server 2008中内置的备份和还原数据功能被称为Windows Server Backup，它和以前版本的Windows相比有了很大的改变，也让用户备份数据更加轻松快捷。

① 全新的快速备份技术。Windows Server Backup使用了卷影副本服务和块级别的备份技术来有效地还原和备份操作系统、文件以及文件夹。当用户第一次完成完全备份后，系统会自动运行增量备份操作，这样就只会传输上次备份后变化的数据，而在以前版本中，用户则需要手动设置每次的备份工作是完全备份还是增量备份。

② 简便快捷的还原方法。Windows Server Backup能够自动识别出备份操作的增量备份动作，然后一次性完成还原，用户可以简单地选择所需还原的文件的不同版本，还可以选择还原一个完整的文件夹或者是文件夹中的某些特定文件。

③ 对于DVD光盘备份的支持。随着备份量的增大以及刻录工具的普及，DVD介质的备份使用越来越普遍，Windows Server Backup也提供了对于DVD光盘备份的支持。

1. 添加Windows Server Backup功能

虽然Windows Server 2008内置了Windows Server Backup功能，但是这个组件在安装的时候并没有被默认安装，因此需要参照下述步骤来添加Windows Server Backup功能。

（1）在“开始”菜单中选择“服务器管理器”命令，打开服务器管理界面，选择左侧“功能”选项之后，在右部区域中单击“添加功能”，进入“选择功能”对话框，在对话框中选择“Windows Server Backup”选项，接着单击“下一步”按钮开始安装Windows Server Backup功能，如图4.24所示。

（2）等待几分钟后即可完成Windows Server Backup功能的安装，如图4.25所示，单击“关闭”按钮，即可结束Windows Server Backup功能的安装。

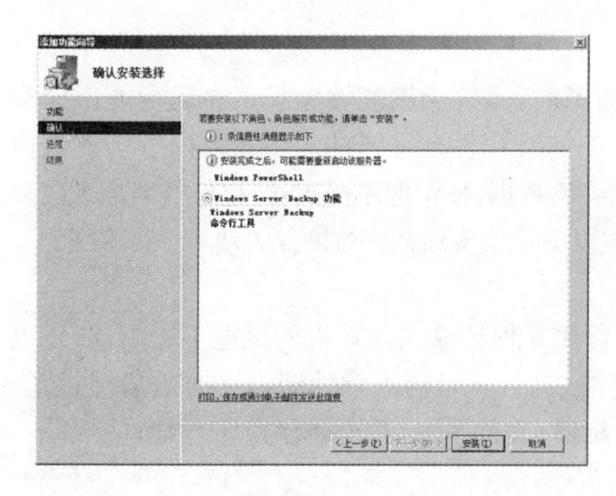

图4.24 准备安装Windows Server Backup对话框

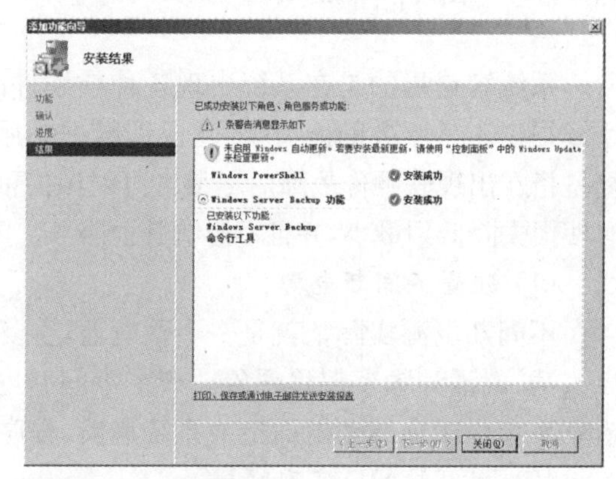

图4.25 完成Windows Server Backup安装对话框

2. 使用 Windows Server Backup 备份数据

安装 Windows Server Backup 功能之后，运行"开始"→"管理工具"→"Windows Server Backup"命令打开 Windows Server Backup 功能主界面，如图 4.26 所示。在窗口右侧提供了备份计划、一次性备份、恢复等选项，可以按需选择对 Windows Server 2008 创建备份。

备份计划是指预先设定需要备份的源文件路径与时间，而由系统自动进行备份。设置备份计划可以参照以下步骤进行操作：

(1) 单击如图 4.26 所示的 Windows Server Backup 主界面右侧的"备份计划"选项，打开如图 4.27 所示的备份计划向导"入门"对话框，单击"下一步"按钮继续。

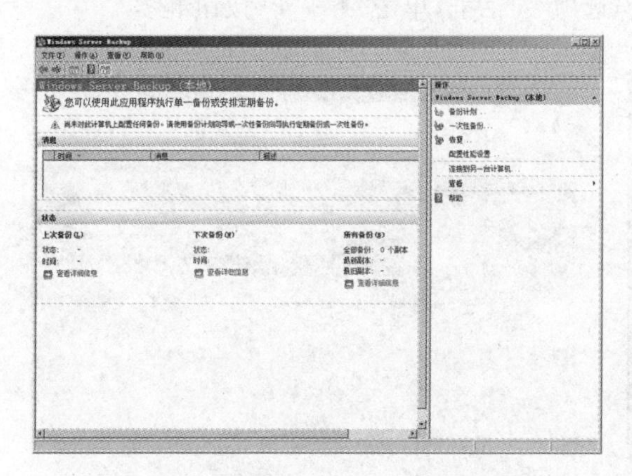

图 4.26 "Windows Server Backup"对话框

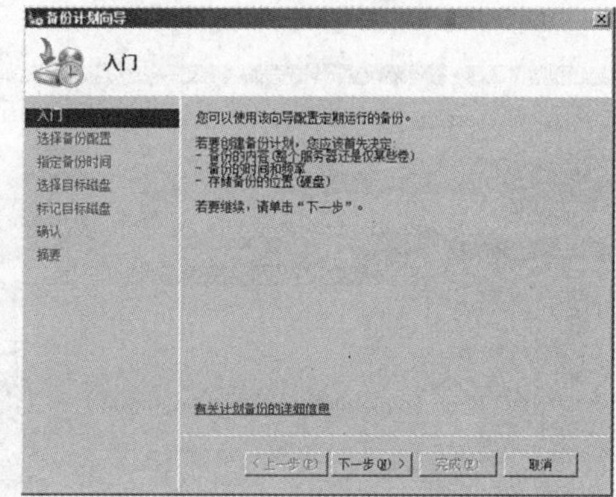

图 4.27 "备份计划向导"对话框

(2) 进入"选择备份配置"对话框，如图 4.28 所示。可以选择"整个服务器"或者"自定义"两项，在此单击"整个服务器"单选按钮进行备份。两个选项具体功能如下：

① 整个服务器：能够备份所有服务器数据、应用程序以及系统状态，是对 Windows Server 2008 系统创建一个完整的备份。

② 自定义：根据实际需要选择需要备份的项目。

(3) 单击"下一步"按钮，进入"指定备份时间"对话框，如图 4.29 所示。此时可以选取每日备份一次或者多次，如果是每日备份则只需设置固定备份的时间点即可；如果对服务器

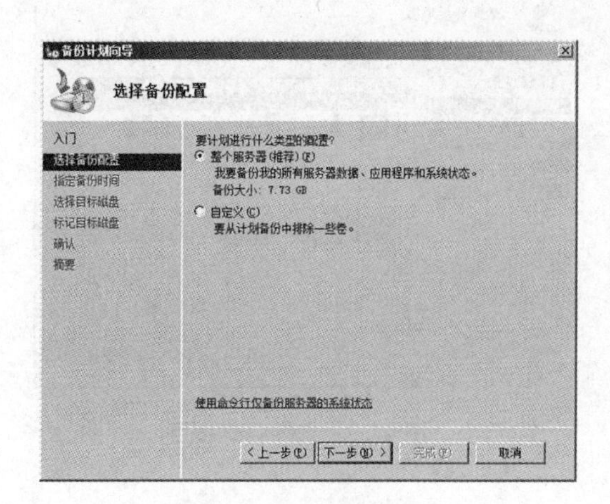

图 4.28 选择备份配置

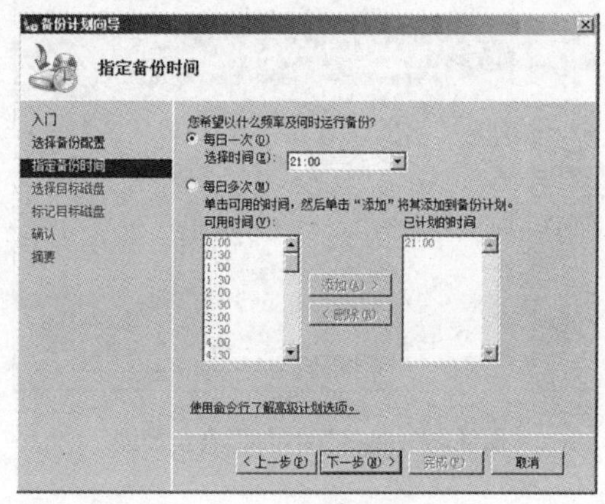

图 4.29 指定备份时间

中的数据非常关注，则可以选择“每天多次”单选按钮，并且在“可用时间”列表中选取时间点，单击“添加”按钮将其添加到右侧“已计划的时间”列表中，以实现每天多次备份的目的。

(4) 单击“下一步”按钮，进入“选择目标磁盘”对话框，如图 4.30 所示。在此选择备份文件夹存放的目标磁盘，这时需要选择有较多可用空间的磁盘来存储备份文件。

3. 一次性备份

与备份计划相比，一次性备份是让用户设置相关的备份参数，并立即开始数据备份。进行一次性备份可以参照下述步骤进行操作：

(1) 单击如图 4.26 所示的 Windows Server Backup 主界面右侧的“一次性备份”选项，打开如图 4.31 所示的一次性备份向导“备份选项”对话框，单击“下一步”按钮继续。

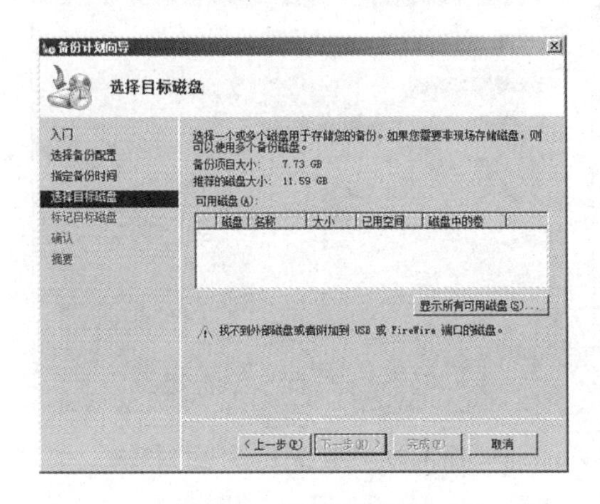

图 4.30　选择目标磁盘

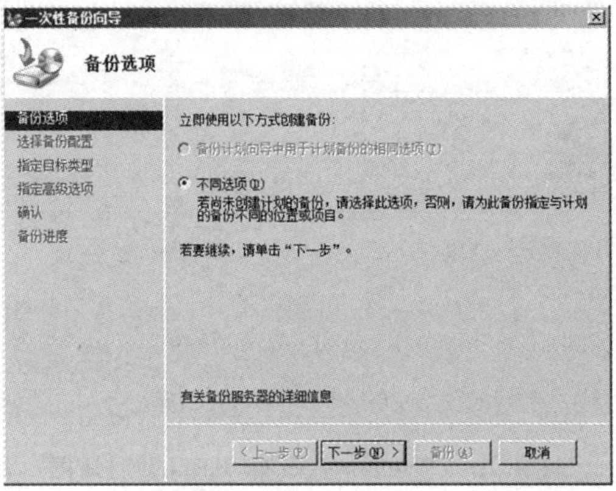

图 4.31　一次性备份向导

(2) 进入“选择备份配置”对话框，如图 4.32 所示。在选择备份类型的时候可以针对整个服务器备份，也可以自定义备份特定的项目，在此选择“自定义”单选按钮。

(3) 单击“下一步”按钮，进入“选择备份项目”对话框，如图 4.33 所示。选择备份项目的时候可以取消不需要项目的复选框，只保留所需备份数据卷。

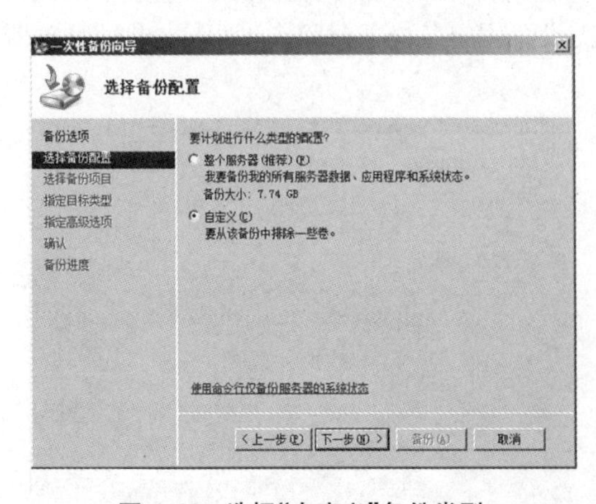

图 4.32　选择“自定义”备份类型

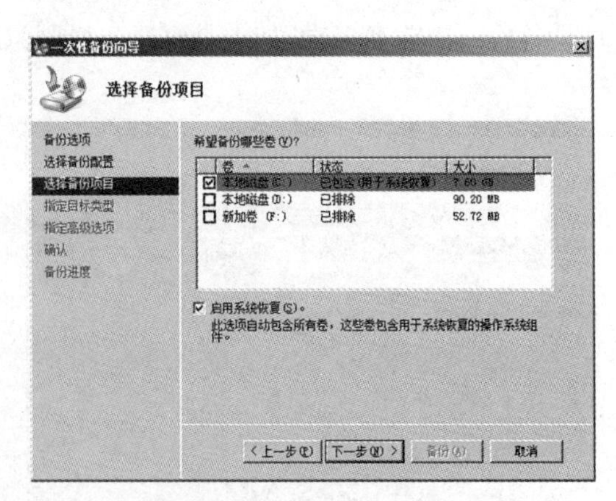

图 4.33　选择备份项目

(4) 单击“下一步”按钮，进入“指定目标类型”对话框，如图 4.34 所示。此时可以选择本地驱动器或者远程计算机中的某个共享文件夹，一般建议选择“本地驱动器”单选按钮，直接把备份文件存放到本地磁盘中。

(5) 单击“下一步”按钮，进入“选择备份目标”对话框，如图 4.35 所示。选择有较大可用空间的本地磁盘来存放备份文件。

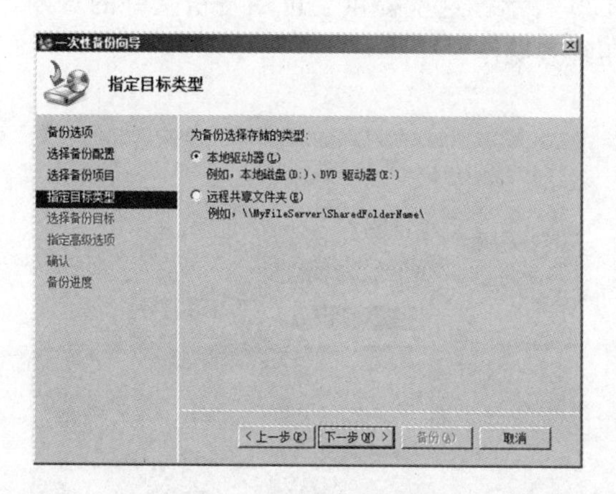

图 4.34　指定目标类型

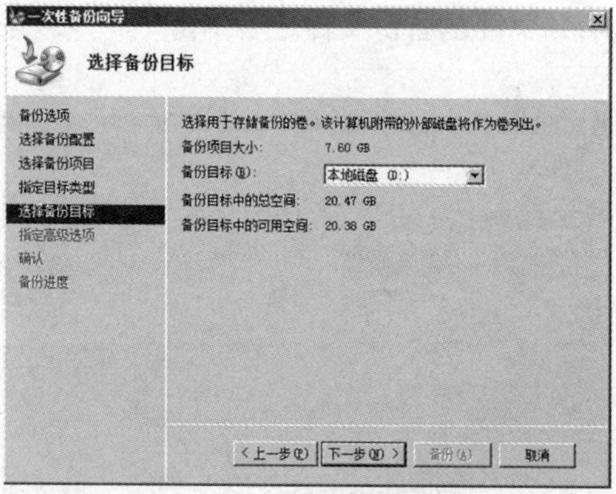

图 4.35　选择备份目标

(6) 单击“下一步”按钮，进入“指定高级选项”对话框，如图 4.36 所示。选择创建卷影复制服务备份类型，这里提供了“VSS 副本备份”和“VSS 完全备份”两种，一般建议选择前者。

(7) 单击“下一步”按钮，进入“确认”对话框，如图 4.37 所示。在这里可以了解到备份操作的主要信息，确认无误之后单击“备份”按钮开始备份操作。

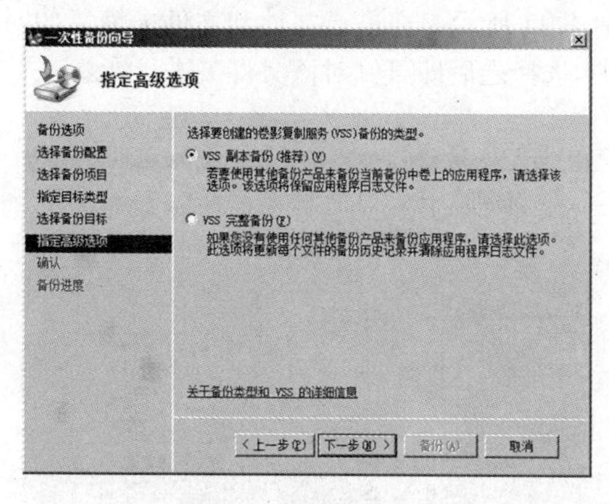

图 4.36　指定高级选项

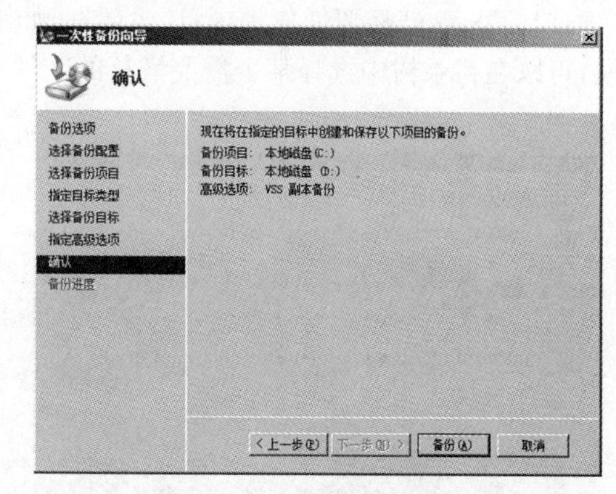

图 4.37　确认备份信息设置

(8) 单击“备份”按钮后进入“备份进度”对话框，整个备份过程所需时间比较长，在此期间可以查看到备份完成的百分比、数据容量等信息，完成后的主界面中可以查看到相关信息，这有助于用户了解备份内容和备份文件信息。

4. 使用 Windows Server Backup 恢复数据

一旦由于误操作、病毒或者是其他意外原因导致系统数据受损，就可以通过已经备份的文件快速恢复系统。用 Windows Server Backup 恢复备份文件可以通过下述步骤进行：

(1) 单击如图 4.26 所示的 Windows Server Backup 主界面右侧的“恢复”，打开如图 4.38 所示的恢复向导“入门”对话框，选择从哪个服务器恢复数据，然后单击“下一步”按钮继续。

(2) 进入“选择备份日期”对话框，如图 4.39 所示。这里提供了可用备份文件的日期，选择所需要的备份文件之后单击“下一步”按钮继续操作。

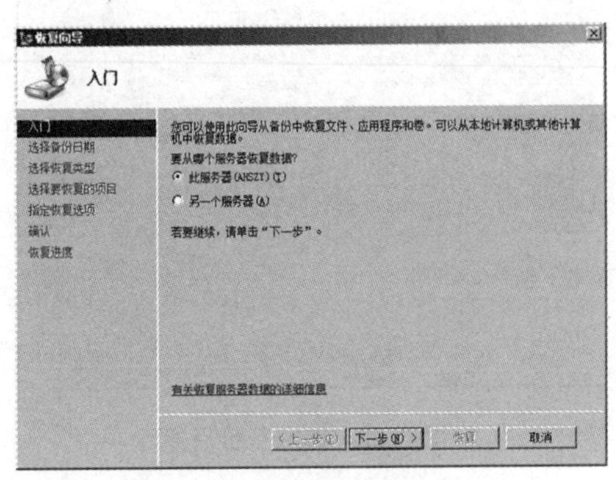

图 4.38 选择恢复数据源

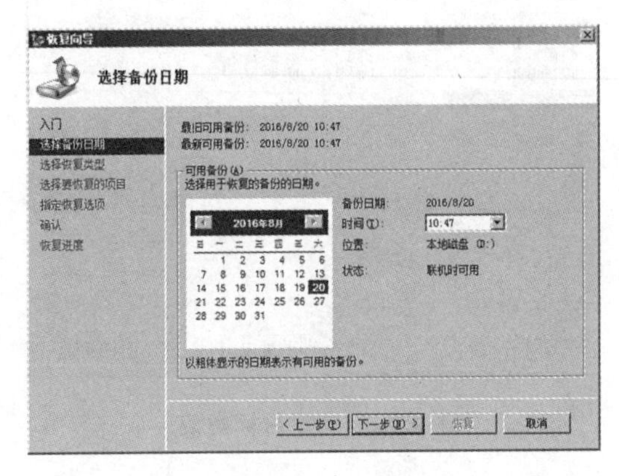

图 4.39 选择备份日期

(3) 进入“选择恢复类型”对话框，如图 4.40 所示。在设置恢复类型的时候可以选择恢复文件与文件夹，也能够针对整个卷恢复。恢复文件和文件夹的时候，可以由用户指定部分文件与文件夹恢复，而恢复卷则是把整个卷中的所有数据全部恢复。在此选择“文件和文件夹”单选按钮进行恢复。

(4) 进入“选择要恢复的项目”对话框，如图 4.41 所示。在进行文件和文件夹恢复的时候，可以在目录树中选择某个需要恢复的文件夹，选择之后即可针对该文件夹进行恢复。

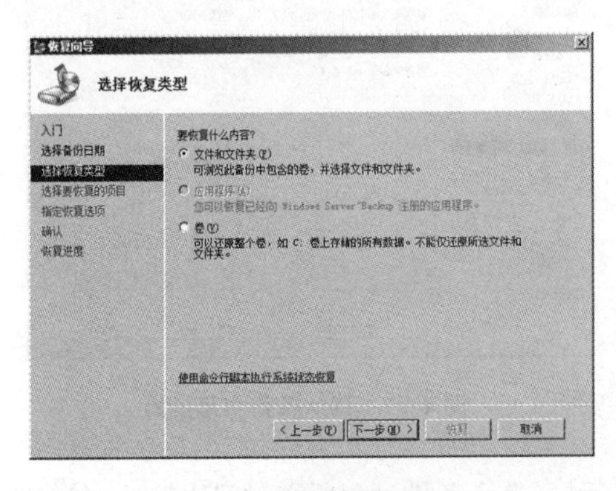

图 4.40 选择恢复类型

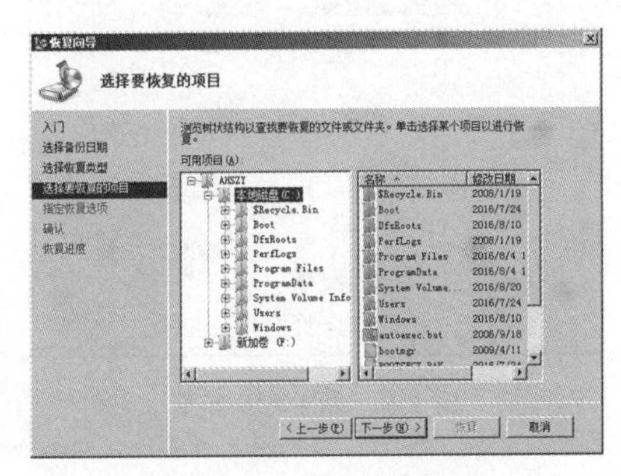

图 4.41 选择要恢复的项目

(5) 进入“指定恢复选项”对话框，如图 4.42 所示。指定恢复选项中相关的设置参数，一般采用默认的设置即可。需要注意的是，“当该向导在恢复目标中查找文件和文件夹时”区域建议设置为“创建副本，以便具有两个版本的文件或文件夹”，这样可以避免直接覆盖已有的文件或文件夹造成数据丢失。

(6) 单击“下一步”按钮，进入“确认”对话框，如图 4.43 所示。这里提供了需要恢复的项目信息，确认之后单击“恢复”按钮开始恢复操作。恢复过程中可以查看到每个文件或者文件夹的恢复进度信息，在所有文件恢复完毕之后单击“关闭”按钮结束恢复操作。恢复备份完成之后再次进入 Windows Server Backup 主界面，可以查看到备份文件和恢复备份之后的相关信息。

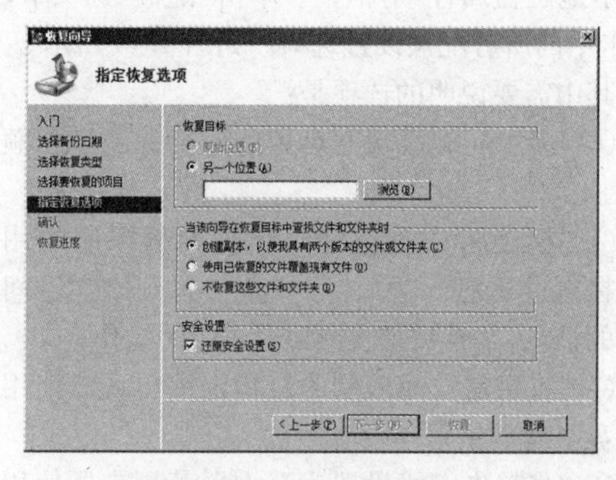

图 4.42　指定恢复选项

图 4.43　恢复确认

4.5　磁 盘 配 额

在安装 Windows Server 2008 操作系统的服务器中，系统管理员可以利用磁盘配额监视和限制每个用户使用服务器上分区或卷上的可用空间。

4.5.1　Windows Server 2008 磁盘配额的特点

Windows Server 2008 磁盘配额的特点如下：

(1) 只有使用 NTFS 5.0 的磁盘分区格式才支持磁盘配额的功能，FAT/FAT32/NTFS 4.0 的磁盘分区格式则不支持。

(2) 磁盘配额是针对单一用户来监视和限制的。系统根据用户的文件和文件夹计算磁盘空间的使用情况。当用户复制或存储一个新文件到 NTFS 分区，或取得了 NTFS 分区上的文件所有权时，Windows Server 2008 才会将文件使用的空间计入该用户的磁盘配额。

(3) 磁盘配额的计算不考虑文件压缩的因素，即磁盘配额功能在计算用户的磁盘空间总使用量时，是以文件的原始大小来计算的。

(4) 不论几个分区是否在同一个硬盘内，每个 NTFS 分区的磁盘配额都是独立计算的。

(5) 只有 Administrators 组的成员才能对磁盘配额进行设置，并且在默认情况下，系统管理员不受磁盘配额的限制。

(6) 程序可以使用的自由空间的数量是基于配额限制的。当设置了磁盘配额后，

Windows Server 2008 报告给程序的自由空间数量是用户的磁盘配额中的剩余量。

4.5.2 创建磁盘配额

磁盘配额的配置步骤如下：

双击打开“计算机”，鼠标右键单击某驱动器图标（驱动器使用的文件系统必须是NTFS），在快捷菜单中选择“属性”按钮，打开“本地磁盘属性”对话框。单击“配额”选项卡，选择“启用配额管理”复选框，激活“配额”选项卡中的所有配额设置选项。如图 4.44 所示。

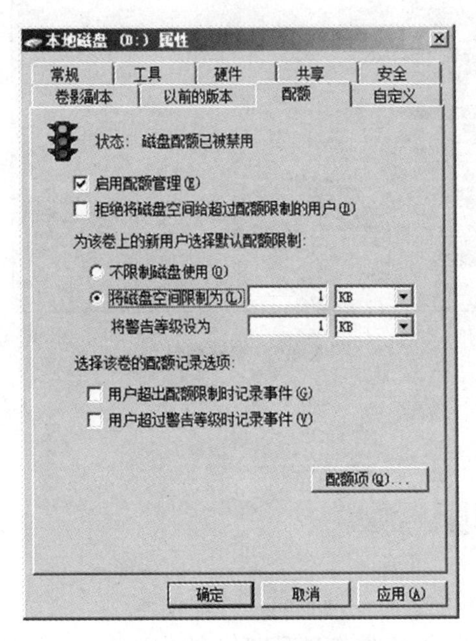

图 4.44　设置磁盘配额

其中需要说明的选项是：

①“启用配额管理”：启用此分区的磁盘配额功能。

②“拒绝将磁盘空间给超过配额限制的用户”：在超过磁盘配额后，用户将会收到磁盘空间不够的消息，并且被禁止向磁盘进行写操作。

③“将磁盘空间限制为”：指定用户可以使用的磁盘空间数量。

④“将警告等级设置为”：设置若用户所使用的磁盘空间超过此处的值时，使用 Windows Server 2008 系统日志记录此事件。

如图 4.44 中所示，Windows Server 2008 会跟踪磁盘的使用情况，并且当用户使用了超过配额的磁盘空间时，不允许用户进行写入操作。用这种方式设置的磁盘配额，会作用于所有的用户，包括当前在磁盘中有文件的用户和以后在磁盘上保存文件的用户。

4.5.3 查看和修改每个用户的磁盘配额

单击图 4.44 中右下方的“配额”按钮，弹出如图 4.45 所示对话框，可查看每个用户的磁盘配额使用情况，还可以通过双击某用户来单独设置该用户可使用的磁盘配额空间，或者选择“配额”菜单下的“新建配额”来新建对某个用户的磁盘配额。

4.5.4 删除磁盘配额

对于那些不需要在磁盘上存储数据的用户，可通过配额项目窗口删除用户项目，除去用户警告级别和配额限制。只有当这个用户的所有文件都已经被删除或所有权已经归于其他用户的时候才可删除磁盘配额。如图 4.45 所示，清除“启用配额管理”复选框前的选中标记即可。

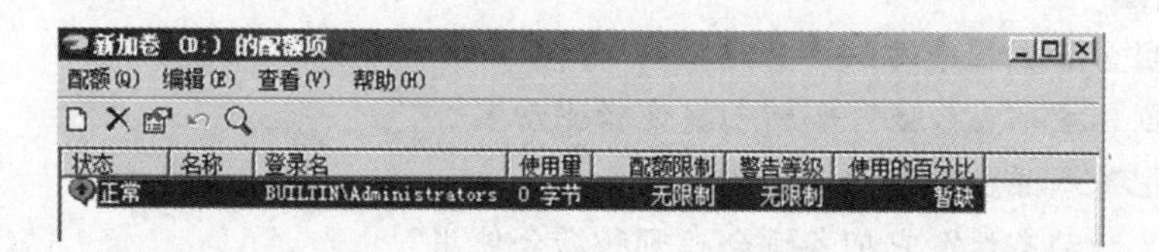

图 4.45　配额项

本 章 小 结

磁盘管理是 Windows 操作系统应用中的一项重要内容，科学合理地规划与管理磁盘可以更加高效地应用磁盘。本章首先详细介绍了 Windows Server 2008 的磁盘类型，分析了动态磁盘的优点及其包含的类型，然后分别介绍了在基本磁盘和动态磁盘上建立分区(卷)的详细步骤，而后介绍了使用“磁盘管理工具”进行磁盘管理和磁盘配额。与基本磁盘相比，动态磁盘可以更加方便地管理和维护磁盘，能实现优化磁盘性能、容错等目的，因此建议在使用 Windows Server 2008 的系统中应尽量使用动态磁盘。

复习思考题

一、填空题

1. Windows Server 2008 将磁盘存储类型分为两种：(　　)和(　　)。

2. 基本磁盘是指包含(　　)、(　　)或(　　)的物理磁盘，它是 Windows Server 2008 中默认的磁盘类型。

3. 镜像卷的磁盘空间利用率只有(　　)，所以镜像卷的花费相对较高。与镜像卷相比，RAID-5 卷的磁盘空间有效利用率为(　　)，硬盘数量越多，冗余数据带区的成本越低，所以 RAID-5 卷的性价比较高，被广泛应用于数据存储领域。

4. 带区卷又称为(　　)技术，RAJD-1 又称为(　　)卷，RAID-5 又称为(　　)卷。

二、选择题

1. 一个基本磁盘上最多有(　　)主分区。

A. 1 个　　B. 2 个　　C. 3 个　　D. 4 个

2. 镜像卷不能使用(　　)文件系统。

A. FAT16　　B. NTFS　　C. FAT32　　D. EXT3

3. 主要的系统容错和灾难恢复方法不包括(　　)。

A. 对重要数据定期存盘　　B. 配置不间断电源系统

C. 利用 RAID 实现容错　　D. 数据的备份与还原

4. 下列(　　)支持容错技术。

A. 跨区卷　　B. 镜像卷　　C. 带区卷　　D. 简单卷

三、问答题

1. 简述磁盘管理程序的主要功能。

2. 如何创建主磁盘分区？如何创建逻辑驱动器？

3. 如何把基本磁盘转换为动态磁盘？

4. 有哪几种动态卷？它们各适合在哪种场合使用？

5. 如何创建镜像卷？

6. 如果 RAID-5 卷中某一块磁盘出现了故障，怎样恢复？

7. 对于一个创建了动态卷的动态磁盘，能直接把它还原为基本磁盘吗？怎样把它还原为基本磁盘？

8. 创建带区卷或镜像卷时，如果不使用默认的空间大小，而是比默认值小，应该如何操作？

本章实训

一、实训目的

1. 掌握基本磁盘的使用与管理。

2. 掌握动态磁盘的使用与管理。

3. 掌握磁盘管理工具的使用。

二、实训内容

1. 使用磁盘管理控制台，分别创建主磁盘分区、扩展磁盘分区，并对已经创建好的分区进行格式化、更改磁盘驱动器号及路径等操作。

2. 使用磁盘管理控制台，分别创建简单卷、跨区卷、带区卷、镜像卷、RAID-5 卷，并对镜像卷和 RAID-5 卷尝试数据恢复操作。

3. 利用磁盘整理、磁盘查错等工具，实现对磁盘的简单维护。

4. 对整个服务器创建一个备份计划，要求凌晨 1:00 对数据进行备份，备份至光盘。对服务器 E 盘创建一个一次性备份，备份至 F 盘。

第5章　DHCP服务

学习目标

本章主要讲述 Windows Server 2008 的 DHCP 服务的基本概念，DHCP 服务器的安装与配置，在路由网络中 DHCP 的配置，以及 DHCP 数据库的管理和维护等内容。通过本章的学习，应达到如下学习目标：

- 掌握 DHCP 的基本概念及其作用。
- 掌握 DHCP 租约的生成过程及其更新。
- 学会 DHCP 服务器的安装及其配置方法。
- 了解在路由网络中 DHCP 的配置。
- 了解 DHCP 数据库管理和维护方法。

导入案例

易慧公司接到一个工程，工程背景是：宾馆因工作需要，新进了 100 台 PC，现要求为这些 PC 构建一台基于 Windows Server 2008 系统的服务器，并在上面构建一种服务，要求这种服务能为这些 PC 自动分配 IP、子网掩码、网关以及 DNS 等信息，具体需求如下：

(1) 为服务器部署 Windows Server 2008 系统。

(2) 将所分配的地址段中，最小的 IP 地址指定给一个特定的 PC。

(3) 能够自动地为每一台 PC 分配 IP、子网掩码、网关以及 DNS。

(4) 能够避免 IP 地址冲突。

5.1　DHCP 概述

5.1.1　DHCP 的基本概念

DHCP(Dynamic Host Configuration Protocol，动态主机配置协议)是一个简化主机 IP 地址分配管理的 TCP/IP 标准协议。用户可以利用 DHCP 服务管理动态的 IP 地址分配及其他相关的环境配置工作(如 DNS、WINS、Gateway 的设置)。

要使用 DHCP 方式动态分配 IP 地址，整个网络必须至少有一台安装了 DHCP 服务的服务器。其他要使用 DHCP 功能的客户端也必须要有支持自动向 DHCP 服务器索取 IP 地址的功能。当 DHCP 客户端第一次启动时，它就会自动与 DHCP 服务器通信，并由 DHCP 服务器分配给 DHCP 客户端一个 IP 地址，直到租约到期（并非每次关机释放），这个地址就会由 DHCP 服务器收回，并将其提供给其他的 DHCP 客户端使用。

与手动分配 IP 地址相比，DHCP 动态进行 TCP/IP 的配置主要有以下优点：

（1）安全而可靠的配置。DHCP 避免了因手工设置 IP 地址及子网掩码所产生的错误，同时也避免了把一个 IP 地址分配给多台工作站所造成的地址冲突。

（2）降低了管理 IP 地址设置的负担。使用 DHCP 服务器大大缩短了配置或重新配置网络工作站所花费的时间。同时，通过对 DHCP 服务器的设置可灵活地设置地址的租期。

（3）DHCP 地址租约的更新过程将有助于用户确定哪个客户的设置需要经常更新（如使用便携机的客户经常更换地点），且这些变更由客户端与 DHCP 服务器自动完成，无需网络管理员干涉。

DHCP 租约生成和更新是 DHCP 的两个主要工作过程。DHCP 服务器使用租约生成过程在指定时间段内为客户端分配 IP 地址。IP 地址租用通常是临时的，所以 DHCP 客户端必须定期向 DHCP 服务器更新租约。

5.1.2 DHCP 租约生成过程

当 DHCP 客户端第一次登录网络时，向 DHCP 服务器租用 IP 地址的具体步骤如下：

（1）DHCPDISCOVER（IP 租约发现）。

（2）DHCPOFFER（IP 租约提供）。

（3）DHCPREQUEST（IP 租约请求）。

（4）DHCPACK（IP 租约确认）。

DHCP 的工作过程如图 5.1 所示。

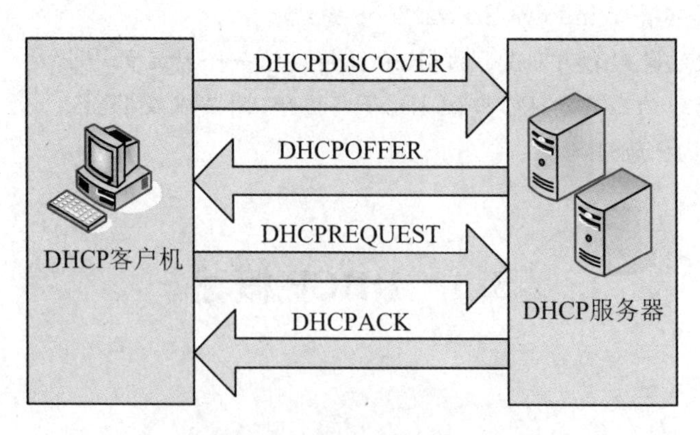

图 5-1　DHCP 的工作过程

租约生成过程开始于客户端第一次启动或初始化 TCP/IP 时，另外当 DHCP 客户端续订租约失败，终止使用其租约时（如客户端移动到另一个网络）也会产生这个过程。具体过程如下：

1. IP租约发现

DHCP客户端在本地子网中先发送一条DHCPDISCOVER消息。此时客户端还没有IP地址,所以它使用0.0.0.0作为源地址。由于客户端不知道DHCP服务器地址,它用255.255.255.255作为目标地址,也就是以广播的形式发送此消息。在此消息中还包括了客户端网卡的MAC地址和计算机名,以表明申请IP地址的客户。

2. IP租约提供

DHCP服务器收到DHCP客户端广播的DHCPDISCOVER消息后,如果在这个网段中有可以分配的IP地址,则它以广播方式向DHCP客户端发送DHCPOFFER消息进行响应。在这个消息中包含以下信息:

① 客户端的MAC地址。

② 提供的IP地址。

③ 子网掩码。

④ 租约的有效时间。

⑤ 服务器标识,即提供IP地址的DHCP服务器。

⑥ 广播以255.255.255.255作为目标地址。

每个应答的DHCP服务器都会保留所提供的IP地址,在客户进行选择之前不会分配给其他的DHCP客户。

DHCP客户会等待1秒来接受租约,如果1秒内没有收到任何响应,它将重新广播4次请求,分别以2秒、4秒、8秒和16秒(随机加上一个0～1000 ms延时)为时间间隔。如果经过4次广播仍没有收到提供的租约,则客户会从保留的专用IP地址169.254.0.1～169.254.255.254中选择一个地址,即启用自动配置IP地址(APIPA),这可以让所有没有找到DHCP服务器的客户位于同一个子网并可以相互通信。以后DHCP客户每隔5分钟查找一次DHCP服务器。如果找到可用的DHCP服务器,则客户可以从服务器上得到IP地址。

3. IP租约请求

DHCP客户如果收到提供的租约(如果网络中有多个DHCP服务器,客户可能会收到多个响应),则会通过广播DHCPREQUEST消息来响应并接受得到的第一个租约,进行IP租约的选择。此时之所以采用广播方式,是为了通知其他未被接受的DHCP服务器收回提供的IP地址并将其留给其他IP租约请求。

4. IP租约确认

当DHCP服务器收到DHCP客户发出的DHCPREQUEST请求消息后,它便向DHCP客户发送一个包含它所提供的IP地址和其他设置的DHCPACK确认消息,告诉DHCP客户可以使用它所提供的IP地址。然后DHCP客户便使用这些信息来配置其TCP/IP协议,并把TCP/IP协议与网络服务和网卡绑定在一起,以建立网络通信。

需要注意的是:所有DHCP服务器和DHCP客户端之间的通信都使用用户数据报协议(UDP),端口号分别是67和68。默认情况下,交换机和路由器不能正确地转发DHCP广播,为使DHCP工作正常,用户必须配置交换机在这些端口上转发广播,对路由器,需把它配置成DHCP中继代理。

5.1.3 DHCP 租约更新

当租用时间达到租约期限的一半时,DHCP 客户端会自动尝试续订租约。客户端直接向提供租约的 DHCP 服务器发送一条 DHCPREQUEST 消息以续订当前的地址租约。如果 DHCP 服务器是可用的,它将续订租约并向客户端发送一条 DHCPACK 消息,此消息包含新的租约期限和一些更新的配置参数。客户端收到确认消息后就会更新配置。如果 DHCP 服务器不可用,则客户端将继续使用当前的配置参数。当租约时间达到租约期限的 7/8 时,客户端会广播一条 DHCPDISCOVER 消息来更新 IP 地址租约。这个阶段,DHCP 客户端会接受从任何 DHCP 服务器发出的租约。如果租约到期客户仍未成功续订租约,则客户端必须立即中止使用其 IP 地址。然后客户端重新尝试得到一个新的 IP 地址租约。

需要注意的是,重新启动 DHCP 客户端时,客户端自动尝试续订关闭时的 IP 地址租约。如果续订请求失败,客户端将尝试连接配置的默认网关。如果默认网关响应,表明此客户端还在原来的网络中,这时客户端可以继续使用此 IP 地址到租约到期。如果不能进行续订或与默认网关无法通信,则立即停止使用此 IP 地址,从 169.254.0.1～169.254.255.254 中选择一个 IP 地址使用,且每隔 5 分钟尝试连接 DHCP 服务器。

如果需要立即更新 DHCP 配置信息,用户可以手动续订 IP 租约。如:新安装了一台路由器,需要用户立即更改 IP 地址配置,就可以在路由器的命令行使用 ipconfig/renew 来续订租约;还可以使用 ipconfig/release 命令来释放租约,释放租约后,客户端就无法再使用 TCP/IP 在网络中通信了。运行 Windows 9x 的客户端可以使用 winipcfg 释放 IP 租约。

5.2 DHCP 服务器的安装与配置

5.2.1 DHCP 服务器和客户端的安装

1. 对 Windows Server 2008 DHCP 服务器的要求

(1) DHCP 服务器本身需要静态 IP 地址、子网掩码和默认网关。

(2) 包含可分配多个 DHCP 客户端的一组合法的 IP 地址。

(3) 添加并启动 DHCP 服务。

2. 对 DHCP 客户端的要求

运行以下操作系统的计算机都可作为 DHCP 服务器的客户端:

(1) Windows 2003 Server、Windows Vista 和 Windows 7。

(2) Windows 2000 Professional、Windows 2000 Server 和 Windows XP。

(3) Windows NT Workstation (all released versions)、Windows NT Server (all released versions)。

(4) Windows 98 或 Windows 95。

(5) 安装有 TCP/IP.32 的 Windows for Workgroups Version 3.11。

(6) 支持 TCP/IP 的 Microsoft Network Client Version 3.0 for MS.DOS。

(7) LAN Manager Version 2.2c。

(8) 其他非微软操作系统和网络设备。

3. 启用 DHCP 客户端

打开“Internet 协议(TCP/IP)”属性，选中“自动获得 IP 地址”选项，单击“确定”按钮，此计算机就成为 DHCP 客户端，如图 5.2 所示。

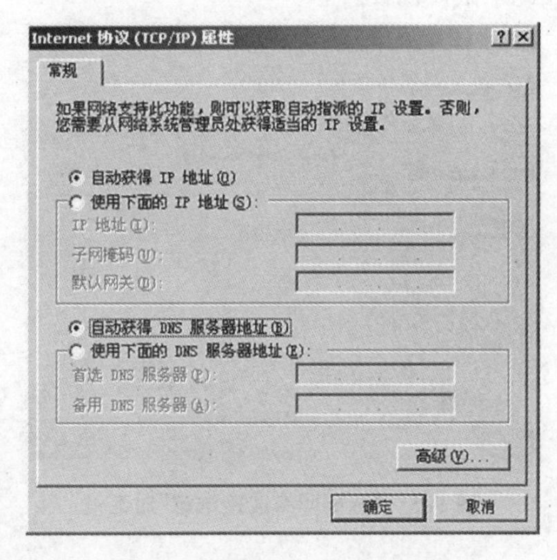

图 5.2　设置 DHCP 客户端对话框

4. 安装 DHCP 服务

DHCP 服务不是 Windows Server 2008 默认的安装组件，所以需通过添加安装的方式来安装 DHCP 服务。具体操作步骤如下：

(1) 选择“开始”→“管理工具”→“服务器管理器”→“角色”→“添加角色”，然后单击“下一步”按钮，选择“DHCP 服务器”选项，如图 5.3 所示。

(2) 单击“下一步”按钮，出现如图 5.4 所示的“添加角色向导”，这里列出了 DHCP 服务器简介、注意事项和其他信息。

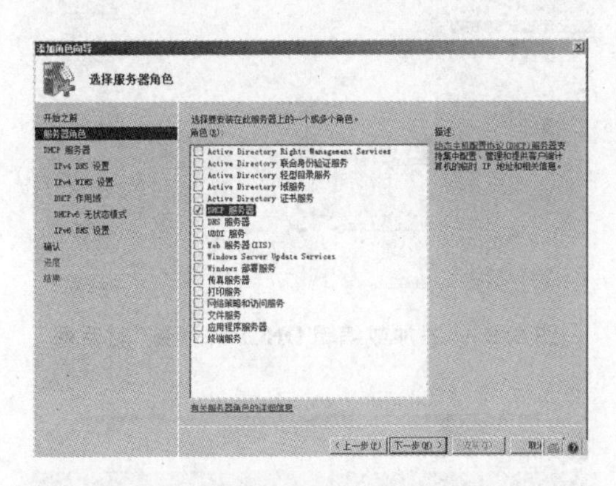

图 5.3　“选择服务器角色”对话框

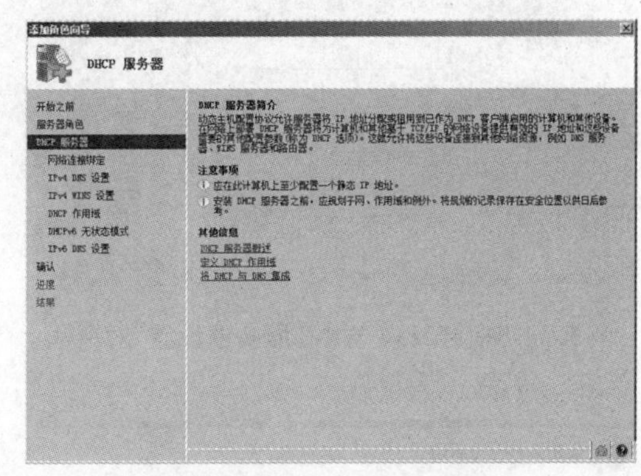

图 5.4　添加 DHCP 角色向导对话框

(3) 单击“下一步”按钮，出现如图 5.5 所示的“选择网络连接绑定”配置向导，安装程序会自动检测与显示这台计算机内应用静态 IP 地址的网络连接。

(4) 单击“下一步”按钮，出现如图 5.6 所示的“指定 IPv4 DNS 服务器设置”配置向导，DHCP 服务器除了租出 IP 地址给客户端外，还可以分配 DNS 域名和 DNS 服务器的 IP 地址。

(5) 单击“下一步”按钮，出现如图 5.7 所示的“指定 IPv4 WINS 服务器设置”配置向导，在此不做任何设置。

(6) 单击“下一步”按钮，出现如图 5.8 所示的“添加或编辑 DHCP 作用域”配置向导，也就是设置可租出给客户端的 IP 地址范围。

(7) 单击“下一步”按钮，出现如图 5.9 所示的“配置 DHCPv6 无状态模式”配置向导，在此不做任何设置。

(8) 单击“下一步”按钮，出现如图 5.10 所示的“指定 Ipv6 DNS 服务器设置”配置向导，在此不做任何设置。

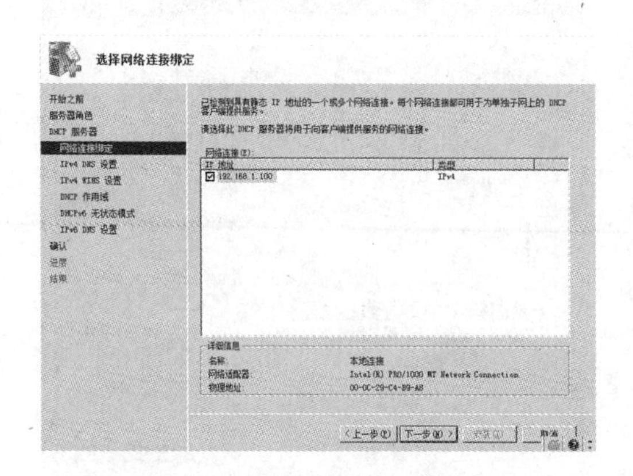

图 5.5 “选择网络连接绑定”对话框

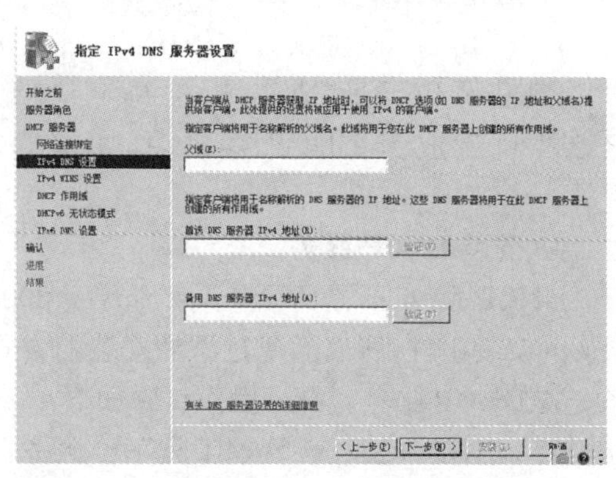

图 5.6 “指定 IPv4 DNS 服务器设置”对话框

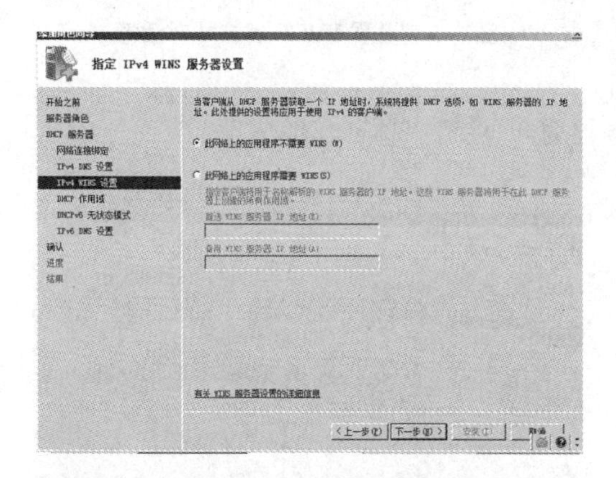

图 5.7 “指定 IPv4 WINS 服务器设置”对话框

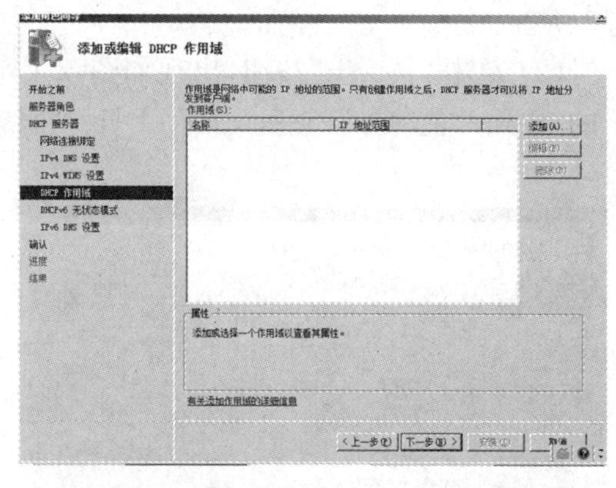

图 5.8 “添加或编辑 DHCP 作用域”对话框

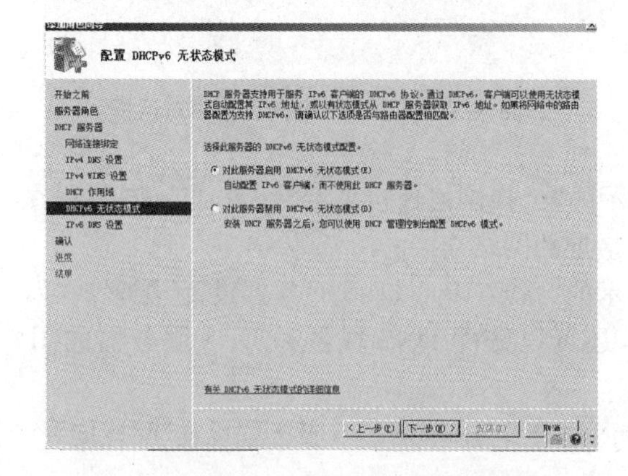

图 5.9 “配置 DHCPv6 无状态模式”对话框

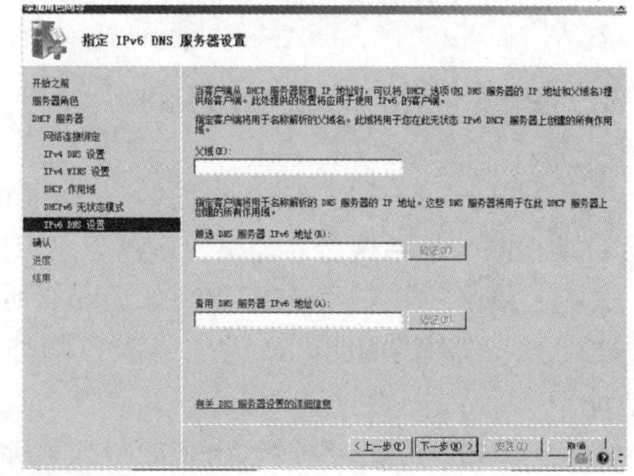

图 5.10 “指定 IPv6 DNS 服务器设置”对话框

(9) 单击“下一步”按钮，出现如图 5.11 所示的“确认安装选择”配置向导，在此我们点击“安装”按钮。

(10) 单击“安装”按钮后,出现如图5.12所示的“安装结果”对话框。

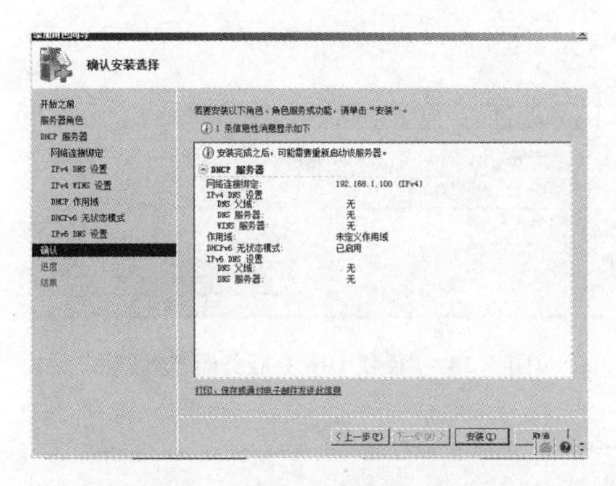

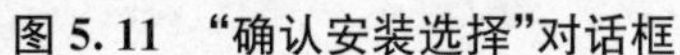
图5.11 “确认安装选择”对话框

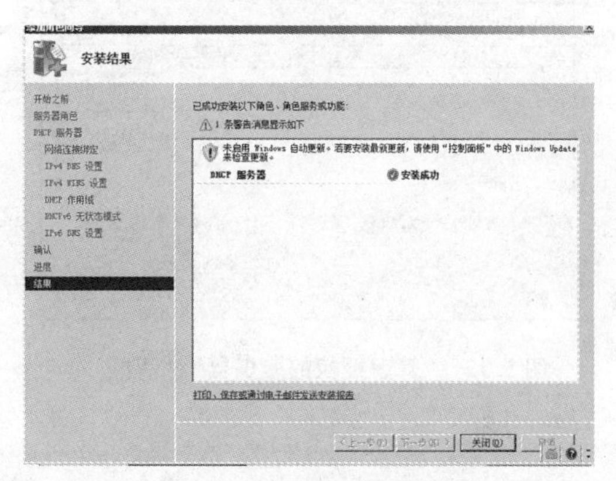

图5.12 “安装结果”对话框

至此,DHCP服务器安装成功。在“开始”→“所有程序”→“管理工具”内会多出一个“DHCP”选项用来管理与设置DHCP服务器。

5.2.2 授权DHCP服务

在Windows Server 2008 DHCP服务器提供动态分配IP地址之前,必须对其进行授权。通过授权能够防止未授权的DHCP服务器向客户端提供可能无效的IP地址而造成的IP地址冲突。

1. 检测未授权的DHCP服务器

当DHCP服务器启动时,DHCP服务器会向网络发送DHCPINFORM广播消息。其他DHCP服务器收到该信息后将返回DHCPACK信息,并提供自己所属的域。DHCP将查看自己是否属于这个域,并验证是否在该域的授权服务器列表中。

如果该服务器发现自己不能连接到目录或发现自己不在授权列表中,它将认为自己没有被授权,那么DHCP服务启动但会在系统日志中记录一条错误信息并忽略所有客户端请求。如果发现自己在授权列表中,那么DHCP服务启动可以开始向网络中的计算机提供IP地址租用。

需要注意的是:DHCP服务器会每隔5分钟广播一条DHCPINFORM消息,检测网络中是否有其他的DHCP服务器,这种重复的消息广播使服务器能够确定对其授权状态的更改。

2. 授权DHCP服务器

所有作为DHCP服务器运行的计算机必须是域控制器或成员服务器,才能在目录服务中授权和向客户端提供DHCP服务。具体操作步骤如下:

(1) 依次选择“开始”→“程序”→“管理工具”→“DHCP”选项,用鼠标右键单击“DHCP”选项,选择“管理授权的服务器”选项,出现如图5.13所示对话框。

(2) 在“管理授权的服务器”窗口单击“授权”按钮,出现如图5.14所示对话框,输入

DHCP 服务器的主机名或 IP 地址,单击“确定”按钮即可。

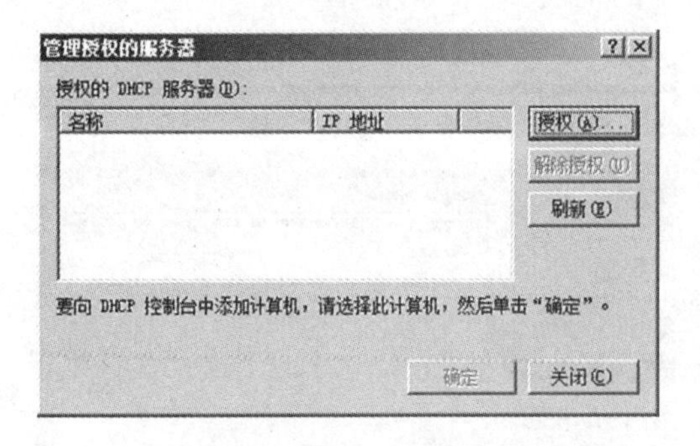

图 5.13 “管理授权的服务器”对话框

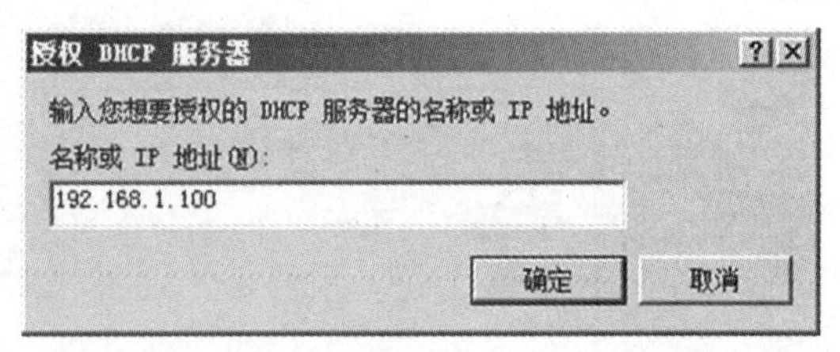

图 5.14 “授权 DHCP 服务器”对话框

5.2.3 创建和配置作用域

作用域是一个有效的 IP 地址范围,这个范围内的 IP 地址能租用或分配给某特定子网内的客户端。用户通过配置 DHCP 服务器上的作用域来确定服务器可分配给 DHCP 客户端的 IP 地址池。

1. 在 DHCP 服务器中添加 IPv4 作用域

(1) 在 DHCP 控制台中用鼠标右键单击要添加作用域的服务器,如图 5.15 所示,选择“新建作用域”,启动“新建作用域向导”,出现“欢迎使用新建作用域向导”对话框。

(2) 单击“下一步”按钮,出现“作用域名称”对话框,如图 5.16 所示。为该域设置一个名称,还可以输入一些说明文字。

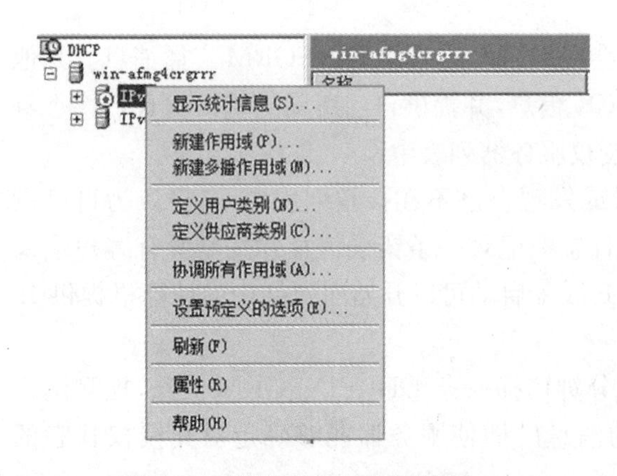

图 5.15 “新建作用域”对话框

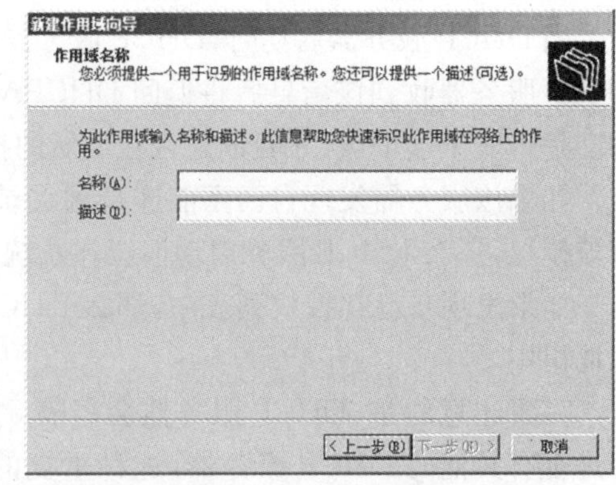

图 5.16 “作用域名称”对话框

(3) 单击“下一步”按钮,出现“IP 地址范围”对话框,如图 5.17 所示。在此定义新作用域可用 IP 地址范围、子网掩码等信息。

(4) 单击“下一步”按钮,出现“添加排除”对话框,如图 5.18 所示。如果在上面设置的 IP 作用域内有部分 IP 地址不想提供给 DHCP 客户端使用,则可以在此设置需排除的地址范围,然后单击“添加”按钮。

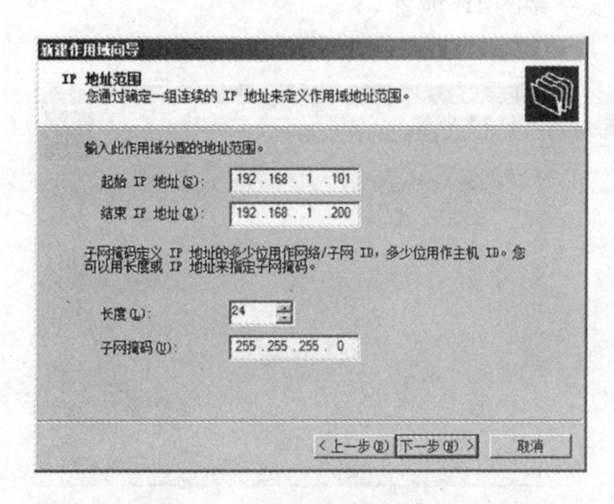

图 5.17　“IP 地址范围”对话框

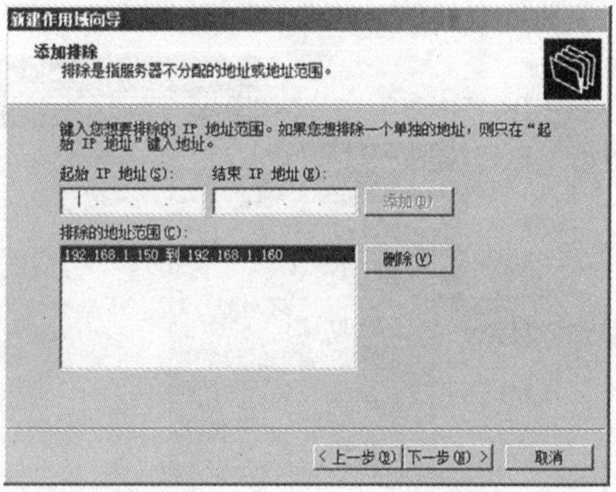

图 5.18　“添加排除”对话框

(5) 单击“下一步”按钮，出现“租约期限”对话框，如图 5.19 所示。设置 IP 地址的租约期限(一般默认为 8 天)。

(6) 单击“下一步”按钮，出现“配置 DHCP 选项”对话框，如图 5.20 所示。如果选择“否，我想稍后配置这些选项”，单击“下一步”按钮，单击“完成”按钮结束对作用域的创建。

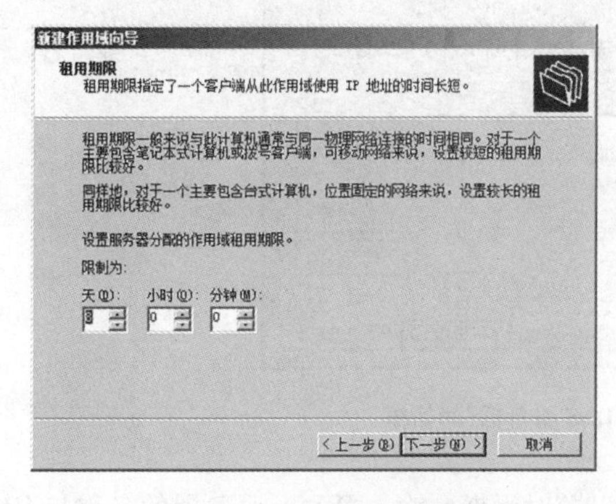

图 5.19　“租约期限”对话框

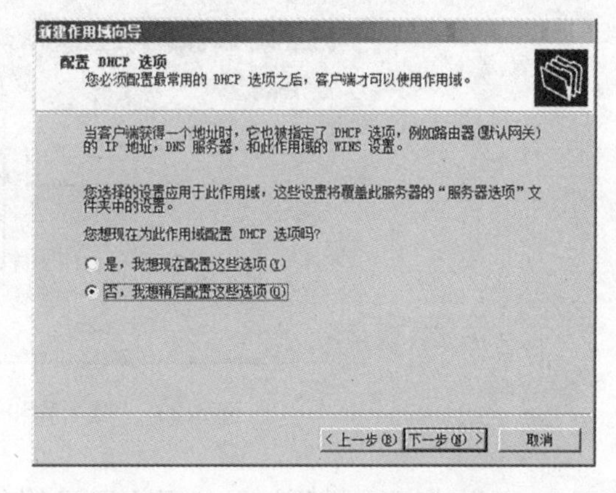

图 5.20　“配置 DHCP 选项”对话框

(7) 作用域创建后，需要“激活”作用域才能发挥作用。选中新创建的作用域，用鼠标右键单击，选择“激活”，如图 5.21 所示。

(8) 在第(6)步中，如果选择“是，我想现在配置这些选项(Y)”，然后单击“下一步”按钮，可以为这个 IP 作用域设置 DHCP 选项，包括默认网关、DNS 服务器、WINS 服务器等。当 DHCP 服务器在给 DHCP 客户端分派 IP 地址时，同时将这些 DHCP 选项中的服务器数据指定给客户端。

(9) 单击“下一步”按钮，出现“路由器(默认网关)”对话框，如图 5.22 所示。输入默认网关的 IP 地址，然后单击“添加”按钮。

(10) 单击“下一步”按钮，出现“域名称和 DNS 服务器”对话框，如图 5.23 所示。设置客户端的 DNS 域名称，输入 DNS 服务器的名称与 IP 地址，或者只输入 DNS 服务器的名称，然后单击“解析”按钮让其自动寻找这台 DNS 服务器的 IP 地址。

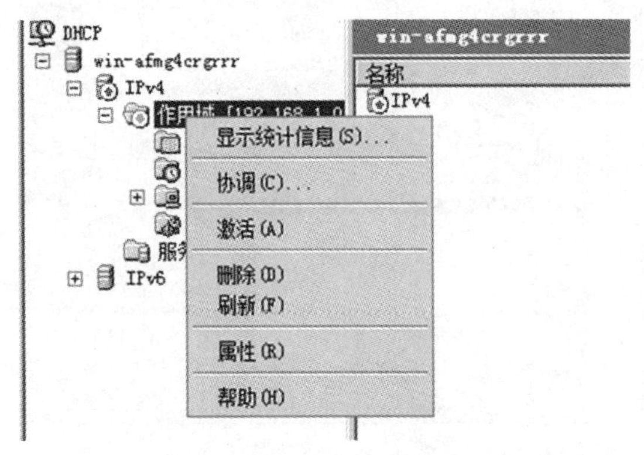

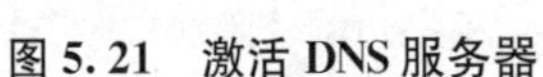

图 5.21　激活 DNS 服务器

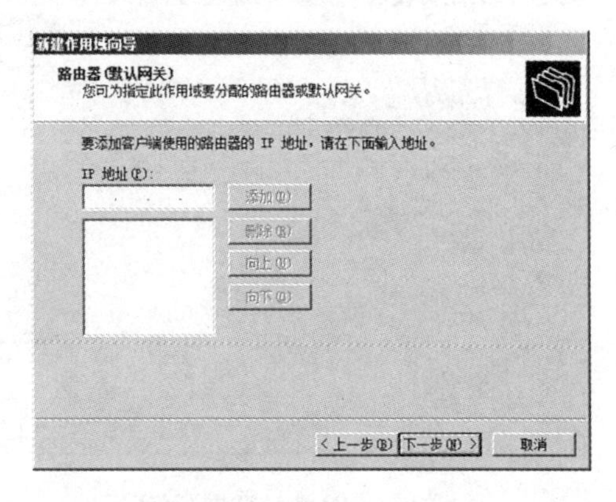

图 5.22　“路由器(默认网关)”对话框

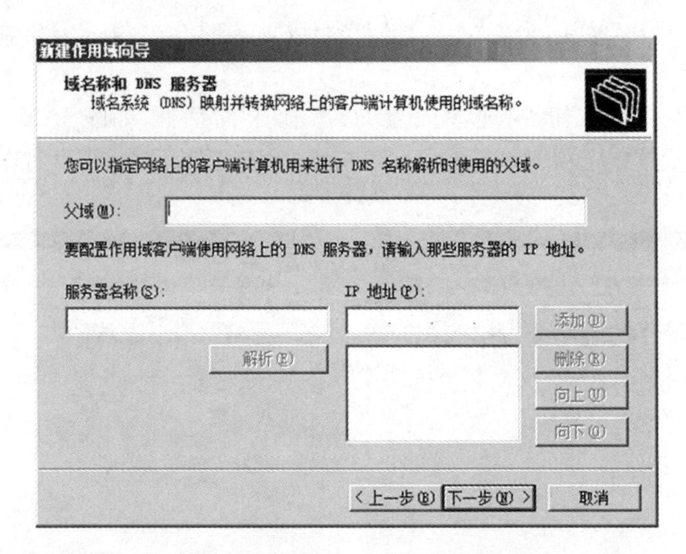

图 5.23　“域名称和 DNS 服务器”对话框

(11) 单击“下一步”按钮，出现“WINS 服务器”对话框。输入 WINS 服务器的名称与 IP 地址，或者只输入名称，然后单击“解析”按钮让计算机自动解析。如果网络中没有 WINS 服务器，则可以不必输入任何数据。

(12) 单击“下一步”按钮，出现“激活作用域”对话框。选择“是，我想现在激活此作用域”选项，开始激活新的作用域，然后在“完成新建作用域向导”中单击“完成”按钮即可。

完成上述设置，DHCP 服务器就可以开始接受 DHCP 客户端索取 IP 地址的要求了。

需要注意的是：在一台 DHCP 服务器内，针对一个子网只能设置一个 IP 作用域。如：不可以在设置一个 IP 作用域为 192.168.1.1～192.168.1.49 后，再设置另一个 IP 作用域为 192.168.1.61～192.168.1.100；正确的方法是先设置一个连续的 IP 作用域 192.168.1.1～192.168.1.100，然后将 192.168.1.50～192.168.1.60 排除掉。但可以在一台 DHCP 服务器内为不同的子网建立多个 IP 作用域。如：可以在 DHCP 服务内建立两个 IP 作用域，一个是为子网 192.168.1 提供服务的，另一个是为子网 172.17 提供服务的。

5.2.4　保留特定的 IP 地址

可以保留特定的 IP 地址给特定的客户端使用，以便该客户端每次申请 IP 地址时都拥有相同的 IP 地址。可以通过此项功能逐一为用户设置固定的 IP 地址，避免用户随意更改 IP 地址，这就是所谓“IP-MAC”绑定。这会给你的维护降低不少的工作量。

保留特定的 IP 地址的设置具体步骤如下：

(1) 启动“DHCP 管理器”，在 DHCP 服务器窗口列表下选择一个 IP 范围，用鼠标右键单击→“保留”→“新建保留”，出现“新建保留”对话框，如图 5.24 所示。

(2) 在“保留名称”文本框中输入用来标识 DHCP 客户端的名称，该名称只是一般的说明文字，并非用户账号的名称，例如，可以输入计算机名称。但并不一定需要输入客户端的真正计算机名称，因为该名称只在管理 DHCP 服务器中的数据时使用。

在“IP 地址”文本框中输入一个保留的 IP 地址，可以指定任何一个保留的未使用的 IP 地址。如果输入重复或为非保留地址，“DHCP 管理器”将发出警告信息。

在“MAC 地址”文本框中输入上述 IP 地址要保留给的客户端的网卡号。

在“说明”文本框中输入描述客户的说明文字，该项内容可选。

网卡 MAC 地址是“固化在网卡里的编号”，是一个 12 位的 16 进制数。全世界所有的网卡都有自己的唯一标号，是不会重复的。在安装 Windows 2000 及以上版本操作系统的机器中，通过“开始”→“运行”，输入“cmd”进入命令窗口，输入“ipconfig/all”命令可查看到本机网络属性信息。如图 5.25 所示。

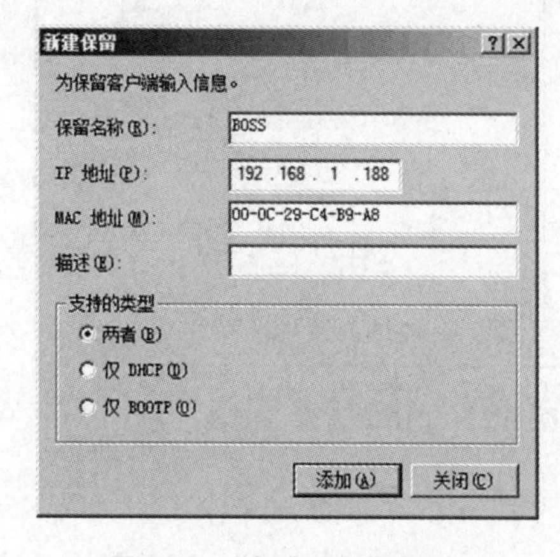

图 5.24　“新建保留”对话框

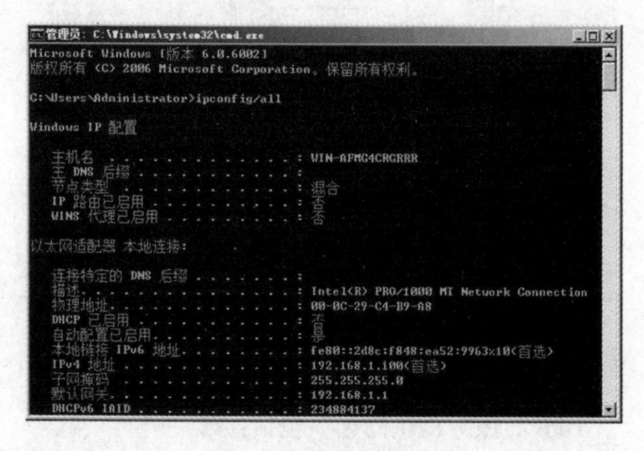

图 5.25　cmd 命令窗口

(3) 在“新建保留”对话框中，单击“添加”按钮，将保留的 IP 地址添加到 DHCP 服务器的数据库中。可以按照以上操作继续添加保留地址，添加完所有保留地址后，单击“关闭”按钮。

可以通过单击“DHCP 管理器”中的“地址租约”查看目前有哪些 IP 地址已被租用或用作保留。

5.2.5 配置作用域选项

要改变作用域在建立租约时提供的网络参数(如 DNS 服务器、默认网关、WINS 服务器等),需要对作用域的选项进行配置。

设置 DHCP 选项时,可以针对一个作用域来设置,也可以针对该 DHCP 服务器内的所有作用域来设置。如果这两个地方设置了相同的选项,如对 DNS 服务器、网关地址等都做了设置,则作用域的设置优先级高。

设置 006 DNS 服务器,具体步骤如下:

(1) 用鼠标右键单击“DHCP 管理器”选项中的“作用域选项”→“配置选项”,出现“作用域选项”对话框,如图 5.26 所示。

(2) 选择“006 DNS 服务器”复选框,然后输入 DNS 服务器的 IP 地址,单击“添加”按钮。如果不知道 DNS 服务器的 IP 地址,可以输入 DNS 服务器的 DNS 域名,然后单击“解析”按钮让系统自动寻找相应的 IP 地址,完成后单击“确定”按钮。

(3) 完成设置后在 DHCP 管理控制台可以看到设置的选项“006 DNS 服务器”,如图 5.27 所示。

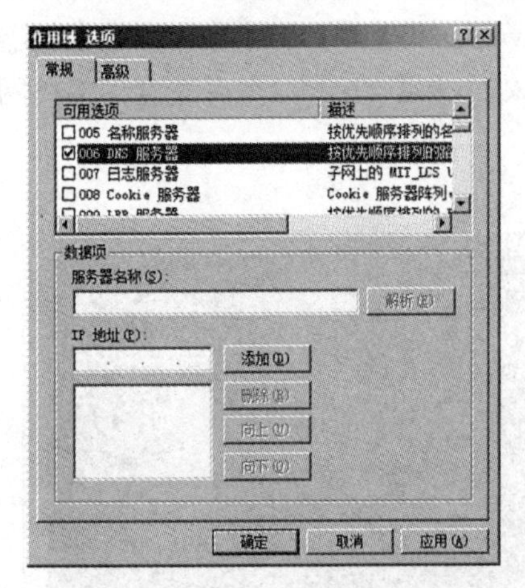

图 5.26 “作用域选项”对话框

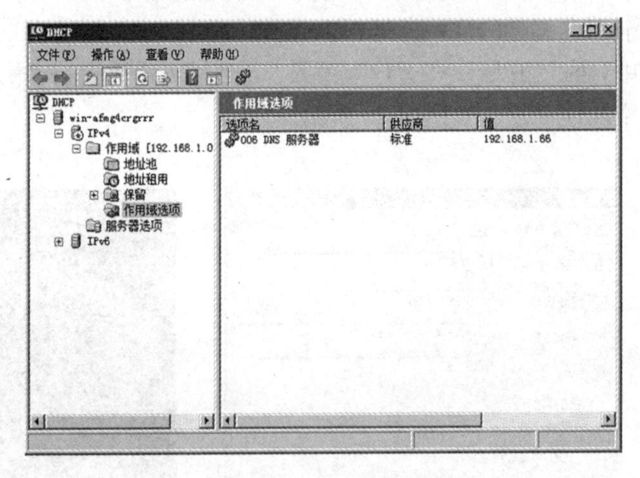

图 5.27 DHCP 管理控制台

DHCP 服务提供的选项包括:

(1) 003 路由器:配置路由器的 IP 地址。

(2) 006 DNS 服务器:可以配置一个或多个 DNS 服务器的 IP 地址。

(3) 015 DNS 域名:通过指定客户端所属的 DNS 域的域名,客户端可以更新 DNS 服务器上的信息以便其他客户进行访问。

(4) 044 WINS/NBNS 服务器:可以指定一个或多个 WINS 服务器的 IP 地址。

(5) 046 WINS/NBT 节点类型:不同的 NetBIOS 节点类型所对应的 NetBIOS 解析方法不同。通过“046 WINS/NBT 节点类型”设置可以指定适当的 NetBIOS 节点类型。

DHCP 的标准选项还有很多,但是大部分客户端只能识别其中的一部分。如果在客户端已经为某个选项指定了参数,则优先使用客户端的配置参数。

可以选择作用域选项是应用于所有 DHCP 客户端、一组客户端或者单个客户端。因此，相应地可以在 4 个级别上配置作用域选项：服务器、作用域、类别及保留客户端。

(1) 服务器选项：服务器选项应用于所有向 DHCP 服务器租用 IP 地址的 DHCP 客户端。如果子网上所有客户端都需要同样的配置信息，则应配置服务器选项。例如，可能希望配置所有客户端使用同样的 DNS 服务器或 WINS 服务器。要配置服务器选项，展开需要配置的服务器，用鼠标右键单击“服务器选项”，单击“配置选项”。

(2) 作用域选项：作用域选项只对本作用域租用地址的客户端可用。例如，每个子网需要不同的作用域，并且可为每个作用域定义唯一的默认网关地址。在作用域级配置的选项优先于在服务器级配置的选项。展开要设置选项的地址作用域，用鼠标右键单击“作用域选项”，单击“配置选项”。

(3) 类别选项：在此选项中，只对向 DHCP 服务器标识自己属于特定类别的客户端可用。例如，运行于 Windows 2008 的客户端计算机能够接受与网络上其他客户端不同的选项。在类别级配置的选项优先于在作用域或服务器级配置的选项。要在类别级配置选项，在“服务器选项”或“作用域选项”对话框中的“高级”选项卡上，选择供应商类别或用户类别，然后在“可用选项”下，配置适合的选项。

(4) 保留客户端选项：此选项仅对特定客户端可用。例如，可以保留客户端配置选项，从而使特定的 DHCP 客户端能够使用特定路由器访问子网外的资源。在保留客户端配置的选项优先于在其他级别配置的选项。在 DHCP 中，要在保留客户端配置选项，首先用鼠标右键单击“保留”，选择“新建保留”，将相应客户端的保留地址添加到相应 DHCP 服务器和作用域，然后用鼠标右键单击此客户，单击“配置选项”。

5.3 在路由网络中配置 DHCP

在大型网络中通常会由路由器将网络划分为多个物理子网，路由器最主要的功能之一是屏蔽各子网之间的广播，减少带宽占用提高网络性能。而我们知道 DHCP 客户端是通过广播来获得 IP 地址的。因此，除非将 DHCP 服务器配置为在路由网络环境下工作，否则 DHCP 通信将限制在单个子网中。

通过以下三种方法之一可以在路由网络上配置 DHCP 功能：

(1) 每个子网中至少设置一台 DHCP 服务器。这将会增加设备费用和管理员的工作量。

(2) 配置一台与 RFC1542 兼容的路由器。这种路由器可转发 DHCP 广播到不同的子网，对其他类型的广播仍不予转发。

(3) 在每个子网都设置一台计算机作为 DHCP 中继代理。在本地子网中，DHCP 中继代理截取 DHCP 客户端地址请求广播消息，并将它们转发给另一子网上的 DHCP 服务器。DHCP 服务器使用定向数据包应答中继代理，然后中继代理在本地子网上广播此应答，供请求的客户端使用。

下面介绍安装与配置 DHCP 中继代理的方法来在路由网络中配置 DHCP 服务。

1. 安装 DHCP 中继代理

DHCP 中继代理服务不是 Windows Server 2008 默认的安装组件，所以需通过添加安装的方式来安装。

操作步骤如下：

(1) 选择“开始”→“管理工具”→“服务器管理器”→“角色”→“添加角色”，然后单击“下一步”，选择“网络策略和访问服务”选项，如图 5.28 所示。

(2) 单击“下一步”按钮，出现如图 5.29 所示的“添加网络策略和访问服务角色向导”选项，这里列出了网络策略和访问服务简介。

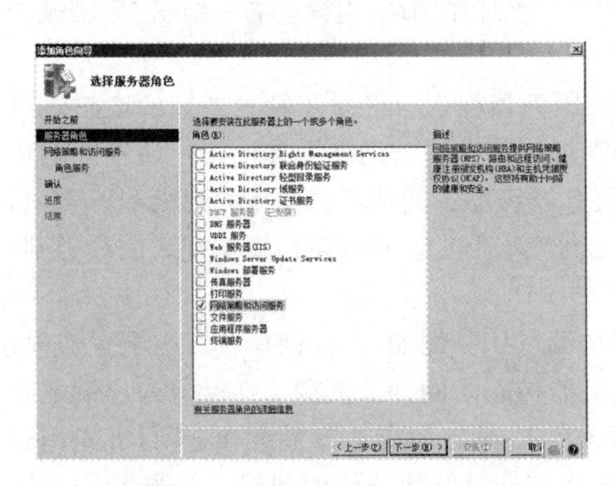

图 5.28 “选择服务器角色”对话框

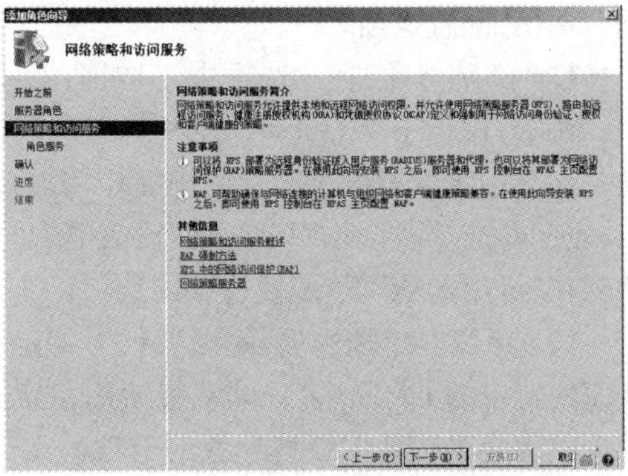

图 5.29 “网络策略和访问服务”对话框

(3) 单击“下一步”按钮，出现如图 5.30 所示的“选择角色服务”配置向导，选中“路由和远程访问服务”选项。

(4) 单击“下一步”按钮，出现如图 5.31 所示的“确认安装选择”配置向导，在此我们点击“安装”按钮。

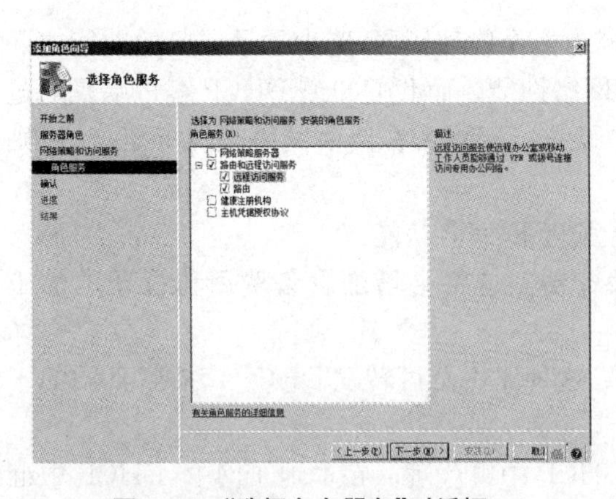

图 5.30 “选择角色服务”对话框

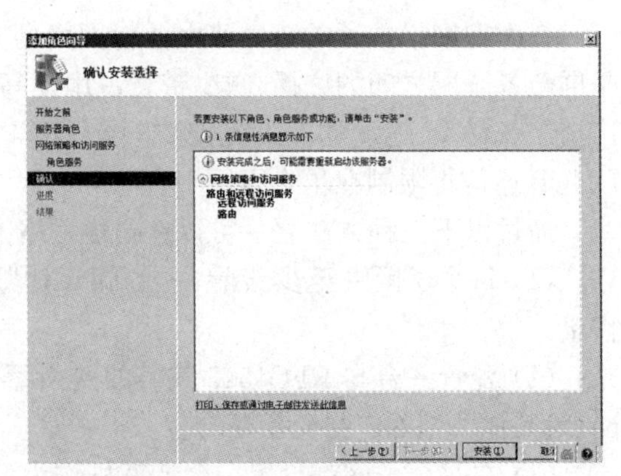

图 5.31 “确认安装选择”对话框

(5) 单击“安装”按钮后，出现如图 5.32 所示的“安装结果”界面。

至此，DHCP 服务器中继代理安装成功。在“开始”→“所有程序”→“管理工具”内会多出一个“路由和远程访问”选项用来管理与设置 DHCP 服务器中继代理。

2. 配置 DHCP 中继代理

(1) 选择“开始”→“程序”→“管理工具”→“路由和远程访问”,展开“IPv4”,用鼠标右键单击“DHCP 中继代理程序”,选择“属性”,如图 5.33 所示。

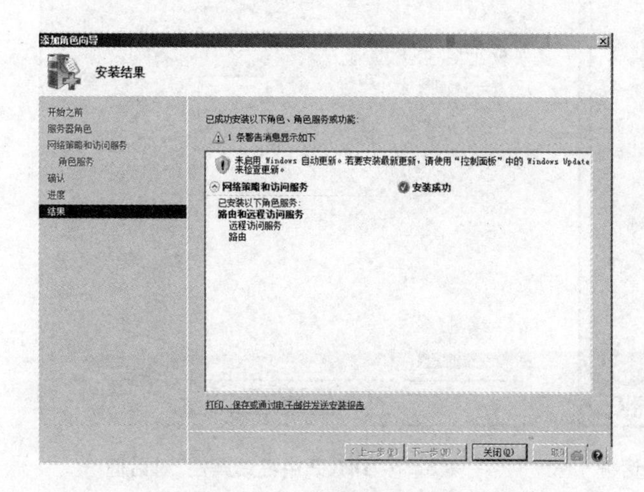

图 5.32　“安装结果”界面

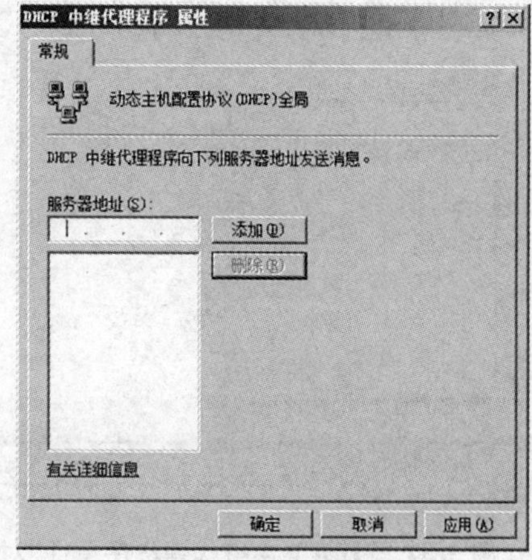

图 5.33　新路由选择协议对话框

(2) 在“常规”选项中添加 DHCP 服务器的 IP 地址,单击“添加”按钮,然后单击“确定”按钮。如图 5.34 所示。

在 DHCP 中继代理转发来自任意网络接口的客户端的 DHCP 请求之前,必须配置中继代理,以应答这些请求。启用中继代理功能时,也能为跃点计数阈值和启动阈值指定超时值。

(1) 跃点计数阈值:规定了广播包最多可经过多少个子网,如广播包在规定的跳跃中仍未被响应,该广播包将被丢弃。如果此值设得过高,在中继代理设置错误时将导致网络流量过大。

(2) 启动阈值:设定了 DHCP 中继代理将客户端请求转发到其他子网的服务器之前,等待本子网的 DHCP 服务器响应的时间。DHCP 中继代理先将客户端的请求发送到本地的 DHCP 服务器,等待一段时间未得响应后,中继代理才将请求转发给其他子网的 DHCP 服务器。

选择“DHCP 中继代理程序”,用鼠标右键单击,选择“新接口”,选择“本地连接”,即可设定跃点计数阈值和启动阈值,如图 5.35 所示。

5.4　DHCP 数据库的管理

Windows Server 2008 把 DHCP 数据库文件存放在“C:\Windows\System32\dhcp”文件夹内。其中的 dhcp.mdb 是其存储数据的文件,而其他的文件则是辅助性的文件。注意:不要随意删除这些文件。

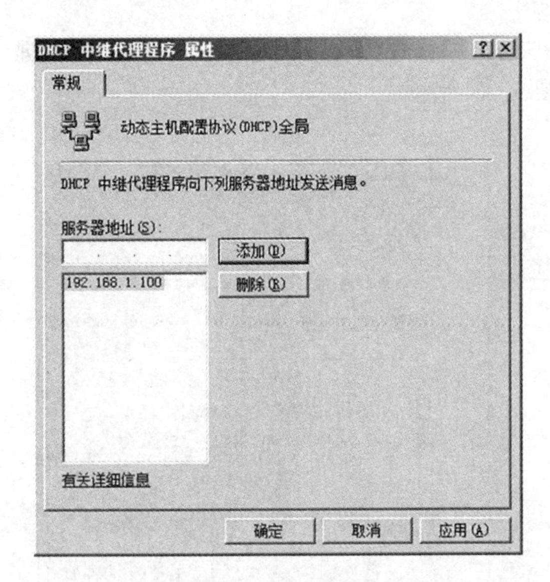

图 5.34 “DHCP 中继代理程序属性”对话框

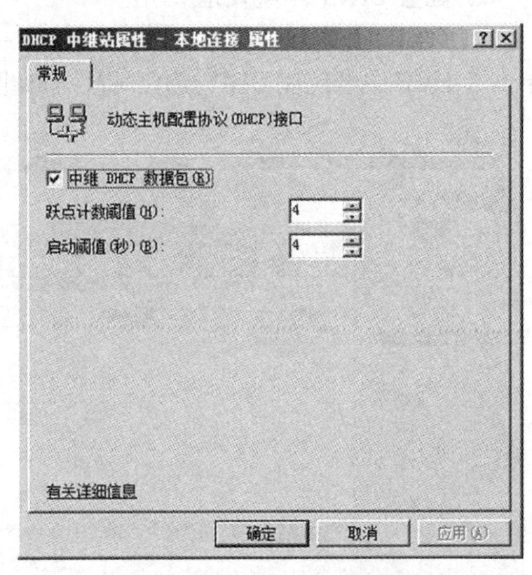

图 5.35 “DHCP 中继站属性”对话框

5.4.1 DHCP 数据库的备份

DHCP 服务器数据库是一个动态数据库，在向客户端提供租约或客户端释放租约时它会自动更新。DHCP 服务默认每隔 60 分钟自动将 DHCP 数据库文件备份到数据库目录的“backup\new”目录中。如果要想修改这个时间间隔，可以通过修改 BackupInterval 这个注册表参数实现，它位于注册表项“HKEY_LOCAL_MACHINE\SYSTEM|CurrentControlSet\Services\DHCPserver\Parameters”中。也可以先停止 DHCP 服务，然后直接将 DHCP 内的文件复制起来进行备份。

5.4.2 DHCP 数据库的还原

DHCP 服务在启动时，会自动检查 DHCP 数据库是否损坏，并自动恢复故障，还原损坏的数据库。也可以利用手动的方式来还原 DHCP 数据库，其方法是将注册表“HKEY_LOCAL_MACHINE\SYSTEM|CurrentControlSet\Services\DHCPserver\Parameters”下的参数 RestoreFlag 设为 1，然后重新启动 DHCP 服务器即可。也可以先停止 DHCP 服务，然后直接将 backup 文件夹中备份的数据复制到 DHCP 文件夹。

5.4.3 IP 作用域的协调

如果发现 DHCP 数据库中的设置与注册表中的相应设置不一致，如 DHCP 客户端所租用的 IP 数据不正确或丢失时，可以用协调功能让二者数据一致。在注册表数据库内也存储着一份在 IP 作用域内租用数据的备份，协调时，可利用存储在注册表数据库内的数据来恢复 DHCP 服务器数据库内的数据。方法是用鼠标右键单击相应的作用域，然后选择“协调”

选项。为确保数据库的正确性,定期执行协调操作是良好的习惯。

5.4.4 DHCP数据库的重整

DHCP服务器使用一段时间后,数据库内部必然会存在数据分布凌乱的情况,为了提高DHCP服务器的运行效率,要定期重整数据库。Windows Server 2008系统会自动定期在后台运行重整操作,不过也可以通过手动的方式重整数据库,其效率要比自动重整更高,方法如下:进入到"C:\Windows\System32\dhcp"目录下,停止DHCP服务器,运行Jetpack.exe程序完成重整数据库,再运行DHCP服务器即可。其命令操作过程如下:

```
C:\Windows\System32\dhcp          进入DHCP数据库目录
net stop dhcpserver               停止DHCP服务
Jetpack dhcp.mdb temp.mdb         压缩数据库
net start dhcpserver              重新启动DHCP服务
```

5.4.5 DHCP数据库的迁移

要想将旧的DHCP服务器内的数据迁移到新的DHCP服务器内,并改由新的DHCP服务器提供服务,具体步骤如下:

(1) 备份旧的DHCP服务器内的数据。首先停止DHCP服务器,在"DHCP管理器"中用鼠标右键单击服务器,选择"所有任务"→"停止"菜单,或者在命令行方式下运行"net stop dhcpserver"命令将DHCP服务器停止。然后将C:\Windows\System32\dhcp下整个文件夹复制到新的DHCP服务器内任何一个临时的文件夹中。

运行Regedt32.exe,选择注册表选项"HKEY_LOCAL_MACHINE\SYSTEM|CurrentControlSet\Services\DHCPserver",选择"注册表"→"保存项",将所有设置值保存到文件中。最后删除旧DHCP服务器内的数据库文件夹,删除DHCP服务。

(2) 将备份数据还原到新的DHCP服务器。安装新的DHCP服务器,停止DHCP服务器,方法如上。将存储在临时文件夹内的所有数据(由旧的DHCP服务器复制来的数据),整个复制到"C:\Windows\System32\dhcp"文件夹中。

运行Regedt32.exe,选择注册表选项"HKEY_LOCAL_MACHINE\SYSTEM\CurrentControlSet\Services\DHCPserver",选择"注册表"→"还原",将上步中保存的旧DHCP服务器的设置还原到新的DHCP服务器。重启DHCP服务器,协调所有作用域即可。

本章小结

DHCP服务是Windows Server 2008网络服务中最重要的服务之一,也是最常用的服务之一。本章首先讲述了Windows Server 2008 DHCP服务的基本概念及其作用,然后详细地讲述了DHCP租约的生成过程及其更新原理,而后详细地讲述了Windows Server 2008 DHCP的安装与配置,并讨论了在路由网络中配置DHCP的方法,最后讲述了DHCP数据库的管理与维护。DHCP服务具有容易部署的特性,在实际应用中非常广泛,所以熟练掌握DHCP服务的配置和应用是网络工作者的基本技能。本章实训中有安装配置的内容和要求,读者应当进行反复实践,以达到熟练的程度。

复习思考题

一、填空题

1. DHCP采用(　　)模式,有明确的客户端和服务器角色的划分。

2. DHCP协议的前身是BOOTP,BOOTP也称为自举协议,它使用(　　)来使一个工作站自动获取配置信息。

3. DHCP允许有3种类型的地址分配,分别是(　　)、(　　)、(　　)。

4. DHCP客户端在(　　)租借时间过去以后,每隔一段时间就开始请求DHCP服务器更新当前租借,如果DHCP服务器应答则租用延期。

5. 多播作用域只可以指定(　　)和(　　)之间的IP地址范围。

二、选择题

1. 关于DHCP协议,下列说法中错误的是(　　)。

A. Windows Server 2008 DHCP服务器默认租约期是6天

B. DHCP协议的作用是为客户机动态地分配IP地址

C. 客户端发送DHCP DISCOVERY报文请求IP地址

D. DHCP协议提供IP地址到域名的解析

2. 在Windows操作系统中,可以通过(　　)命令查看DHCP服务器分配给本机的IP地址。

A. ipconfig/all　　B. ipconfig/get　　C. ipconfig/up　　D. ipconfig/look

3. 在Windows Server 2008系统中,DHCP服务器中的设置数据存放在名为dhcp. mdb的数据库文件中,该文件位于文件夹(　　)中。

A. \ wimt \ dhcp　　B. \ windows \ system

C. \ windows \ system32 \ dhcp　　D. \ programs files \ dhcp

三、问答题

1. 列出处理DHCP租约的各个步骤。

2. 在创建了一个作用域之后,是否可以修改该作用域的子网掩码?

3. 你的网络由多个网段构成,网段之间通过路由器相互连接。你应该怎样配置该网络,使得所有客户端计算机都能够利用DHCP接收IP地址?

4. 如何实现IP地址与MAC地址的绑定?

5. DHCP客户端是如何实现租约更新的?

本章实训

一、实训目的

1. 掌握 Windows Server 2008 DHCP 服务器的安装。

2. 掌握 Windows Server 2008 DHCP 服务器的配置。

3. 掌握 Windows Server 2008 DHCP 客户端的配置。

二、实训内容

某公司因业务扩展的需要，新进了 100 台 PC，为了减少网络管理员的负担，现要求配置一台基于 Windows Server 2008 系统的 DHCP 服务器，具体要求如下：

(1) 所有 PC 都位于同一子网，能够直接通信。

(2) 所有 PC 机的 IP 地址租约期为 6 天。

(3) 给所有 PC 机指定 DNS 服务器的 IP 地址为 202.99.238.11。

(4) 公司总经理的 IP 地址要求是 192.168.1.88。

(5) 部署完成后，能为公司的 100 台 PC 提供服务，IP 地址段为 192.168.1.1 到 192.168.1.105。

(6) 排除其中连续的 5 个 IP 地址 192.168.1.22 到 192.168.1.26，留给广告部使用。

请完成 DHCP 服务器的配置。

第6章 DNS服务

学习目标

本章主要讲述域名解析的工作原理、DNS服务安装方法、配置正反搜索区域、创建资源记录、设置DNS条件转发以及管理与测试DNS服务等内容。通过本章的学习,应达到如下学习目标:

- 理解并掌握域名解析的工作原理。
- 理解并掌握DNS服务器的工作原理及其安装和配置方法。
- 掌握规划大型网络中多台DNS服务器配置和管理的方法。
- 掌握DNS服务的测试与管理。

导入案例

现要求为易慧公司申请一个新的域名,同时为生产部、计划部和销售部等三个部门设置相应的子域,并为每个部门配置对应的DNS服务器,具体要求如下:

(1) 本部门任一客户机通过本部门DNS服务器能访问本部门带域名的Web网站。

(2) 在生产部子域里再配置一台辅助区域DNS服务器,并指定主DNS服务器向辅DNS服务器传输区域。

(3) 配置计划部DNS服务器的转发功能,使计划部里任一客户机通过DNS服务能访问生产部和销售部带域名的Web网站。

(4) 使用最优方法,使得任一客户机通过本部门DNS服务能访问公司内部以及Internet上的所有带域名的Web网站。

要实现上述目标:首先要安装DNS服务器;其次要能够在相应的DNS服务器上创建搜索区域、资源记录等;再次要学会在企业网中合理部署DNS服务。通过本章的学习,我们可以轻松地解决上述提出的问题。

6.1 DNS概述

在TCP/IP网络里,计算机之间的通信是通过为网络上的每台计算机分配独立的IP地址来实现的。但是一旦网络的规模足够大时,直接使用IP地址就非常不方便了。于是就出现了主机名和IP地址之间的这样一种对应解决关系,给每台网络上的计算机起一个容易记的名字来实现通信，这样网络的访问就轻松多了。但是，单独使用主机名是无法实现网络通信的，网络通信最终还是要归结到IP地址上。因此，在主机名和IP地址之间就需要一个翻译。

最初，因为网络的规模比较小，使用单纯的配置文件Hosts来进行主机名和IP地址的映射。在Windows Server 2008中，Hosts文件在“C:\Windows\System32\drivers\etc”文件夹中，可以使用任何文本编辑器进行编辑。

但当Internet上计算机数量越来越多的时候，使用Hosts文件就出现了很多的问题，如：Hosts文件越来越大，导致域名查询效率降低，也使维护和下载极为困难；同时，Hosts文件中采用了平面名称结构，有计算机名不能重复等缺点。

于是人们设计出DNS(Domain Name Service)来完成域名查询的工作。DNS是一个有多层次名称结构的分布式数据库，域名记录存放在多个DNS服务器上，查询域名的时候由一个或多个DNS服务器协同完成查询工作。

6.1.1　域名称空间

整个DNS的结构是一个如图6.1所示的阶梯式树状结构，该树状结构称为域名称空间。

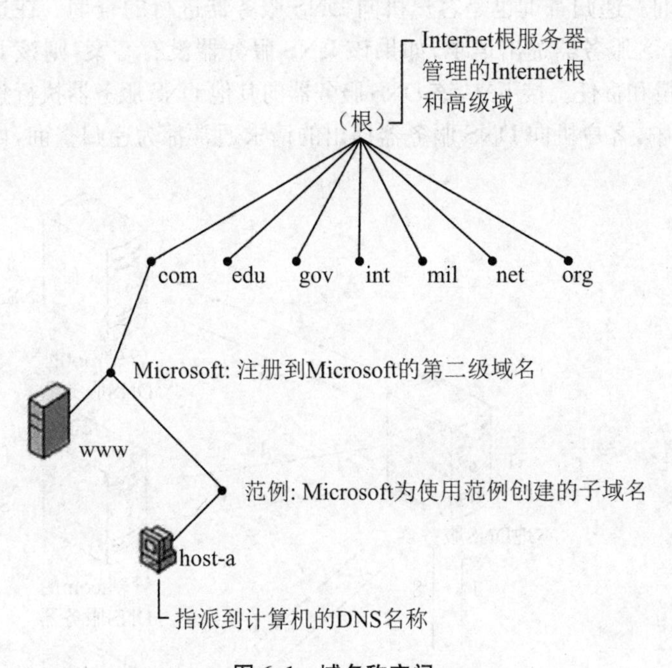

图6.1　域名称空间

图中位于该结构最上层的为根域(.)，其中有多台DNS服务器。根域之下的域称为顶级域(Top-level Domain)，每个顶级域内都有数台DNS服务器。顶级域可以再细分为第二层子域(Second-level Domain)，如“Microsoft”为公司名称，它隶属于com域。在第二层子域下还可以有多层子域(Subdomain)，例如，可以在Microsoft.com下再建立子域example.microsoft.com。需要注意的是，当新建一个子域到该域名称空间内时，此域的名称的最后必须附加其父域的名称。最下面一层被称为主机名称(Hostname),如“host-a”。

一般用完全合格域名来表示主机,如“host-a. example. microsoft. com”,其中“host-a”是最基本的信息(一台计算机的主机名称),“example”表示主机名称为 host-a 的计算机在这个子域中注册和使用它的主机名称,“microsoft”是“example”的父域或相对的根域(即 Second-level Domain),“com”是用于表示商业机构的 Top-level Domain,最后的句点表示域名空间的根(Root)。这个完整的名称也就是所谓的 Fully Qualified Domain Name(FQDN),即完全合格域名。

6.1.2　DNS 查询模式

当 DNS 客户端向 DNS 服务器查询 IP 地址时,或 DNS 服务器(DNS 服务器本身也具备 DNS 客户端的角色)向另外一台 DNS 服务器查询 IP 地址时,它有两种模式:

(1) 迭代查询。迭代查询是客户机向 DNS 服务器进行的查询。在这种查询中,DNS 服务器首先查看它自己的高速缓存和区域数据。如果有,则返回这个查询的答案。如果没有客户机要求的数据,则 DNS 服务器提供给客户机一个顶层空间的服务器的 IP 地址,如果这个顶层空间的 DNS 服务器仍没有客户需要的数据,则它返回给客户一个它的下层的 DNS 服务器的 IP 地址。就这样直到找到答案或者出现错误或超时。

(2) 递归查询。递归查询也是客户机向 DNS 服务器进行的查询。在这种查询中,客户机首先向它的 DNS 服务器提出请求,如果该 DNS 服务器没有答案,则该 DNS 服务器承担查询的全部工作量和责任。接下来,该 DNS 服务器向其他 DNS 服务器执行独立的迭代查询。

在实际工作中,客户机向 DNS 服务器提出的请求通常都为递归查询,如图 6.2 所示。

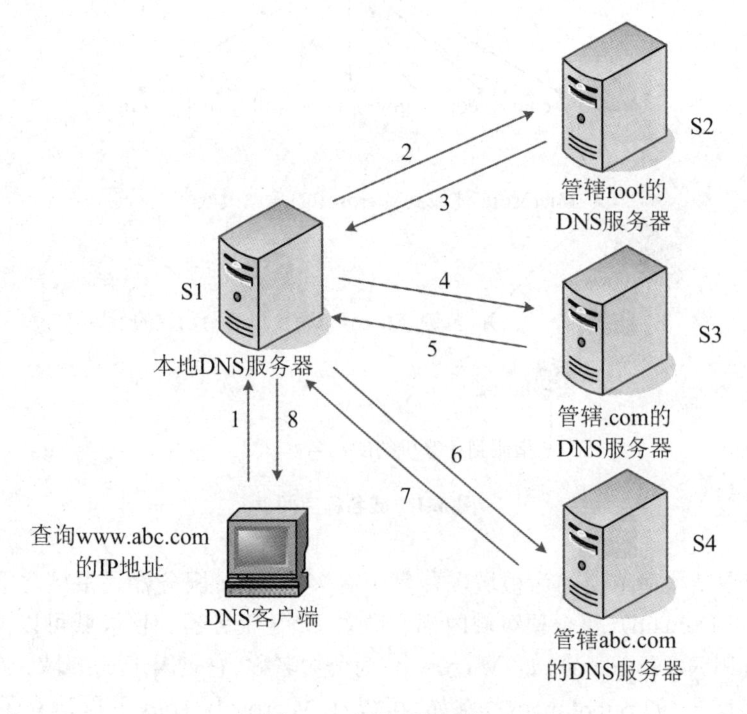

图 6.2　域名查询过程

查询过程如下：

(1) DNS客户端向其本地的DNS服务器(S1)查询“www. abc. com”的IP地址。

(2) 如果S1内没有所需要的数据，则S1将此查询要求转送到根域的DNS服务器(S2)。

(3) S2从要查询的主机名称(www. abc. com)得知该主机位于. com的顶级域名下，因此它会将负责管辖. com的DNS服务器(S3)的IP地址发送给S1。

(4) S1得到S3的IP地址后，它会直接向S3查询“www. abc. com”的地址。

(5) S3从要查询的主机名称(www. abc. com)得知该主机位于“abc. com”的域下，因此，它会将负责管辖“abc. com”的DNS服务器(S4)的IP地址传送给S1。

(6) S1得到S2的IP地址后，它会向S4查询“www. abc. com”的IP地址。

(7) 管辖“abc. com”的DNS服务器(S4)将“www. abc. com”的IP地址传送给S1。

(8) S1再将“www. abc. com”的IP地址传送给DNS客户端。

6.2 DNS服务器的安装与配置

6.2.1 安装DNS服务

DNS服务不是Windows Server 2008默认的安装组件，所以需通过添加安装的方式来安装DNS服务。同时必须确保用静态IP地址配置了DNS服务器，即一台DNS服务器必须有一个静态IP地址，而不能是通过DHCP服务器得到的动态IP地址。

安装DNS服务的具体操作步骤如下：

(1) 选择“开始”→“管理工具”→“服务器管理器”→“角色”→“添加角色”选项，然后单击“下一步”按钮，选择“DNS服务器”选项，如图6.3所示。

(2) 单击“下一步”按钮，出现如图6.4所示的“确认安装选择”配置向导，这里列出了所要安装的DNS服务器组件。

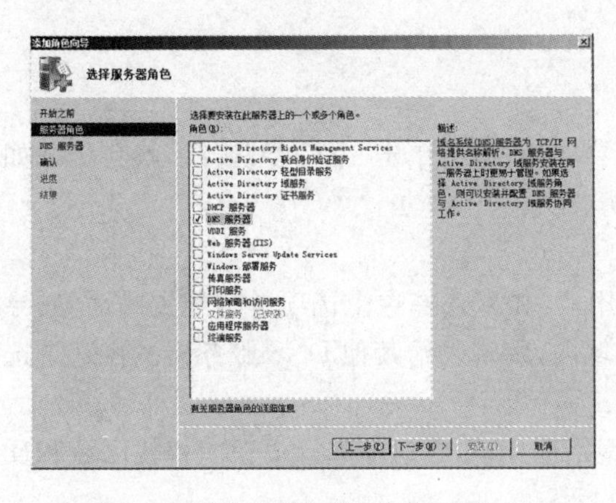

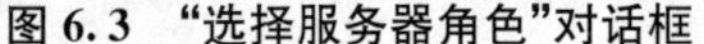
图6.3 “选择服务器角色”对话框

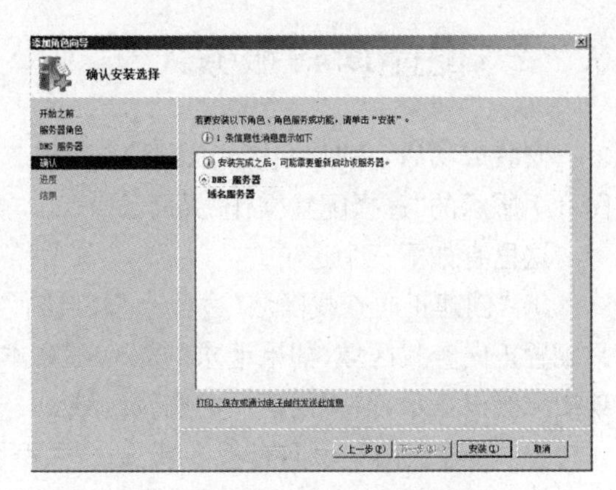

图6.4 “确认安装选择”对话框

(3) 单击“下一步”按钮，出现如图 6.5 所示的“添加角色向导”对话框，向导自动进行 DNS 组件的安装。

(4) DNS 组件安装完毕后，出现如图 6.6 所示的 DNS 服务器角色添加完成窗口。

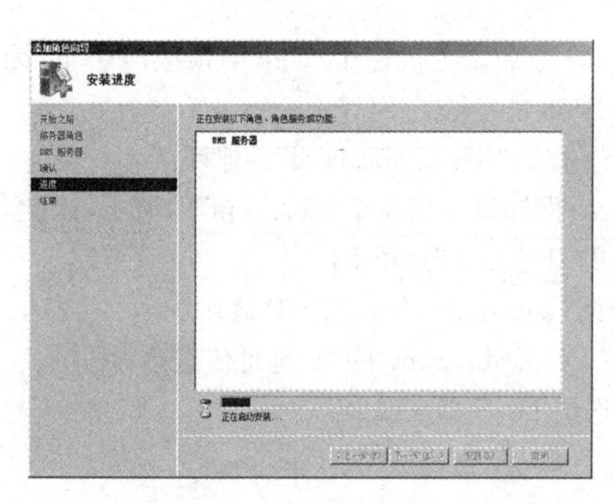

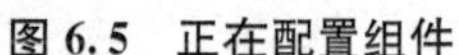
图 6.5 正在配置组件

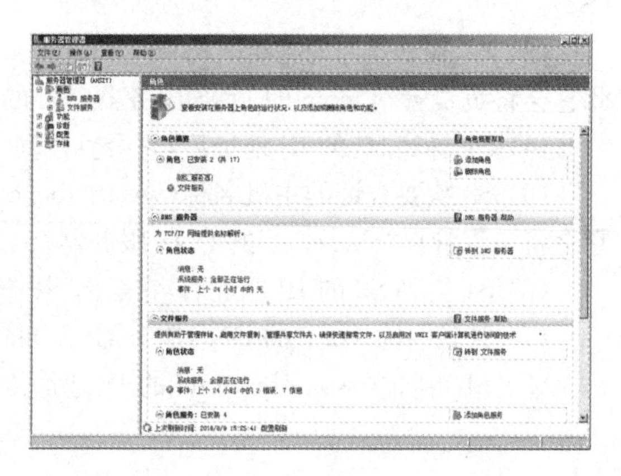

图 6.6 DNS 服务器角色添加完成

至此，DNS 服务器安装成功。在“开始”→“所有程序”→“管理工具”内会多出一个“DNS”选项用来管理与设置 DNS 服务器，同时会创建一个%systemroot%\system32\dns 文件夹，其中存储了与 DNS 运行有关的文件，例如缓存文件、区域文件、启动文件等。接下来的工作就是服务器配置了。

下面介绍一下 DNS 客户端的设置。

以 Windows Server 2008 的计算机来说，可以用鼠标右键单击“网络”→选择“属性”→打开“管理网络连接”→用鼠标右键单击“本地连接”→选择“属性”→“Internet 协议(TCP/IP)”→“属性”，然后在“首选 DNS 服务器”处输入 DNS 服务器的 IP 地址，如果还有其他的 DNS 服务器可供服务的话，在“备用 DNS 服务器”处输入另外一台 DNS 服务器的 IP 地址。

如果要指定 2 台以上的 DNS 服务器，则单击“高级”按钮，选择“DNS”标签，然后在“DNS 服务器地址(按使用顺序排列)”处单击“添加”按钮，以便输入多个 DNS 服务器的 IP 地址，DNS 客户端会依序向这些 DNS 服务器查询。

6.2.2 配置 DNS 服务

安装成功后，在“欢迎使用配置 DNS 服务器向导”窗口单击“下一步”按钮，就会出现如图 6.7 所示的“选择配置操作”界面。

这里有如下三个选项：

① “创建正向查找区域(适合小型网络使用)”：如果选择这个选项进行配置的话，向导只配置正向查找区域，如果请求的域名不在本域内，则转发给其他 DNS 服务器。在这个选项中配置根提示，但不创建反向查找区域。

② “创建正向和反向查找区域(适合大型网络使用)”：在这个选择里正向查找区域和反向查找区域都进行创建，并且配置转发器和根提示。

③ “只配置根提示(只适合高级用户使用)”：该选项不配置正向和反向查找区域，而是

留给用户自己配置,但是向导会配置一个根域名服务器的列表。

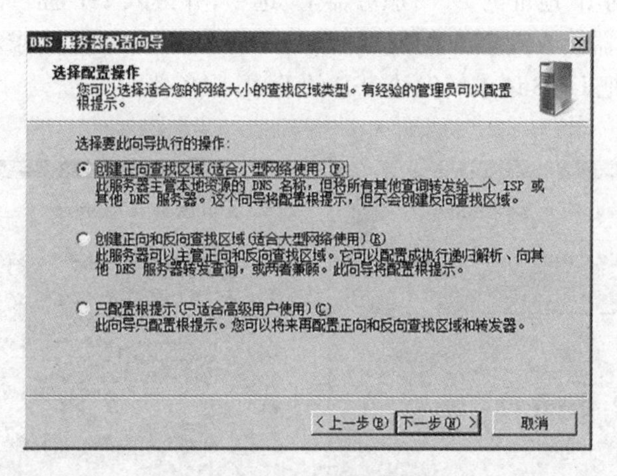

图 6.7 "选择配置操作"界面

在这里选择"①"选项创建一个正向查找区域,具体操作步骤如下:

(1) 在图 6.7 中单击"下一步"按钮,将显示如图 6.8 所示的"主服务器位置"对话框。当在网络中安装第一台 DNS 服务器时,可以选择"这台服务器维护该区域"选项,以将该 DNS 服务器配置为主 DNS 服务器。当再次添加其他的 DNS 服务器时,可以选择"ISP 维护该区域,一份只读的次要副本常驻在这台服务器上"选项,从而将其配置为辅助 DNS 服务器。

(2) 单击"下一步"按钮,将显示如图 6.9 所示的"区域名称"对话框,在这里键入域名服务机构,如:ahszy. com 等。

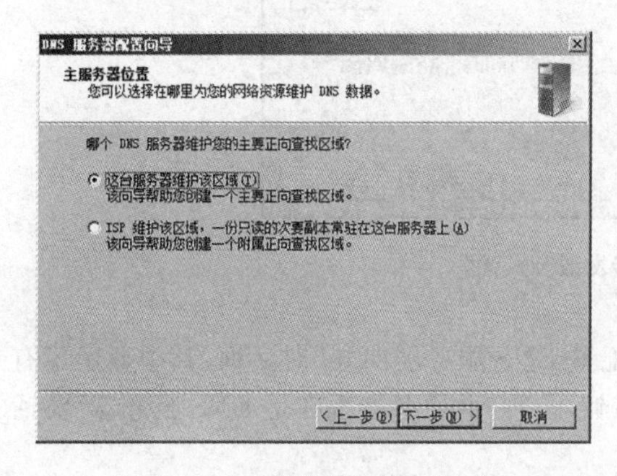

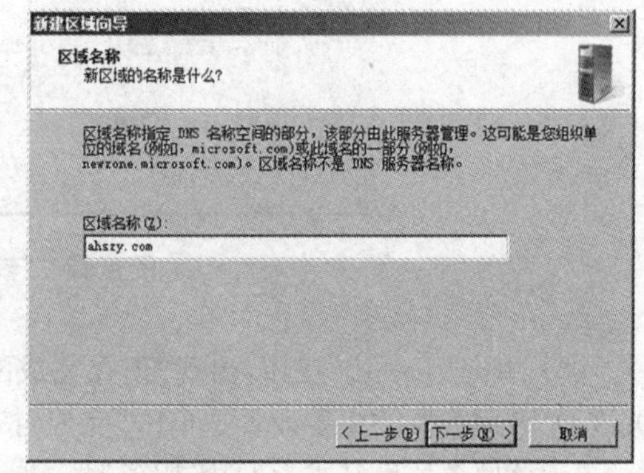

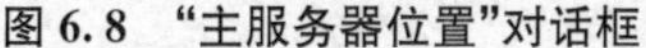

图 6.8 "主服务器位置"对话框　　　　**图 6.9 "区域名称"对话框**

(3) 单击"下一步"按钮,将显示如图 6.10 所示的"区域文件"对话框。在这里选择"创建新文件,文件名为(C)"选项,并采用系统默认的文件名保存区域文件。

(4) 单击"下一步"按钮,显示如图 6.11 所示的"动态更新"对话框。使用动态更新技术时,计算机和服务会自动注册它们的资源记录,而不需要 DNS 管理员的人工参与。在此选择"允许非安全和安全动态更新"选项。

(5) 单击“下一步”按钮，显示如图 6.12 所示的“转发器”对话框。在这里选择“是，应当将查询转发到有下列 IP 地址的 DNS 服务器上”选项，并键入 ISP 提供的 DNS 服务器的 IP 地址。当 DNS 服务器接收到客户端发出的 DNS 请求时，如果该请求本地无法解析，那么 DNS 服务器将自动把 DNS 请求转发给 ISP 的 DNS 服务器。

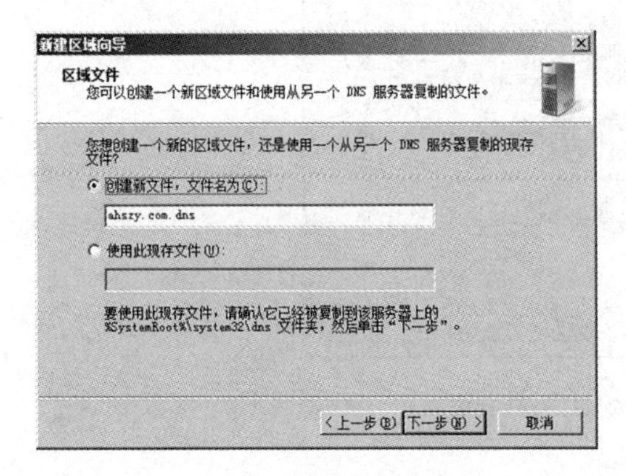

图 6.10 “区域文件”对话框

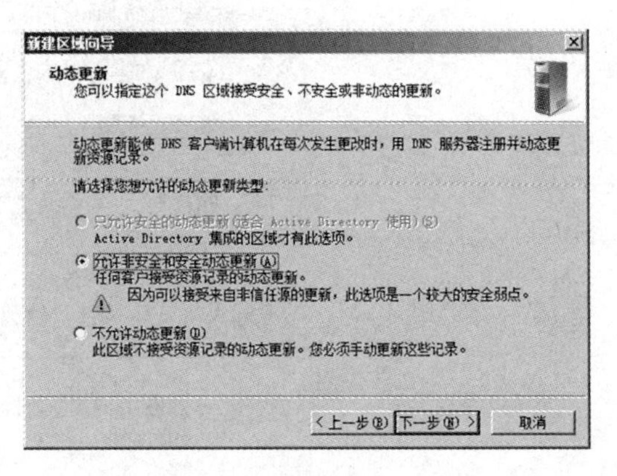

图 6.11 “动态更新”对话框

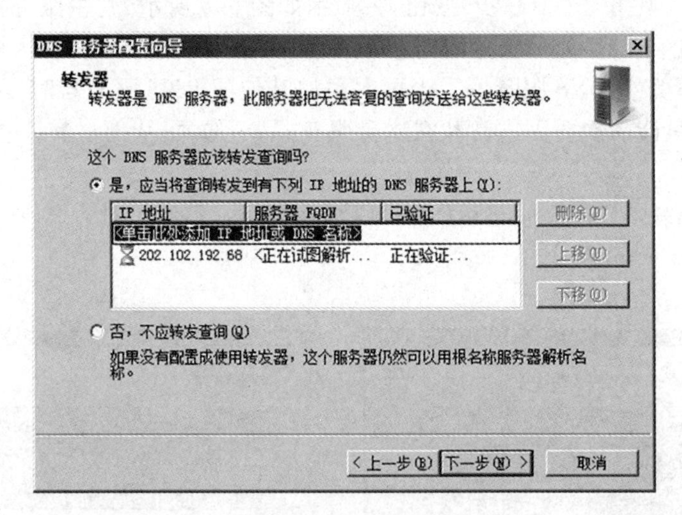

图 6.12 “转发器”对话框

(6) 单击“下一步”按钮，出现“正在完成配置 DNS 服务器向导”对话框，其中显示了有关该 DNS 服务器的主要设置。单击“完成”按钮，出现“此服务器现在是 DNS 服务器”对话框，提示该服务器已经成为 DNS 服务器。

6.2.3 区域和资源记录

在进一步配置 DNS 服务之前，我们先来学习两个相关的概念。

1. 区域(Zone)

区域是域名称空间树状结构的一部分。使用区域能够将域名称空间分区为较小的区段，便于管理。DNS 服务器是以 Zone 为单位来管理域名空间的，Zone 中的数据保存在管理它的DNS服务器中，而用来存储这些数据的文件就称为区域文件。一个DNS服务器可以管理一个或多个Zone，同时一个Zone可以由多个DNS服务器来管理。

用户可以将一个Domain划分成多个Zone分别进行管理以减轻网络管理的负荷。如：如图6.13所示，将域“xyz. com”分为zone1（涵盖子域sales. xyz. com）和zone2（涵盖域xyz. com与子域mkt. xyz. com）两个区域，每个区域各有一个区域文件。zone1的区域文件内存储着包含区域内所有主机（PC1～PC50）的数据，zone2的区域文件内存储着包含区域内所有主机（PC51～PC59与PC60～PC90）的数据。这两个区域文件可以放在同一台DNS服务器内，也可以分别放在不同的DNS服务器内。可以指派两个不同的管理员，分别负责管理这两个区域，以减轻管理上的负担。

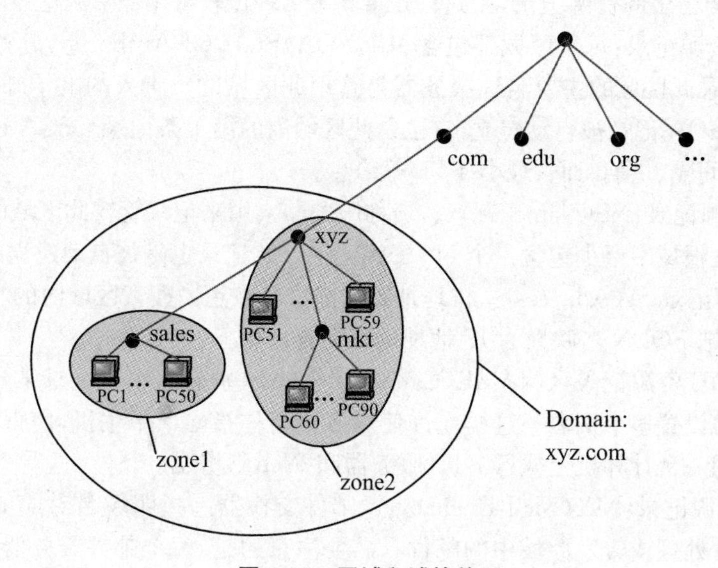

图6.13　区域和域的关系

注意一个区域所包含的范围必须是在域名称空间中连续的区域。如：不可以创建一个包含“sales. xyz. com”与“mkt. xyz. com”两个子域的区域，因为它们位于不连续的空间。但是，可以创建一个包含“xyz. com”与“mkt. xyz. com”的区域，因为它们位于连续的空间（xyz. com）。

每个区域都是针对一个特定域来设置的。如：zone1是针对“sales. xyz. com”来设置的，而zone2针对的是“xyz. com”（包括域xyz. com与其子域mkt. xyz. com），该域称为该区域的根域；也就是说，zone1的根域为“sales. xyz. com”，而zone2的根域为“xyz. com”。

Windows Server 2008的DNS服务器共支持如下3种区域类型：

（1）主要区域。主要区域用来存储此区域内所有主机数据的正本。当在DNS服务器内创建一个主要区域与区域文件后，这个DNS服务器就是这个区域的主要名称服务器。

（2）辅助区域。辅助区域用来存储此区域内所有主机数据的副本，这份数据是从其主要区域利用区域转送复制过来的，存储此数据的区域文件是只读的。当在DNS服务器内创建一个辅助区域后，这个DNS服务器就是这个区域的辅助名称服务器。

（3）存根区域。在Windows Server 2008的DNS技术中，增加了一种区域类型——存根（Stub）区域。存根区域也是区域数据库的拷贝，不过存根区域中只包含了区域中的授权

DNS服务器的资源记录。存根区域是标准主要区域或者辅助区域数据库的子集,其中只包含SOA记录、NS记录以及被委派的区域的粘接主机(A)记录。粘接主机(A)记录是被委派的区域中的权威DNS服务器。含有存根区域的服务器对该区域没有管理权。存根区域可以使域树结构下的DNS查询得到优化。

区域有两种搜索方式:

(1) 正向搜索。把名称解析为IP地址,这是最常用的搜索类型。用于得到主机的IP地址以建立网络连接。

(2) 反向搜索。把IP地址解析为名称。用于根据IP地址得到对应的主机名。

2. 资源记录

DNS支持相当多的资源记录,在此只介绍其中7种比较常用的资源记录。

(1) SOA资源记录:每个区域都包含一个SOA(Start Of Authority,起始授权机构)资源记录,用来记录此区域的主要名称服务器与管理此区域的负责人的电子邮件账号。当新建一个区域后,SOA记录被自动建立,它也是此区域内的第1条记录。SOA还包含序列号、刷新间隔、重试间隔、过期时间、最小TTL等信息。

(2) NS资源记录:NS(Name Server,名称服务器),用来记录管辖此区域的名称服务器。每个区域必须在根域中至少包含一个NS资源记录。此记录也是被自动建立的。

(3) A资源记录:A(Address,主机地址),用来记录在正向搜索区域内的主机与IP地址的映射,以提供把FQDN名映射为IP地址的正向查询服务。

(4) CNAME资源记录:CNAME(Canonical Name,别名),用来记录某台主机的别名,可以为一台主机设置多个别名。这样允许使用多个名称指向单个主机,使得某些任务更容易执行,如:在同一台计算机上执行FTP服务器和Web服务器。

(5) MX资源记录:MX(Mail Exchanger,邮件交换器),指明域名对应的邮件服务器。邮件服务器负责处理或转发此域中的邮件。需要注意的是:每个邮件服务器还需要有一个对应的A记录。如果有多个邮件服务器,就需要多个MX资源记录。在MX记录中,可以设定邮件服务器的优先级,以确定选择邮件服务器的先后顺序。

(6) PTR资源记录:PTR(Pointer,指针),用于支持基于在in-addr.arpa域中创建的区域的反向搜索过程,其作用是指派"主机IP地址到DNS域名"的反向映射。

(7) SRV资源记录:SRV(Service Locator,服务定位器),用来记录提供特殊服务的服务器的相关数据。服务被注册之后,客户端就可以使用DNS查找服务。如:Windows 2008域控制器有许多网络服务,这些服务执行诸如验证用户登录和检查组成员的功能,域控制器通过在DNS数据库中创建适当的SRV记录来注册这些服务。然后,客户机就可以在DNS数据库中查找到必要的信息来找到域控制器。一般无需添加SRV资源记录,因为服务使用动态更新协议自动创建SRV资源记录,并将SRV资源记录添加到DNS数据库中。

6.2.4 设置正向搜索区域

所谓正向搜索区域,是指将域名解析为IP地址的过程。当用户键入某个服务器的域名时,借助于该记录可以将域名解析为一个具体的IP地址,从而实现对服务器的访问。在6.2.2节中我们已经掌握了利用向导配置DNS服务并创建一个正向搜索区域,但是如果网络中存在两个或两个以上的域时,就必须执行添加正向搜索区域操作。具体如下:

（1）选择“开始”→“所有程序”→“管理工具”→“DNS”选项，将显示如图 6.14 所示的 DNS 控制台窗口。

（2）用鼠标右键单击，在弹出的快捷菜单中选择“新建区域(Z)…”项，显示“新建区域向导”窗口。

（3）单击“下一步”按钮，将显示如图 6.15 所示的“区域类型”对话框。在这个对话框中选择“主要区域”，以将该计算机设置为主 DNS 服务器。

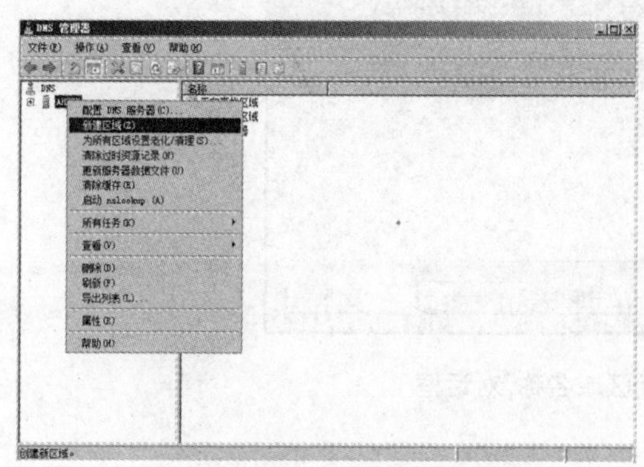

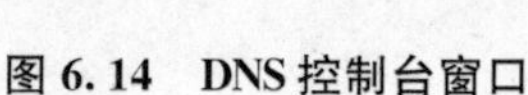
图 6.14　DNS 控制台窗口

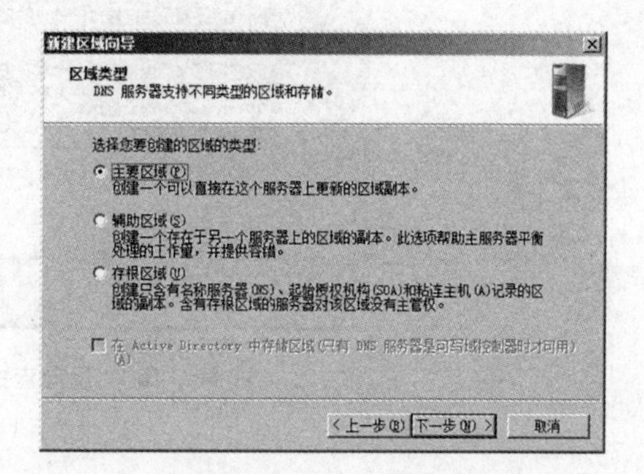

图 6.15　“区域类型”对话框

（4）单击“下一步”按钮，将显示“区域名称”区域向导对话框。在“区域名称”框中键入第 2 个域的域名：“abc.edu.cn”，域名最好是申请的正式域名，这样就可以实现在 Internet 中的解析了。

（5）其后的步骤和 6.2.2 节中利用向导配置 DNS 正向搜索区域的操作相同。

6.2.5　设置反向搜索区域

反向区域可以让 DNS 客户端利用 IP 地址查询其主机名称。反向区域不是必要的，但是在某些场合会用得到，例如，运行 Nslookup 诊断程序时需要用到它，还有在 IIS 内可能需要利用它限制连接的客户端。

（1）选择“开始”→“所有程序”→“管理工具”→“DNS”选项，将显示如图 6.14 所示的 DNS 控制台窗口。选择“反向搜索区域”并用鼠标右键单击，选择“新建区域”，启动“新建区域”向导。

（2）单击“下一步”按钮，显示“区域类型”设置对话框。选择“标准主要区域”。

（3）单击“下一步”按钮，出现如图 6.16 所示的“反向搜索区域”对话框，直接在“网络 ID”处输入此区域所支持的反向查询的网络号，如 192.168.0；向导自动颠倒字节顺序并且加上 in-addr.arpa 域名。也可直接在“反向搜索区域名称”处设置其区域名。

（4）单击“下一步”按钮，出现“区域文件”设置对话框。选择“创建新文件，文件名为”选项，使用默认的区域文件名即可。

（5）单击“下一步”按钮，显示“动态更新”对话框，选择“不允许动态更新”选项。

（6）单击“下一步”按钮，显示“正在完成新建区域向导”提示窗口。单击“完成”按钮，返回 DNS 控制台窗口。

至此,DNS服务器的反向搜索区域设置完成。

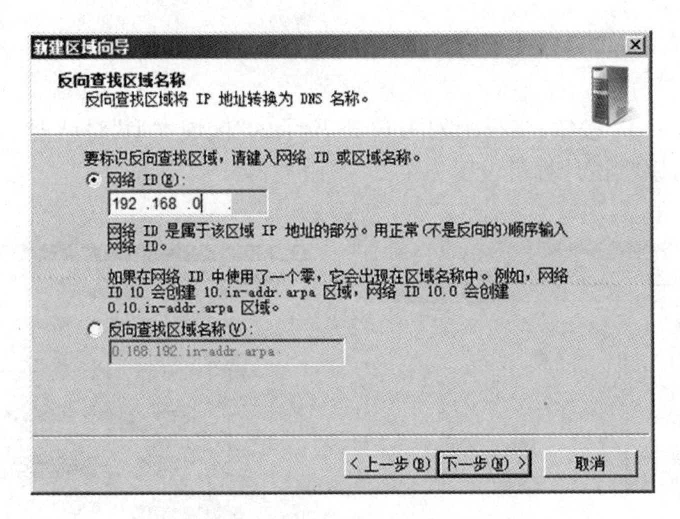

图 6.16 "反向查找区域名称"对话框

6.2.6 创建资源记录

DNS服务器创建完成之后,还需添加主机记录才能真正实现DNS解析服务。也就是说,必须为DNS服务添加主机名和IP地址一一对应的数据库,才能将DNS主机名与其IP地址一一对应起来。这样,当用户键入主机名时,才能解析成相应的IP地址并实现对服务器的访问。

1. 创建主机记录

主机记录,即A记录,用于静态地建立主机名与IP地址之间的对应关系,以便提供正向查询服务。必须为每种服务都创建一个A记录,如FTP、WWW、MEDIA、MAIL、NEWS、BBS等。创建主机记录的具体操作步骤如下:

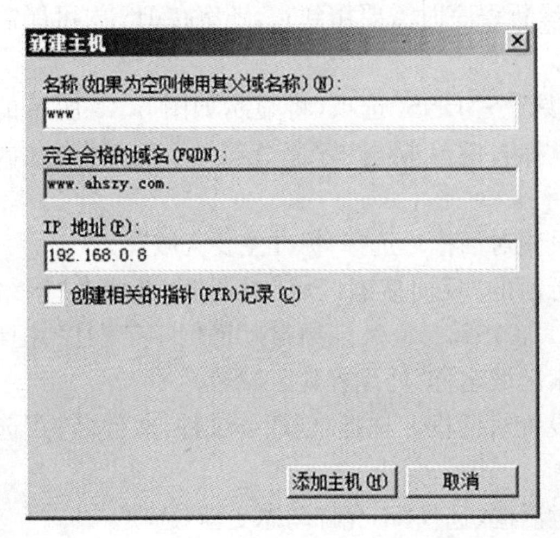

图 6.17 "新建主机"对话框

(1) 打开DNS控制台窗口,展开左侧控制台树中的"正向搜索区域",用鼠标右键单击要添加主机的域名,如"ahszy.com";在弹出的快捷菜单中选择"新建主机"选项,将显示如图6.17所示的"新建主机"对话框。

(2) 输入服务名称(如WWW、MAIL、FTP、NEWS等)和与该名称相对应的IP地址。例如,在名称为WWW的服务器中,IP地址为"192.168.0.8",那么该计算机的域名就是"www.ahszy.com",当用户在Web浏览器中输入"www.ahszy.com"来进行访问时,IP地址将被解析为192.168.0.8。

(3) 单击"添加主机"按钮,将显示创建

DNS成功的提示框。

(4) 重复上述操作，以创建其他的多个主机，如：MAIL、FTP、NEWS等。在主机全部创建完成之后，单击“完成”按钮以返回DNS控制台窗口，将显示所有已经创建的IP地址映射记录。

2. 创建MX邮件交换记录

一个邮件交换记录可以告诉用户哪些服务器可以为该域接收邮件。当局域网用户与其他Internet用户进行邮件的交换时，将由在这里指定的邮件服务器与其他Internet邮件服务器来完成。也就是说，如果不指定MX邮件交换记录，那么网络用户就无法实现与Internet的邮件交换，也就不能实现Internet电子邮件的收发。

(1) 先添加一个主机名为mail的主机记录，并使该mail主机名指定的计算机成为邮件服务器。

(2) 在DNS控制台树的“正向搜索区域”中，用鼠标右键单击要添加MX邮件交换记录的域名，在弹出的快捷菜单中选择“新建邮件交换器(MX)”选项，将显示如图6.18所示“新建资源记录”对话框，以用于创建一个MX记录，并实现对邮件服务器的域名解析。需要注意的是，“主机或子域”框保持为空，这样才能得到诸如user@abc.edu.cn之类的信箱。如果在“主机或子域”框中键入“mail”，那么信箱名将会成为user@mail.abc.edu.cn。

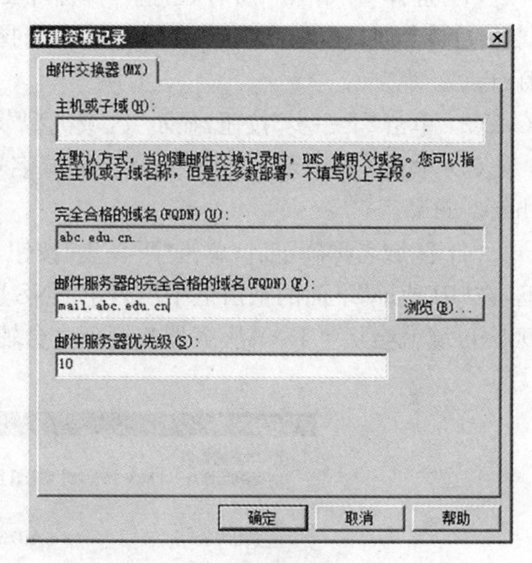

图6.18　“新建MX资源记录”对话框

(3) 在“邮件服务器的完全合格的域名(FQDN)”文本框中直接键入邮件服务器的域名，例如mail.ahu.edu.cn。也可单击“浏览”按钮，显示“浏览”对话框，并在“浏览”对话框列表中选择作为邮件服务器的主机名称，如mail。

(4) 当区域内有多个MX记录(即有多个邮件服务器)时，则可以在“邮件服务器优先级”处输入一个数字来确定其优先级，其中的数字越低表示优先级越高(0为最高)，邮件服务器默认优先级值为10。当一个区域中有多个邮件服务器时，如果其他的邮件服务器要传送邮件到此区域的邮件服务器中，它会先选择优先级最高的邮件服务器。如果此次邮件传送失败，再选择优先级较低的邮件服务器。如果有两台以上的邮件服务器的优先级相同，会从中随机地选择一台邮件服务器。

(5) 单击“确定”按钮，完成MX邮件记录添加操作。

重复上述操作，可为该域添加多个MX记录，并在“邮件服务器优先级”文本框中分别设置其优先级值。当优先级值小的邮件服务器发生故障后，可使用优先级值较高的服务器继续完成邮件服务，从而实现服务器的冗余和容错。

6.2.7 创建辅助区域及区域复制

一般情况下,域名注册公司通常要求用户配置两台 DNS 服务器。一台作为主服务器,一台作冗余使用,这样就提供了比较高的可靠性。作冗余的服务器通常配置成辅助区域服务器。辅助区域从其主要区域利用区域传送的方式复制数据,与主要区域文件不同的是,辅助区域文件是只读的,不允许被修改。建立辅助名称服务器只需要在 DNS 中创建域名解析的辅助区域。

首先在备份 DNS 服务器上安装 DNS 服务。具体操作步骤如下:

(1) 选择“开始”→“所有程序”→“管理工具”→“DNS”选项,将显示如图 6.14 所示的 DNS 控制台窗口。在弹出的快捷菜单中选择“新建区域(Z)…”项,显示“新建区域向导”窗口。

(2) 单击“下一步”按钮,显示“区域类型”对话框。选择“辅助区域”选项。

(3) 单击“下一步”按钮,显示“区域名称”对话框。填入辅助区域的区域名称,如 ahszy. com。

(4) 区域名称确定后,单击“下一步”按钮,显示如图 6.19 所示的“主 DNS 服务器”对话框,在“IP 地址”下面的空白框中填入主 DNS 服务器的 IP 地址,然后单击“添加”按钮。这样 DNS 区域就会从主 DNS 服务器复制到这台辅 DNS 服务器上。

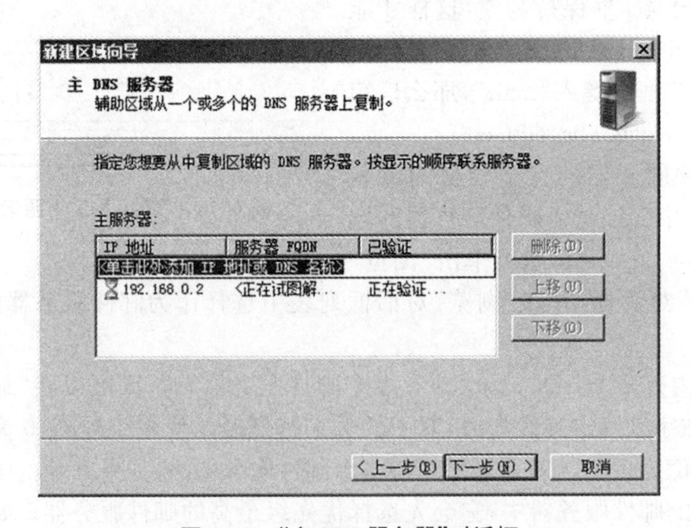

图 6.19 “主 DNS 服务器”对话框

(5) 单击“下一步”按钮,显示“正在完成新建区域向导”对话框,提示已经成功完成了新建区域,并且会给出刚刚进行的设定。

(6) 单击“完成”按钮完成新建区域的创建,但是这时会看到区域传送失败的信息。

(7) 在主 DNS 服务器上的“ahszy. com”区域单击鼠标右键,选择“属性”,在“属性”窗口中,选择“区域传送”,如图 6.20 所示。在“区域传送”窗口中,在“允许区域传送”前的空白框中打勾,并且选取“只允许到下列服务器”,在“IP 地址”下的空白框中输入辅助域名服务器的 IP 地址“192.168.0.9”并单击“添加”按钮完成添加。然后单击“通知”按钮,系统弹出“通知”对话框,如图 6.21 所示。在“自动通知”前的空白框中打勾,然后选取“下列服务器”,在“IP 地址”下的空白框中输入“192.168.0.9”并单击“添加”按钮完成添加,然后再单击“确定”按钮。这样,主服务器就会在区域文件有变化时通知辅助域名服务器。然后辅助域名服务器开始读取主域名服务器的区域文件数据。辅助域名服务器的两个区域也会加载起来。

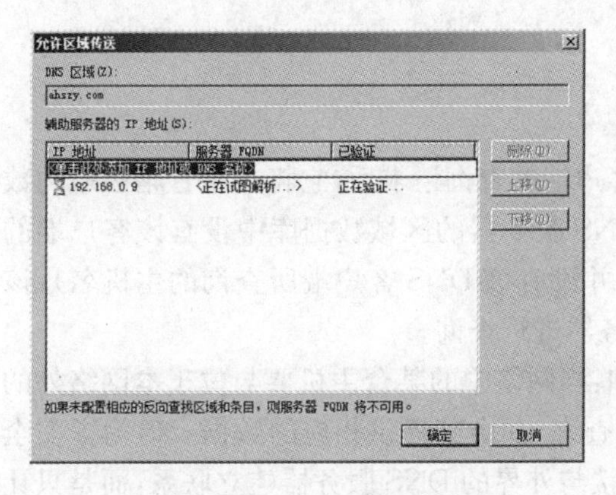

图 6.20　“允许区域传送”窗口

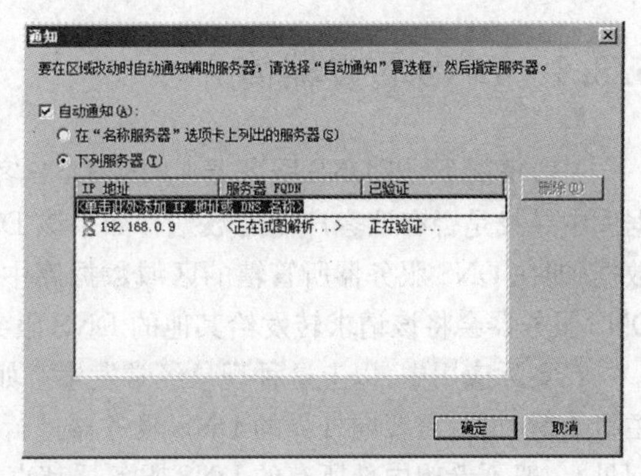

图 6.21　“通知”对话框

6.2.8　创建子域

创建子域的作用就是将客户的计算机进行分类,从而使它们具有不同的域名后缀。微软将活动目录和 DNS 集成,所以进行子域的创建并不常用。下面介绍一下子域的创建过程。

(1) 子域的创建过程可以分为自动创建和手动创建。自动创建是基于 DNS 服务器的动态更新。

(2) 子域是直接位于 DNS 分层目录结构中某一个域下面的域。如:“mkt.ahszy.com”是“ahszy.com”域的子域。

(3) 划分子域可以改善 DNS 名称空间的组织结构。把名称空间划分为子域就好比在硬盘上创建文件夹和子文件夹。一般地,可以按照一个组织的部门或地理分布来划分子域。如:“ahszy.com”下,可以按部门划分出“mis”、“mkt”、“sales”、“personnel”等子域。

(4) 在“xyz.com”下创建一个子域 mkt,只需用鼠标右键单击“xyz.com”,然后选择“新建域”选项,在“新建域”对话框中输入子域的名称 mkt 即可,如图 6.22 所示,接下来就可以在此子域内输入主机资源记录等数据。

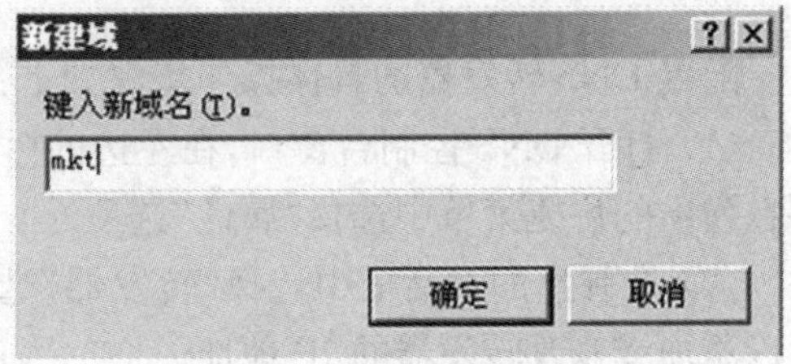

图 6.22　“新建域”对话框

6.3 条件转发和 Internet 上的 DNS 配置

6.3.1 DNS 转发器简介

一般情况下，当 DNS 服务器在收到 DNS 客户端的查询请求后，它将在所管辖区域的数据库中寻找是否有该客户端的数据。如果该 DNS 服务器的区域数据库中没有该客户端的数据(即在 DNS 服务器所管辖的区域数据库中并没有该 DNS 客户端所查询的主机名)，该 DNS 服务器会将该请求转发给其他的 DNS 服务器进行查询。

在实际应用中，以上这种现象经常发生。如：当网络中的某台主机要与位于本网络外的主机通信时，就需要向外界的 DNS 服务器进行查询，并由其提供相应的数据。但为了安全起见，一般不希望内部所有的 DNS 服务器都直接与外界的 DNS 服务器建立联系，而是只让某一台 DNS 服务器与外界建立直接联系，同时网络内的其他 DNS 服务器则通过这一台 DNS 服务器来与外界进行间接的联系。这台直接与外界建立联系的 DNS 服务器便称为转发器。

有了转发器，当 DNS 客户端提出查询请求时，DNS 服务器将通过转发器从外界 DNS 服务器中获得数据，并将其提供给 DNS 客户端。如果转发器无法查询到所需的数据，则 DNS 服务器一般提供以下两种处理方式：

(1) DNS 服务器直接向外界的 DNS 服务器进行查询。

(2) DNS 服务器不再向外界的 DNS 服务器进行查询，而是告诉 DNS 客户端找不到所需的数据。

如果是后一种处理方式，该 DNS 服务器将完全依赖于转发器。出于安全考虑，最好将 DNS 服务器设置为后一种方式，即完全依赖于转发器的方式。

6.3.2 配置 DNS 转发器

配置 DNS 转发器的具体操作步骤如下：

(1) 打开 DNS 控制台窗口，在左边的树目录中右击要设置为转发 DNS 服务器的名称，并在弹出的快捷菜单中选择“属性”选项。

(2) 在弹出的对话框中选择“转发器”选项卡，如图 6.23 所示，在其中单击“编辑”按钮可以添加或修改转发器的 IP 地址。

(3) 在“DNS 域”列表框中选择“所有其他 DNS 域”选项，然后在“所选域的转发器的 IP 地址列表”框中键入 ISP 提供的 DNS 服务器的 IP 地址，并单击“添加”按钮。重复以上操作步骤，可添加多个 DNS 服务器的 IP 地址。需要注意的是，除了可以添加本地 ISP 的 DNS 服务器的 IP 地址外，也可以添加其他著名 ISP 的 DNS 服务器的 IP 地址。

(4) 在转发器的 IP 地址列表中选择要调整顺序或要删除的 IP 地址，单击“上移”、“下移”或“删除”按钮，即可执行相关操作。需要注意的是，应该将响应最快的 DNS 服务器的 IP

地址调整至最顶端，从而提高 DNS 查询速度。

(5) 单击“确定”按钮，以保存对 DNS 转发器所做的设置。

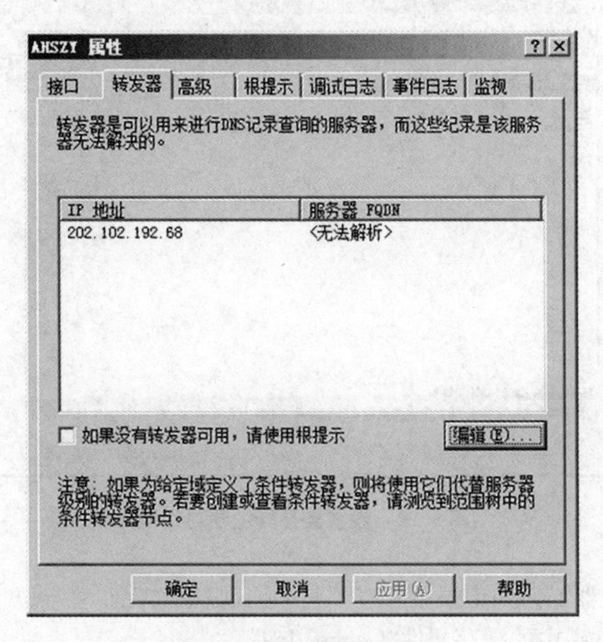

图 6.23 “转发器”选项卡

6.3.3 条件转发

在 Windows Server 2008 中，除了基本的 DNS 转发器功能外，还有条件转发的功能。条件转发器是网络上用于根据查询中的 DNS 域名转发 DNS 查询的 DNS 服务器。如：可以配置 DNS 服务器将它接收到的名称结尾为“xyz. com”的所有查询转发到特定 DNS 服务器的 IP 地址或转发到多个 DNS 服务器的 IP 地址。

条件转发器可用来改进 Intranet 内的域名解析。其方法是：将 DNS 服务器配置为对特定内部域名使用转发器。如：域“xyz. example. com”中的所有 DNS 在 Windows Server 2008 的 DNS 系统中，DNS 转发器可以把不同的查询转发给不同的 DNS 服务器，相对于以前版本的 DNS 服务器更具智能化。

转发器条件转发的设置步骤：打开 DNS 服务器的“属性”对话框；选择“转发器”选项卡，如图 6.24 所示；在“DNS 域”中单击“新建”按钮，输入域名“hfut. edu. cn”；选中此域，在“所选域的转发器的 IP 地址列表”中输入 hfut. edu. cn 域的 DNS 服务器的 IP 地址（假设为“218. 22. 58. 8”），然后单击“确定”按钮。这样设置之后，解析所有 hfut. edu. cn 域中的主机的工作都固定地转发给 IP 地址为“218. 22. 58. 8”的 DNS 服务器。

6.3.4 Internet 上的 DNS 配置

在 Internet 上，为了解析一个域名，DNS 服务器先在本机数据库进行查询，如果不成功，再从根服务器开始，继续在顶级和二级服务器中搜索，直至可以解析主机名。

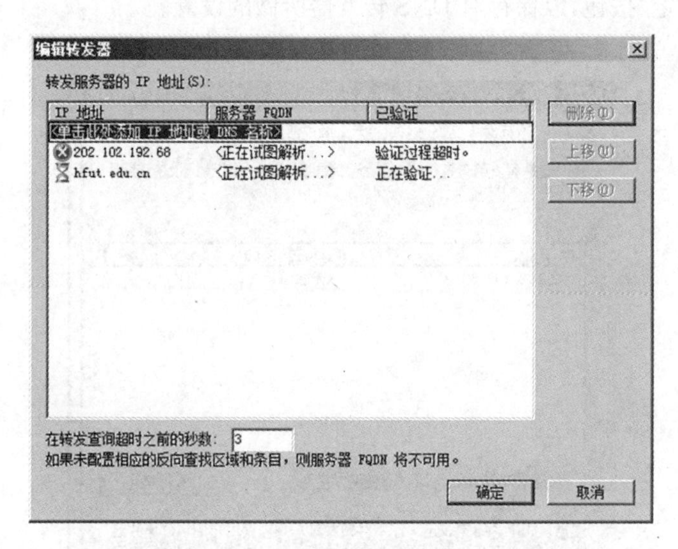

图 6.24　设置条件转发器对话框

然而，DNS 服务器如何知道根域内有哪些 DNS 服务器呢？答案位于“%Systemroot%\System32\DNS”文件夹中的缓存文件“Cache. dns”。

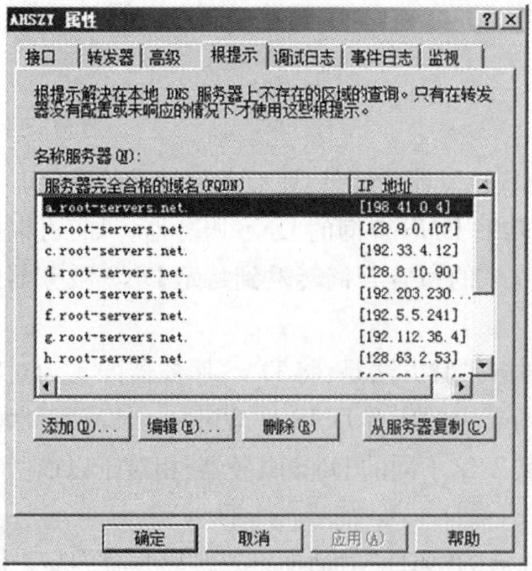

可以直接修改此文件，但最好通过以下途径来修改此文件的内容：在“DNS 控制台”内，用鼠标右键单击 DNS 服务器→“属性”→“根提示”选项卡，如图 6.25 所示。

图 6.25　“根提示”选项卡

当 DNS 服务启动时，会自动将这些记录加载。当用户向这个 DNS 查询一个主机的名称时，DNS 首先检查自己的缓存，如果其中没有对应的主机名，也没有对应域名的 NS 记录，则 DNS 会向这些根域服务器查询。根域服务器会返回相应的域名的 NS 记录，DNS 再向这个域的 DNS 查询。返回的结果都会保存在“缓存的查找”中，以提高以后查询的效率。

在 DNS 管理窗口的“查看”菜单下，选择“高级”就可以看到“缓存的查找”中保存过的 DNS 名称记录，其中最高域就是“.”。

如果 DNS 没有和 Internet 连接，只用于本地网内的查询，那么就需要删除“Cache. dns”文件。如果本地网比较大，有多个 DNS 服务器，其中有一个就是根域服务器，所有下一级域名都是在根域服务器上委派的，那么在下级的 DNS 服务器上也需要建立自己的“Cache. dns”文件。

6.4 DNS的测试

安装完DNS之后，在使用之前应该先对DNS服务器进行测试。可以使用Windows Server 2008 DNS服务器所提供的DNS管理工具来完成DNS服务器的测试。

测试方法是产生一个查询，来验证DNS服务是否正确工作。要产生查询，可以用鼠标右键单击DNS服务器，选择“属性”，单击“监视”选项卡，如图6.26所示。

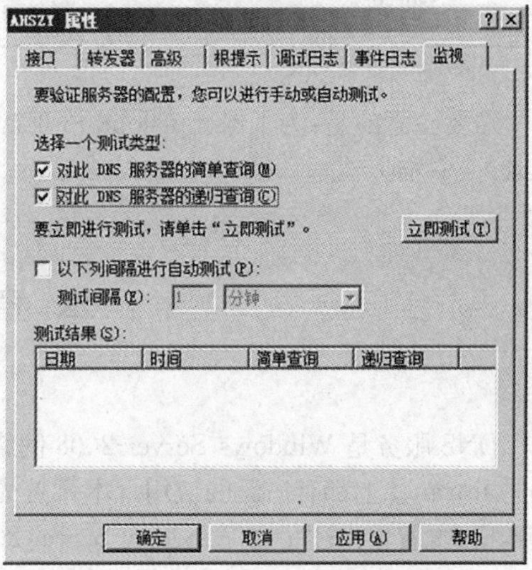

其中需要说明的选项是：

(1)“对此DNS服务器的简单查询”：进行客户对DNS服务器查询的本地测试。

(2)“对此DNS服务器的递归查询”：通过向其他DNS服务器转发递归查询来测试DNS服务器。

单击“立即测试”按钮，查询测试的结果将显示在“测试结果”中。

要进行自动查询，则要选中“以下列间隔进行自动测试”的复选框。设置“测试间隔”的时间，查询测试将按间隔定期执行。

图6.26 DNS服务器“监视”选项卡

需要注意的是：在添加或删除区域后需要在重启DNS服务后再进行查询测试，否则可能会产生错误的结果。

ipconfig和nslookup也是两个用来检查DNS服务的常用命令行工具。

使用ipconfig可以查看、清除和续订DNS的客户注册信息。

(1) ipconfig/displaydns：查看客户端的DNS缓存，客户端的DNS缓存包括自本地主机文件中预加载的项目，以及最新获得的有关系统所解析的名称查询的任何资源记录。

(2) ipconfig/flushdns：清除客户端的DNS缓存中动态添加的记录。

(3) ipconfig/registerdns：可以手动启动DNS名称和IP地址的动态注册。

(4) ipconfig/registerdns [adapter]：adapter是计算机上要更新注册的特定网卡的名称。

可使用nslookup来验证资源记录是否正确。nslookup有两种模式：

(1) 交互式。当需要一条以上数据时，使用交互模式。要在命令行提示符下运行交互式模式，输入“nslookup↙”；要退出交互式模式，输入“exit↙”。

(2) 非交互式。当只需单条数据时，或者要在命令文件或批处理文件中包括nslookup命令时，使用非交互式。

nslookup的语法如下：

nslookup [-option…][computer_to_find|-[server]]

参数含义如表6.1所示。

表 6.1　nslookup 参数的含义

参　数	含　义
-option…	指定一个或多个 nslookup 命令。输入“?”获得可用命令的列表
computer_to_find	如果指定计算机的 IP 地址,则 nslookup 返回主机名称。如果指定计算机名称,则 nslookup 返回 IP 地址。如果要找的计算机是主机名称而且没有尾随的句点,则默认的 DNS 域名将被附加到名称后。要查找不在现有的 DNS 域中的计算机,需在名称后附加一个句点
-server	指定用作 DNS 服务器的服务器。如果省略这个选项,则使用现有默认配置的 DNS 服务器

需要注意的是:为了保证 nslookup 正常工作,执行搜索的服务器上必须存在 PTR 资源记录。

本 章 小 结

DNS 服务是 Windows Server 2008 网络服务中的一项重要内容,无论是在 Internet 上还是 Intranet 上都有广泛的应用。本章首先详细介绍了域名称空间以及 DNS 查询模式的基本概念,着重讲述了在 Windows Server 2008 环境下安装和配置 DNS 服务的方法,在管理 DNS 服务中讲解了如何创建正反向搜索区域、创建资源记录,以及在较复杂的网络环境中配置多个 DNS 服务器时如何创建和管理辅助区域、如何设置转发器的方法。最后讲解了多种 DNS 服务的测试方法。DNS 服务与第 10 章活动目录有紧密的联系,请读者加以注意。

复习思考题

一、填空题

1. (　　)是一个用于存储单个 DNS 域名的数据库,是域名称空间树状结构的一部分,它将域名称空间分为较小的区段。

2. (　　)是指 DNS 客户端发出查询请求后,如果 DNS 服务器内没有所需的数据,则 DNS 服务器会代替客户端向其他的 DNS 服务器进行查询。

3. (　　)将主机名映射到 DNS 区域中的一个 IP 地址。

4. (　　)就是和正向搜索相对应的一种 DNS 解析方式。

5. 通过计算机“系统属性”对话框或(　　)命令,可以查看和设置本地计算机名(Local Host Name)。

6. 如果要针对网络 ID 为 192.168.1 的 IP 地址提供反向查找功能,则此反向区域的名称必须是(　　)。

二、选择题

1. DNS 提供了一个(　　)命名方案。

A. 分级　B. 分层　C. 多级　D. 多层

2. DNS顶级域名中表示商业组织的是(　　)。

A. com　B. gov　C. cn　D. org

3. (　　)表示别名的资源记录。

A. MX　B. SOA　C. CNAME　D. PTR

4. 常用的DNS测试命令包括(　　)。

A. nslookup　B. hosts　C. debug　D. trace

三、问答题

1. 什么是DNS的域名称空间、区域和授权名称服务器?
2. 迭代查询和递归查询之间的区别是什么?
3. 标准主要区域和标准辅助区域之间的区别是什么?
4. 什么时候必须创建根区域?
5. 什么是DNS的资源记录?常用的资源记录有哪些?
6. DNS服务器转发器的作用是什么?

本章实训

一、实训目的

1. 掌握在Windows Server 2008中安装DNS服务器的方法。
2. 掌握在Windows Server 2008中配置DNS服务器正向区域、反向区域的方法。
3. 了解Windows Server 2008中DNS客户机的配置方法及测试命令。

二、实训内容

1. 安装并配置两台DNS服务器,一台作主服务器,一台作备份服务器。
2. 在DNS服务器中配置两个正反向搜索区域和一个子区域,区域里添加相应的资源记录。
3. 设置DNS服务器转发器,能将查询记录转发到其他DNS服务器上。
4. 配置DNS客户端。
5. 使用工具和命令对DNS服务器进行查询测试,并管理客户端的DNS缓存。

第7章 Web服务

学习目标

本章主要讲述Internet信息服务的相关概念、IIS 7.0服务器的安装与配置、Web服务的安装和配置。通过本章的学习,应达到如下学习目标:

- 了解IIS 7.0的安装、配置及管理方法。
- 理解并掌握Web服务器的工作原理,学会Web服务器的安装和配置方法。

导入案例

现要求为易慧公司发布站点信息,出于网络安全考虑,网站中生产部、财务部和销售部三个部门站点信息设置为虚拟目录,财务部站点信息设置了需要用户验证和客户机IP地址及域名的限制。具体要求如下:用户在客户机上能够根据权限访问公司网站上特定的信息。

要实现上述目标:首先要安装IIS 7.0,其次要能够在相应的IIS 7.0上创建网站、配置和管理相应的网站信息。通过本章的学习,我们可以轻松地解决上述提到的问题。

7.1 Web概述

Web是Internet中最受欢迎的一种多媒体信息服务系统。整个系统由Web服务器、浏览器和通信协议组成。通信协议HTTP能够传输任意类型的数据对象来满足Web服务器与客户之间的多媒体通信的需要。Web带来的是世界范围的超级文本服务。用户可通过Internet从全世界任何地方调来所希望得到的文本、图像(包括活动影像)和声音等信息。另外,Web还可提供其他的Internet服务,如TELNET、FTP、Gopher和USERNET等。

在Web网站上,不仅可以传递文字信息,还可以传递图形、声音、影像、动画等多媒体信息。Web的成功在于使用了HTTP超文本传输协议,制定了一套标准的、易为人们掌握的超文本标记语言HTML,使用了信息资源的统一定位格式URL。我们可以把Web看作是一个图书馆,而每一个网站就是这个图书馆中的一本书。每个网站都包括许多画面,进入该网站时显示的第一个画面就是“主页”或“首页”(相当于书的目录),而同一个网站的其他画面都是“网页”(相当于书页)。

7.1.1　Web 简介

超文本(Hypertext):一种全局性的信息结构,它将文档中的不同部分通过关键字建立链接,使信息得以用交互方式搜索。它是超级文本的简称。

超媒体(Hypermedia):超媒体是超文本(Hypertext)和多媒体在信息浏览环境下的结合。它是超级媒体的简称。用户不仅能从一个文本跳到另一个文本,而且可以激活一段声音,显示一个图形,甚至可以播放一段动画。

Internet 采用超文本和超媒体的信息组织方式,将信息的链接扩展到整个 Internet 上。Web 就是一种超文本信息系统,Web 的一个主要的概念就是超文本链接,它使得文本不再像一本书一样是固定线性的,而是可以从一个位置跳到另外的位置。可以从中获取更多的信息;也可以转到别的主题上。想要了解某一个主题的内容只要在这个主题上点一下,就可以跳转到包含这一主题的文档上。正是由于这种多连接性才把它称为 Web。

超文本传输协议(HTTP,Hypertext Transfer Protocol):超文本在互联网上的传输协议。

7.1.2　HTTP 协议

从网络协议的角度看,HTTP 是对 TCP/IP 协议集的扩展,作为浏览器与服务器间的通信协议,处于 TCP/IP 层次中的应用层。

HTTP 是一种无状态协议,即服务器不保留与客户交易时的任何状态。这可以大大减轻服务器的存储负担,从而保持较快的响应速度。HTTP 又是一种面向对象的协议,允许传输任意类型的数据对象。它通过数据类型和长度来标识所传送的数据内容和大小,并允许对数据进行压缩传送。浏览器软件配置于用户端计算机上,用户发出的请求通过浏览器分析后,按 HTTP 规范送给服务器,服务器按用户需求,将 HTML(超文本标记语言)文档送回给用户。

7.1.3　URL 简介

URL 通过 HTTP 协议,用于定位网络资源,是一种特殊类型的 URI(统一资源定位)。URL 提供了一个相当容易理解的形式来唯一确定或对 Internet 上的信息进行编址。浏览器用 URL 来识别 Web 上的信息。例如:

HTTP_URL=http://host[:port][abs_path][? query]。

HOST:合法的主机名或 ip 地址。

PORT:端口,缺省为 80。

ABS_PATH:指定请求资源的 URI。如果 URL 中没有给出 ABS_PATH,那么当它被当作资源请求的 URI 使用时必须以"/"的形式给出,通常浏览器会自动完成。如果 ABS_PATH 为空,则等同于值为"/"的 ABS_PATH。

例如,在浏览器中输入"http://www. fjou. tmc",浏览器将其自动转换为"http://www. fjou. tmc/"。

7.1.4 IIS 7.0 简介

IIS 7.0(Internet Information Services 7.0)是 Windows Server 2008、Windows Server 2008 R2、Windows Vista 和 Windows 7 的某些版本中包含的 IIS 版本。Windows Server 2008 提供了在生产环境中支持 Web 内容承载所需的全部 IIS 功能。Windows Vista 也提供了 IIS 功能。IIS 7.0 包括 Microsoft. Web. Administration 接口编程用来管理服务器。IIS 7.0 还包括一个新的 Windows Management Instrumentation(WMI)提供者用来提供访问配置和服务器的状态信息给 VBScript 和 JScript。通过使用 WMI,管理员可以轻松地自动化基本的配置任务以及管理网站和应用程序。

7.2 Web 服务器的安装与配置

7.2.1 安装 IIS 7.0

IIS 7.0 是内嵌在应用程序服务器里的一个组件。安装 IIS 7.0 可以通过服务器管理器以添加角色的方式来实现。在 Windows Server 2008 服务器中安装 IIS 之前,应确认一下以下三个准备事项:

(1) 为 IIS 服务器指定 IP 地址。

(2) 为 Web 网站指定 DNS 域名,并注册到 DNS 服务器内。

(3) Web 网页最好保存在 NTFS 格式的分区内,这样可以通过设置 NTFS 格式的权限来增加网站的安全性。

安装 IIS 7.0 的具体步骤如下:

(1) 右键点击"计算机"选项,在弹出菜单中选择"管理"选项,如图 7.1 所示。在服务器管理器左侧界面点击"角色"选项。

(2) 点击"添加角色"按钮,"添加角色向导"启动,如图 7.2 所示。

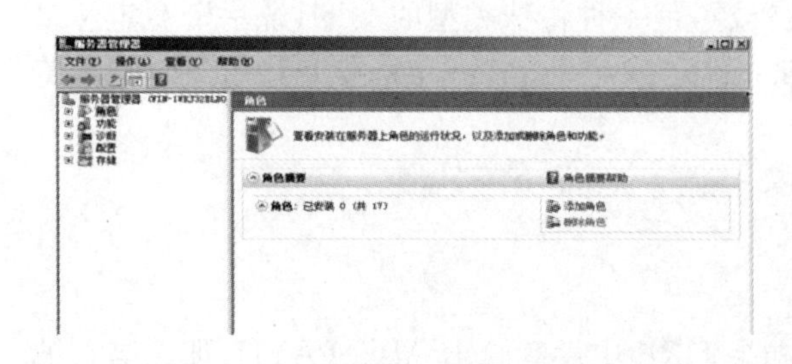

图 7.1 "服务器管理器"对话框

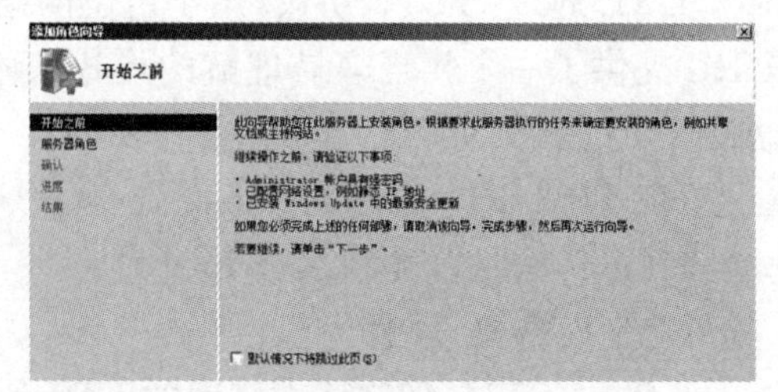

图 7.2 "添加角色向导"对话框

(3) 点击"下一步"按钮进入服务器角色选项,如图 7.3 所示。

(4) 勾选"Web 服务器(IIS)"选项,弹出"是否添加 Web 服务器(IIS)所需的功能"的提示信息，如图 7.4 所示，点击“添加必需的功能”后回到添加角色向导。

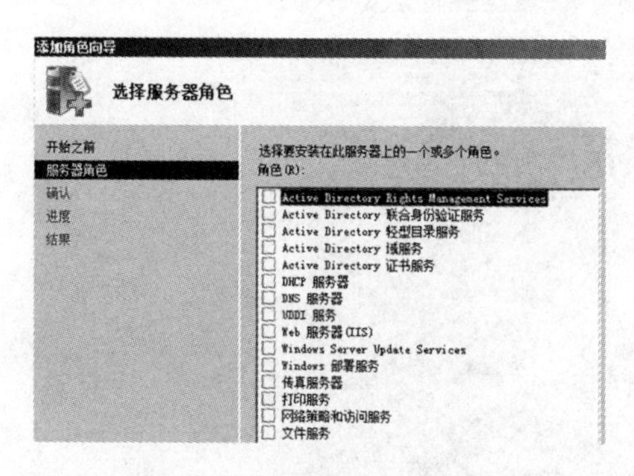

图 7.3　“服务器角色选项”对话框

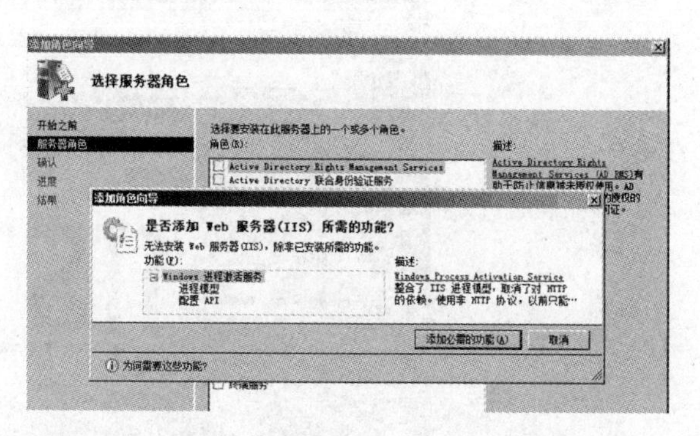

图 7.4　“添加 Web 服务器(IIS)”对话框

(5) Windows 进程激活服务通过删除对 HTTP 的依赖关系，可统一 Internet 信息服务(IIS)进程模型。通过使用非 HTTP 协议，以前只可用于 HTTP 应用程序的 IIS 的所有功能现在都可用于运行 Windows Communication Foundation(WCF)服务的应用程序。IIS 7.0 还使用 Windows 进程激活服务通过 HTTP 实现基于消息的激活。点击“下一步”按钮回到 Web 服务器安装界面。

(6) 点击“下一步”按钮，弹出 Web 服务器(IIS)的功能选项，勾选需要安装的组件。如图 7.5 所示，采用默认安装。在这种安装方式下，只会安装最少的一组角色服务。如果需要其他 IIS 角色服务，例如“应用程序开发”或“运行状况和诊断”，请确保在向导的“选择角色服务”页中选中与这些功能关联的复选框。

(7) 初级安装 IIS 默认选项，基本上这些功能已经足够了，点击“下一步”按钮进入安装选择确认界面。

(8) 系统列出了 IIS 服务器的安装列表，这里可以看到 HTTP 功能、安全性及管理工具都在安装的列表里面，这时点击“安装”按钮即可对这些组件及功能进行安装。

(9) 安装完毕后关闭向导窗口，如图 7.6 所示。

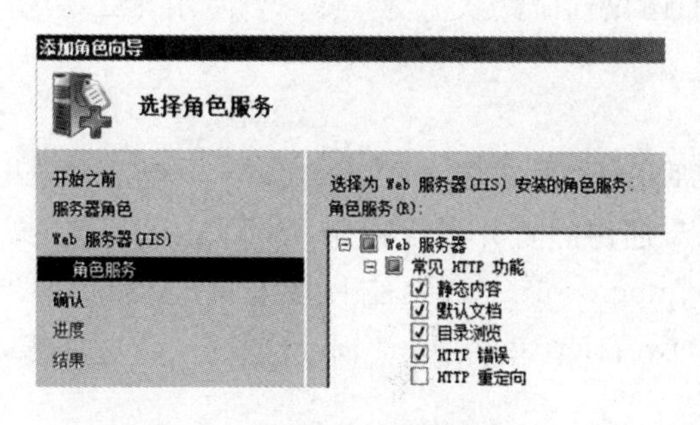

图 7.5　IIS“角色服务”对话框

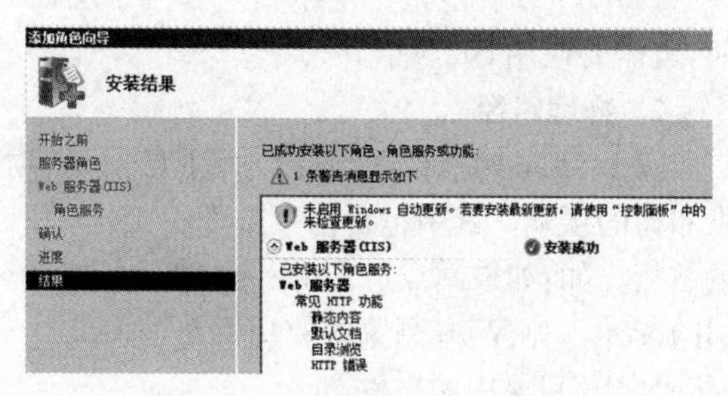

图 7.6　Web 服务器安装成功对话框

(10) 在打开的浏览器中输入本机 IP，验证 IIS 7.0 是否安装成功，如图 7.7 所示。

图 7.7 “验证安装”界面

7.2.2 创建网站

在创建一个新的网站之前，需要解释一些关于网站的基本概念。

1. 网站标识

为 Web 站点配置标识参数是为了使 Web 浏览器能够定位到 Web 服务器，具体如下：

(1) 网站名称：指定 Web 站点出现在“Internet 服务管理器”中的名称。

(2) IP 地址：分配给该站点的 IP 地址。IP 地址框中的“全部未分配”表示默认的 Web 站点使用尚未指派给其他站点的 IP 地址。只能设置一个站点使用未指派的 IP 地址。

(3) TCP 端口：默认值为 80，可以把它改成任何未分配的 TCP 端口号，但这需要在访问时指定该端口号，如将 TCP 端口号改为 8080，则访问时应在浏览器地址栏输入“http://ServerName:8080”。

(4) SSL 端口：指定使用安全套接字层(SSL)的端口，默认值为 443。当使用 SSL 加密时，就需要使用 SSL 端口号。

2. 物理路径

每个 Web 站点都必须有一个主目录。“物理路径”是站点访问者的起始点，也是 Web 发布树的顶端。其中包含主页或索引文件，用来欢迎访问者并包含指向 Web 站点中其他页的链接。如：如果站点的 Internet 域名是“www. microsoft. com”，主目录是“C:\Website\Microsoft”，则 Web 浏览器使用网址“http://www. microsoft. com/”来访问“C:\Website\Microsoft”目录中的文件。

3. 默认文档

在 IIS 中，“文档”可以是 Web 站点的主页或索引页面。默认文档可以是 HTML 文件或 ASP 文件，当用户通过浏览器连接至 Web 站点时，若未指定要浏览哪一个文件，则 Web 服务器会自动传送该站点的默认文档供用户浏览。如：我们通常将 Web 站点主页“default. htm”、“default. asp”和“index. htm”设为默认文档，当浏览 Web 站点时会自动连接到主页上。

(1) IIS 7.0 安装完成后从管理工具中打开“Internet 信息服务管理器”选项，如图 7.8

所示。

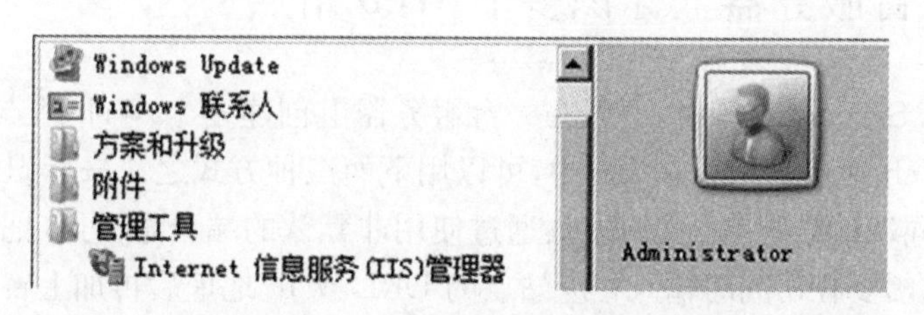

图 7.8　"Internet 信息服务管理器"界面

(2) 展开左侧的节点,可以看见默认的站点"Default Web Site",如图 7.9 所示。这些站点与默认站点一样都属于"网站"下的子节点。

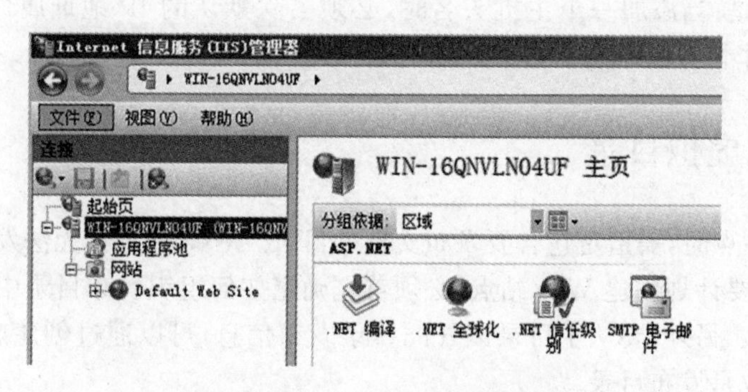

图 7.9　"Default Web Site"界面

(3) 用鼠标右键单击"网站"节点,单击"添加网站"选项。

(4) 添加网站地址、物理路径、IP 地址和相应的端口号,然后确定。如图 7.10 所示。

(5) 再设置站点的默认文档。打开"Internet 信息服务管理器"选项,在左侧窗口中选择目标站点,在中间窗口双击"默认文档"选项。

(6) 通过右侧操作窗口的"添加"、"删除"、"上移"、"下移"按钮,可以添加新的默认文档,如图 7.11 所示。也可以调整现有文档的使用顺序,或者删除不用的默认文档。这样我们就完成了基本的网站搭建。然后可以通过浏览器访问本机的 IP 地址,浏览网站内容。

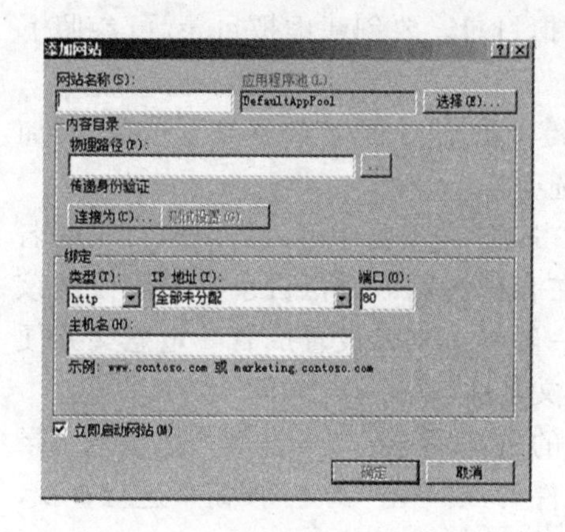

图 7.10　"添加网站"对话框

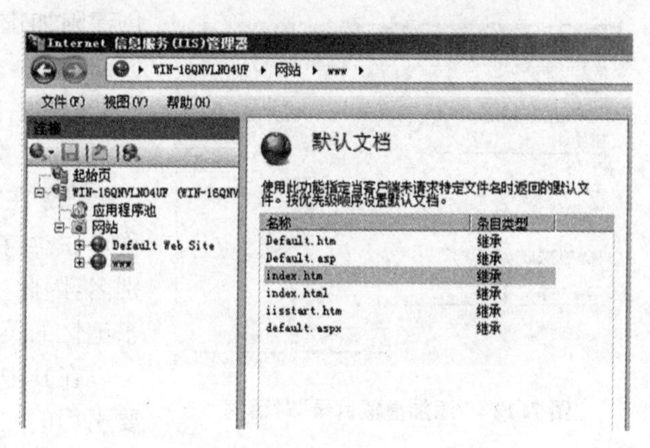

图 7.11　添加"默认文档"对话框

7.2.3 在一台服务器上标识多个 Web 站点

在 Windows Server 2008 中,可以在一台服务器上创建多个 Web 站点。每个站点都必须具有唯一的 Web 站点标识。在 IIS 中,可以用下面三种方式之一来标识站点。

(1) 使用不同端口号的单个 IP 地址:通过使用非默认的端口号,可以把一个 IP 地址分配给很多站点,但这需要在访问时输入相应站点的 URL 或 IP 地址后再加上冒号(:)和相应的端口号。如:输入"http://www.ahszy.com:1048"或"http://192.168.0.3:1048"(1048 是端口号)。

(2) 使用多个 IP 地址:为多个站点中的每个站点分配一个或多个唯一的 IP 地址。

(3) 使用具有主机头名的单个静态 IP 地址:通过使用主机头,可以区分对同一 IP 地址进行响应的多个站点。设置主机头需要在 DNS 服务器中将一台计算机的 IP 地址映射到多个域名。

需要注意的是:当添加一个主机头名时,必须去除默认的 IP 地址属性"全部未分配"。否则,该站点将对本 Web 服务器收到的所有请求做出响应。

7.2.4 创建虚拟目录

建立 Web 站点时,需指定包含要发布文档的目录。Web 服务器无法发布未包含在指定目录中的文档。要计划创建 Web 站点,必须首先确定如何组织发布目录中的文件。主目录当然是发布目录。另外,要从主目录以外的目录发布信息,可以通过创建虚拟目录来实现,因此,虚拟目录也是发布目录。

"虚拟目录"是在服务器上未包含在主目录中的物理目录。通过使用虚拟目录,能够以单个目录树的形式来显示分布在不同位置的内容,这样可以更有效地组织站点结构,并可以简化 URL。

对虚拟目录需要分配"别名",客户端浏览器会用此别名来访问该目录。别名一般要比目录的路径名称短,更便于用户键入。使用别名也更加安全,用户不知道文件在服务器上的物理位置,也就无法利用此信息更改您的文件。使用别名使得在站点上移动目录非常容易。可以更改网页别名和物理位置之间的映射,而并不更改网页的 URL。

在默认情况下,系统会设置一些虚拟目录,供存放要在 Web 站点上发布的任何文件。但是,如果站点变得太复杂,或决定在网页中使用脚本或应用程序,就需要为要发布的内容创建附加虚拟目录。要创建虚拟目录,可参照下面的步骤:

(1) 右键单击"我们添加的网站",选择"添加虚拟目录"选项。

(2) 在"别名"文本框中键入该虚拟目录的名称。注意:在客户浏览该虚拟目录时需要使用该别名,因此一般将该别名设置成有一定意义并便于记忆的英文名称,以便客户访问。

在其中的"物理路径"文本框键入该虚拟目录要引用的文件夹,或单击"浏览"按钮来进行查找,如图 7.12 所示。

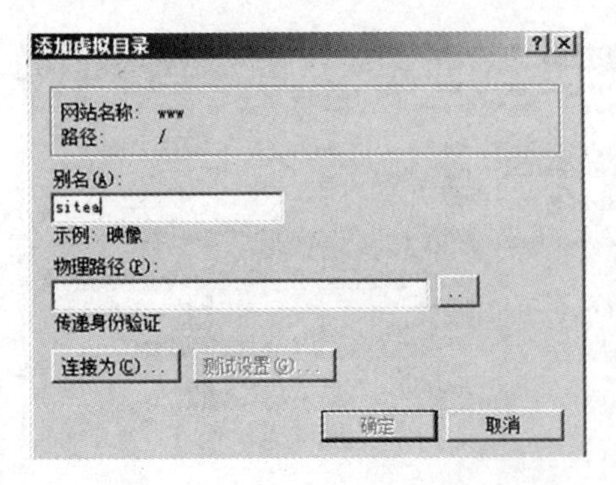

图 7.12 "添加虚拟目录"对话框

(3) 在单击“确定”按钮后，在网站树型目录下，可以看到已经成功添加了一个site虚拟目录。

7.3 Web服务管理

7.3.1 IIS自定义错误详解

有时可能会因为网络出现问题，或者因为Web服务器设置的原因，而使得用户无法正常访问Web网页。为了能够使用户清楚地了解不能访问的原因，在Web服务器上应设置相应的反馈给用户的错误页。错误页可以是自定义的错误页，也可以是包含排除故障信息的详细错误信息。默认情况下，IIS已经集成了一些常见的错误代码。在“Default Web Site”主页中单击“错误页”图标，显示“错误页”窗口，其中显示了一些常用的错误代码信息，如图7.16所示。

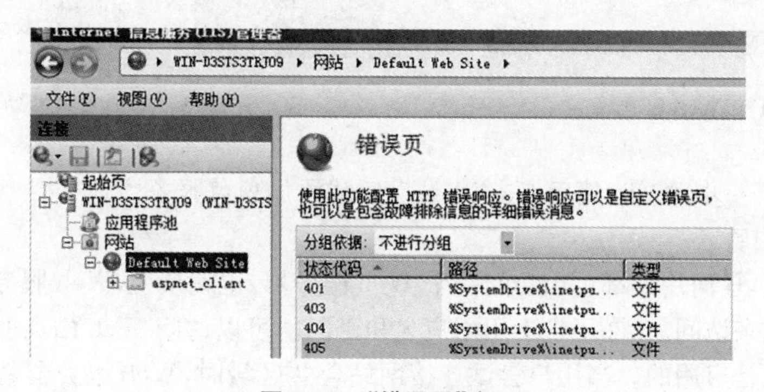

图7.16 “错误页”窗口

7.3.2 Web站点日志管理

网站日志是记录Web服务器接收处理请求以及运行时的错误等各种原始信息的以.log结尾的文件，确切地讲，应该是服务器日志。网站日志最大的意义是记录网站运营中比如空间的运营情况、被访问请求的记录等信息。通过网站日志可以清楚地得知用户在什么IP、什么时间，用什么操作系统、什么浏览器、什么分辨率显示器访问了你网站的哪个页面，是否访问成功，如图7.17所示。

7.3.3 Web站点的安全性

首先我们需要在服务器上安装身份验证的功能，IIS的身份验证功能分为匿名身份验证、Windows身份验证、基本身份验证、摘要式身份验证。默认情况下系统只安装了匿名身份验证，也就是说，访问网站内所有的内容不需要用户名和密码。

所以我们先来打开服务管理器，在 IIS 角色界面选择添加服务，添加上我们需要的几种另外的身份验证服务。

（1）在管理工具中打开“服务管理器”，单击“角色”，可以看到我们安装的 IIS 服务器。

（2）右键“Web 服务器(IIS)”，添加角色服务。

（3）添加角色服务中的安全性功能，如图 7.18 所示。

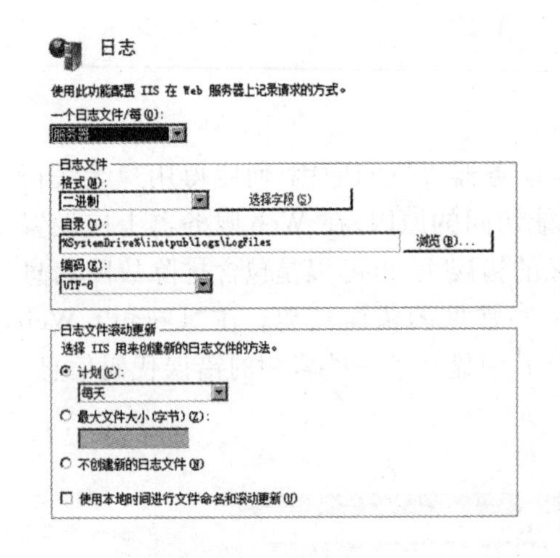

图 7.17　Web 日志

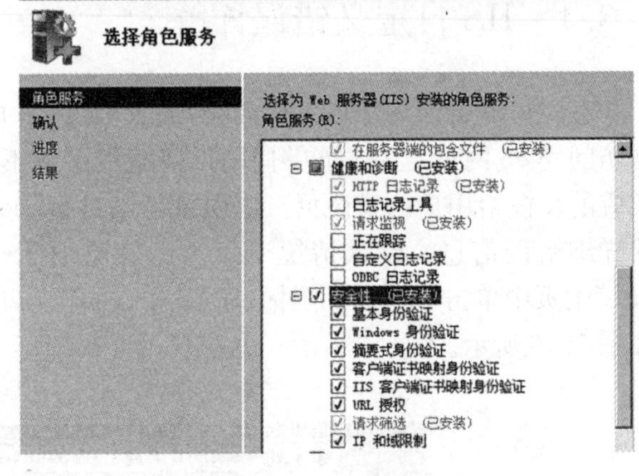

图 7.18　添加安全性功能

（4）单击“下一步”按钮，然后点击“安装”，完成添加角色服务。

1. 设置用户验证

默认状态下，任何用户都可以访问一个 Web 服务器，也就是说，Web 服务器实际上允许用户以匿名方式来访问，允许用户不用用户名和密码就可以访问 Web 站点的公共区域。匿名身份验证默认是启用的。当用户尝试连接网站公共区域时，Web 服务器就为该用户分配一个名为“IUSR_computername”的用户账户，其中“computername”是 IIS 服务器的名称。然而，有些内部网站可能仅仅允许本机构的用户访问，因此对用户的身份进行验证就成为必要的手段。当欲限制普通用户对 Web 网站的访问时，用户身份的验证无疑是最简单也是最有效的方式之一。

在设置站点的默认文档打开“Internet 信息服务管理器”，在左侧窗口中选择目标站点，在中间窗口双击“身份验证”，如图 7.19 所示。

2. 配置用户对 Web 页面的访问权限

权限不同于身份验证。身份验证用于确定用户的标识；权限用于确定合法用户在通过身份验证后能访问的内容。权限指定了特定用户或组对服务器上的数据进行访问和操作的类型。通过对权限的有效管理，可以控制用户对服务器内容的操作。

3. 设置授权访问的 IP 地址范围

虽然可以通过用户验证的方式来解决敏感信息的访问问题，但对于那些授权用户而言，操作过于麻烦。“IP 地址及域名限制”是一种更为简捷的方法，同样可以控制对 Web 网站(网站、目录或文件)的访问方式。系统通过适当的配置，即可以实现允许或拒绝特定计算机、计算机组或域来访问 Web 站点、目录或文件。如：可以防止 Internet 用户访问 Web 服务器。方法是仅授予 Intranet 成员访问权限,而明确拒绝外部用户的访问。

在设置站点的默认文档打开“Internet 信息服务管理器”,在左侧窗口中选择目标站点,在中间窗口双击“IPv4 地址和域限制”,如图 7.20 所示。

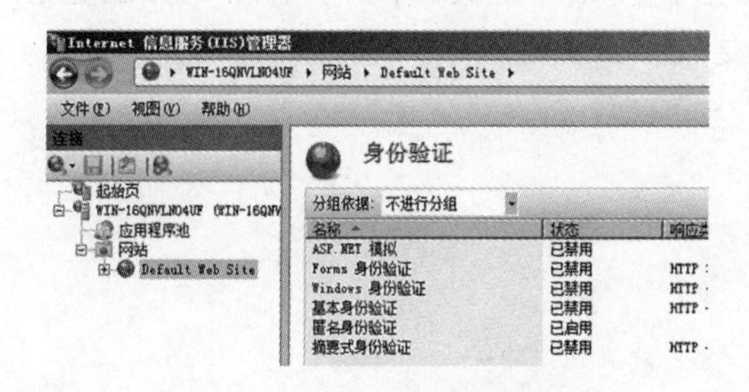

图 7.19 “身份验证”窗口

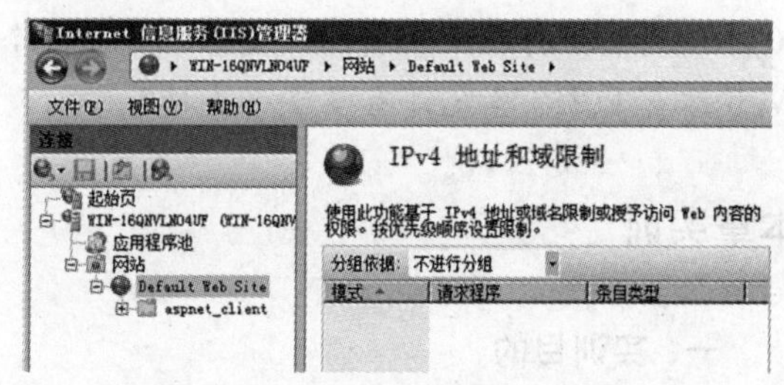

图 7.20 “IPv4 地址和域限制”窗口

本 章 小 结

Internet 信息服务是 Windows Server 2008 网络服务中应用最多的服务。本章首先介绍了 Internet 信息服务(IIS 7.0)的基本功能,着重演示了在 Windows 2008 环境下安装和配置 IIS 7.0 的方法,然后详细地介绍了利用 IIS 7.0 创建和管理 Web 站点的方法。

复习思考题

一、填空题

1. 微软 Windows Server 2008 家族的 Internet Information Server(IIS,Internet 信息服务)在(　　)、(　　)和(　　)上提供了集成、可靠、可伸缩、安全和可管理的 Web 服务器功能,为动态网络应用程序创建了强大的通信平台。

2. Web 中的目录分为两种类型:物理目录和(　　)。

二、选择题

1. 虚拟主机技术不能通过(　　)来架设网站。

A. 计算机名　　B. TCP 端口　　C. IP 地址　　D. 主机头名

2. 远程管理 Windows Server 2008 中 IIS 服务器的端口号为(　　)。

A. 80　　B. 8172　　C. 8080　　D. 8081

3. 虚拟目录不具备的特点是(　　)。

A. 便于扩展　　B. 增删灵活　　C. 易于配置　　D. 动态分配空间

三、问答题

1. IIS 7.0 提供的 Internet 服务有哪些? 怎样安装与配置 IIS 7.0?

2. 在 IIS 7.0 中,可以使用哪些方法来识别多个不同的 Web 站点?

3. 什么是发布目录、主目录和虚拟目录？虚拟目录一般都使用别名，请说明使用别名的好处。

4. 假设您的IIS服务器有3个Web站点。在WWW服务主属性为缺省配置的情况下，该站点允许100个连接。您对1号Web站点配置了1000个连接，对2号Web站点配置了2000个连接。将默认主属性调整为允许500个连接。出现提示时，不覆盖任何设置。请问：Web站点1、2、3各允许有多少个连接？

本章实训

一、实训目的

1. 掌握IIS服务的安装方法。
2. 掌握Web服务的基本配置以及安全配置选项。

二、实训内容

1. 安装并配置一台Web服务器，并发布两个独立的Web网站。
2. 在上题的基础上，在其中一个网站中创建虚拟目录，在另一个网站中利用站点安全性设置身份验证和IP地址访问限制。

第8章　FTP服务

学习目标

本章主要讲述安装和配置FTP服务。通过本章的学习，应达到如下学习目标：

- 理解并掌握FTP服务器的工作原理，学会FTP服务器的安装和配置方法。

导入案例

现要求为易慧公司创建一个FTP服务器，供员工上传和下载相应资料，具体要求如下：

(1) 网站管理员能通过FTP服务器远程上传公司网站信息管理Web网站。

(2) 用户通过登录FTP服务器访问和上传公司共享文件资源。

要实现上述目标：首先要安装FTP服务功能，其次要能创建和配置FTP服务。通过本章的学习，我们可以轻松地解决上述提到的问题。

8.1　FTP概述

8.1.1　FTP的定义

FTP(File Transfer Protocol，文件传输协议)是用于在TCP/IP网络中的计算机之间传输文件的协议。如果用户要将文件从客户机上发送到服务器上，称为FTP的上传(Upload)，而更多的情况是用户从服务器上把文件等资源传送到客户机上，称之为FTP的下载(Download)。普通的FTP服务要求用户必须在FTP服务器上有相应的用户账户和口令，但大多数站点提供了匿名FTP服务，用户在登录这些服务器时不用事先注册一个账户和密码，而是以"anonymous"为用户名，自己的电子邮件地址为密码即可连接登录。

8.1.2　FTP数据传输原理

FTP是基于客户机/服务器模式的服务系统，它由客户软件、服务器软件和FTP通信协议三部分组成。FTP客户软件作为一种应用程序，运行在用户计算机上，用户使用FTP命令与FTP服务器建立连接或传送文件。一般操作系统内置标准FTP命令，标准浏览器也支持FTP协议。当然还可以使用一些专用的FTP软件,如Cuteftp等。FTP服务器软件运行在远程主机上,并设置一个名叫anonymous的公共用户账户,向用户开放。FTP客户与服务器之间在内部建立两条TCP连接:一条是控制连接,主要用于传输命令和参数;另一条是数据连接,主要用于传送文件。控制连接和数据连接使用不同的服务端口号,分别为21和20。IIS的FTP服务可充当文件传输的服务器端。

8.2 FTP服务器的安装与配置

8.2.1 安装FTP服务

作为IIS的重要组成部分,与Windows 2003 Server一样,Windows Server 2008也内置有FTP服务模块。默认情况下未安装FTP服务。要创建FTP站点,首先必须通过控制面板安装FTP服务或者采用服务器管理器添加角色服务来单独安装FTP服务。安装FTP服务时,会创建一个默认FTP站点,可以使用IIS管理器根据自己的需要来自定义该站点。

(1) 右键点击"计算机",在弹出菜单中选择"管理"选项,在服务器管理器左侧界面点击"角色"选项。

(2) 右键点击"Web服务器(IIS)"添加角色服务。

(3) 勾选FTP服务器单击,"下一步"按钮,即可开始FTP站点的安装,如图8.1所示。

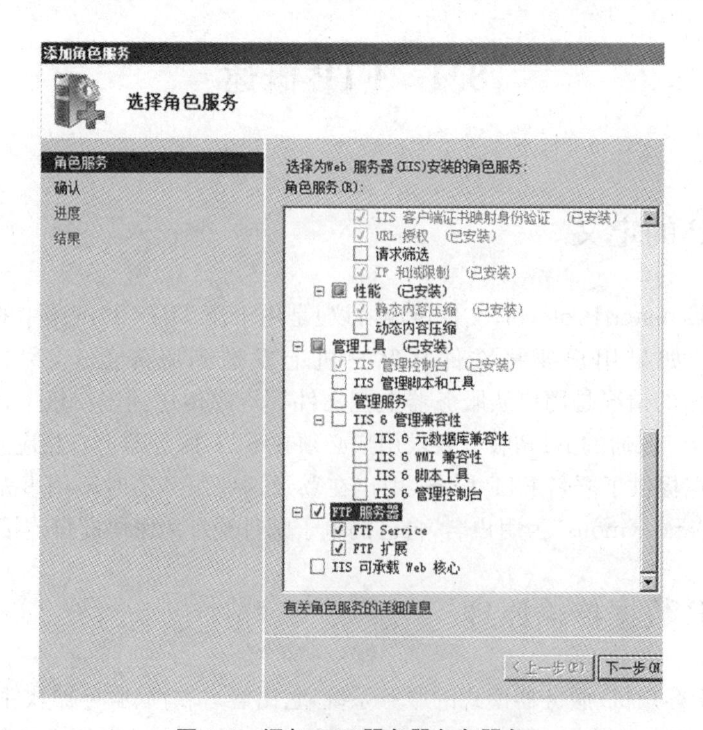

图8.1 添加FTP服务器角色服务

8.2.2　创建 FTP 服务

创建 FTP 服务的具体步骤如下：

(1) 打开“Internet 信息服务管理器”窗口。

(2) 右键“添加 FTP 站点”，通过配置使得服务器成为 FTP 服务器，如图 8.2 所示。

(3) 添加站点及路径信息，如图 8.3 所示。

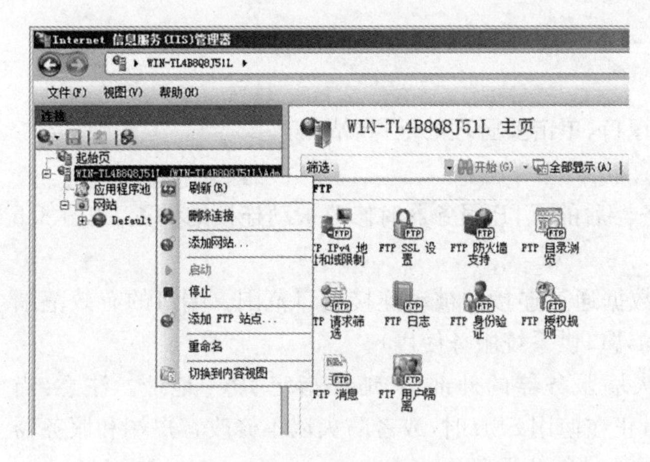

图 8.2　添加 FTP 站点 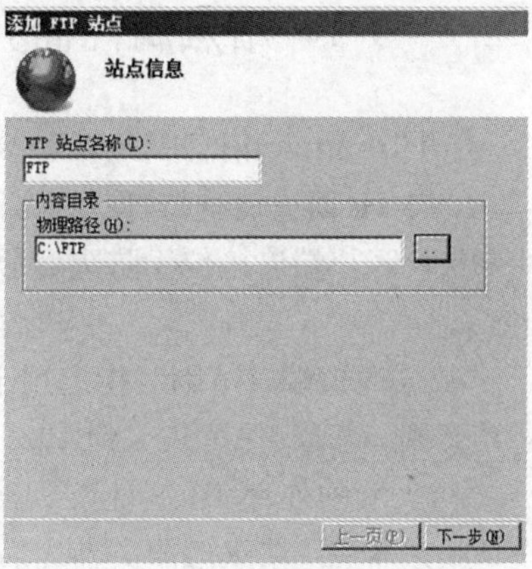　　图 8.3　FTP 站点信息

(4) 绑定 IP 地址，设置 SSL，如图 8.4 所示。

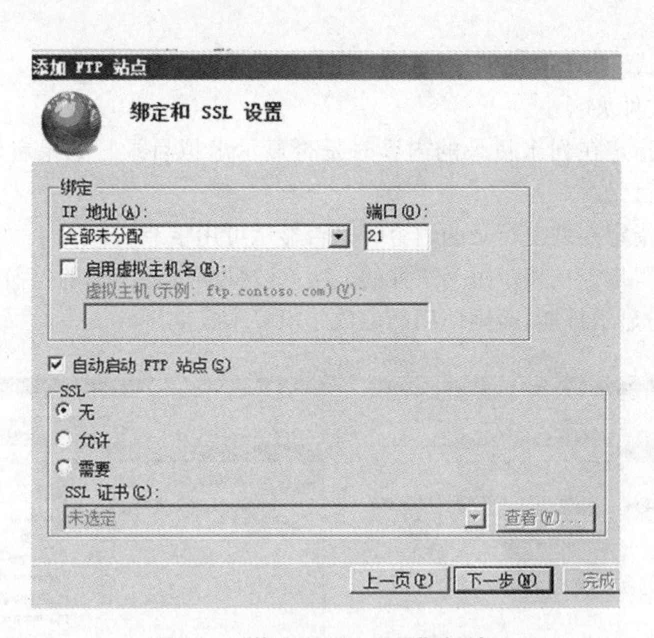

图 8.4　“绑定和 SSL 设置”对话框

“IP 地址”：设置此站点的 IP 地址，即本服务器的 IP 地址。如果服务器设置了两个以上的 IP 站点，可以任选一个。FTP 站点可以与 Web 站点共用 IP 地址以及 DNS 名称，但不能

设置使用相同的 TCP 端口。

"端口":FTP 服务器默认使用 TCP 协议的 21 端口。若更改了此端口,则用户在连接到此站点时,必须输入站点所使用的端口,例如使用命令"ftp 192.168.0.3:8021",表示 FTP 服务器的 TCP 端口为 8021。

"SSL":SSL 是一种安全传输协议,其全称是 Secure Socket Layer(安全套接层),该协议最初由 Netscape 公司提出,现在是加密通信的全球化标准。SSL 可以加密 FTP 服务器与客户端之间控制通道和数据通道的传输。

8.2.3 FTP 站点属性简介

打开"Internet 信息服务管理器"窗口,单击要管理的 FTP 站点。

1. "FTP 防火墙支持"属性

FTP 客户端连接位于防火墙服务器后的 FTP 服务器时修改被动连接的设置,如图 8.5 所示。

"数据通道端口范围":指定用于数据通道连接的被动连接端口范围。端口的有效范围为 1025 到 65535(保留从 1 到 1024 的端口供系统服务使用)。

"防火墙的外部 IP 地址":为防火墙服务器的外部 IP 地址指定 IPv4 地址。注意:当 FTP 服务器位于防火墙服务器之后且正在使用 SSL 时,或者防火墙不修改客户端和服务器交换的 FTP 数据包中的 IP 地址时,需要进行此设置。

2. "FTP 目录浏览"属性

FTP 服务器上浏览目录的内容设置。配置目录浏览时,所有目录都使用相同的设置,如图 8.6 所示。

"目录列表样式":"MS-DOS"使用 MS-DOS 格式显示文件和文件夹,"UNIX"使用 Unix 格式显示文件和文件夹。

"虚拟目录":指定在列出目录的内容时是否显示虚拟目录。如果启用,则显示虚拟目录,否则隐藏虚拟目录。

"可用字节":指定在列出目录的内容时是否显示可用字节。

"四位数年份":指定在显示每个文件的上次修改日期时要使用的年份格式。如果启用,则使用四位数年份显示日期,否则使用两位数年份显示日期。

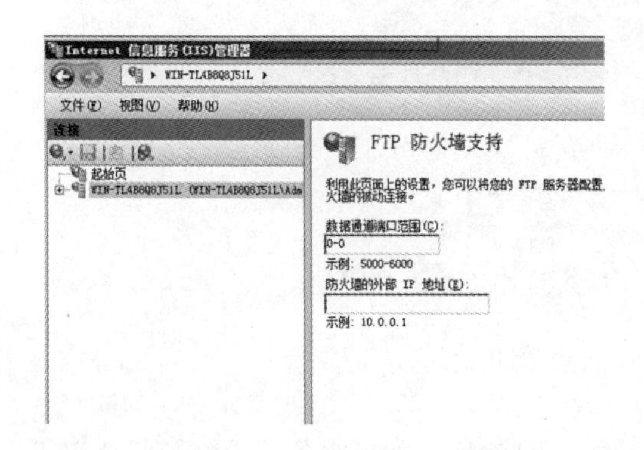

图 8.5 "FTP 防火墙支持"窗口

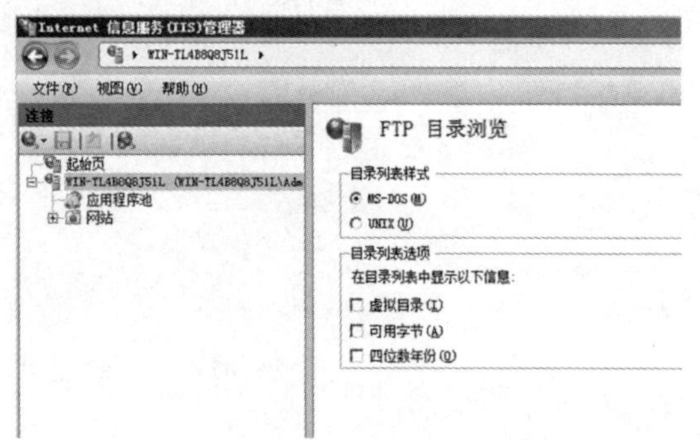

图 8.6 "FTP 目录浏览"窗口

3. “FTP 日志”属性

配置 FTP 服务器或站点级别的日志记录功能以及配置日志记录设置，如图 8.7 所示。

“一个日志文件/每”：指定对整个 FTP 服务器使用一个日志文件还是对每个站点分别使用单独的日志文件。选择“服务器”时指定对整个 FTP 服务器使用一个日志文件，选择“站点”时指定对每个 FTP 站点使用单独的日志文件。

“目录”：指定要存储日志文件的文件夹。

“计划”：指定以固定时间间隔创建新日志文件。

4. “FTP 消息”属性

修改当用户连接到您的 FTP 站点时所发送消息的设置，如图 8.8 所示。

“取消显示默认横幅”：指定是否显示 FTP 服务器的默认标识横幅。如果启用，则显示默认横幅；否则不显示默认横幅。

“支持消息中的用户变量”：指定是否在 FTP 消息中显示一组特定的用户变量。

“显示本地请求的详细消息”：指定当 FTP 客户端正在服务器自身上连接 FTP 服务器时，是否显示详细错误消息。如果启用，则仅向本地主机显示详细错误消息；否则不显示详细错误消息。

“横幅”：指定当 FTP 客户端首次连接到 FTP 服务器时，FTP 服务器所显示的消息。

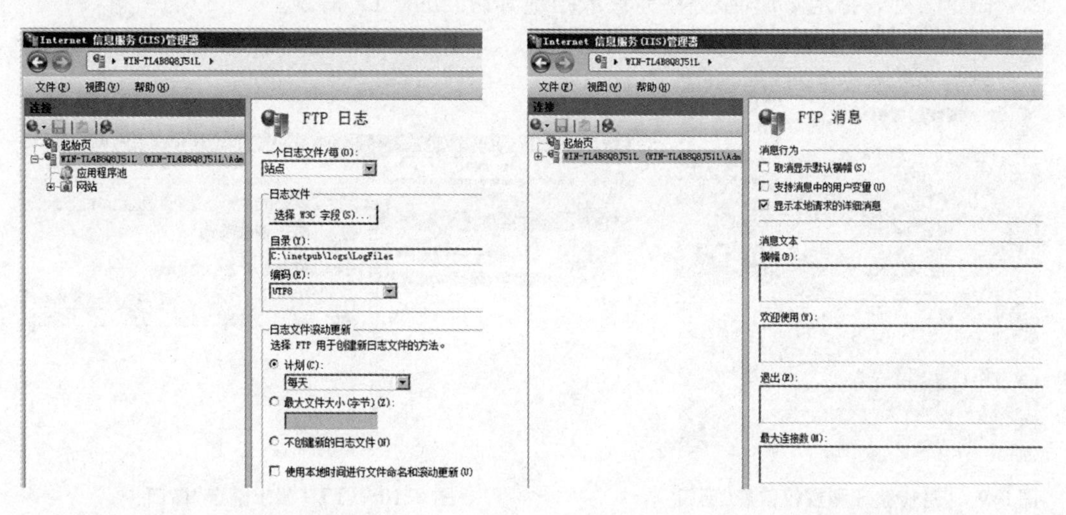

图 8.7 “FTP 日志”窗口　　图 8.8 “FTP 消息”窗口

8.3 FTP 服务的管理

8.3.1 FTP 服务器的安全设置

1. 设置身份验证和授权信息

设置 FTP 服务器站点的身份验证信息，如图 8.9 所示。

“匿名身份验证”:匿名身份验证是一种内置的身份验证方法,它允许任何用户通过提供匿名用户名和密码访问任何公共内容。默认情况下,禁用匿名身份验证。注意用户在客户机登录 FTP 服务器的匿名用户名为“anonymous”。

“基本身份验证”:基本身份验证是一种内置的身份验证方法,它要求用户提供有效的 Windows 用户名和密码才能获得内容访问权限。用户账户可以是 FTP 服务器的本地账户,也可以是域账户。

“授权访问”:设置 FTP 站点访问的用户。

“权限”:设置用户访问 FTP 的权限。

2. “FTP 请求筛选”属性

FTP 服务将允许或拒绝对其进行访问的文件扩展名的列表。通过配置特定的文件扩展名,Web 服务器管理员可以自定义 FTP 服务将允许或拒绝的文件扩展名,使用此操作可加强服务器的安全性。例如,如果拒绝对 *. EXE 和 *. COM 文件的访问,则可以阻止 Internet 客户端将可执行文件上载到 Web 服务器,如图 8. 10 所示。

“文件扩展名”:列表指定 FTP 服务将允许或拒绝其访问的文件扩展名。

“隐藏段”:列表指定 FTP 服务将拒绝其访问,且将不在目录列表中显示的隐藏段。

“拒绝的 URL 序列”:列表指定 FTP 服务将拒绝其访问的 URL 序列。

“命令”:列表指定 FTP 服务将允许或拒绝其访问的 FTP 命令。

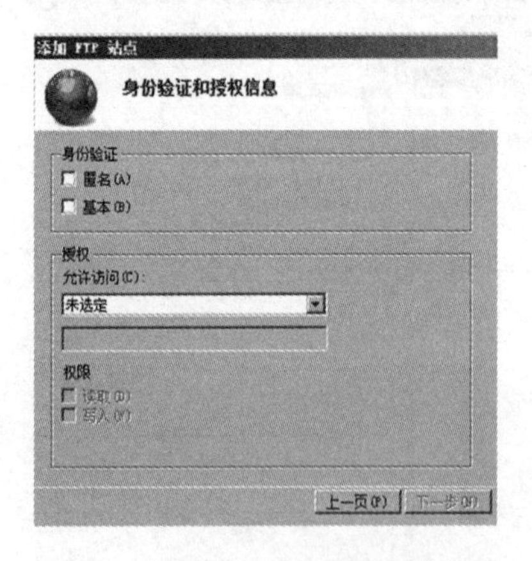

图 8.9 “身份验证和授权信息”窗口

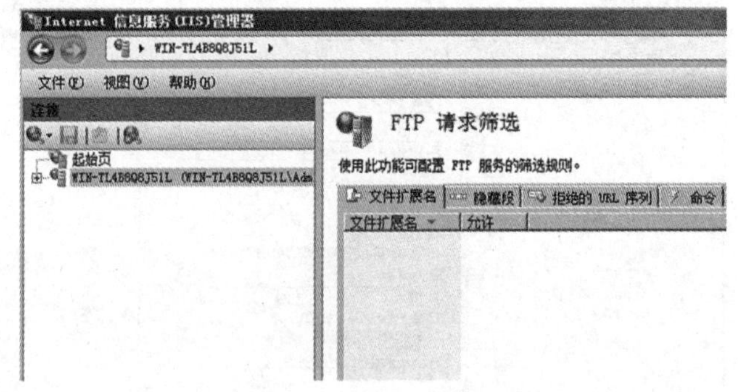

图 8.10 “FTP 请求筛选”窗口

8. 3. 2 FTP 客户端的访问方式

1. 浏览器访问

打开 IE 浏览器,在地址栏里面输入 FTP://IP 地址或是域名,输入用户名和密码,如图 8. 11 所示。

2. Windows 资源管理器访问

打开计算机,在地址栏里面输入 FTP://IP 地址或是域名,输入用户名和密码,如图 8. 12 所示。

3. CMD 命令行方式访问

运行 CMD，输入命令 ftp host，其中 host 是 FTP 服务器的域名或者地址，输入用户名和密码，如图 8.13 所示。

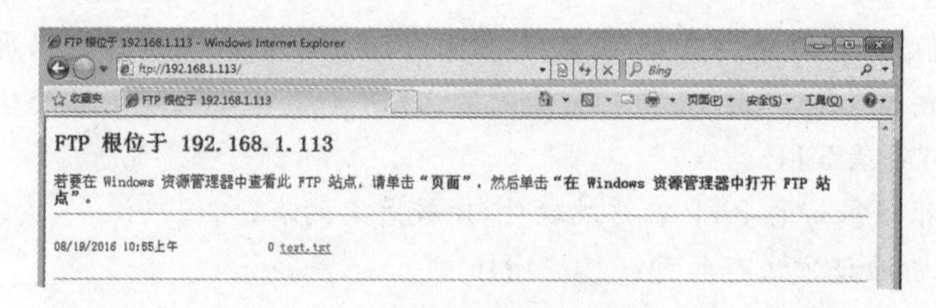

图 8.11　浏览器访问窗口

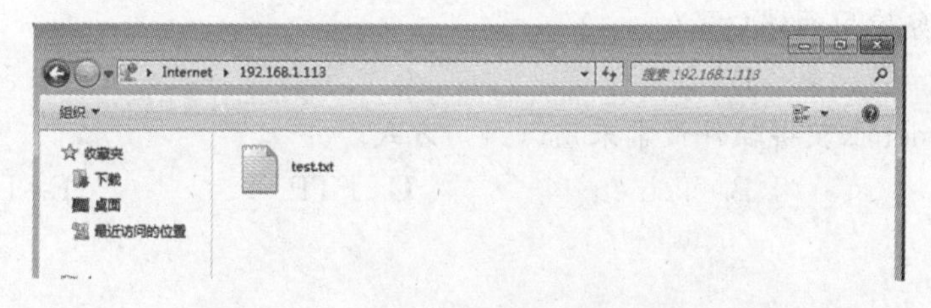

图 8.12　Windows 资源管理器访问窗口

```
管理员: C:\Windows\system32\cmd.exe - ftp 192.168.1.113
Microsoft Windows [版本 6.1.7601]
版权所有 (c) 2009 Microsoft Corporation。保留所有权利。

C:\Users\Administrator>ftp 192.168.1.113
连接到 192.168.1.113。
220 Microsoft FTP Service
用户(192.168.1.113:(none)): anonymous
331 Anonymous access allowed, send identity (e-mail name) as password.
密码:
230 User logged in.
ftp> dir
200 PORT command successful.
150 Opening ASCII mode data connection.
08-19-16  10:55AM                    0 test.txt
226 Transfer complete.
ftp: 收到 49 字节，用时 0.00秒 49000.00千字节/秒。
ftp>
```

图 8.13　CMD 命令行访问窗口

本 章 小 结

本章着重演示了在 Windows 2008 环境下安装和配置 FTP 服务的基本工作原理及 FTP 站点的创建与管理，然后介绍了如何去访问和管理 FTP 站点。

复习思考题

一、填空题

1. 打开DOS命令提示符窗口，输入命令“ftp. cuteftp. com”，然后根据屏幕上的信息提示，在User(ftp. cuteftp. com(none))处输入匿名账户（　　），Password处输入（　　）或直接按回车键即可登录FTP站点。

2. 目前有很多很好的FTP客户端软件，比较著名的有（　　）、（　　）、（　　）等。

3. FTP身份验证方法有两种：（　　）和（　　）。

二、选择题

1. FTP服务使用的端口是（　　）。

A. 21　　B. 22　　C. 25　　D. 53

2. 从Internet上获得软件最常采用（　　）方式。

A. WWW　　B. Telnet　　C. FTP　　D. DHCP

三、问答题

1. FTP服务器能提供什么功能？

2. 对于文件传输而言，FTP和HTTP的优缺点各有哪些？

3. FTP客户端列表、删除、下载、退出命令分别是什么？

本章实训

一、实训目的

1. 掌握FTP服务的安装。

2. 掌握FTP服务的基本配置以及用户安全配置选项。

二、实训内容

1. 安装并配置一台FTP服务器。

2. 配置FTP服务允许匿名访问下载与上传。

3. 创建和配置用户访问权限：匿名用分配分只读权限，普通用户分配修改权限，管理员分配完全控制权限。

第9章　邮 件 服 务

学习目标

本章主要讲述安装和配置邮件服务等内容。通过本章的学习，应达到如下学习目标：

- 理解并掌握邮件服务器的工作原理，学会邮件服务器的安装和配置方法。

导入案例

现要求你为易慧公司配置一台邮件服务器，使员工能收发公司内部邮件。

要实现上述目标：首先要安装邮件服务器并配置 POP3 服务和 SMTP 服务。通过本章的学习，我们可以轻松地解决上述提到的问题。

9.1　邮件服务概述

9.1.1　电子邮件服务组成结构

SMTP(Simple Mail Transfer Protocol)即简单邮件传输协议，它是一组用于由源地址到目的地址传送邮件的规则，由它来控制信件的中转方式。SMTP 协议属于 TCP/IP 协议族，它帮助每台计算机在发送或中转信件时找到下一个目的地。通过 SMTP 协议所指定的服务器，就可以把 E-mail 寄到收信人的服务器上了，整个过程只要几分钟。SMTP 服务器则是遵循 SMTP 协议的发送邮件服务器，用来发送或中转要发出的电子邮件。

9.1.2　电子邮件系统有关协议简介

POP3(Post Office Protocol 3)即邮局协议的第 3 个版本，它是规定个人计算机如何连接到互联网上的邮件服务器进行收发邮件的协议。它是因特网电子邮件的第一个离线协议标准，POP3 协议允许用户从服务器上把邮件存储到本地主机(即自己的计算机)，同时根据客户端的操作删除或保存在邮件服务器上的邮件。而 POP3 服务器则是遵循 POP3 协议的接收邮件服务器，用来接收电子邮件。POP3 协议是 TCP/IP 协议族中的一员，由 RFC 1939 定义。本协议主要用于支持使用客户端远程管理在服务器上的电子邮件。

9.2 邮件服务器的安装与配置

9.2.1 安装电子邮件服务

(1) 右键点击“计算机”，在弹出菜单中选择“管理”选项，在服务器管理器左侧界面，右键“功能”添加功能。

(2) 勾选“SMTP 服务器”进行下一步的安装，即可完成邮件服务器组件的安装，如图9.1所示。

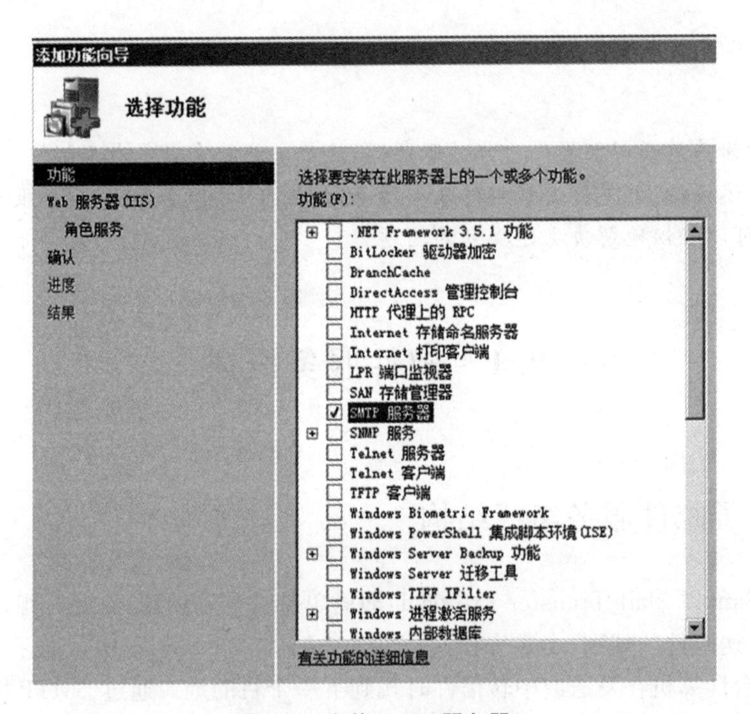

图 9.1 安装 SMTP 服务器

9.2.2 电子邮件身份验证

在邮件服务器上创建任何电子邮件域之前，首先必须要选择一种身份验证方法。系统中的邮件服务提供了3种不同的身份验证方法来验证连接到邮件服务器的用户。只有在邮件服务器没有安装为域控制器时，才可以更改身份验证方法。下面将详细讲述这3种身份验证方法的设置。

1. 本地 Windows 账户身份验证

如果邮件服务器不是活动目录域的成员，并且希望在安装了邮件服务的本地计算机上存储用户账户，那么可以使用"本地 Windows 账户"身份验证方法来进行邮件服务的用户身份验证。本地 Windows 账户身份验证将邮件服务集成到本地计算机的安全账户管理器(SAM)中。通过使用安全账户管理器，在本地计算机上拥有账户的用户就可使用由 POP3 服务提供的和本地计算机进行身份验证相同的用户名和密码。

本地 Windows 账户身份验证可以支持一个服务器上的多个域，但是不同域上的用户名必须是唯一的。例如，"webmaster@ahszy. com"和"webmaster@ahu. edu. cn"不能同时在一个服务器上存在。

本地 Windows 账户身份验证同时支持明文和安全密码身份验证(SPA)的电子邮件客户端身份验证。其中的明文以不安全和非加密的格式传输用户数据，所以不推荐使用明文身份验证。而 SPA 要求电子邮件客户端使用安全的身份验证传输用户名和密码，因此推荐使用该方法来取代明文身份验证。

2. Active Directory 集成的身份验证

如果安装 POP3 服务的服务器是活动目录域的成员或者是活动目录域控制器，则可以使用活动目录集成的身份验证。同时，使用活动目录集成的身份验证，可以将 POP3 服务集成到现有的活动目录域中。如果创建的邮箱与现有的活动目录用户账户相对应，则用户就可以使用现有的活动目录域用户名和密码来收发电子邮件。

可以使用活动目录集成的身份验证来支持多个 POP3 域，这样就可以在不同的域中建立相同的用户名。例如，"webmaster@ahszy. com"和"webmaster@ahu. edu. cn"能同时在一个服务器上存在。

3. 加密密码文件身份验证

加密密码文件身份验证对于还没有安装活动目录，并且又不想在本地计算机上创建用户的大规模部署来说十分理想，同时从一台本地计算机上就可以很轻松地管理可能存在的大量账户。

加密密码文件身份验证将使用用户的密码来创建一个加密文件，该文件存储在服务器上用户邮箱的目录中。在用户的身份验证过程中，用户提供的密码将被加密，然后与存储在服务器上的加密文件进行比较。如果加密的密码与存储在服务器上的加密密码相匹配，则用户通过身份验证。如果是使用加密密码文件身份验证，则可以在不同的域中使用相同的用户名。

9.2.3 设置邮件存储位置

默认状态下，系统将用户邮件保存在"C:\inetpub\mailroot\Drop\"文件夹中。如果想设置邮件的存储位置，则必须是本地计算机 Administrators 组中的成员，或者必须被委派适当的权限。如果将计算机加入到一个域中，则 Domain Admins 组的成员可能也可以执行该项设置。具体步骤如下：

(1) 右键点击"计算机"，在"管理工具"中找到 Internet 信息服务(IIS)6.0 管理器。

(2) 用鼠标单击"计算机名"节点，弹出"SMTP"服务器配置节点，单击"域"，然后在右侧出现计算机名后单击右键"属性"，在"投递目录"文本框中键入新的邮件存储文件夹及路径，如"D:\Mailbox"；也可以单击"浏览"按钮，查找并定位要保存用户邮件的文件夹，如图 9.2 所示。

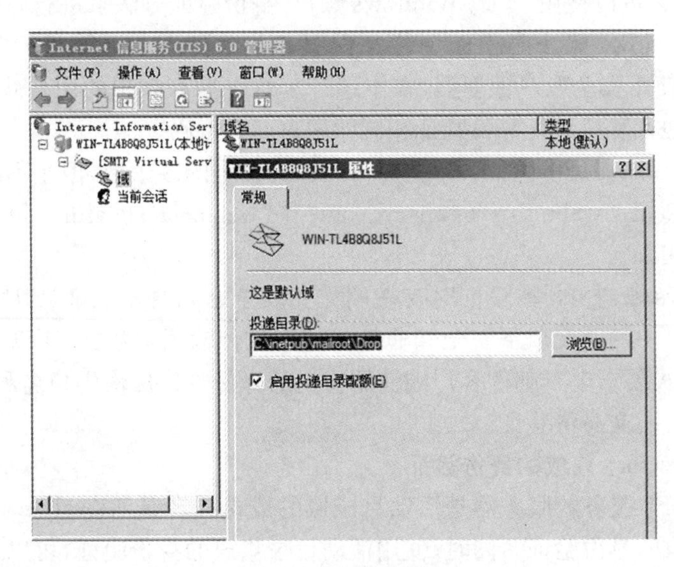

图 9.2 投递目录设置

9.2.4 创建和管理邮件域

在邮件服务器安装过程中,已经添加并设置了一个新的域名用于 E-mail 服务。如果企业申请有两个或多个域名,或者该服务器作为虚拟主机来提供邮件服务,则可以添加多个域名以实现多邮件虚拟服务的共存。

1. 创建域

(1) 首先打开"Internet 信息服务(IIS) 6.0 管理器",先用鼠标单击展开所有节点,然后用鼠标右键单击其中的"域"节点,并在弹出的快捷菜单中选择"新建"→"域"选项,选择创建 SMTP 指定域的类型,在其中的"域名"文本框中键入新域名,并确保该域名已经在 DNS 服务中设置了 MX 记录。

(2) 单击该对话框中的"确定"按钮,以完成新域名的添加,如图 9.3 所示。

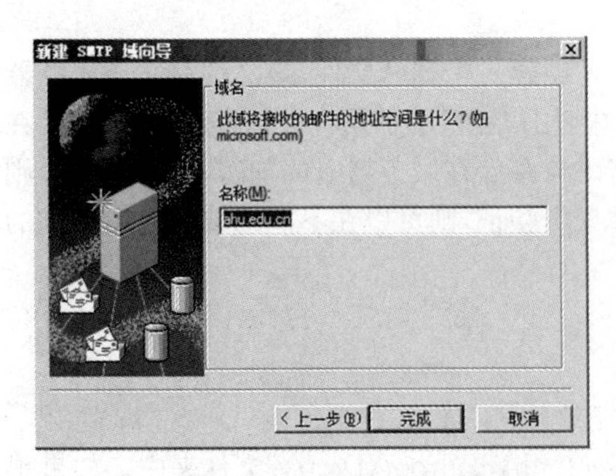

图 9.3 "新建 SMTP 域名称"对话框

2. 管理域

在"Internet 信息服务(IIS)6.0 管理器"中,可以对电子邮件域进行必要的管理,如删除域。在"Internet 信息服务(IIS)6.0 管理器"中,单击"域",并用鼠标右键单击要删除的域,然后单击"删除"菜单命令,将显示确认删除该域的提示框,单击该提示框中的"确定"按钮,将删除该域、域中所有邮箱以及存储在域中的所有邮件。

9.3　邮件服务管理

9.3.1　创建与管理邮箱

在邮件服务器安装过程中，已经添加并设置了一个新的域名。利用这个邮件域，我们就可以建立邮箱账户了。Windows Server 2008 R2 没有内置 POP3 服务，所以要安装 Exhcange Server 2007 来创建邮箱和进行收发邮件管理。

1. 安装 Exhcange Server 2007

(1) 初始化安装程序后，会出现 Exhcange Server 2007 安装界面，如图 9.4 所示。

(2) 点击"下一步"按钮，完成 Exhcange Server 2007 的安装。

(3) 点击"下一步"按钮，进入"准备情况检查"，如图 9.5 所示。

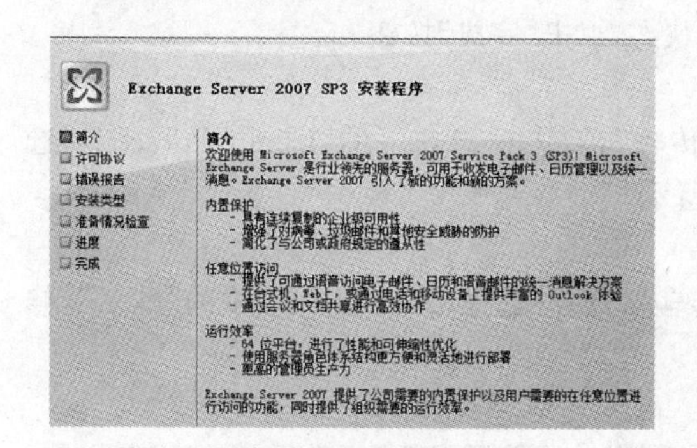

图 9.4 "初始化安装"界面

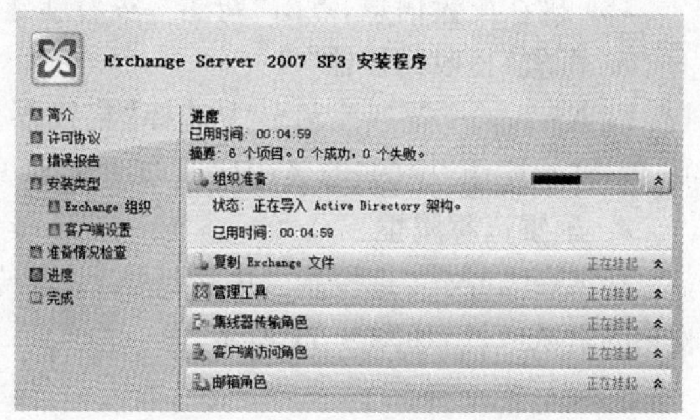

图 9.5 "准备情况检查"界面

(4) 完成上面的这些操作之后，重启服务器，再运行 Exchange Server 2007 安装程序，如图 9.6 所示。

2. 配置 Exchange Server 连接器

(1) 当 Exchange Server 2007 安装完成后，会自动弹出 Exchange 管理控制台，如图 9.7 所示。

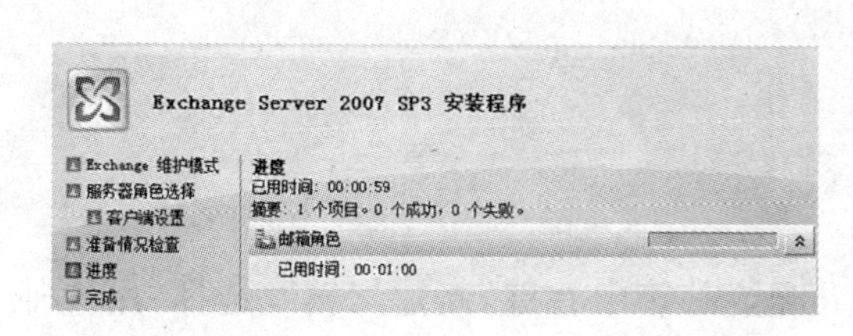

图 9.6　Exchange Server 2007 安装界面

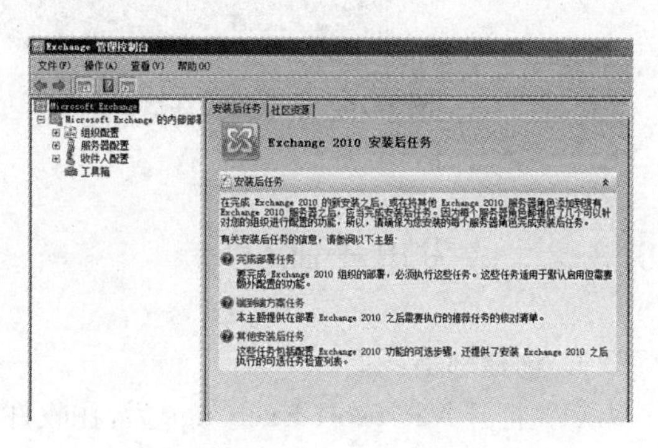

图 9.7 "Exchange 管理控制台"界面

(2) 在 Microsoft Exchange 中新建发送连接器,如图 9.8 所示。

(3) 输入连接器名称,点击"下一步"按钮。

(4) 选择"添加"菜单,点击"SMTP 地址空间",刚添加的"SMTP 地址空间"就会出现在列表中,点击"下一步"按钮,如图 9.9 所示。

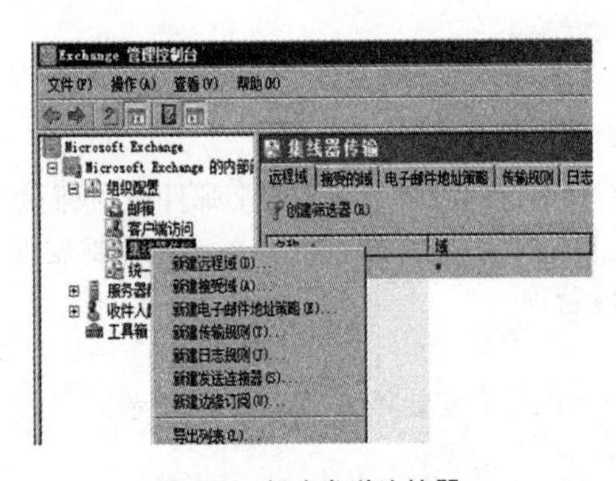

图 9.8　新建发送连接器

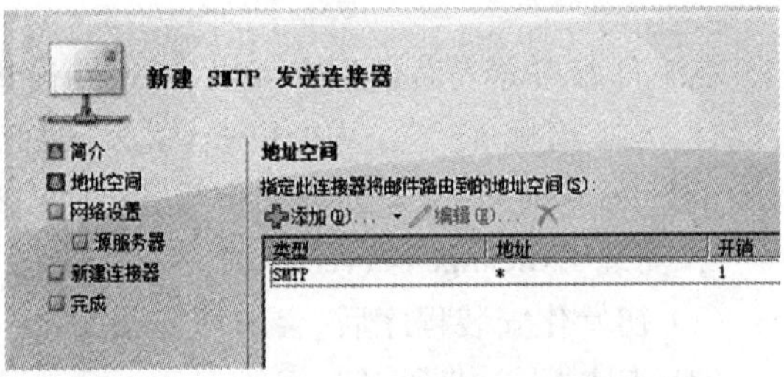

图 9.9　地址空间设置

(5) 确认配置信息,点击"新建",查看新建状态,点击"完成"按钮。

3. 配置"接收连接器"

在 Exchange 管理控制台中选择"集线器传输",双击窗口右下的"Client Porschev"选项,勾选"权限组"中的"匿名用户",如图 9.10 所示。

4. 配置远程属性

在 Exchange 管理控制台中选择"集线器传输",选择"远程域",双击列表中的"默认",修改它的默认属性,如图 9.11 所示。

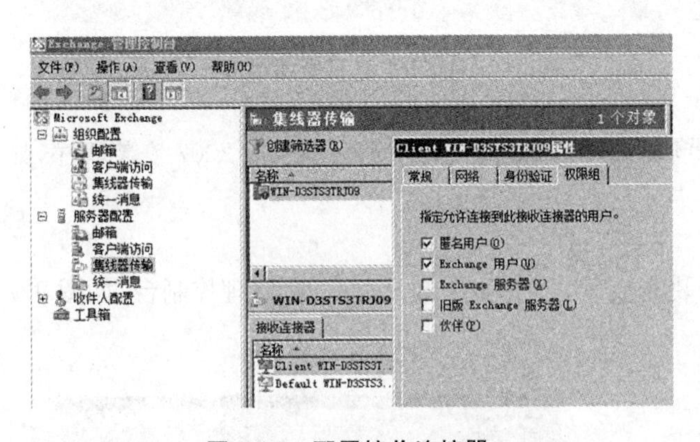

图 9.10　配置接收连接器

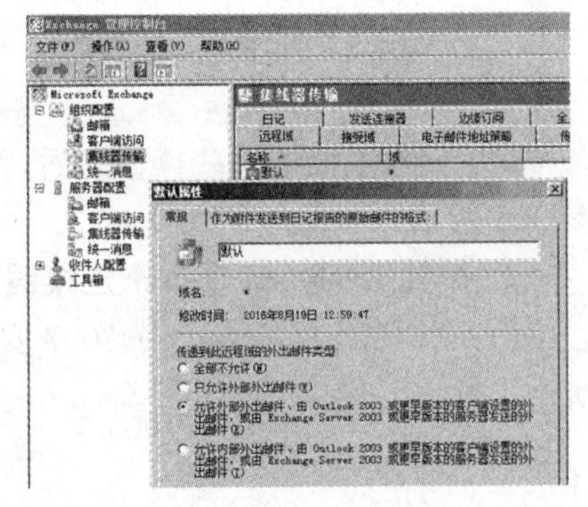

图 9.11　配置集线器传输默认属性

9.3.2　收发电子邮件

1. 创建邮箱

(1) 打开 Microsoft Exchange 后,在收件人配置邮箱中右键"新建邮箱",选择"用户邮箱"选项,点击"下一步"按钮。

(2) 选择“新建用户”,点击“下一步”按钮,如图 9.12 所示。

(3) 通过“浏览”选择邮箱数据库,点击“下一步”按钮完成邮箱新建,如图 9.13 所示。

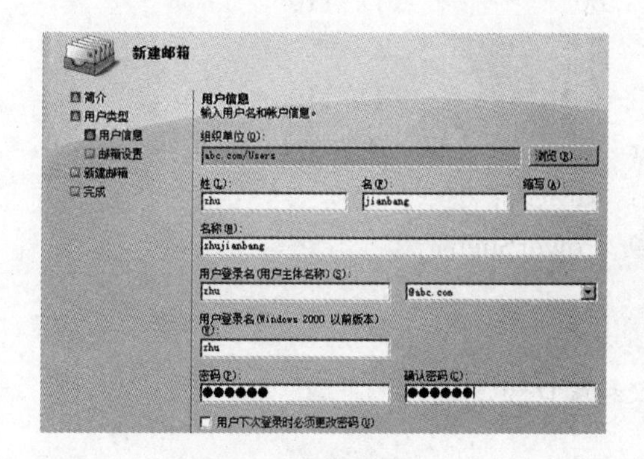

图 9.12　新建邮箱

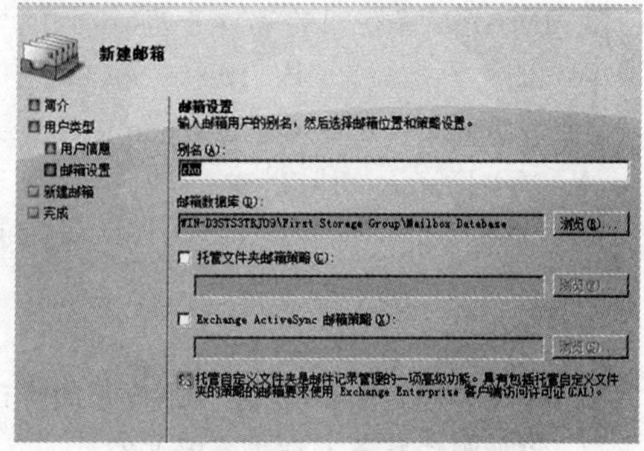

图 9.13　邮箱数据库设置

2. 收发邮件

邮件服务器配置完成后,用户要在 DNS 服务器上添加该邮件的交换器,并将邮件客户端设为该 DNS 服务器的客户机,客户端使用 Outlook Express 配置邮件账号相应属性,如 POP3 服务器地址、SMTP 服务器地址。配置完成后,即可收发邮件了。

本章小结

本章首先介绍了邮件服务器的基本功能,着重演示了在 Windows 2008 环境下安装和配置邮件服务器的方法,而后较详细地讲述了利用 Exchange Server 2007 配置邮件服务器的方法。

复习思考题

一、填空题

1. 电子邮件服务中最常见的两种应用层协议是(　　)和简单邮件传输协议(SMTP),与 HTTP 协议一样,这些协议用于定义客户端/服务器进程。

2. Windows Server 2008 SMTP 服务器的验证方式包括(　　)基本身份验证和集成 Windows 身份验证。

3. Exchange Server 2007 提供了服务器角色、(　　)、统一消息服务器角色、(　　)。

4. 对 Exchange Server 进行配置使之可以接收和发送邮件等操作,主要包括组织配置和(　　)两个方面。

二、选择题

1. SMTP 服务使用的端口号是(　　)。

A. 21　　B. 22　　C. 53　　D. 25

2. POP3 服务使用的端口号是(　　)。

A. 21　　B. 22　　C. 80　　D. 110

3. IMAP 服务使用的端口号是(　　)。

A. 21　　B. 109　　C. 143　　D. 110

4. 下面(　　)组件不是 Exchange Server 2007 安装过程中所必需的。

A. Net Framework 2.0　　B. MMC 3.0

C. DNS　　D. PowerShell

三、问答题

1. 简述邮件服务器收、发邮件使用的协议和端口号。

2. 常见邮件服务器种类有哪些?

3. 简单地比较一下 SMTP 和 HTTP 这两个协议的区别。

4. 安装 Exchange Server 2007 之前必须做好哪些准备工作?

5. 安装 Exchange Server 2007 之后,客户端可以直接使用 Outlook Express 吗?

本章实训

一、实训目的

1. 掌握邮件服务器的搭建。

2. 配置基于 Windows Server 2008 的邮件服务系统。

二、实训内容

1. 安装一台邮件服务器,并设置 POP3 服务、SMTP 服务。

2. 结合第 6 章知识,配置好 DNS 服务。客户端使用 Outlook Express 设置相应属性进行邮件的收、发操作。

第10章 活动目录

学习目标

本章主要讲述活动目录的相关概念,活动目录域、树和森林之间的关系;域控制器的安装与配置方法;活动目录中的用户、组和组织单位的功能和特点;管理用户、组和组织单位以及配置与管理组策略的方法等内容。通过本章的学习,应达到如下学习目标:

- 了解 Windows Server 2008 活动目录的逻辑结构和物理结构。
- 掌握 Windows Server 2008 活动目录的安装与配置方法。
- 学会创建与管理域用户账户。
- 了解在活动目录上发布资源的方法以及组织单元的管理、组策略的应用。

导入案例

易慧公司采用域模式网络结构,异地有两个子公司 A、B,两个子公司互为信任关系。公司有成员服务器若干台,员工数百名,通过域控制器统一管理公司的资源,并通过组策略提高公司网络的安全性。具体要求如下:

(1) 在总公司配置域控制器,并在子公司创建相应的子域。

(2) 根据网络资源创建活动目录中的用户、组和组织单位。

(3) 通过组策略设置用户对网络资源的访问。

要实现上述目标:首先要在相应的网络中安装域控制器并建立关系;其次,在域控制器中创建相应的网络资源,如用户、计算机等;再次要能根据实际网络要求,通过配置组策略来管理网络;最后要能结合活动目录的知识实现活动目录架构。通过本章的学习,我们可以轻松地解决上述提到的问题。

10.1 活动目录的概念

10.1.1 什么是活动目录

Windows Server 2008 的活动目录(Active Directory,AD)是一种目录服务,那么什么是目录服务呢?

1. 目录服务

目录服务决定了在目录服务系统里可以存放哪些东西(对象)以及这些东西如何进行存放等。如:一个库房管理员管理库房,由他决定库房里可以存放什么东西,如桌子、凳子、工具以及零件等,并合理地摆放这些东西,当有人要提取某一样东西时,能迅速准确地拿出来。

在网络环境中,目录服务就是把网络中的网络资源(如用户、计算机、数据、打印机等)集中存储起来,并将其提供给用户和应用程序使用,它为网络资源提供了一种一致化的命名、描述、定位、管理和设置相应安全性的方法。

2. 活动目录

活动目录是 Microsoft 目录服务的解决方案,它提供了对网络资源的集中组织、管理和访问控制功能。活动目录能组织有关真实网络资源,如用户、共享、计算机、打印机以及应用程序等信息,从而能够帮助用户快速找到所需资源。客户在访问网络资源时,不会意识到网络资源存在的物理位置、网络拓扑结构的具体情况,而只需要根据自己的权限进行访问就可以了。活动目录也被设计为网络管理员提供单一的管理点,使得资源访问、安全授权以及用户和组账号能够集中统一管理。

3. 活动目录(AD)的作用

(1) AD 存储整个网络上的资源信息,可以方便地查找和管理多种网络资源。Windows 网络中的网络资源是以"对象"的形式存在的,例如用户、组、计算机、打印机、服务器(提供特定网络功能的)、域和网络中的"站点"都是对象。另外,活动目录是动态的目录,可以不断地扩展,也就是说随着新的资源的加入,目录中的对象也在不断地增加。

(2) 网络上的用户可以访问任何网络资源,而不必知道资源所在的位置。例如,一台打印机从某个位置搬到另一个位置,这对于 AD 来说是没有任何影响的,在活动目录中它还是原来的共享名称,就像它根本没有移动过,这对于实际情况是非常有用的。

(3) 便于管理,可以集中管理整个网络系统中的资源,即通过管理活动目录来管理整个网络中的所有资源。

(4) 一次登录即能访问所有资源,即允许用户一次登录网络就可以访问网络中的所有该用户有权限访问的资源。

4. AD 的对象和属性

AD 将网络资源以"对象"的形式来存储和管理。AD 中的对象可以是用户、组、计算机、打印机,也可以是服务器、域和站点等。AD 中的每一个对象,都包含着区别于其他对象的一些属性,它记录了对象的描述信息。因此,尽管 AD 是一个分布式数据库的形式,管理员仍可以根据这些属性轻易地定位到它所要查找的某一个对象,实现集中式管理。

假设要为用户 Wangping 建立一个账户,则必须添加一个对象类别为"用户"的对象(也就是账户),然后在这个账户内输入 Wangping 的姓、名、电话号码、电子邮件、地址等数据,其中的用户账户就是对象,而姓、名、电话号码等数据就是该对象的属性。

5. 轻型目录访问协议(LDAP)

LDAP 是用于访问 AD 数据库的协议,它是用一种层次结构来定位某一资源的。LDAP 规范表明,一个 AD 对象可以由一系列 DC(域控制器)、OU(组织单位)、CN(普通名字)等层次结构来代表,组成一个 AD 中的命名路径(就像文件路径一样)。

LDAP 命名路径主要包括两类:绝对标识名和相对标识名。绝对标识名用来确定对象所在的域和可以找到对象的完整路径。相对标识名用来标识容器中的对象。例如,表 10.1

说明了在域 AHSZY. COM 的 Manager 这个 OU 上存在着 Wang 这个对象。

表 10.1 绝对标识名和相对标识名

绝对标识名(DN)	相对标识名(RDN)
CN=Wang OU=Manager DC=AHSZY DC=COM	CN=Wang

需要注意的是:这里的域 AHSZY. COM 可以是公司或单位注册登记的 DNS 域名。Windows Server 2008 的 AD 与域名系统 DNS 紧密集成在一起,也就是说 Windows Server 2008 内的"名称空间"采用了 DNS 结构。

6. AD 对象的名称

在 AD 内,每个对象都有一个名称,并且利用这个名称来识别每一个对象。AD 的对象名称除了上面说的绝对标识名(DN)和相对标识名(RDN)外,还有以下两种名称:

(1) 全局标识符(GUID)。GUID 是一个 127 位的数值,所建立的任何一个对象,系统都会自动给这个对象指定一个唯一的 GUID。可以改变对象的名称,但它的 GUID 值永远不会改变。

(2) 用户主名称(UPN)。每个用户还可以有一个比绝对标识名(DN)更短、更容易记忆的 UPN。上例中 Wang 属于 AHSZY. COM,则它的 UPN 是 Wang@AHSZY. COM。用户在登录时最好采用 UPN 输入,因为 UPN 与 DN 无关,因此无论该用户的账户被移到什么位置或者被改为其他的名称,都不会影响到它的 UPN。

10.1.2 活动目录的逻辑结构

所谓逻辑结构,就是不以物理区域划分,用于组织资源的形式。

1. 域

域是活动目录中逻辑结构的核心单元,是由管理员定义的一些计算机与用户的管理单位,它们共享一个共同的目录数据库,并为管理员提供对用户账户和组账户集中的管理维护能力。

每个域都有一个标识,用以区分于其他域,称为域名。在整个网络中,域名应该是唯一的。域中的目录数据库,是整个 Windows Server 2008 域的管理与安全核心。在一个域中,只有一个目录数据库,它存在于被称作"域控制器"的网络服务器上。

域的特点如下:

(1) 域是一个安全的边界。一方面,要访问网络资源的用户,需要在某个域的目录数据库中有一个账号,以标明其身份,只有通过身份验证的用户,才能访问网络资源;另一方面,这样的用户,在访问网络资源时,只能访问添加该用户账号的管理员所维护的域中的资源。

(2) 域是一个复制的单元。域是一个安全信息复制的单元。在一个域中,"域控制器"保存着 AD 的副本。特定域中的所有域控制器,全都可以改变 AD 的内容,并且可以将这种改变复制给所有其他的域控制器。

需要注意的是:登录计算机和登录域是有区别的。在一台刚装好 Windows 操作系统的计算机上,在未将它加入域之前,它只能登录本机,而将它加入域之后,既可以选择登录本机，也可以选择登录域。登录本机时必须输入存储在本地计算机中有登录权限的账户名和密码，此时，这台计算机属于自己管理自己。当一台计算机加入一个 Windows 2008 域之后，它就可以用域控制器上的账户名和密码登录到域中，此时这台计算机就受到域的管理，并且可以在网络上访问域中的资源，而不用再输入任何账户名和密码，这就是一次登录即能访问所有的资源。

当只登录本机，又通过网上邻居访问其他计算机的资源时，计算机会弹出对话框，要求输入其他计算机的账户名和密码，方能访问对方计算机，这实际上是二次登录。

2. 容器与组织单位(OU)

容器(Container)和对象类似，也有自己的名称，也是一些属性的集合。但容器并不代表一个实体，容器内可以包含一组对象或其他的容器。

组织单位(OU)就是一个用来组织一个域中对象的容器，它可以包括用户账号、计算机、打印机和组等对象，也可以包括其他的 OU。将一个域分为多个不同的 OU，便于分别对这些 OU 应用不同的组策略，以提高灵活性。

OU 一般对应一个行政部门，如财务部门、销售部门等。这些部门里有员工、计算机、组、打印机等，而对应的 OU 里可以放进员工的用户账号、计算机账号、组和打印机等。这样就便于对这些 OU 分别进行管理。

3. 域目录树

假设需要设置一个包含多个域的网络，则可以将网络设置成域目录树的结构，也就是说这些域是以树状的形式存在的。每一个域目录树都有一个根域，根域的作用是为我们提供了一个连续命名空间的开始，如图 10.1 所示。

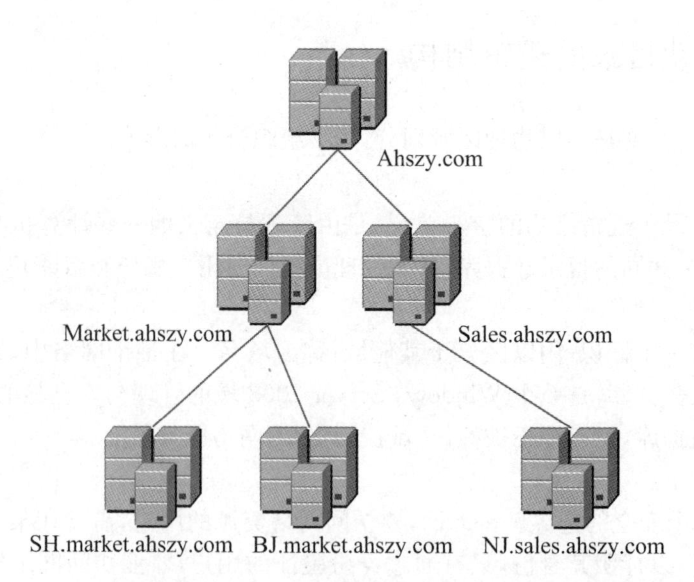

图 10.1 一个树状的域目录结构

其中，最上层的域名“Ahszy. com”是根域。其下有两个子域，分别是“Market. ahszy. com”和“Sales. ahszy. com”，下面还有 3 个子域。

从图 10.1 可以看出，子域的域名包含着父域的域名，例如“NJ. sales. ahszy. com”包含着上一层(父域)的域名“sales. ahszy. com”，而“sales. ahszy. com”包含着上一层的域名

“ahszy. com”。因此,我们可以说,此域目录树的命名空间是连续的。Windows Server 2008 采用这种 Internet 域名空间的命名方式,能有效地反映组织上的层次结构。实际上,域目录树就是指一组连续命名的域所构成的层次空间。

域目录树内的所有域共享一个 AD,即在这个域目录树之下只有一个 AD。不过,这个 AD 内的数据是分散地存储在各个域内的,每个域内只存储该域内的数据。Windows Server 2008 将存储在各个域内的数据合并为一个 AD。可以将任何一个新的 Windows Server 2008 域加入到一个现存的域目录树内。

两个域之间,必须建立了信任关系,才可以访问对方域内的资源。而任何一个 Windows Server 2008 域被加入到域目录树后,这个域会自动信任其上一层的父域,并且父域也自动信任这个新域,而且这些信任关系具备双向传递性。这个信任功能是通过 Kerberos 安全协议来实现的,因此双向传递性也被称为 Kerberos 信任。

这样,当任何一个 Windows Server 2008 域加入到域目录树后,它会自动双向信任这个域目录树内所有的域,因此只要拥有适当的权限,这个域内的用户就可以访问其他域内的资源;同理,其他域内的用户也可以访问这个新域内的资源。

Windows Server 2008 中的域传递信任关系一般是系统自动创建的,在安装活动目录时,如果含有多个域,系统会提示创建信任关系。但对于同一域目录树内部的域,也可以手动地创建传递信任关系。这对于形成交叉链接信任关系是非常重要的。

4. 域目录林

如果一个公司和另一个公司发生合并,由于每一个公司原来都有自己的域目录树,为了达到资源共享的目的,需要将这两个域目录树合并成一棵域目录林。域目录林由一棵或多棵目录树构成。目录林中的域并不共用连续的名字空间,如图 10.2 所示。

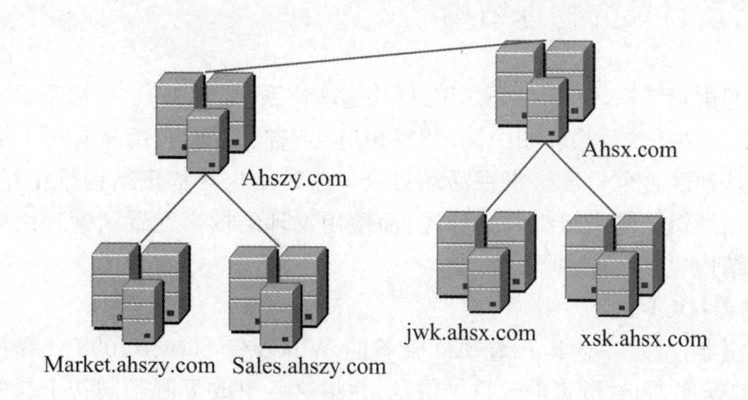

图 10.2 目录林

建立域目录林时,每个域目录树内的根域之间存在双向、可传递信任关系。因此,每个域目录树中的任何一个域内的用户都可以访问其他域目录树中的资源。

域目录林的特点如下:

(1) 目录林中的所有域目录树共用一个共同的架构(Schema)和全局编目(Global Catalog)。

(2) 一个不与其他域目录树相连的单一域目录树形成一个只有一棵域目录树的目录林。

(3) 在目录林中第一域目录树的根域成为这个目录林的根域。

(4) 把目录林根域的名字指定为此目录林的名字。

(5) 每个域目录树的根域与目录林的根域之间存在双向、可传递信任关系。

5. 全局编目(Global Catalog)

一个域的活动目录类似于一本书的目录,那么全局编目就好像是一系列书的总目录。为了让每个用户、应用程序都能够快速找到位于其他域内的资源,Windows Server 2008 内便设计了"全局编目"。

在"全局编目"中包含着在 AD 内的每个对象,不过只存储每个对象的部分属性,而不是全部属性。这些是常用于搜索的属性。"全局编目"可以让用户即使在不知道对象处在哪个域内的情况下,仍然可以很快地找到所需的对象。

那么"全局编目"放在哪里呢?

"全局编目"就放在全局编目服务器上,活动目录中建立的第一个域控制器自动成为全局编目服务器。

"全局编目"的用途如下:

(1) 假设一个用户想搜索目录林中的所有打印机,如果有全局编目,就能很快返回结果,如果没有这个全局编目,将要搜索目录林中的所有域,速度就会减慢,产生不必要的网络流量。

(2) 全局编目还包含每个对象和属性的访问权限,如果用户对某对象无访问权限,那么搜索结果中将不出现那个对象。

在一个域目录林内的所有域目录树共享一个相同的"全局编目"。

10.1.3 活动目录的物理结构

活动目录的逻辑结构好像一个国家的行政管理体系,如中央政府、部委、厅局、处、科等;而一个国家又可以按地域划分,如中国、北京市、广东省、芜湖市、南陵县等。活动目录的物理结构就类似从地区这个角度来审视活动目录。逻辑结构与物理结构是相互独立的、有区别的。用户使用逻辑结构来组织网络资源,而使用物理结构来配置和管理网络的流量。活动目录的物理结构包括域控制器和站点。

1. 域控制器(DC)

所谓域控制器,就是一台运行着 AD 服务的 Windows Server 2008 计算机。它存储着 AD 中的目录数据库,同时负责更改目录信息,并将这些更改复制到同一个域的其他域控制器中去。一个域至少要有一台域控制器。

域和域控制器是相互依存的关系,域存在于域控制器上,而一台 Windows Server 2008 也因为提供了域服务而成为域控制器。所以,当建立一个域的时候,也就是建立了这个域中的第一台域控制器。

DC 上有两种复制模式,具体如下:

(1) 多宿主复制模式。在这种模式下,每一个 DC 都保存了一个 AD 的可修改的副本。当某一台 DC 上的内容发生了变化时,系统会自动将变化的信息复制到网络中所有的 DC 上。

(2) 单主机操作模式。多宿主复制肯定会有一定的网络延时,也就会在某一时期内造成DC上所维持的内容不一致。因此某些更改以多宿主方式进行是不实际的。如:对于密码修改之类的复制,如果有延迟可能会造成本来有权限的用户无法登录。因此可以设定只有一个称作操作主机的DC才能接受这些更改请求,利用它来处理这些请求。这就是单主机操作模式。

2. 站点(Site)

站点指的是一个或多个高速连接的IP子网,这些子网通过高速网络设备连接在一起。一般与地理位置相对应。站点往往由企业的物理位置分布情况决定,可以依据站点结构配置活动目录的访问和复制拓扑关系,这样能使得网络更有效地连接。使用站点就是要将本地子网内的计算机整合在一起,运用策略进行管理。

域是逻辑的分组,而站点是实体的分组。在AD内,每个站点可以包含多个域;同时一个域也可以包含多个站点。

使用站点的好处如下:

(1) 优化复制。由于一个站点内的DC之间肯定是高速连接的,因此它们之间进行实时的复制应该没有问题。而和别的站点内的DC之间进行复制时,由于是慢速连接,就应该设置在网络不繁忙的时候。

(2) 快速登录。可以利用站点限制用户在本地子网内的DC上登录,而不必通过慢速连接到远程网络上的DC上登录。

10.2 建立域控制器

10.2.1 建立域控制器的准备工作

活动目录是Windows Server 2008非常关键的服务,同时它不是孤立的网络服务,而是与许多协议和服务有着非常紧密的关系,并涉及整个网络系统的结构和安全。因此,活动目录的安装并非一般Windows组件那样简单,必须在安装活动目录前完成一系列的策划和准备。

1. 文件系统和网络协议

(1) 需要250 MB的空闲磁盘空间,其中200 MB用于存放AD数据库,另外的50 MB用于存放AD数据库的日志文件。

(2) 必须有一个被格式化为NTFS的分区或卷,用来存放SYSVOL文件夹。

(3) 服务器需要配置使用TCP/IP协议,并且在网络中需要有该服务器可以配置使用的DNS服务器。如果DNS服务器不是本机,则应把将要安装AD的服务器作为DNS的客户端,也可以同时将本机安装成为DNS服务器。

(4) 需要有在现有网络或域中创建域控制器的权限。

2. 规划域结构

活动目录可包含一个或多个域。只有合理地规划了目录结构,才能充分发挥活动目录

的优越性。同时选择根域最为关键,根域名字的选择可以有以下 3 种方案:

(1) 使用一个已经注册的 DNS 域名作为活动目录的根域名,以使得企业的公共网络和私有网络使用同样的 DNS 名字。由于使用活动目录的意义之一,就在于使内、外部网络使用统一的目录服务,采用统一的命名方案,可以方便网络管理和商务往来,因此推荐采用该方案。

(2) 使用一个已经注册的 DNS 域名的子域名作为活动目录的根域名。

(3) 活动目录使用与已经注册的 DNS 域名完全不同的域名,使企业网络在内部网络和因特网上呈现出两种完全不同的命名结构。

10.2.2 安装活动目录

将一台独立服务器或成员服务器提升为域控制器的具体步骤如下:

首先,使用事件查看器(EventVWR. MSC)查看日志情况,并针对所查看到的情况,进行系统诊断,确保安装前系统的状态正常。打开网络连接,设置网卡的 IP4 地址为一静态地址,同时将 DNS 服务器地址设置为"127. 0. 0. 1"。

(1) 在"管理您的服务器"窗口中单击"添加或删除角色"超级链接,并进行与安装其他网络服务相同的步骤。在如图 10.3 所示的"选择服务器角色"对话框中"服务器角色"列表框中列出了所有可以安装的服务器。选择其中的"域控制器"选项,将该计算机设置为域控制器,同时安装活动目录。

(2) 在服务器管理器角色域服务,显示"摘要"对话框,此处说明将"运行 Active Directory 安装向导来将此服务器设置成域服务器(dcpromo. exe)",检测系统是否安装 AD 域服务二进制文件,如果没有,系统会自动安装(也可以在运行命令之前,通过服务器管理器,添加活动目录域服务角色来安装)。

(3) 单击"下一步"按钮,显示如图 10.4 所示的"Active Directory 安装向导"对话框,利用此向导便可以在这台服务器上安装活动目录服务。选择高级模式(如果不选择此项,安装过程中将无法对有些设置进行更改,如域 Netbios 名称的更改等)。

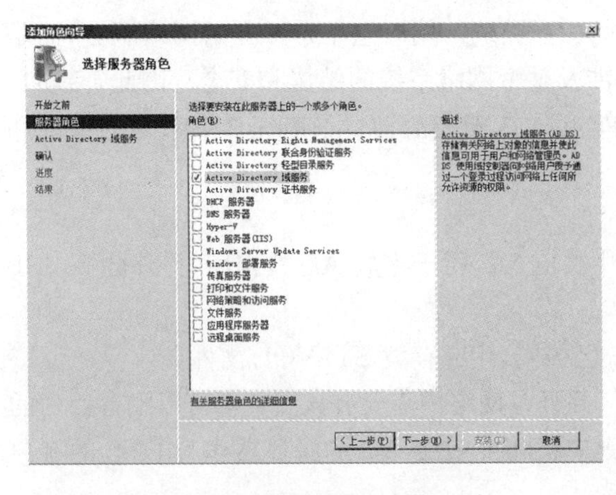

图 10.3 "选择服务器角色"对话框

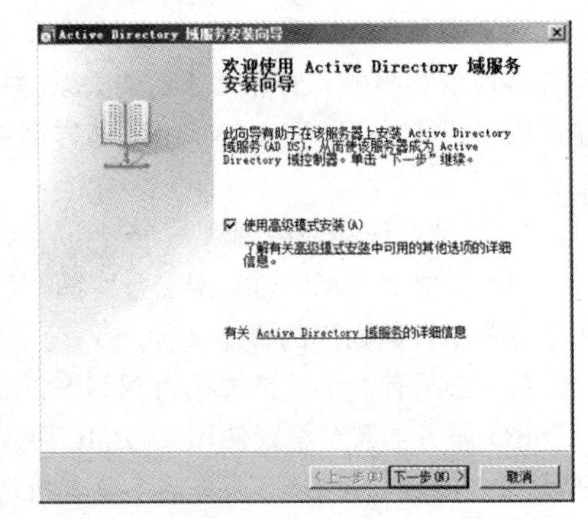

图 10.4 "Active Directory 安装向导"对话框

(4) 单击"下一步"按钮,显示如图 10.5 所示的"操作系统兼容性"对话框,此处对安装活动目录以后的情况进行了简单说明。

(5) 单击“下一步”按钮,选择“新域的域控制器”选项,然后单击“下一步”按钮,显示如图 10.6 所示的“创建一个新域”对话框。如果以前曾在该服务器上安装过活动目录,可以选择“向现有域添加域控制器”或“在现有林中新建域”选项;如果是第一次安装,则建议选择“在新林中新建域”选项。

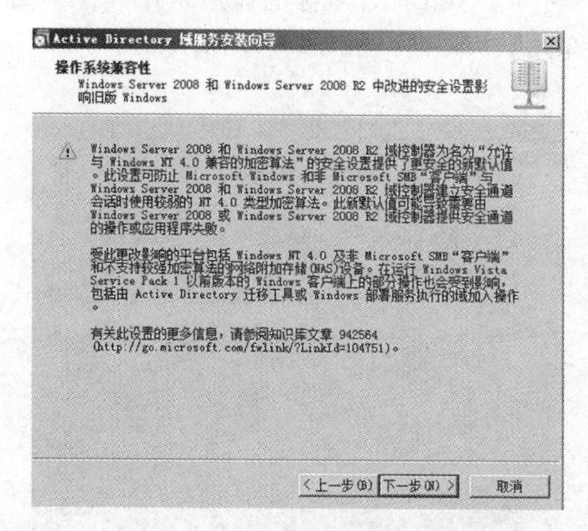

图 10.5 “操作系统兼容性”对话框

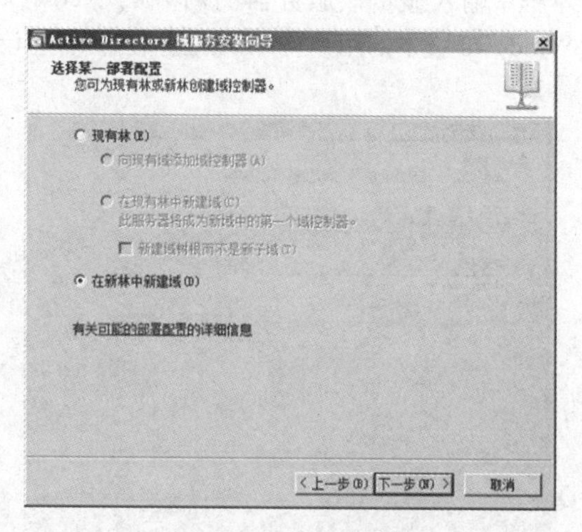

图 10.6 域控制器类型

(6) 安装过程中可能会出现账户密码不符合要求的情况,原因是原来在装系统的时候没有对 administrator 管理账号设置密码,只是在进入系统后利用控制面板添加了密码,如图 10.7 所示,在系统由工作组状态转向域主状态的时候,系统需要将本地的 administrator 转为域管理账号,而此时系统并未对 administrator 账户的信息及时更新,通过 net user administrator 发现其“需要密码”,此字段仍为“no”的状态,如图 10.8 所示,即系统依然认为 administrator是空密码,因此导致升级到域失败。可以用 net user administrator/passwordreq:yes 解决此问题。

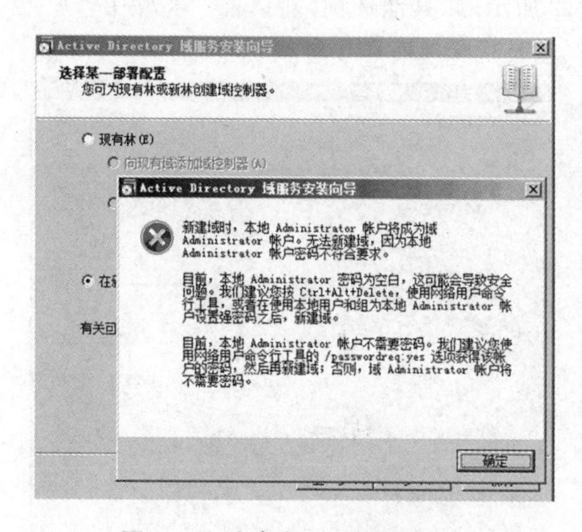

图 10.7 账户密码不符合要求

图 10.8 “需要密码”为 No

(7) 选择“在新林中新建域”选项后,单击“下一步”按钮,显示如图 10.9 所示的“新的域名”对话框。在其中的“新域的 DNS 全名”文本框中键入该服务器的 DNS 全名，如“ahszy.com”。如果尚未申请正式域名，也应当键入拟申请的域名。但是需要注意的是：此时的域名一定要与网络 DNS 服务中的域名相对应。

(8) 单击“下一步”按钮，显示“NetBIOS 域名”对话框。在其中的“域 NetBIOS 名称”文本框中输入显示该服务器的新域的 NetBIOS 名称。NetBIOS 名称的作用是让其他早期 Windows 版本的用户可以识别这个新域，建议采用默认名称。如图 10.10 所示。

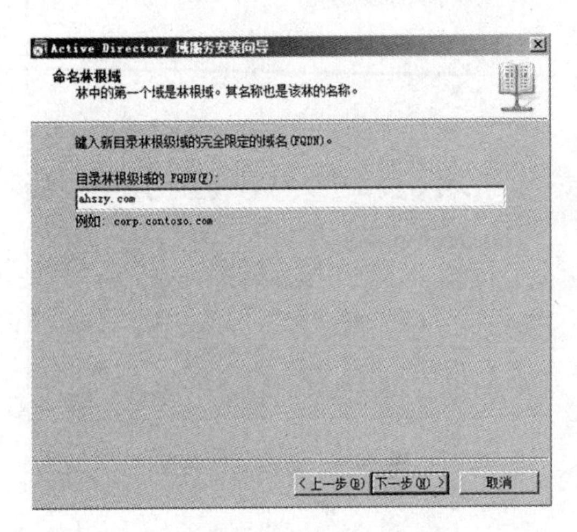

图 10.9 新的域名框

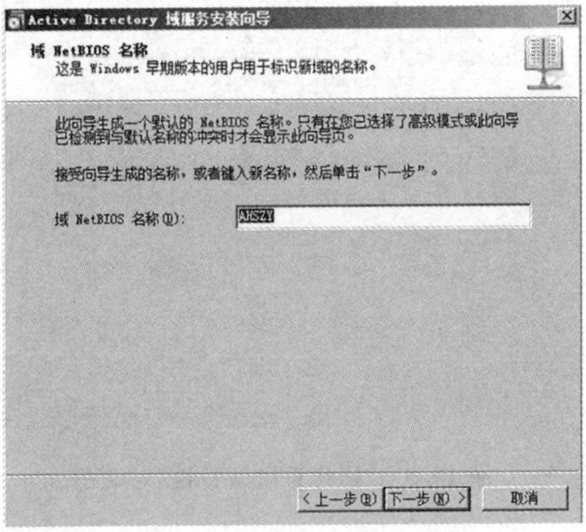

图 10.10 NetBIOS 名称

(9) 单击“下一步”按钮，将显示如图 10.11 所示的“功能级别”对话框，其中提供了不同的功能选择。如需要使用 R2 新增的活动目录回收站功能，必须将功能级别提升到 2008 R2 功能级别。要使用颗粒化密码策略，须将功能级别提升到 2008 R2。需要注意的是：功能级别的操作是单向的，即当提升到一个高功能级别后，它不能再降为低功能级别。除非新安装 AD 域服务，具体见 Appendix of Functional Level Features。

(10) 单击“下一步”按钮，将显示如图 10.12 所示的“其他选项”对话框。实验中，DC 也

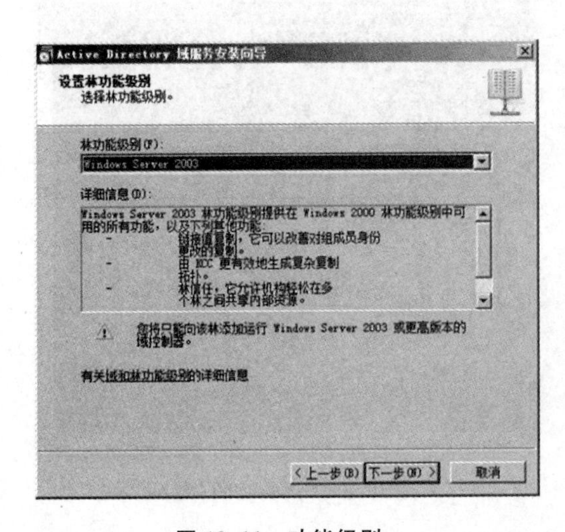

图 10.11 功能级别

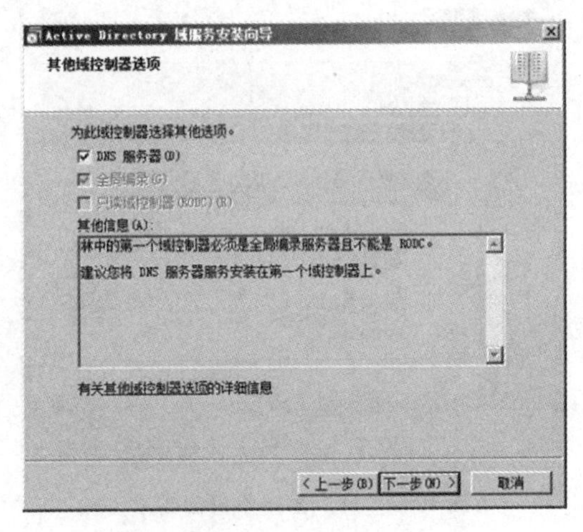

图 10.12 其他选项

是一台 DNS 服务器,所以要勾选 DNS 服务器。同时,这是林中的第一台 DC,所以全局编录(GC)、只读域控制器(RODC)不可操作。林中必须至少有一台 GC,同时要安装 RODC,域中必须首先有一台可写的 DC。

(11) 单击“下一步”按钮,将显示如图 10.13 所示的“数据库和日志文件文件夹”对话框,在这里设置保存活动目录数据库和活动目录日志的位置。默认位于“C:\Windows”文件夹下,也可以单击“浏览”按钮更改为其他路径,建议不做任何更改。

(12) 单击“下一步”按钮,将显示如图 10.14 所示的“共享的系统卷”对话框,用来指定作为系统卷共享的 SYSVOL 文件夹的位置。该文件夹必须在 NTFS 格式的分区中,默认为在 C:\Windows 文件夹下,建议不做任何修改。

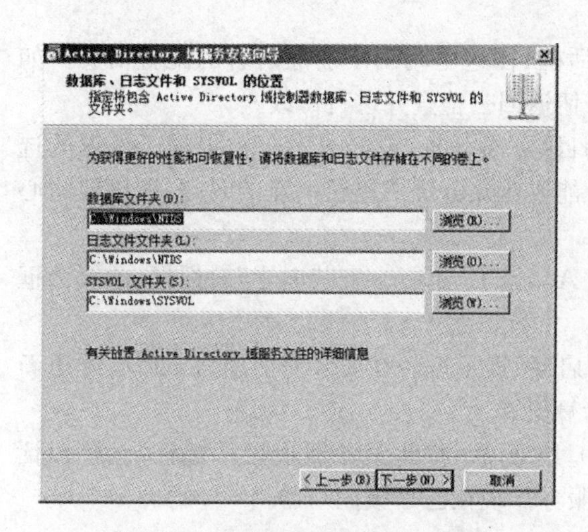

图 10.13 数据库和日志文件文件夹

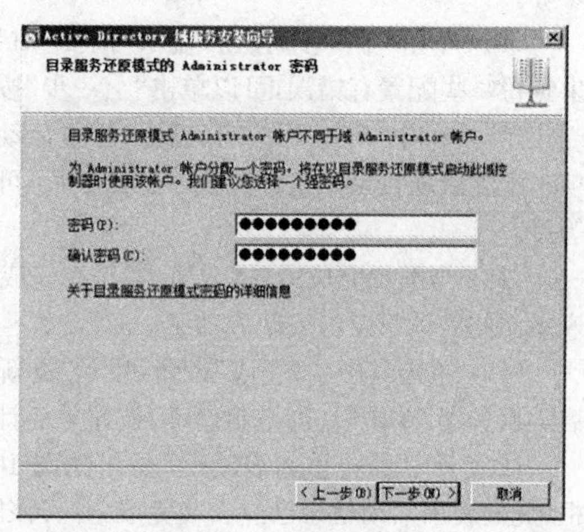

图 10.14 共享的系统卷

(13) 单击“下一步”按钮,将显示如图 10.15 所示的“DNS 注册诊断”对话框,系统会对该服务器进行 DNS 诊断测试,并显示诊断结果。如果该服务器上还没有安装 DNS 服务,建议选择“在这台计算机上安装并配置 DNS 服务器,并将这台 DNS 服务器设为这台计算机的首选 DNS 服务器”选项。

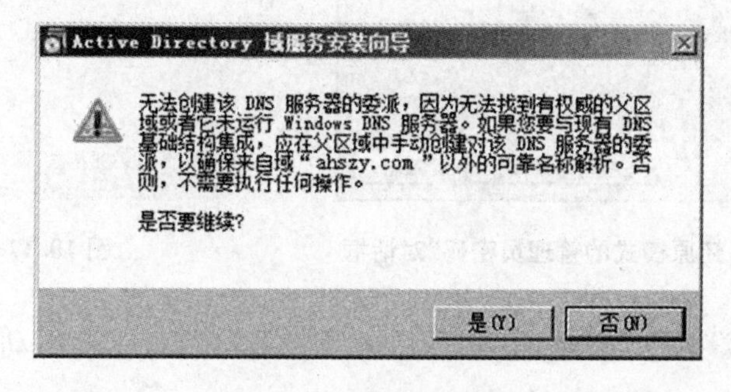

图 10.15 DNS 注册诊断

(14) 单击“下一步”按钮,显示“权限”对话框。为提高网络安全性,使只有经过验证的用户才能读取这个域的信息,而不允许匿名用户读取该域的信息,同时限制只能在 Windows Server 2000 或 Windows Server 2008 操作系统上运行服务器程序,建议选择“只与 Windows

2000 或 Windows Server 2008 操作系统兼容的权限”选项。

(15) 单击“下一步”按钮,将显示如图 10.16 所示的“目录服务还原模式的管理员密码”对话框。由于有时需要备份和还原活动目录,并且还原时不能在 Windows 状态下,而是需要进入“目录服务还原模式”状态,所以在该对话框中要求输入该服务器进入“目录服务还原模式”时的管理员密码。由于该密码和管理员密码可能不同,所以管理员一定要牢记该密码。在“还原模式密码”和“确认密码”文本框中分别键入相同的密码。目录服务还原模式(DSRM)密码必须符合密码复杂性。默认情况下,密码复杂性是指长度至少为 7 个字符,密码同时含有数字、符号、大小写字母这三项中的两项。同时,密码存放历史不能在 24 个之内。可在启动系统时,按“F8”快捷键,选择进入 DSRM,进行活动目录的相关操作,如还原对象等。

(16) 单击“下一步”按钮,显示“摘要”对话框,在这里列出了前面所有的配置信息。如果觉得一些配置有错误,可以单击“上一步”按钮返回去检查并进行修改。

(17) 单击“下一步”按钮,显示“配置活动目录”对话框,此时表示正在根据所设置的选项来配置活动目录。这个过程一般比较长,可能要花几分钟或更长一点的时间,所以要耐心等待。

(18) 当配置完成后,将会显示“正在完成 Active Directory 安装向导”对话框,此对话框表示至此活动目录已安装成功了。

(19) 单击其中的“完成”按钮,显示“重新启动”提示框。在安装完活动目录后必须重新启动服务器,单击“立即重新启动”按钮重启计算机。

(20) 在计算机重新启动后,显示如图 10.17 所示的“此服务器现在是域控制器”对话框,此处表示活动目录已经安装完成,并且该服务器现在已是域控制器。

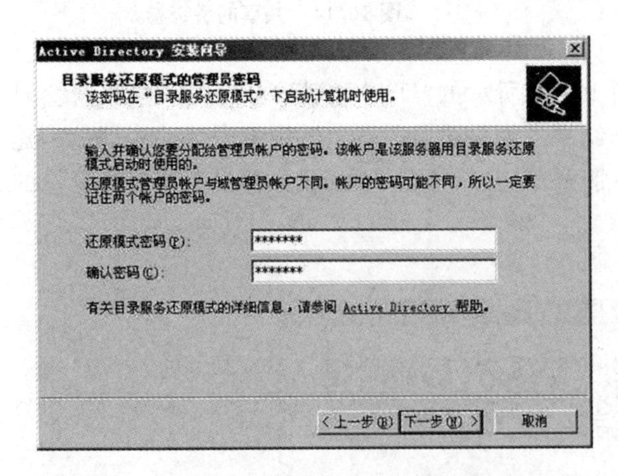

图 10.16 “目录服务还原模式的管理员密码”对话框

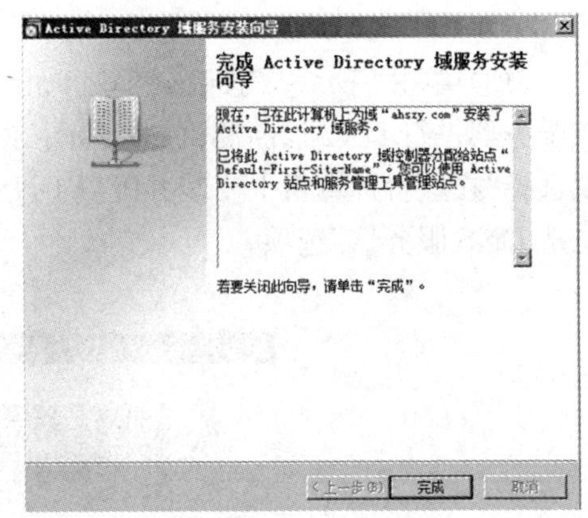

图 10.17 安装完成

(21) 单击“完成”按钮,以返回“管理您的服务器”窗口,至此活动目录已经顺利安装完成。

10.2.3 安装AD后,观察系统的变化

1. 验证SYSVOL文件夹

(1) 验证SYSVOL文件夹的结构是否被创建,应该能看到系统卷包含以下四个子文件夹:

① domain(域)。

② staging(分级)。

③ staging areas(分级区域)。

④ sysvol(系统卷)。

如果SYSVOL文件夹创建得不正确,那么存储在SYSVOL中的数据,如组策略、脚本等,将不能在域控制器之间复制。

(2) 验证必要的共享文件夹是否创建。在命令行窗口输入命令net share,可以看到以下两个共享:

① NETLOGON。

② SYSVOL。

2. 验证SRV资源记录

在AD安装完成后,重启时,新生成的DC会在DNS的数据库中注册它的SRV资源记录。有如下两种方法可以验证SRV资源记录是否正确注册:

(1) 使用DNS管理器。从"管理工具"中打开"DNS",展开"正向查询区域",展开以域名命名的区域,如果SRV资源记录了正确的注册信息,则会存在_msdcs、_sites、_tcp和_udp四个文件夹。

(2) 使用nslookup。在命令行窗口键入nslookup,连接到DNS Server,然后键入ls-t SRV domainName,列出所有存在的SRV资源记录。此时需要建立反向查询文件,否则在使用nslookup时会出现timeout报告。

3. 验证目录数据库和日志文件

单击"开始"→"运行",键入:%systemroot%\ntds,单击"确定",将出现下列三个文件:

(1) Ntds. dit:目录数据库文件。

(2) Edb. *:事务日志和检验点文件。

(3) Res*. log:保留日志文件。

4. 查看管理工具

安装完AD后管理工具中新增了与AD有关的五个选项:

(1) Active Directory用户和计算机。

(2) Active Directory站点和服务。

(3) Active Directory域和信任关系。

(4) 域安全策略。

(5) 域控制器安全策略。

5. 查看计算机属性

在"计算机名"选项卡中,完整的计算机名称已经由"jsjnet"转变为"jsjnet. ahszy. com"的域名,所属域为"ahszy. com",如图10.18所示。

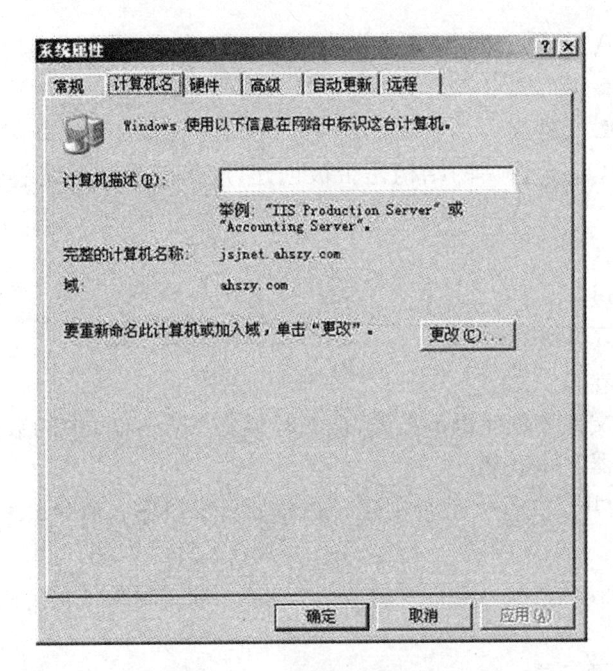

图 10.18 "计算机名"选项卡

10.2.4 删除活动目录

可以通过运行 dcpromo 来删除活动目录。如果该域控制器是这个域内的最后一台域控制器，那么删除 AD 后，它将被降级为独立服务器。如果该域内还有其他的域控制器存在，则它会被降级为成员服务器。

10.3 域的组织和委派管理控制

10.3.1 域的组织

组织的目的是让域中的信息变得整齐有序，然后才能顺利地完成对域的管理。在域中，组织的工具是组织单位 OU，而管理的工具是委派管理控制。

域的组织，实际上就是对域中的对象的组织。域中的对象包括计算机、联络人、组、OU、打印机、用户、共享文件夹等内置类型的对象，还可以包括用户自己定义的对象。其他一些服务，如 Exchange Server、ISA Server 等，都会在 AD 中建立自己的对象。对于域中的对象，采用树形的对象容器和子容器来组织。容器和子容器相当于文件系统中的文件夹和子文件夹。域中的任何一个对象，都必须位于一个指定的容器当中。

在域中，组织的关键角色就是组织单位 OU。前面已经讲过，组织单位是一个容器，并且是可以嵌套的。组织单位一般对应行政管理部门,因此使用组织单位可以直观地、集中地管理网络资源和对象,使活动目录更贴近企业环境,更像一张企业部门分布图。

在活动目录中,内置的容器对象主要有以下四个:

(1) Builtin:存放 Administrators、Account Operators、Backup Operators、Users 等本地内置安全组。

(2) Computers:存放所有加入到域中的计算机的计算机账号对象。

(3) Domain Controllers:存放域中所有域控制器的计算机账号对象。

(4) Users:缺省存放所有用户对象的容器,内有一些内置的用户对象和域中的全局组对象,如 Domain Admins、Domain Computers、Domain users 和 Domain Guests 等。

其中,Domain Controllers 是一个 OU,是在建立域时由系统自动建立的 OU,其他的 OU 一般是由用户自己建立的。建立 OU 的具体操作如下:

(1) 打开“Active Directory 用户和计算机”管理工具。

(2) 在域中或任何一个 OU 中,用鼠标右键单击,选择“新建”→“组织单位”选项。

(3) 输入组织单位名,单击“确定”按钮。

在 OU 中创建子 OU 及其活动目录对象的方法是用鼠标右键单击已存在的 OU,选“新建”按钮,然后选择要创建的对象。

10.3.2 域的委派管理控制

委派管理控制是指把管理对象的任务分配给若干个人,从而实现分散管理。管理员可以把某些权限分配给用户或用户组,使他们可以进行某些管理控制。

这样做的主要目的就是在各个层次上分别设置管理员,赋予他们一定的管理权限,以后他们就可以在相应的层次中行使管理职能,而公司的最高管理人员就可以把精力集中在活动目录的总体管理上,从而避开琐碎的日常管理工作。

因为在组织单位层次上管理权限比跟踪单个对象的权限要容易得多,所以管理控制的委派往往是在组织单位层次上进行的。例如,可以分配给销售部门管理员组“完全控制”Sales 组织单位的权限,从而实现管理控制的委派。

通过把组织单位的控制委派给部门管理员组,可以分散管理操作。另外,把管理控制向底层分散可以减少管理的时间和费用,提高响应速度。

委派管理控制经常在 OU 上进行,具体操作步骤如下:

(1) 在“Active Directory 用户和计算机”中,用鼠标右键单击要委派权限的 OU,选择“委派控制”,出现“控制委派向导”选项。

(2) 单击“下一步”按钮,出现“用户和组”向导页,单击“添加”按钮指定要委派的用户和组,该用户或组就是将来该 OU 的管理员。

(3) 单击“下一步”按钮,出现“要委派的任务”向导页。若选择“委派下列公用任务”选项,则可以从 6 项公用的任务中选择要分派的任务,然后单击“下一步”按钮,就出现“完成”页。

(4) 若选择“创建自定义任务去委派”,单击“下一步”按钮,则出现“Active Directory 对象类型选择”页。这个页面是用来选择管理的任务范围的。若选择“这个文件夹,这个文件夹中的对象,以及创建在这个文件夹中的新对象”,说明是对这个 OU 全面进行管理;若选择

“只是在这个文件夹中的下列对象”选项,还需要人为地选取所要管理的对象。

(5) 选好管理范围后单击“下一步”按钮,出现“权限”向导页。

根据显示这些权限中的“常规”、“特定属性”和“特定子对象的创建/删除”复选框的选中不同,权限中出现的项数会出现较大的变化,如只选中“常规”,下面的“权限”只有 7 项;选中“特定属性”,“权限”有 31 项;而选中“特定子对象的创建/删除”,“权限”有 45 项之多。

(6) 选择适当的“权限”后,单击“下一步”按钮,出现“完成”向导页,单击“完成”按钮完成委派管理控制。

委派完成后,可以使用被委派的用户或组的成员登录,并在活动目录中相应的 OU 上验证一下相应的权限。

10.4　域中的用户和组

10.4.1　创建域用户账户和计算机账户

域用户账户是在域的 DC 上被创建,并会被自动复制到域中的其他 DC 上。可以使用“Active Directory 用户和计算机”管理单元来建立域用户账户。在建立用户账户时,需要选择一个组织单位(OU),以便将用户账户建立到此组织单位内。可以将账户建立在内置的 Users 组织单位或其他自行创建的组织单位内。

1. 创建单个用户账户

(1) 单击“开始”→“程序”→“管理工具”→“Active Directory 用户和计算机”选项,打开“Active Directory 用户和计算机”窗口,然后再单击 AHSZY. COM(域名)→用鼠标右键单击“Users”→“新建”→“用户”选项,出现如图 10.19 所示的对话框。

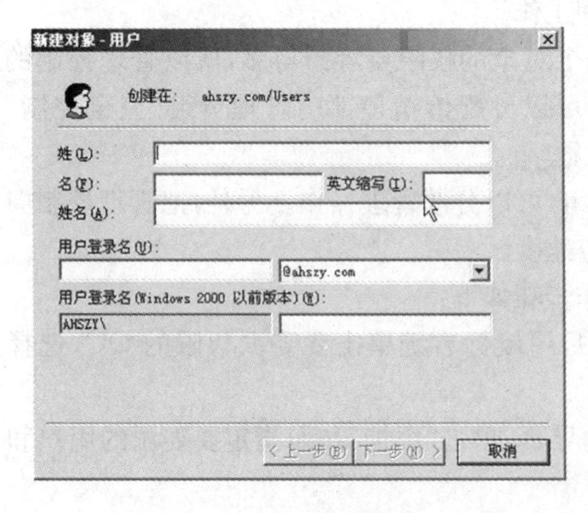

图 10.19　创建域用户

(2) 输入以下内容:

① “姓”与“名”:至少要输入其中一个信息。

② “姓名”:用户的全名,默认是前面姓与名的组合。此名称在创建它的容器内必须唯一。

③ “用户登录名”:这是用户用来登录域的名称。此名称在整个域内必须唯一。在“用户登录名”的右侧下拉列表中可以更改域。“用户登录名@域名”构成用户主名(UPN),登录时可以直接使用 UPN 名来进行登录,UPN 名在整个森林内必须是唯一的。

④ “用户登录名(Windows 2000 以前版本)”:如果用户需要从 Windows 2000 以前的版本登录到网络上,必须使用这个名称来接受验证。

(3) 完成以上输入后,单击“下一步”按钮,出现“密码设置”对话框。有以下选项:

① “密码”与“确认密码”:可以输入最长不超过127个字符的密码,密码的大小写是有区别的。

② “用户下次登录时须更改密码”:选择此项可以强迫用户在下次登录时必须更改密码。这样可以确保只有用户自己知道密码。

③ “用户不能更改密码”:如果是多人共享一个账户,则可以选择此项,避免某一个用户改变密码后,他人无法登录的情况发生。

④ “密码永不过期”:若选择此项,则系统永远不会要求用户更改密码,即使在“账户策略”的“密码最长存留期”中设置了定期更改密码,也不会要求更改密码。若同时选择②和④,则“密码永不过期”起作用。

⑤ “账户停用”:它可以防止用户利用此账户登录。如:预先为尚未报到的新员工所建立的账户,或者某个请长假的员工的账户,都可以进行暂时停用,而不是删除,这样可以在需要时再启用。

需要注意的是:如果用户密码设置过于简单而不符合系统的基本要求,系统将显示如图10.20所示的警告框。单击“确定”按钮关闭该“警告框”窗口,用户可以在域策略中对密码策略进行修改,并在运行对话框中输入“gpupdate”命令对域策略进行更新。

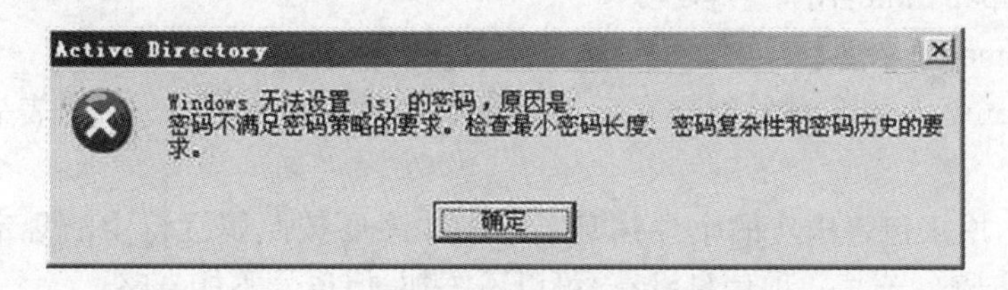

图10.20　“警告框”窗口

(4) 设置符合要求的密码后,单击“下一步”按钮,单击“完成”按钮,域用户账户创建完成。

所建立的域用户账户,可以被用来在成员服务器或其他工作站上登录,但却不能在域控制器上登录,除非给该账户赋予了“本地登录”的权限。这个权限可以利用“组策略”进行设置,单击“开始”→“程序”→“管理工具”→“域控制器安全策略”→“Windows设置”→“安全设置”→“本地策略”→“用户权力指派”→“在本地登录”,完成设置后,输入命令“Secedit/RefreshPolicy MACHINE_POLICY”,可以使此策略尽快生效,而无需重新启动机器。

2. 生成多个用户账户

如果网络的用户数量非常大,则管理员创建并设定账号参数的工作量将会非常大并且十分繁琐。可以先创建一个文本文件,将你所想要创建的用户账户输入,然后一次性地、大批量地在AD中生成。创建此文本文件需要注意以下四点:

(1) 文本文件必须包括用户账户在AD中的路径(即所属OU等信息)、对象类型(是用户还是组)、用户登录名(Windows 2000以前的系统所用)。

(2) 应该包括用户主名,以及账户是激活还是禁止(默认是禁止的)。

(3) 可以包括一些个人信息,如电话号码、家庭住址等。

(4) 文本文件中不能包含密码。默认情况下,用户第一次登录时会提示更改密码。

根据所使用的文本格式不同，我们可以用两种命令来导入数据：

(1) 使用 CSVDE 生成多个用户账户。使用 CSVDE 命令要求使用逗号分隔的格式建立文本文件，如图 10.21 所示。

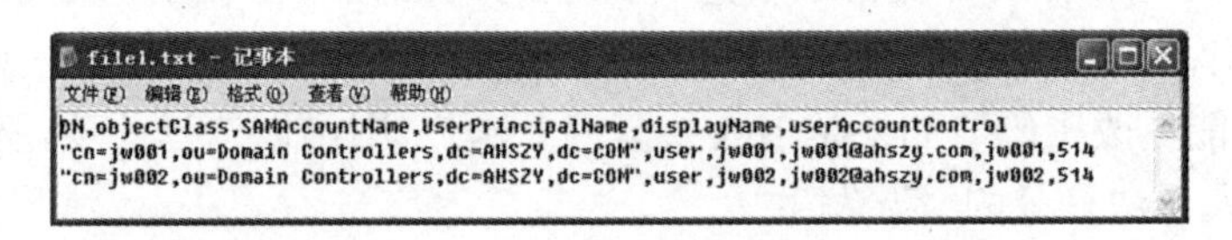

图 10.21　生成多个域用户账户的文本文件

从图 10.21 可以看出文本文件分为两大部分：一部分是属性行；另一部分是用户账号行。

① 属性行，用来定义用户账户的属性。属性行的每一项相当于一个字段，彼此之间用逗号分隔。

DN：LDAP 路径。

ObjectClass：对象类别。

SAMAccountName：用户登录名。

UserPrincipalName：用户主名。

DisplayName：显示名。

UserAccountControl：对象创建完后，是被禁用还是被启用。512 代表启用，514 代表禁用。

② 账户行，用来包含用户的个性信息。它的顺序要按照属性行中的规定来写入，彼此之间也用逗号分隔。若某一项信息没有，可以不添加，但逗号不能省略。

文本文件创建完后，在命令行方式下输入"csvde-i -f filename"即可一次创建多个账户。其中，"i"意味着向 AD 中导入文件，"f"是指紧跟的是文件名。

(2) 使用 LDIFDE 创建多个用户账户。使用 LDIFDE 命令需要使用行分隔的格式建立文本文件。创建文本文件的方法与上面的类似，不同的是每一项后均要加上换行符。实例如下：

DN：cn=jw003，ou=Domain Controllers，dc=AHSZY，dc=COM
objectClass：user
SAMAccountName：jw003
UserPrincipalName：jw003@ahszy. com
displayName：jw003
userAccountControl：512

DN：cn=jw004，ou=Domain Controllers，dc=AHSZY，dc=COM
objectClass：user
SAMAccountName：jw004
UserPrincipalName：jw004@ahszy. com
displayName：jw004
userAccountControl：514

在命令行模式下输入“ldifde-i -f filename”即可。若没有“i”,则代表从AD中导出。

使用CSVDE只能创建对象,而LDIFDE则可以在AD中创建、修改和删除对象。

3. 创建计算机账户

在一个域中,每台计算机都拥有一个唯一的计算机账户。在向一个域中添加新的计算机时,必须在“Active Directory用户和计算机”中创建一个新的计算机账户。当在一个域控制器上创建新的计算机账户时,这个域控制器会把账户信息复制到其他域控制器,从而确保该计算机可以登录并访问任何一个域控制器。当计算机用户创建完成后,每个使用该计算机的用户都可以使用该账户进行登录。用户可以根据系统管理员赋予该计算机账户的权限来访问网络资源。需要注意的是,不能将计算机账户指派给运行Windows 98/Me的计算机,因此当用户使用Windows 98/Me计算机时,只能使用一个用户的账户登录到域。

单击“开始”→“程序”→“管理工具”→“Active Directory用户和计算机”选项,打开“Active Directory用户和计算机”窗口,然后再单击AHSZY.COM(域名)→用鼠标右键单击“Users”→“新建”→“计算机”,出现如图10.22所示的“新建对象-计算机”对话框。在“计算机名”文本框中键入该计算机账号的计算机名,在“计算机名(Windows 2000以前版本)”文本框中可采用系统默认值。

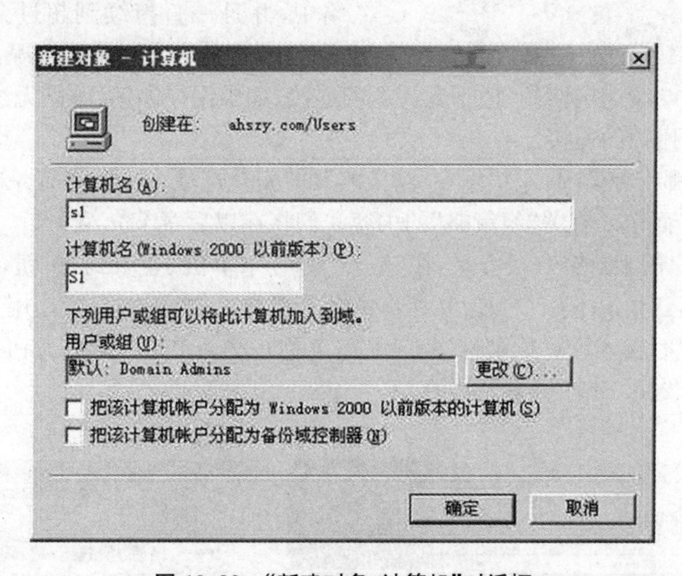

图10.22 “新建对象-计算机”对话框

10.4.2 管理域用户账户

在“Active Directory用户和计算机”控制台窗口中,右击右侧栏中的用户名,可以在弹出的快捷菜单中做一些简单的设置,其中包括对用户账户的一些操作,如重设密码、禁用账户、删除账户及添加到用户组等。若需对用户属性做详细的设置,可右击用户名并在快捷菜单中选择“属性”选项,在如图10.23所示的用户账户属性对话框中进行修改。

(1) 输入用户的个人信息:在用户属性对话框中的“常规”标签中可以输入有关用户的描述、办公室、电话、电子邮件地址及个人主页地址;在“地址”标签中输入用户的所在地区及通信地址；在“电话”标签中输入有关用户的家庭电话、寻呼机、移动电话、传真、IP 电话及相关注释信息。这样便于用户以后在活动目录中查找用户并获得相关信息。

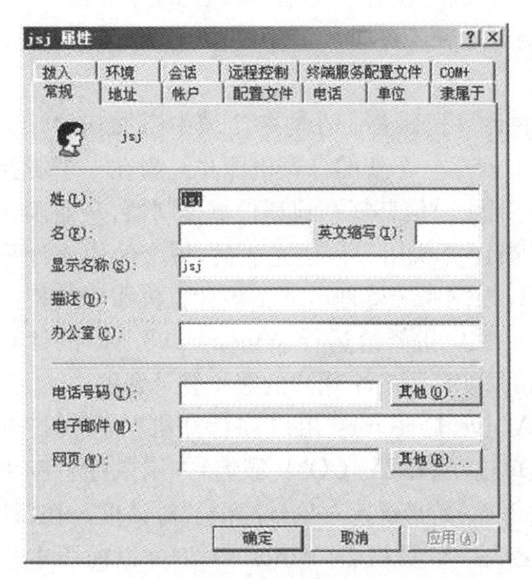

图 10.23　用户账户属性

(2) 用户配置文件设置：在用户属性对话框中的“配置文件”标签中用户可以设置每一个用户的环境，如用户配置文件、登录脚本、主文件夹等。

(3) 设置用户登录时间：在账户标签中单击“登录时间”按钮，出现如图 10.24 所示的对话框，图中一个小方块代表一个小时，蓝色方块表示允许用户使用的时间，空白方块表示该时间不允许用户使用，默认是开放所有时间段。

当用户在允许登录的时间段内登录到网络中，并且一直持续到超过允许登录的时间时，此时可能会发生两种情况：

① 用户可以继续连接使用，但不允许新的连接，如果用户注销后，则无法再次登录。

② 强迫中断用户的连接。

至于会发生哪一种情况，是根据在“组策略”的“安全选项”中的“当登录时间用完时自动注销用户”的设置而定。有关“组策略”的内容我们将在以后章节介绍。

(4) 限制用户由某台客户机登录：在“账户”标签中单击“登录到”按钮，出现如图 10.25 所示对话框，在默认情况下用户可以从所有的计算机登录，也可以设置让用户只可以从某些计算机登录，设置时输入计算机名称(NetBIOS 名称)，然后单击“添加”按钮。这些设置对于非 Windows NT/2000 计算机是无效的。

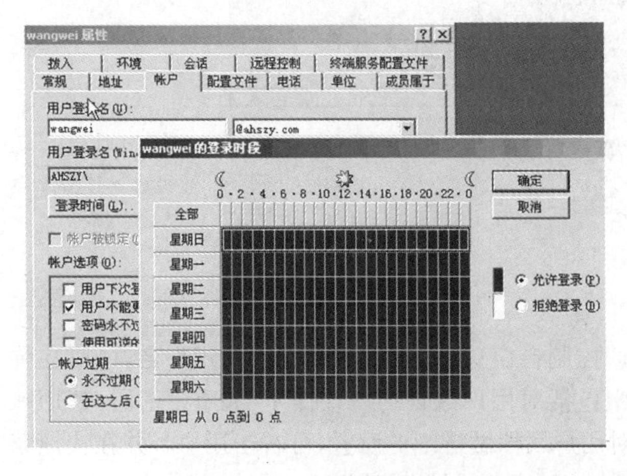

图 10.24　设置登录时段

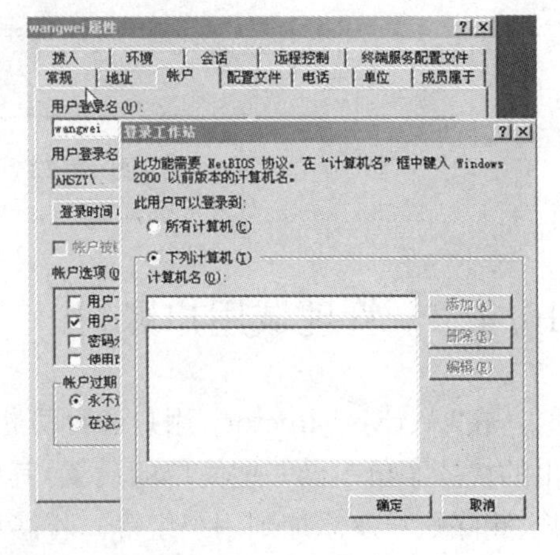

图 10.25　设置登录工作站

(5) 设置账户的有效期限：在“账户”标签的下方，用户可以选择账户的使用期限，在默认情况下账户是永久有效的，但对于临时员工来说，设置账户的有效期限就非常有用，在有效期限到期后，该账户被标记为失效，一般默认为一个月。

(6) 更改域用户账户：在创建用户账户后，可以根据需要对账户进行重设密码、账户移动、重命名、删除账户、停用/启用账户以及解除被锁定账户等操作。

① 重设密码：选择某用户账户→"重设密码"按钮，在密码设置对话框中输入新的密码，如果要求用户在下次登录时修改密码，则选中"用户下次登录时须更改密码"选项。

② 账户的移动：选择某用户账户→"移动"按钮，在移动对话框中选择相应的容器或组织单位。

③ 重命名：选择某用户账户→"重命名"按钮，更改用户的名称，对内置的账户也可以更改(如更改系统管理员的账户名称，这样有利于提高系统的安全性)，在更改名称后，由于该账户的安全标识 SID 并未被修改，所以账户的属性、权限等设置均未发生改变。

④ 删除账户：选择某用户账户→"删除"按钮。用户可以一次删除一个或多个账户。在删除账户后如再添加一个相同名称的账户，由于 SID 的不同，它无法继承已被删除账户的属性和权限，所以它是一个全新的账户。

10.4.3 Windows Server 2008 Server 组的类型和作用域

组是将具有相同特点及属性的用户组合在一起的一种逻辑组合。在一个拥有众多用户的网络中，给每一个用户分别授予访问资源的权限将使工作量大幅增加，例如，假设销售部共有 50 个用户，他们都享有相同的权限，这种操作将是十分繁琐的。因此，可以将此 50 个用户账户归入到同一个组内，比如命名为 SALES 组，此时只要设置此 SALES 组的权限，则该组内的所有用户就同时享有相同的权限，不需要再对每个用户分别进行设置。使用组而不是单独的用户账户可简化网络的管理和维护。

1. 组的类型

Windows Server 2008 支持以下两种类型的组：

(1) 安全组。顾名思义，安全组即实现与安全性有关的工作和功能，是属于 Windows Server 2008 的安全主体。用于将用户、计算机和其他组收集到可管理的单位中。为资源(文件、打印机等)指派权限时，管理员应将那些权限指派给安全组而非个别用户。权限可一次分配给这个组，而不是多次分配给单独的用户。每个安全组都会有一个唯一的 SID。

(2) 分发组。分发组不是 Windows Server 2008 的安全实体，没有 SID，只能用作电子邮件的通信组。利用这个特性，使得基于 AD 的应用程序(如 Microsoft Exchange 2000 Server)可以直接利用分发组分发电子邮件给多个用户以实现其他的功能，当然此应用程序必须支持 AD。

2. 组的作用域

组的作用域标识组在域目录树或域目录林中所应用的范围。根据作用域的不同，可以将组分为全局组、本地域组和通用组。

(1) 全局组。全局组是最常用的一种组，其主要作用就是将拥有相同身份(权限)的用户加入其中进行管理。全局组主要是用来组织用户，它的作用范围是整个域目录树。全局组的特性如下：

① 全局组的成员只能够是来自该组所在域的用户账户与其他全局组，也就是说，只能

够将同一个域内的用户账户与其他全局组加入到全局组内。

② 全局组可以成为其他组的成员，这些组可以是和该全局组同一个域或是不同的域。

③ 由于全局组可以在不同的域中存在(通过加入本地域组或通用组实现)，因此全局组中的成员可以访问其他域中的资源。

(2) 本地域组。本地域组主要是用来管理资源的，可以被用来指派其所属域中任何地点的资源的权限。它的作用范围仅限于创建该组的域。本地域组的特性如下：

① 本地域组的成员，可以是任何一个域的用户账户、通用组(必须在本机模式中)、全局组，也可以是同一个域的其他本地组(必须在本机模式中)，但不可以是其他域的本地域组。

② 本地域组只能够访问同一个域内的资源，无法访问其他不同域内的资源。

(3) 通用组。通用组主要是被用来指派在所有域内的访问权限，以便可以访问每一个域内的资源。它的作用范围是整个域目录树。通用组的特性如下：

① 通用组的成员，可以是任何一个域内的用户账户、通用组、全局组，但不能是任何一个域的本地域组。

② 通用组可以访问任何一个域的资源，也就是说，可以在任何一个域内设置通用组的权限。

需要注意的是：在上面的内容中提到了"本机模式"的概念，在此有必要解释一下"混合模式"和"本机模式"的概念。

所谓的"混合模式"，是指在该模式中的 DC 包含非 Windows Server 2008 或 Windows 2000 Server 的计算机，如 Windows NT 4.0 等。该模式是 Windows Server 2008 域的默认模式。在该模式中。只有本地域组可以包含全局组，全局组之间不可以嵌套，并且该模式中没有通用组。

而"本机模式"是指该模式中的所有 DC 都是基于 Windows Server 2008 或 Windows 2000 Server 操作系统的。该模式支持所有的 Windows Server 2008 组类型。只有当域处于本机模式时，具有通用组作用域的安全组才是可以使用的，并且本地域组中的某些嵌套关系才能生效。

可以通过单击"管理工具"→"Active Directory 用户和计算机"→用鼠标右键单击"域名"→"属性"→单击"更改模式"，将混合模式改为本机模式，但一旦更改就无法再改回混合模式。

10.4.4　域模式组的建立与管理

可以利用"Active Directory 用户和计算机"控制台来创建和删除域模式组、对域组重命名以及为域组添加成员等操作。

1. 域组的创建

(1) 在"管理工具"中双击"Active Directory 用户和计算机"图标，打开对话框。单击"Users"图标，在右侧的子窗口中可以看到本域中现有的用户和组。

(2) 在右侧的子窗口中用鼠标右键单击，在弹出的快捷菜单中单击"新建"按钮，在弹出菜单中单击"组"，打开"新建对象-组"对话框，如图 10.26 所示。

(3) 输入组名、供旧版操作系统(如 Windows NT 4.0)访问的组名，选择组的作用域和组的类型，单击"确定"按钮完成创建。

每个组账户添加完成后，系统都会为其建立一个唯一的安全识别码(SID)，在 Windows Server 2008 系统内部就是利用这个 SID 来代表该组的，有关权限的设置等都是通过 SID 来设置，而不是利用组名称。如：某个文件的权限列表内，它会记录着哪些 SID 具备着哪些的权限，而不是哪些用户账户名或组账户名有哪些权限。

2. 域组的删除

用鼠标右键单击组账户名称→选择"删除"，可以删除组账户。在删除组账户后如再创建一个相同名称的组账户，由于 SID 的不同，它无法继承已被删除组账户的属性和权限，所以它是一个全新的组账户。

3. 域组的重命名

用鼠标右键单击组账户名称→选择"重命名"，可以重命名组账户。虽然改变了组账户名称，但由于其 SID 并没有改变，因此此组账户的属性与权限等设置都不会改变。

4. 添加组成员

(1) 在 Users 列表中双击上面建立的组，打开其属性对话框，单击"添加"按钮，打开"选择用户、联系人、计算机或组"对话框，如图 10.27 所示。

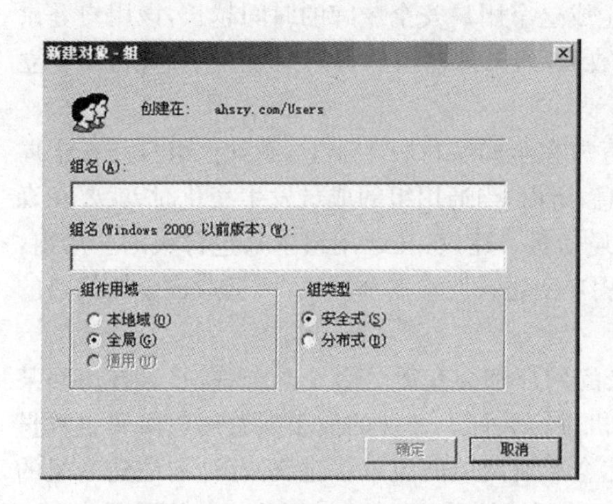

图 10.26　"新建对象-组"对话框

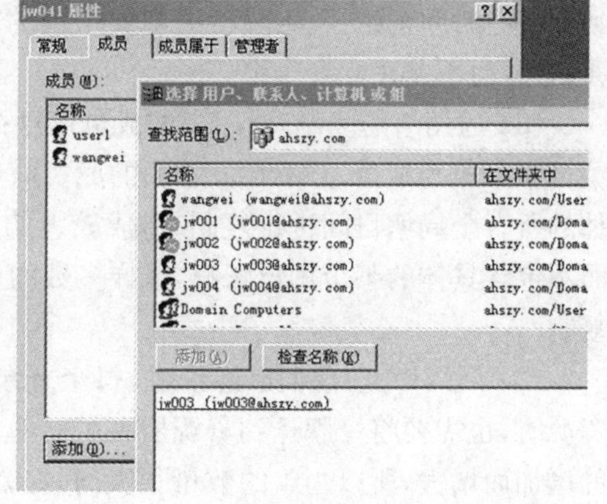

图 10.27　添加组成员

(2) 在"名称"列表中选择要加入该域组的成员，例如用户账户或其他的组，然后单击"添加"按钮。单击"确定"按钮完成操作。

10.4.5　组的使用准则

在利用组来管理网络资源时，经常使用的准则是"AGDLP"策略，具体内容如下：

(1) A(Account)：是指在 Windows 域中具有相同的访问网络资源权限和身份的域用户账户。

(2) G(Global Group)：是指全局组，即建立一个全局组，将上面的 A 加入到此组中。如：将销售部中的所有用户账户加入到一个称为 Sales 的全局组中。

(3) DL(Domain Local Group)：是指本地域组，即建立一个本地域组，设置此组对某些资源具备适当的权限。例如，有一台激光打印机供某些用户来打印，则可以建立一个称为 SharePrinter 的本地域组。将 Sales 全局组加入到 SharePrinter 本地域组中。

(4) P(Permission):是指权限,即将访问资源的权限赋予相应的本地域组。如:可以赋予 SharePrinter 本地域组对此激光打印机具备打印的权限,这样,上述所有用户账户都会具有该权限。

简单地说,就是将用户账户加入全局组,再将全局组加本地域组,最后给本地域组赋予权限。

这个策略是一种管理思想的体现,它提供了最大的灵活性,同时又降低了给网络分配权限的复杂性,尤其在有多个域时,这个策略就更加有优势,如果只有一个域,这个策略就更简化了。

10.4.6 组对性能的影响

组的存在带来了安全管理上的方便,但过多使用组也存在一些负面的影响。

(1) 对登录的影响:在用户登录到 Windows Server 2008 网络时,Windows Server 2008 域控制器为每个用户生成一个安全令牌。在令牌中,包含了用户账户和用户所属的所有安全组的 SID。所以用户所属的安全组越多,生成这个用户安全令牌的时间越长,该用户登录到网络的时间也越长。建议:控制安全组的数量,如果某些组的目的只是为了通信,就建立通信组,而不是建立安全组。

(2) 通用组的复制:通用组的成员信息存放在全局编目服务器上,而其他组只是在全局编目中存放其本身,并不存放它们的成员信息,所以,当通用组的成员发生变化时,就要在森林的所有全局编目间进行复制,造成较大的通信量。建议:在通用组中只包含域的全局组,而不包含具体的某个用户账户,这样多数的用户变化只发生在全局组,不会造成全局编目的复制。

(3) 网络带宽:前面已经说过,每个登录的用户都会获得一个安全令牌,并且在访问某资源时,也需要将令牌送到资源所在的计算机进行验证。令牌的大小随着用户所属组数量的增加而增大,所以当组的数量很大时,必然会影响网络的流量。建议:有计划地建立组的结构,控制组的数量。不用对任何一种访问都使用域的本地组,只对那些公共的资源建立本地组,而其他资源可以直接给全局组赋权限。

10.5 在活动目录上发布资源

10.5.1 发布资源的概念

如果资源所包含的信息对用户非常有用,或者要求用户能很容易地访问到它,应该把这些资源发布在活动目录上。发布的意思可以简单地理解为在活动目录中可见。有些资源已经在活动目录上,如用户账户。但有一些资源本身不自动加入活动目录(如:非 Windows Server 2008 或 Windows 2000 Server 计算机上的打印机、共享文件夹等),就可按需发布。

在活动目录上发布资源要注意发布相对静态的、很少改变的资源。因为不发布经常改变的信息可以大大减少通过网络的复制流。

如果在活动目录中发布了资源,那么即使资源的物理位置发生了改变,用户也同样能够找到它们。如:用户更新了某个资源的位置(如:共享文件夹已被移动到另一台计算机上),则所有指向那些发布了该资源的活动目录对象的快捷方式将继续有效,用户不需要任何额外的操作就可以继续访问该资源。

需要注意的是,发布对象与共享资源之间存在以下差别:

(1) 在AD上发布的对象与它所代表的共享资源本身是完全独立的。

(2) 发布的对象包含关于共享资源的位置信息,便于在AD中用查找工具定位,一旦需要查看其内容,AD又可把用户引导到资源本身。

(3) 不管是共享打印机还是文件夹,在AD中其属性页上都有"安全"选项,指的是谁能在AD中对此对象有相应的权限,而资源本身属性中的"安全"选项指的是哪些用户对此资源有真正的访问权限,这两者之间是有差别的。比如:用户或许可以看到被发布的对象(这个权限由该对象的DACL控制),但不一定可以访问对应的共享资源(这取决于共享资源上的DACL)。

(4) 在AD中发布的共享资源可以在OU间移动,这就确保了活动目录与行政单位间的一一对应关系,便于对网络资源进行管理,而共享资源本身是没有这个能力的。

10.5.2 共享打印机的发布与管理

可以将共享打印机发布到AD上,以便网络上的用户能够很容易地通过AD找到、使用这个共享打印机。

1. 将Windows Server 2008的共享打印机发布到Active Directory

系统内部设定自动将Windows Server 2008计算机(不管是Professional还是Server)上的共享打印机发布到Active Directory中。

在Windows Server 2008域中的一台Windows2000计算机上安装一台虚拟的打印机,并共享,最后查看此打印机是否自动发布到活动目录中,具体操作步骤如下:

(1) 在客户机上打开"控制面板",双击"打印机"按钮,添加新打印机。

(2) 选"本地打印机",选"LPT1端口"选项,并随意选一种打印机装上,当"向导"提示是否共享此打印机时,选"共享"选项。

(3) 在活动目录中,展开Computers容器,选中那台安装打印机的计算机名。

(4) 查看右侧内容栏内有没有刚安装的打印机。需要注意的是,在活动目录中应先选"查看"→"用户、组和计算机作为容器"选项,否则将看不到打印机。

(5) 去掉打印机和共享后再查看活动目录。

在Windows Server 2008中发布打印机具有以下特点:

(1) 自动发布。

(2) 如打印机从网上删除或不共享,发布也自动撤消。

(3) 在配置或修改打印机属性时,活动目录中发布的打印机的属性自动更新。

2. 将非Windows Server 2008或Windows 2000 Server的共享打印机发布到Active Directory

非Windows Server 2008或Windows 2000 Server计算机上的打印机并不自动发布到活动目录上,而需要使用"Active Directory用户和计算机"来完成。具体操作步骤如下:

(1) 打开“Active Directory 用户和计算机”管理工具，展开域。

(2) 用鼠标右键单击需要发布打印机的 OU，选择“新建”选项。

(3) 输入要发布的共享打印机的 UNC 路径，例如：\\wangwei\hp5p(wangwei 是非 Windows Server 2008 或 Windows 2000 Server 计算机的计算机名称，hp5p 是打印机的共享名称)。

3. 对发布打印机的管理

(1) 如果某些打印机不需要在活动目录中发布，可以进行如下操作：

① 打开控制面板中的打印机文件夹。

② 用鼠标右键单击打印机图标，选择“属性”。

③ 在“共享”选项卡中，去掉“列在目录中”复选框的选中即可。

(2) 如果需要将打印机移动到别的 OU 中，可以用鼠标右键单击在活动目录中的打印机，选择“移动”。

(3) 如果要查看打印任务队列，可以用鼠标右键单击在活动目录中的打印机，选择“打开”。

(4) 如果要修改其属性，比如，在位置及描述等处输入信息，以便今后查找，可以用鼠标右键单击在活动目录中的打印机，选择“属性”。

(5) 如果要连接打印机，可以用鼠标右键单击在活动目录中的打印机，选择“连接”。

4. 查找和访问打印机

共享打印机发布到 AD 后，域内的用户在不需要知道该共享打印机位于哪一台计算机内的情况下，就可以直接通过 AD 来查找、访问这个打印机。

操作步骤如下：

(1) 在桌面上，双击“网上邻居”，双击“整个网络”，单击“全部内容”，然后双击“目录”。

(2) 用鼠标右键单击需要查找的域，单击“查找”，然后输入查找的信息进行查找；也可以不经过查找，而是直接通过单击“域名”，然后单击“OU”，直接双击共享名来访问打印机。

10.5.3 共享文件夹的发布

1. 发布共享文件夹

共享文件夹需要手工发布到 AD 中，而不会自动发布。共享文件夹发布之前，要确定该文件夹已共享。操作步骤如下：

(1) 打开“Active Directory 用户和计算机”管理工具，展开域。

(2) 用鼠标右键单击需要发布共享文件夹的 OU，选择“新建”，然后选择“共享文件夹”。

(3) 在“名称”文本框中输入适当的名称，此名称是活动目录中的共享名。

(4) 在“UNC 名”处输入要发布的共享文件夹的 UNC 路径。

(5) 发布完共享文件夹后，就可以在 OU 中看到它。

(6) 在 AD 中用鼠标右键单击该共享文件夹，选择“属性”。

(7) 在“常规”选项卡的“描述”文本框中，可以输入该文件夹的详细信息。“关键字”按钮可用来定义共享文件夹中的关键字符，以便今后想不起共享文件夹的全名时，可输入关键的几个单词来查找。

2. 检查发布的结果

(1) 在桌面上,双击“网上邻居”,双击“整个网络”,单击“全部内容”,然后双击“目录”。

(2) 用鼠标右键单击需要查找的域,单击“查找”。

(3) 在“共享文件夹”页面的“关键字”文本框中,键入前面定义的关键字,然后单击“开始查找”按钮。

(4) 若查找成功,直接双击“共享名”,就可以显示出共享文件夹的内容。

10.6 组策略及其应用

10.6.1 什么是组策略

组策略(Group Policy)是 Windows Server 2008 中的一个重要的配置和管理工具,管理员可以使用组策略对计算机和用户进行管理和控制。这些管理工作包括账户策略的设置、本地策略的设置、脚本设置、用户工作环境设置、软件的安装与删除、文件夹的重定向等。组策略的作用就是用来给网络管理员授予更多的活动目录用户控制权。

假如你是一家公司的网络管理员,有一天,你的一个用户告诉你说他的计算机坏了。这时你只需要把一台新的计算机给他,按下电源开关,把坏的计算机拿走就可以了。用户只要等待计算机的所有启动操作都进行完之后,就可以使用了。所有用户的数据都还在,所有需要的软件已经安装好,系统的设置也和以前一样。这是微软管理策略智能镜像能实现的功能,简而言之就是“Everything follow you”,亦即是不管用户在什么地方的哪个计算机登录,都可以得到该用户的数据、桌面和软件。智能镜像的实现离不开的一项核心技术,就是组策略。

那么什么是组策略呢?概括地说,组策略就是使管理员能为用户指定需求,并且依赖于 Windows Server 2008 或 Windows 2000 Server,在它上面不断执行的技术。这里包括以下的含义:

(1) 为用户指定需求,即由用户提出的要求要由管理员负责实现。用户的需求可以是实现什么样的系统设置,需要什么样的桌面,必须使用的软件等。

(2) 依赖于 Windows Server 2008 或 Windows 2000 Server,即只能由 Windows Server 2008 或 Windows 2000 Server 来体现组策略,不支持 Windows NT 4. x、Windows 9x 等早期产品。

(3) 在上面不断执行的技术,是指客户的计算机的操作系统会周期性地从 AD 上查询组策略的变化并执行新的设置。

组策略的配置数据保存在活动目录数据库中。设置组策略需要在一台活动目录域控制器上进行。组策略应用的对象是站点、域和组织单元(OU)。在应用顺序上,如果在站点、域和组织单元(OU)上都应用了组策略,那么根据继承权规则,组策略的继承顺序是这样的:最先应用站点组策略,然后是域策略,最后是(OU)策略。

组策略经常被用在 Office 2008 的安装、Logon off 拿掉、审核所有失败登录等操作上。

10.6.2 组策略的建立

1. 建立组策略的前提

(1) Active Directory:组策略是基于 AD 的,组策略的设置和管理都在 AD 中进行,然后通过 Windows Server 2008 AD 的控制机制作用到域中的所有用户和计算机上。组策略是在 AD 上的最大应用。

(2) Windows Server 2008:只有 Windows Server 2008 或 Windows 2000 Server 支持组策略。组策略不支持 Windows NT 4. x、Windows 9x 或更早产品,所有的前台用户使用的操作系统必须是 Windows Server 2008 或 Windows 2000 Server。

2. 组策略对象(GPO)和组策略对象链接(GPO Link)

(1) 组策略对象:组策略的所有设置信息都被保存在组策略对象中,在组策略对象上生效。一个组策略对象是一个 AD 的对象,就像用户和计算机账号一样,可以在"Active Directory 用户和计算机"中管理它。组策略对象以其对应的 GUID 为文件夹名存放在"%systemroot%sysvol/sysvol"文件夹中,也可以在 AD 的 System 容器的 Policies 子容器中查看到。我们可以建立多个组策略对象,每个 GPO 都可以由不同的或相同的策略配置。组策略对象必须在域中创建。

(2) 组策略对象链接:GPO 的建立并不设置 GPO 对哪些用户或计算机产生作用,所以任何一个组策略对象中的设置要想生效,都必须通过组策略对象链接(GPO Link)指定到某个地方。在 Windows Server 2008 AD 中有三类对象可以建立 GPO Link:Site、Domain 和 OU(简写成 SDOU),我们可以在这三个地方去创建我们的组策略对象和组策略对象的链接。

3. 创建 GPO 和 GPO Link

具体操作步骤如下:

(1) 创建一个名为 sales 的 OU。

(2) 打开 sales 的"属性"页,单击"组策略"按钮。

(3) 单击"新建"按钮,输入 sales_gpo。新建一个组策略对象,可以在组策略对象链接列表中看到组策略对象的链接。

(4) 单击"删除"按钮,出现提示是"从列表中先移除链接"还是"移除链接并将组策略对象永久删除"的对话框,此处选择删除组策略对象 sales_gpo 的 GPO Link。此时表明第(3)步的"新建"同时创建了一个 GPO 和一个 GPO Link。返回"属性"页。

(5) 单击"添加"按钮,出现"添加组策略对象链接"对话框,进入"全部"页面,可以看到当前所有的 GPO 列表,选中 sales_gpo 组策略对象,就可以为 sales_gpo 对象添加一个 GPO Link。

10.6.3 组策略的设置

在组策略窗口中,选中新建的组策略对象 sales_gpo,选择"编辑"按钮,打开"组策略"设置对话框,如图 10.28 所示。

在图 10.28 中可以看到,组策略总体上由计算机配置和用户配置两部分构成。我们可以利用一个组策略对象同时来为计算机和用户做配置。对于一个位置(如一个OU)上的GPO Link,GPO中的计算机配置只对OU中的计算机账号起作用,而GPO中的用户配置则只对OU中的用户账号起作用。

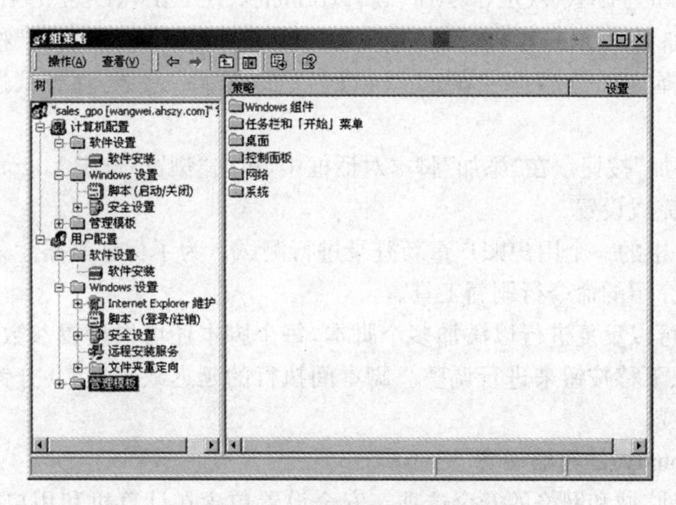

图 10.28 "组策略"设置对话框

在GPO中有很多可配置的策略,下面介绍5类常用的策略:

1. 管理模板(Administrative Templates)的策略设置

管理模板是基于注册表的策略,在计算机和用户配置中都可以设置管理模板的内容。

打开任意一个管理模板,选中其中的一个键值打开一个策略的设置,可以看到策略的设置有"未配置"、"启用"和"禁用"三种值。缺省的设置是未配置,表示使用系统的默认值。从注册表的角度来分析的话,"未配置"表示不对注册表做任何修改;"启用"表示在注册表中添加一个键值为1的键;"禁用"表示把注册表中的这个键的值设为0。

例如,从"开始"菜单中删除"运行"菜单,缺省的设置是未配置,现将其设置为启用,就表示把"运行"菜单项从"开始"菜单中删除。如果想把"运行"菜单项从"开始"菜单中恢复过来,必须把这条策略设置为禁用,而不是未配置。当然,我们也可以通过把这个GPO或GPO Link删除来恢复原样,达到禁用效果。

对每一个组策略都有一个"说明"页,单击说明页,可以给出该策略的功能说明、设置方法和相关策略设置,对初学组策略是一个很好的帮助。

管理模板的文件扩展名是adm,缺省情况下Windows Server 2008自带了许多的管理模板文件,这些文件都是文本文件,可以用记事本进行编辑。我们也可以编写自己的管理模板文件,然后用鼠标右键单击管理模板,单击"添加/删除"按钮进行添加,再利用组策略生效。因此,管理模板是组策略中可以使用的对系统进行管理最灵活的一种手段。

2. 脚本(Scripts)的策略设置

在计算机配置的"Windows设置"中,包含开机和关机脚本;在用户配置的"Windows设置"中包含登录和注销脚本。当计算机启动时会自动执行"启动"脚本,用户登录并通过身份验证时会自动执行"登录"脚本;当用户注销时会自动执行"注销"脚本,关机时会自动执行"关机"脚本。

下面以"登录"脚本的设置为例说明脚本的设置步骤:

(1) 首先利用记事本编辑一个登录脚本"Logon.vbs",其中仅包含一行命令如下:wscript.echo"Welcome to Windows Server 2008,this is a logon script test"。将"Logon.vbs"文件保存到以下的文件夹内:

"%systemroot%\SYSVOL\sysvol\域名\Policies\{GUID}\User\Scripts|logon"

(2) 在组策略窗口中,选中新建的组策略对象 sales_gpo,选择"编辑"按钮,在"组策略"设置对话框中选择"用户设置"→"Windows 设置"→"脚本-(登录/注销)"选项,双击右侧的"登录"选项。

(3) 单击"添加"按钮。在"添加"脚本对话框中,单击"浏览"选定 Logon 登录脚本。3 次单击"确定"按钮完成设置。

(4) 以 sales 中的一个用户账户重新登录进行测试。为了保证策略生效,需要重启系统或执行后面将要介绍的命令行刷新工具。

以上的操作可以反复进行以添加多个脚本,每个脚本还可以设置参数。脚本的执行顺序可以通过上升、下移按钮来进行调整。脚本间执行的延迟缺省是 10 分钟,可以通过组策略的设置进行改变。

3. 安全(Security)的策略设置

负责管理本地、域和网络的安全选项。安全设置包含在计算机和用户配置的 Windows Setting 中。在计算机配置中包含以下安全选项:

(1) 账户策略:包含密码、账户锁定策略,用于提高系统的抗攻击能力。

(2) 本地策略:包含审核、用户权力和安全选项策略,是对用户登录的计算机的设置,以及在指定计算机上的权力。

(3) 事件日志:包含事件日志和事件查看器设置。定义了与"应用程序日志"、"安全日志"以及"系统日志"有关的属性,包括最大日志的大小、每个日志的访问权力和维护的设置及方法。

(4) 受限制的组:可以针对一些与安全关系比较紧密的组,在此处定义它的成员及它是谁的成员。这样,这些组的成员及它们是谁的成员将由于组策略的执行而始终与此处的定义相同。

(5) 系统服务:可以对所有的系统服务设置启动类型和管理服务的许可。

(6) 注册表:注册表安全设置,可以控制注册表的 CLASS_ROOT、MACHINE 和 USERS 中的键的访问许可以及继承方法。

(7) 文件系统:文件安全性设置。可以控制文件系统中的文件夹和文件的访问许可以及继承方法。

(8) 公钥策略:设置与公钥有关的参数。

(9) 在 AD 中的 IP 安全策略:管理 IPSec。

在用户配置中,包含公钥策略,用来设置与公钥有关的参数。

4. 软件安装(Software Installation)的策略设置

具有集中的软件分发管理功能,给计算机或用户定制需要的软件。我们将在后面详细介绍。

5. 文件夹重定向(Folder Redirection)

负责在网络上存储用户的文件。文件夹重定向存在于"用户配置"中。展开"用户配置"→"Windows 设置"→"文件夹重定向",可以把用户的 4 个文件夹:Application Data(应用程序数据)、Desktop(桌面)、My Documents(我的文档)(其中包含 My Pictures(我的图片))、Start Menu(开始菜单)重定向到网络服务器上的文件夹中。对于用户的最终效果是:无论用户在哪一台计算机上打开他自己的这些文件夹,看到的都是相同的内容。

例如,将"My Documents"重定向到网络上,具体操作步骤如下:

(1) 用鼠标右键单击"My Documents"文件夹,选择"属性"按钮。

(2) 在"属性"对话框的"目标"页中,单击"设置"下拉列表按钮,其中有两个选项:一个是基本设置,重定向所有人的文件夹到同一个位置;另一个是高级设置,即为不同的组设置不同的文件夹重定向的位置。在两种配置中都使用 UNC 路径作为最终路径。

需要注意的是:文件夹重定向只是重定向用户自己创建的数据文档,而不会把系统数据重定向到网络服务器上,所以并不会造成对服务器的硬盘容量需求过大。

10.6.4 组策略的生效

1. 组策略生效的时间和范围

在我们打开计算机以后,Windows Server 2008 开始引导,先应用"计算机配置"策略,再执行计算机的"开机"脚本,然后在用户输入用户名和口令并通过身份验证之后,应用"用户配置"策略,最后是运行用户"登录"脚本。

在缺省情况下,组策略对象对其链接的位置下所有的用户和计算机有效。如:把 sales_gpo 链接到 sales OU 上,那么这个 OU 中所有的用户和计算机都受到影响。在组策略对象中,"计算机配置"策略将影响这个 OU 中所有的计算机;"用户配置"策略将影响这个 OU 中的所有用户。

2. 组策略对象的许可

组策略对象是一个标准的活动目录对象。所有活动目录的对象都有安全设置,因此组策略对象也可以设置许可。

在组策略页面的组策略对象链接表中,选中一个 GPO Link,单击"属性"按钮,出现"GPO 属性"对话框,其中有常规、链接和安全 3 个标签。

首先在"常规"页上可以看到这个 GPO 的一些属性,包括建立时间、修改时间、版本、域和 GUID 名等。在页面的下部有"禁用计算机配置设置"和"禁用用户配置设置"两个选项,可以单独或同时禁用此 GPO 的计算机配置和用户配置。这样可以减少系统的消耗和提高用户的登录性能。

在"链接"页面中显示了所有的 GPO Link,表示一个 GPO 都被链接到哪里去了。

在"安全"页面中显示和设置了对 GPO 的许可。只有同时拥有"读取"和"采用组策略"权限的用户和计算机,才会应用组策略,其他情况都不会应用组策略。缺省情况下,Authenticated Users(所有通过身份验证的用户)具有"读取"和"采用组策略"的许可;CREATOR OWNER、Domain Admins、Enterprise Admins、SYSTEM 等具有"读取"、"写入"、"创建所有子对象"和"删除所有子对象"的许可。

3. 组策略的优先级

用户策略的来源有三个地方,即站点、域和组织单位。在缺省情况下,在这三个地方设置的组策略都是被用户和计算机继承的。当然,同一时刻一个客户端计算机只能属于一个站点、一个域,即只能继承一个站点、一个域的策略。但是,由于 OU 是可以嵌套的,因此,一个客户端计算机可以同时继承多个 OU 策略。

如果在不同的位置对相同的内容做了不同的设置,在发生冲突时,近处的设置覆盖远处的设置,或者是后执行的覆盖先执行的。在三类位置中,站点最远,其次是域,最后是 OU。

在同一个位置也可以设置多个 GPO Link,这些 GPO Link 也有优先顺序。位置越上面的优先级越高,因为它执行越晚。也就是说这些 GPO 的执行顺序是从下到上的。

4. 组策略的继承

上层的组策略会应用到包含的所有用户和计算机对象。如:Domain 的组策略会影响域中的所有用户和计算机,而上级 OU 的组策略会影响到子 OU 中的用户和计算机。这个继承是可以被中断的。在组策略的配置中,有两个参数对这种继承产生影响。

打开"组策略"窗口,在窗口下面有一个"阻断策略继承"的复选框,缺省情况下是没有被选中的。如果选中该复选框,则可以中断来自上层的组策略,包括站点、域和上级 OU 建立的组策略。然后可以应用自己建立的组策略。

在组策略窗口中,选中一个 GPO Link,然后单击"选项"按钮,出现"组策略"选项窗口,其中有"禁止替代"(No Override)和"被禁用"两个复选框。

窗口中的"被禁用"选项可以让这个 GPO Link(注意不是 GPO)失效,而"禁止替代"选项可以阻止子容器覆盖父容器上的设置。换句话说,下面所有的子容器上做的组策略设置都不能和父容器上做的组策略设置冲突,若冲突,子容器的设置无效。

关于"阻断策略继承"和"禁止替代",有以下三点注意事项:

(1) 两者的作用点不一样,"阻断策略继承"设置在域和 OU 上,中断来自高层的组策略设置;而"禁止替代"是设置在 GPO Link 上的,不是在站点、域、OU 或 GPO 上。

(2) 如果两者产生冲突,"禁止替代"的优先级比"阻断策略继承"的优先级高。

(3) 从两者修改继承的手段上来看,"禁止替代"实现的是统一的管理,"阻断策略继承"实现的是灵活性,这两者并不矛盾。

5. 组策略的刷新

计算机的策略设置和用户的策略设置分别在开机后和用户通过登录验证后应用。以后,该用户的计算机的操作系统会周期性地从 AD 中查询组策略的变化并应用新的设置,这可以保证组策略的改变不需要域中的所有计算机和用户重新启动或重新登录。

缺省的计算机设置和用户设置的刷新周期是每 90 分钟一次,域服务器的计算机设置的刷新周期是 5 分钟。可以通过"计算机/用户配置"→"管理模板"→"系统"→"组策略"来启用"计算机/用户的组策略刷新间隔"和"域控制器组策略重新刷新的间隔"这些策略来修改这些刷新周期。

但是,并不是所有设置都可以刷新,如:软件分发安装的设置和用户文件夹重定向的设置就不会随着刷新立即改变,它们需要重启系统或重新登录。

使用以下命令行命令可以完成立即刷新。

对于计算机设置:

Secedit /refreshpolicy Machine_Policy [/enforce]

对于用户设置:

Secedit /refreshpolicy User_Policy [/enforce]

其中,[/enforce]强迫更新 Security 和 EFS 的设置。

10.6.5　软件分发

管理和维护软件可能是大多数管理员都要面对的，客户经常会问管理员他使用的软件为什么不能使用了、新软件如何安装、怎么进行升级软件等。利用 Windows Server 2008 的软件分发功能可以轻松地实现客户的这些需求，这为我们的管理工作带来了极大的方便。

软件分发是指通过组策略让用户或计算机自动进行软件的安装、更新或卸载。

1. 准备安装软件

软件分发需要 Windows Installer Service（Windows 安装服务）。这个服务是一个客户端的服务，服务的对象是客户端计算机上的软件。它的功能是实现在客户端计算机上软件的自动安装和配置，也可以被用来修改或者修复一个已经分发的应用程序。

相对于这个服务的具体实现需要专门的软件安装文件，这就是 Windows Installer Package File。它包含以下四部分内容：

(1) 安装和卸载一个应用程序需要的所有信息。一个软件的安装一般会包括：在硬盘上创建一个文件夹，复制文件到这个文件夹中；在开始菜单中添加一个新的程序条；向注册表中添加相关的内容。这些信息是安装软件需要的，同时也是卸载软件所需要的。

(2) 一个 msi 的文件和源文件。源文件是指整个应用程序的源代码。扩展名为 msi 的文件是 Windows Installer Service 专用文件，也是 Windows Server 2008 下的可执行文件，大多数情况下使用软件分发都需要这个文件进行安装。在 Windows Server 2008 的安装盘中可以找到一个封装成 msi 包的工具，名字叫“WinInstall LE”，位于“\ValueAdd\3rdParty\Mgmt”下，可以把任何软件打包成 msi 文件。

(3) 应用程序和软件分发包的摘要信息。应用程序的摘要信息包括应用程序的版本、安装时间以及补丁号码等，是对应用程序进行升级和维护所需要的信息。软件分发包的摘要信息包括用来判断已经分发的应用程序的状态、去服务器上查找相应的信息、自动进行软件的安装和恢复等。

(4) 指定软件分发点的位置。应用程序是自动安装与修复的，这首先需要指定源安装文件所在位置，一般情况下，软件的源文件存放在网络上。

2. 创建软件分发点

一个软件分发点的创建就是把需要发布的软件，主要是 Windows 安装文件包，放到一个网络上的共享文件夹中。具体操作步骤如下：

(1) 在文件服务器的硬盘上创建一个专门用于软件分发的文件夹，并共享。

(2) 在这个共享文件夹内，为需要分发的每一个软件创建一个子文件夹。

(3) 把需要分发的软件的源文件和 Windows Installer Packages 复制到相应的子文件夹中。

(4) 设置共享文件夹的共享权限为 everyone 有 read 权限，即每位用户有可读权限。

3. 使用组策略实现软件分发的步骤

软件分发的实际工作是由 AD 中的组策略来设置的，当加入域中的安装了 Windows 2008 操作系统的计算机启动或用户登录时，Windows Server 2008 会向 DC 查询相应的组策略。如果有针对本机或当前登录用户的组策略，并且其中配置了软件分发，则开始按组策略的设置进行软件的自动安装、更新或卸载。

使用组策略实现软件分发的具体步骤如下：

(1) 在组策略窗口选中一个 GPO，单击“编辑”按钮，用鼠标右键单击“用户配置”的“软件安装”选项，选择“属性”。

(2) 在弹出的对话框中，在“默认程序包位置”处输入软件分发点的位置，注意此处必须用 UNC 路径。单击“确定”按钮回到前一窗口。

(3) 再用鼠标右键单击“软件安装”，选择“新建”→“程序包”。在出现的对话框中选择相应的 Windows Installer Packages(*.msi)。

(4) 单击“打开”按钮，出现部署软件对话框，选择部署方法。关于部署方法，即分发方法，将在后面详细介绍。此处可以先选择“已发行”按钮。

(5) 单击“确定”按钮完成发布。

4. 软件分发的方法

使用什么样的分发方法决定了在什么地方(在计算机配置上还是在用户配置上)进行配置，而分发方法由客户的需要来决定。

(1) 发行方法：发行方法只能将应用程序发行给用户，即只能在用户配置中进行设置。当某个应用程序通过组策略的 GPO 被发行给用户后(这些被发行的应用程序数据会被存储在 AD 内)，域用户可以自行利用“添加/删除程序”的途径，通过网络来安装此程序，也可以通过文件关联来安装此程序。

这种方法适用于用户不经常使用的应用程序，由用户提供，管理员负责分发，用户有自主的能力，可以自由地支配是否安装这些应用程序。

(2) 指派方法：这种方法可以在用户的配置中设置，也可以在计算机的配置中设置。

① 将应用程序指派给用户。当某个应用程序通过组策略的 GPO 被指派给用户后，则用户在登录时这个应用程序就会被“广告”给该用户，但是这个应用程序并没有真正被安装，而只是安装了与这个应用程序有关的部分信息而已，以后用户可以利用这些信息来真正安装程序。

它的效果如下：

Ⅰ. 在用户登录后出现在开始菜单中，或出现在桌面上。可以选择任意一个安装图标(快捷方式)，在初次选中后进行自动安装。

Ⅱ. 如果用户通过“添加/删除程序”去掉了应用程序，那么在这个用户下次登录时应用程序还会出现在开始菜单中，或出现在桌面上。

Ⅲ. 也可以通过文件关联进行应用程序的安装。

此方法适用于用户必须使用或者希望无论在什么地方都可以使用的应用程序。

② 将应用程序指派给计算机。使用这种方法的表现为：

Ⅰ. 出现在被分发的计算机开始菜单中，或者桌面上。

Ⅱ. 在计算机开机时自动安装。

Ⅲ. 用户不能通过“添加/删除程序”删除给计算机分配的应用程序，但是本机管理员可以管理计算机的应用程序。

此方法适用于无论谁使用某台特定计算机都要使用的应用程序，并且它是被安装到公用程序组内，也就是被安装到“Documents and Setting\All Users”文件夹内，任何用户登录后，都可以使用此应用程序。这把应用程序的安装与计算机的开机关联起来，不再需要用户选择是否安装应用程序，直接进行安装。

指派给计算机的方法适用于无论谁使用某台特定计算机都要使用的应用程序。

本章小结

活动目录是Windows Server 2008网络服务中最具特点的服务，也是区别于Windows NT网络操作系统的重要标志之一。本章首先详细地讲述了活动目录的功能、作用、逻辑结构、物理结构等概念，然后详细地讲述了域控制器(AD)的安装与配置方法，而后讲述了域的组织、委派管理控制以及活动目录中的用户、组管理，随后讲述了在活动目录中发布资源的方法，最后重点讲述了组策略的配置和管理。通过活动目录的配置与管理，特别是组策略的应用，可以提高网络的安全性和管理的统一性。

复习思考题

一、填空题

1. 域树中的子域和父域的信任关系是(　　)、(　　)。
2. 活动目录存放在(　　)中。
3. Windows Server 2008服务器的3种角色是(　　)、(　　)、(　　)。
4. 独立服务器上安装了(　　)就升级为域控制器。
5. 域控制器包含了由这个域的(　　)、(　　)以及属于这个域的计算机等信息构成的数据库。
6. 活动目录中的逻辑单元包括(　　)、(　　)、域林和组织单元。

二、选择题

1. 下列(　　)不是域控制器，存储了所有的域范围内的信息。

A. 安全策略信息　　B. 用户身份验证信息
C. 账户信息　　D. 工作站分区信息

2. 活动目录和(　　)的关系密不可分，可使用此服务器来登记域控制器的IP、进行各种资源的定位等。

A. DNS　　B. DHCP　　C. FTP　　D. HTTP

3. 下列(　　)不属于活动目录的逻辑结构。

A. 域树　　B. 域林　　C. 域控制器　　D. 组织单元

4. 活动目录安装后，管理工具没有增加(　　)菜单。

A. Active Directory用户和计算机　　B. Active Directory域和信任关系
C. Active Directory站点和服务　　D. Active Directory管理

三、问答题

1. 在Windows Server 2008中使用Active Directory的目的是什么？
2. 什么是站点和域？如何区分它们？

3. 什么是目录树和目录林？它们有哪些异同点？

4. 网络中存在一个域，且网络中的所有用户账号都在Sales组织单位或Product组织单位中，必须确保所有用户的桌面上都有相应的应用程序，如何设置组策略？

5. 所有的域用户账号都在雇员组织单位中，现在希望阻止除了研究人员之外的用户访问Internet。如何确保这些研究人员可以访问Internet而其他用户不能？

6. 生产部门人员在不同客户端计算机上进行登录时希望能随时使用他们的工作数据。您应该怎么做？

本章实训

一、实训目的

1. 掌握配置基于Windows Server 2008的域模式网络环境的方法。
2. 掌握利用组策略对网络进行统一管理的方法。
3. 掌握活动目录构架的相关知识。

二、实训内容

1. 配置基于Windows Server 2008的域模式网络环境。

(1) 在同一个目录林中安装并配置两棵目录树，并建立可传递双向信任关系。

(2) 在域控制器中配置用户、计算机、组、打印机等网络资源。

2. 利用组策略对网络进行统一管理。

(1) 配置组策略提高用户账户密码的安全性。

(2) 配置组策略提高网络共享的安全性。

(3) 配置组策略管理模板对计算机环境进行设置。

3. 活动目录构架。

结合DHCP、DNS、Internet信息服务等网络知识，基于Windows Server 2008的域模式网络环境，规划一个完整的企业网络体系。

第11章　远程访问服务

学习目标

本章主要讲述终端服务和VPN服务的基本工作原理、VPN隧道协议、终端服务及VPN服务的配置方法，介绍代理服务的基本概念和原理，SyGate代理服务器、ISA代理服务器的设置及利用ICS实现Internet连接共享等知识。通过本章的学习，应达到如下学习目标：

- 掌握终端服务的基本原理及终端服务的配置方法。
- 掌握VPN服务和终端服务的工作原理。
- 了解VPN类型及隧道协议，会根据网络实际要求，设计和管理VPN。
- 理解代理服务的基本概念和基本原理，并能独立完成代理服务器的安装、配置和管理。

导入案例

易慧公司要对现有的网络系统进行技术升级维护以适应公司的现实需要，作为公司的网络系统管理员你必须实现以下的功能要求：

(1) 公司有一台用于存放销售数据的数据库服务器，上海总公司的技术人员每周都需要通过远程访问来管理和维护这台服务器，现要求你配置这台服务器来实现远程管理的功能。

(2) 公司销售部的人员在外出差时经常要通过Internet来访问公司销售部内部的数据，考虑到公司的信息安全，现要求你为销售部配置一个虚拟专用网，以便出差人员可以安全地使用Internet来访问公司的数据。

(3) 公司客户服务部要经常通过Internet与客户联系，现要求你为客户部的局域网配置一台代理服务器，以实现网络共享。

通过本章的学习，我们可以实现上述提出的功能要求。

11.1　终端服务概述

终端服务是一种多会话环境，终端或安装了终端客户端软件的计算机可与终端服务器建立会话连接，通过会话使用服务器资源。终端服务器工作时，服务器会把用户界面传至客户端，称之为虚拟桌面。终端客户机在此虚拟桌面上进行各种操作，并把操作控制传回服务器,由服务器运行相应的程序或做相应的管理。所有操作指令由终端客户机发出,但实际执行都在服务器上完成,通过这种方式,客户机可以以自身简单的配置,借助服务器强大的处理能力,完成各种任务。终端服务在网络中广泛使用,几乎所有的路由器、交换机、服务器及各种网络操作系统(如 Windows Server 2008、各版本的 Unix/Linux 等)均提供终端方式登录。

11.1.1 终端服务的组成

Windows Server 2008 系列操作系统的终端服务包括远程桌面、终端服务器和终端服务器许可证服务器 3 个部分。

1. 远程桌面

远程桌面是安装在网络客户机上的远程控制软件,是一种瘦客户端软件,该软件允许客户端计算机可以作为终端对 Windows Server 2008 服务器进行远程访问。远程桌面软件可以运行在多个客户端硬件设备上,包括计算机、基于 Windows 的终端设备和其他设备。这些设备也可使用其他第三方的远程软件连接到终端服务器。

2. 终端服务器

终端服务器即运行“终端服务”的 Windows Server 2008 计算机。该服务器允许客户端连接并运行服务器上的应用程序,同时用服务器处理从客户端传递来的指令,运行后将结果传回客户机的屏幕上。

3. 终端服务器许可证服务器

由于通过客户机可以远程控制终端服务器,因而对客户端身份提出了更高的要求,必须确保合法身份的客户端才能连接终端服务器。要求每个客户机必须提供客户端许可证才能使用终端服务器。该许可证不是由终端服务器自己颁发,而是由许可证服务器进行颁发。要构建许可证服务器,必须在网络内的一台计算机上安装 Windows Server 2008 中的“终端服务器授权”组件。

在一台 Windows Server 2008 计算机上安装了“终端授权服务器”组件后,所在的计算机就成为一台终端服务器许可证服务器。“终端服务器授权”组件是向终端服务器上的客户端进行授权的必需组件。在终端服务网络内必须安装“终端服务器授权”组件,否则,终端服务器将在未经授权的客户端自首次登录之日起 120 天后,停止接受他们的连接请求。

一个完整的终端服务系统如图 11.1 所示。

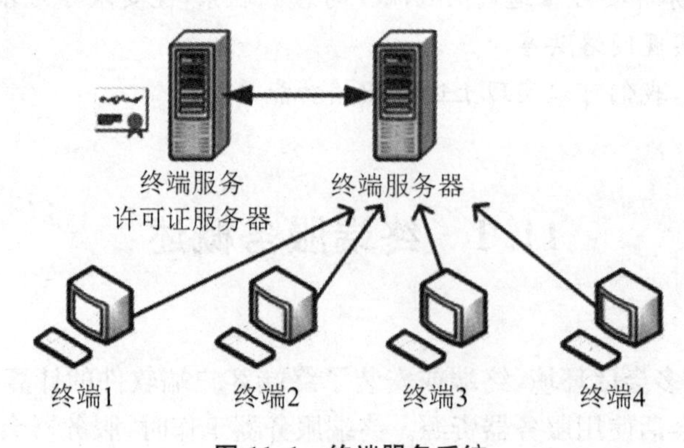

图 11.1 终端服务系统

11.1.2　终端服务的用途

1. 远程管理

网络管理人员可以从任何一台安装有终端服务客户端程序的计算机上管理运行终端服务的 Windows Server 2008 服务器。可以直接操作系统管理工具来进行各种操作，就像在服务器前直接进行一样。

远程桌面配置非常简单，服务器安装完成后，只要在“控制面板”中双击“系统”，然后在系统属性的“远程”选项卡中选中“允许用户远程连接到这台计算机”，系统管理员就可以通过 RDP 协议登录到服务器，对其进行远程登录。

2. 作为应用程序服务器使用

让终端客户机连接到服务器上运行的应用程序，这样可以减少客户端的运算量，终端服务器相当于一台应用程序服务器，为所有的终端客户执行各种应用程序，以充分利用大型服务器的强大运算能力，同时可对网络中的应用程序进行集中化的管理。

11.2　构建终端服务系统

Windows Server 2008 的终端服务不再是一个可选组件，而变成了系统内置的标准组件，该组件自动安装并启动。但是系统安装后，终端服务功能并不能像以前一样马上使用，而需要配置服务器的角色后才能使用。

11.2.1　服务器端的配置

在 Windows Server 2008 中可按如下的步骤配置远程终端服务器：

(1) 单击“开始”→“管理工具”→“服务器管理器”，在出现的“服务器管理器”对话框中单击选择左边栏的“角色”，再单击“添加角色”，出现如图 11.2 所示的“添加角色向导”界面，单击“下一步”按钮。

(2) 选中“终端服务”角色，单击“下一步”按钮。系统开始自动配置终端服务器，并重新启动，弹出对话框，通知用户终端服务已经安装成功。此时，如果没有相应的授权服务器，终端服务可以免费使用 120 天。

(3) 在如图 11.3 所示的终端服务器配置完成界面中单击“完成”按钮后，整个终端服务器的安装过程就结束了(安装过程需要重新启动计算机)。这时，在“管理您的服务器中”就增加了“终端服务”一项，可以通过它旁边的“打开终端服务配置”进入管理工具的终端服务配置，通过“打开终端服务管理器”进入管理工具的“终端服务管理器”。

终端服务器安装结束之后，系统管理员账户就可以马上进行登录了，但普通用户却还不行，原因是 Windows Server 2008 不再给予 Users 组 RDP 登录的权限，而是专门创建了一个拥有 RDP 登录权限的用户组——Remote Desktop Users。普通用户只有加入到这个组中，才可以通过客户端登录到终端服务器上，进而使用其上的应用程序和各种资源。

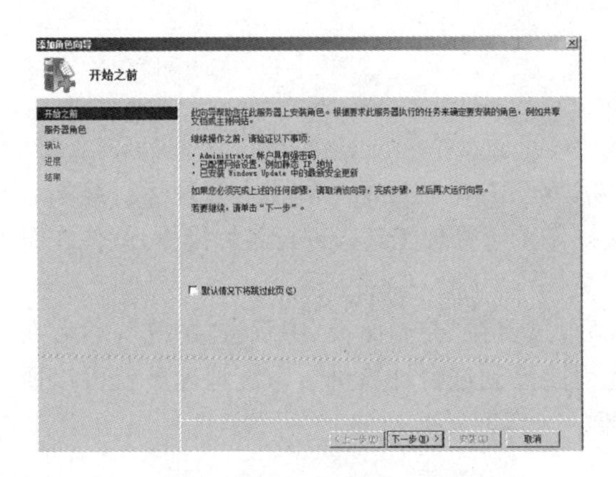

图 11.2　“添加角色向导”的界面

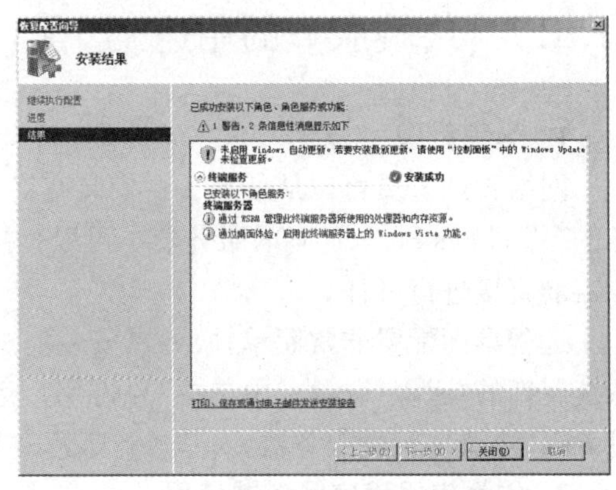

图 11.3　终端服务器配置完成

由于 Windows Server 2008 增强了安全性，没有设置密码保护的用户，不能够通过 RDP 协议远程登录到终端服务器上。系统认为此种操作违反安全协议，此时远程登录到终端服务器上，会向用户报出“由于账号限制，您无法登录”的错误。

11.2.2　客户端的配置

若客户端计算机的操作系统是 Windows Server 2008，则在系统安装时会自动安装远程桌面程序。安装该客户端软件后，不再像在 Windows Server 2008 系统中那样生成一个客户端连接管理器，而是生成一个远程桌面连接应用程序（Remote Desktop Connection，RDC）。依次单击“开始”→“所有程序”→“附件”→“远程桌面连接”选项，打开如图 11.4 所示的窗口。

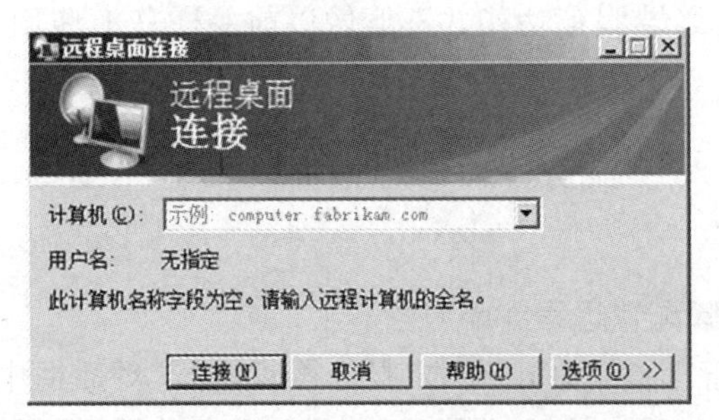

图 11.4　“远程桌面连接”界面

如果要配置远程连接会话的属性，可在图 11.4 中单击“选项”按钮，弹出如图 11.5 所示的对话框，其中包含有“常规”、“程序”、“显示”、“高级”、“体验”和“本地资源”6 个选项卡。RDC 保留了以往 RDP 客户端程序在“常规”选项卡中进行登录配置的功能，只要在此输入远程连接的终端服务器名称，登录时使用的用户名、密码等内容，就可以登录到任何一台终端服务器上（并不仅限于 Windows Server 2008）。另外，还可以将配置好的 RDC 属性保存成一个以“.rdp”为扩展名的连接文件，省去多次配置的麻烦。

与以前版本的 RDP 客户端连接管理器相同，在 RDC 的“程序”选项卡中，也可以进行初始化程序的设置，配置用户登录后马上执行的应用程序。这个应用程序也是用户登录终端服务器后唯一可执行的程序，一旦关闭此程序的窗口，终端服务器就认为该用户已经从系统退出，就会自动关闭会话，注销用户的连接。如图 11.6 所示。

在“显示”选项卡中，RDC 对原有连接选项中关于显示效果的设置进行了增强，充分展示了 Windows Server 2008 上增强的色彩显示功能。这使客户端可以充分利用真彩色——这是自 RDP 5.1 起终端服务才支持的新特性。充分利用这个功能，可以极大地提高客户端的显示效果。除此之外，RDC 还在全屏显示的远程连接屏幕顶端增加了一个连接栏，使用户可以在远程会话和本地桌面应用之间进行自由切换。

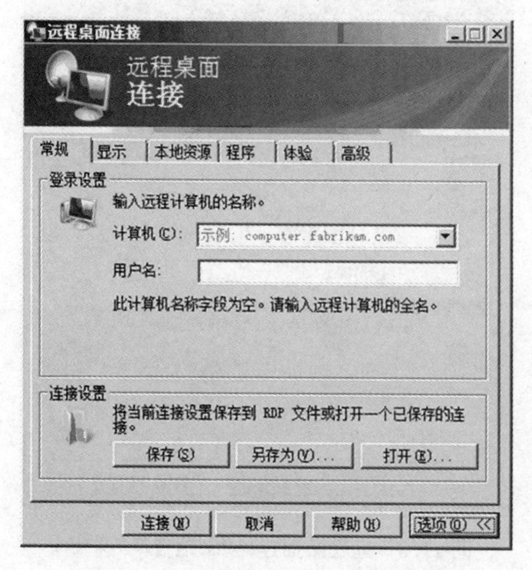

图 11.5　远程桌面连接"常规"选项卡

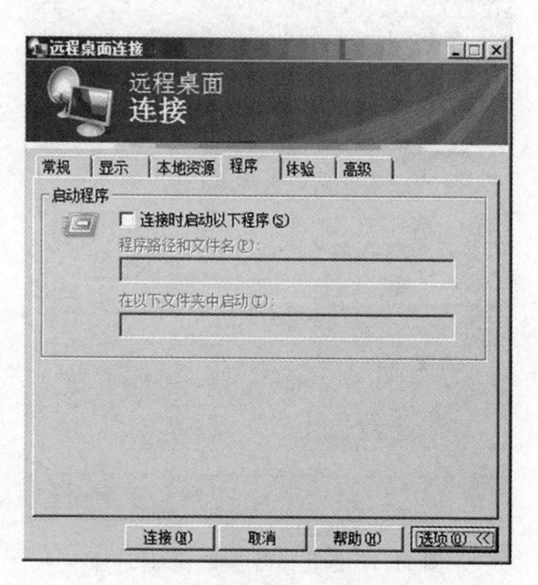

图 11.6　远程桌面连接"程序"选项卡

如图 11.7 所示，在 RDC 的"高级"选项卡中，用户可以选择自己使用的远程连接方式，系统则根据用户的选择，对远程连接的"桌面背景"、"拖拉窗口显示内容"、"菜单和窗口动画"、"主题"、"位图缓存"等性能自动优化。这种针对低带宽网络的远程连接实现的优化，可以使远程会话连接达到最佳效果。在线路质量较差，连接异常或断线的时候，RDC 甚至还可以实现自动重新连接。

系统资源的重新定向，是由终端服务的工作方式决定的。因为所有远程登录到终端服务器上的用户，所使用的资源都在服务器端。除非明确设置为共享，否则客户端本地的资源无法在远程会话中使用。这既造成了客户端本地资源的浪费，也给用户的使用带来了不便。在 Windows Server 2008 上，除了继续保留打印机和剪贴板的重定向功能之外，客户端本地的逻辑磁盘(包括网络驱动器映射)、串口、声音、智能卡、组合热键、时区等设置全都可以被重定向到服务器端，使客户端的资源在远程会话过程中得到最充分的利用。即在远程连接会话中，用户可以同时使用本地和服务器两端的资源。具体可在"本地资源"选项卡中设置，如图 11.8 所示。

11.3　VPN 的基本原理

随着通信技术和计算机网络技术的飞速发展，Internet 日益成为信息交换的主要手段。同时，随着企业网应用的不断扩大，企业网逐渐从一个本地区的网络发展成一个跨地区、跨城市甚至是跨国家的网络。采用传统的广域网建立企业专用网，需要租用昂贵的跨地区数字专线；如果企业的信息要通过公众信息网进行传输，在安全性上又存在着很多问题。使用VPN组网技术可以很好地解决这一问题。

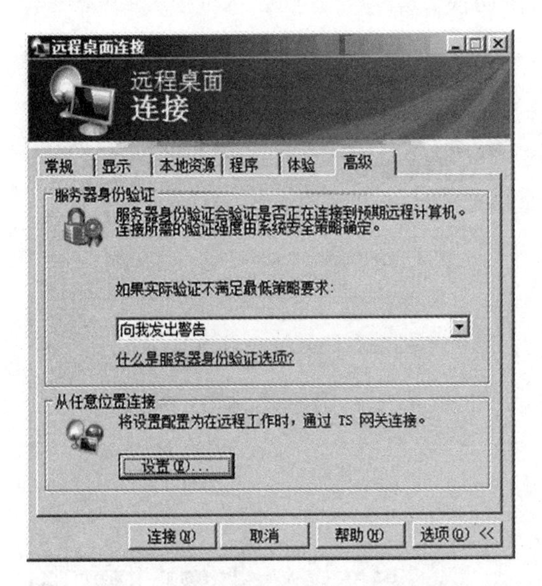

图 11.7　远程桌面连接“高级”选项卡

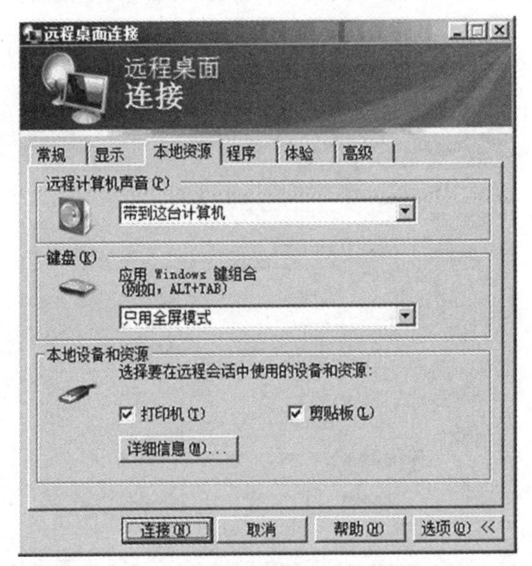

图 11.8　远程桌面连接“本地资源”选项卡

11.3.1　VPN的工作原理

VPN(Virtual Private Network)技术即虚拟专用网技术，它是通过ISP(Internet服务提供商)和其他NSP(网络服务提供商)在公用网络中建立专用的数据通信网络的技术。虚拟专用网虽不是真正意义上的专用网络，但却能够实现专用网络的功能。虚拟是指用户不必拥有实际的长途数据线路，而是使用Internet公众数据网络的长途数据线路。专用网络是指用户可以制定一个最符合自己需求的网络。在虚拟专用网中，任意两个节点之间的连接并不需要传统专用网所需的点到点的物理链路，数据通过安全的加密管道在公共网络中传播。虚拟专用网可以实现不同网络的组件和资源之间的相互连接，能够利用Internet或其他公共互联网络的基础设施为用户创建隧道，并提供与专用网络相同的安全性和功能保障。

VPN客户机可以利用电话线路或者LAN接入本地的Internet。当数据在Internet上传输时，利用VPN协议对数据进行加密和鉴别，这样VPN客户机和服务器之间经过Internet的传输好像是在一个安全的“隧道”中进行。通过“隧道”建立的连接就像建立的专门的网络连接一样，这就是虚拟专用网络的含义。

11.3.2　VPN的类型、特点及应用

1. VPN的类型

(1) 客户发起的VPN：远程客户通过Internet连接到企业内部网，通过网络隧道协议与企业内部网建立一条加密的IP数据隧道，从而安全地访问内部网的资源。在这种方式下，

客户机必须维护和管理发起隧道连接的有关协议和软件。

(2) 接入服务器发起的VPN:远程客户接入本地ISP的接入服务器后,接入服务器发起一条隧道连接到用户需要连接的企业内部网,构建VPN所需的软件和协议均由接入服务器来提供和维护。

2. VPN的特点

(1) 经济和安全。由于VPN直接构建在公用网上,不必建立自己的专用网络,所以实现简单,操作更加方便和灵活。在VPN上传送的数据提供了验证和隧道数据加密,保护了私有数据的安全。

(2) 服务质量保证。由于不同的用户和业务对服务质量保证的要求差别较大,因此VPN可为企业数据提供不同等级的服务质量保证。如:对移动办公用户而言,连接的广泛性和覆盖性是保证VPN服务的一个主要因素。而对于拥有众多分支机构的专线VPN网络,则要求网络能提供良好的稳定性。在网络优化方面,构建VPN的另一个重要需求是:充分有效地利用有限的广域网资源,为重要数据提供可靠的带宽。广域网流量的不确定性使带宽的利用率很低,在流量高峰时引起网络阻塞,产生网络瓶颈,使实时性要求高的数据得不到及时传送;而在流量低谷时又造成大量的网络带宽处于空闲状态。通过流量预测与流量控制策略,可以按优先级分配带宽,实现带宽管理,使得各类数据能够合理有序地发送,以防止阻塞。

(3) 可扩充性和灵活性。VPN可支持通过Intranet和Extranet的任何类型的数据流,易于增加新节点,支持多种类型的传输媒介,能够满足语音、图像和数据等的并行传输,同时满足高质量传输以及带宽增加的要求。

3. VPN的应用

(1) 以安全方式,通过Internet实现远程访问企业局域网。

(2) 通过Internet实现网络互联,可以分别采用专线连接和拨号连接,这样就可以将与当地ISP建立的连接和Internet网络在企业分支机构和企业端路由器之间创建一个VPN。

(3) 连接企业内部网络计算机,通过使用VPN服务器来与整个企业局域网连接,并可保证数据的安全性。

11.3.3　VPN的隧道协议

VPN使用隧道协议来加密数据。目前主要使用4种隧道协议:PPTP(点对点隧道协议)、L2TP(第2层隧道协议)、IPSec(网络层隧道协议)以及SOCKS v5。它们在OSI七层模型中的位置如表11.1所示。各协议工作在不同层次,在选择VPN产品时,应注意:不同的网络环境适合不同的协议。

1. PPTP协议

PPTP(Point to Point Tunneling Protocol,点对点隧道协议)是在PPP(点对点协议)的基础上开发的新的增强型安全协议,可以使远程用户通过拨入ISP、通过直接连接Internet或其他网络安全地访问企业网。通过使用PPTP可以增强VPN连接的安全性,例如可对IP、IPX或NetBEUI数据流进行40位或128位加密,然后封装在IP包中,通过企业IP网络或公共互联网络发送到目的地。另外,使用PPTP还可以控制网络流量,减少网络堵塞的可能性。不过由于其性能不好，目前 PPTP 协议在 VPN 产品中使用较少。

表 11.1 4 种隧道协议在 OSI 模型中的位置

OSI 七层模型	安全技术	安全协议
应用层	应用代理	
表示层		
会话层	会话层代理	SOCKS v5
传输层		
网络层	包过滤	IPSec
链路层		PPTP/L2TP
物理层		

2. L2TP 协议

L2TP(Layer 2 Tunneling Protocol，第 2 层隧道协议)是 PPTP 和 L2F(Layer 2 Forwarding，第 2 层转发)的组合，该技术由 CISCO 公司首先提出，指在 IP、X. 25、帧中继或 ATM 网络上用于封装所传送 PPP 帧的网络协议。以数据报传送方式运行 IP 时，L2TP 可作为 Internet 上的隧道协议。L2TP 还可用于专用的 LAN 之间的网络。

3. IPSec 协议

IPSec 协议是一个范围广泛、开放的安全协议。它工作在 OSI 模型中的网络层，提供所有在网络层上的数据保护和透明的安全通信。IPSec 协议可以设置成在两种模式下运行：一种是传输模式；另一种是隧道模式。在隧道模式下，IPSec 把 IPv4 数据包封装在安全的 IP 帧中。传输模式是为了保护端到端的安全性，不会隐藏路由信息。现在的 VPN 大多数是将 L2TP 和 IPSec 这两种协议结合起来：用 L2TP 作为隧道协议；用 IPSec 协议保护数据。目前，市场上大部分 VPN 设备采用这类技术。

4. SOCKS v5 协议

SOCKS v5 协议工作在会话层，它可作为建立高度安全的 VPN 的基础。SOCKS v5 协议的优势在访问控制，因此适用于安全性要求较高的 VPN。SOCKS v5 协议现在被 IETF (Internet Engineering Task Force，互联网标准化组织)建议作为建立 VPN 的标准。该协议最适合于客户机到服务器的连接模式，也适用于外部网 VPN 和远程访问 VPN。

11.4 VPN 服务的配置

VPN 服务采用 Client/Server(客户机/服务器)工作模式，因此 VPN 服务的配置也分为客户机端和服务器端两个部分。

11.4.1　VPN服务器的配置

在Windows Server 2008中配置VPN服务器的具体操作步骤如下：

(1) 单击“开始”→“管理工具”→“服务器管理器”，在如图11.9所示的“服务器角色”界面中选择添加“角色”中的“网络策略和访问服务”选项，单击“下一步”按钮，完成网络策略和访问服务的安装。

(2) 依次单击“开始”→“管理工具”→“路由和远程访问”，打开如图11.10所示的“路由和远程访问”界面。

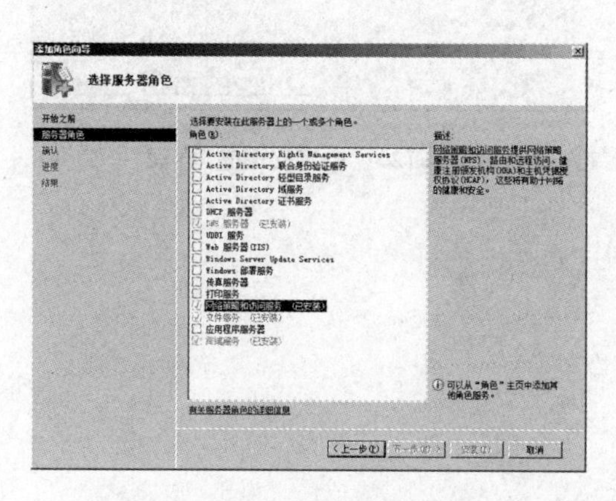

图11.9　“选择服务器角色”界面

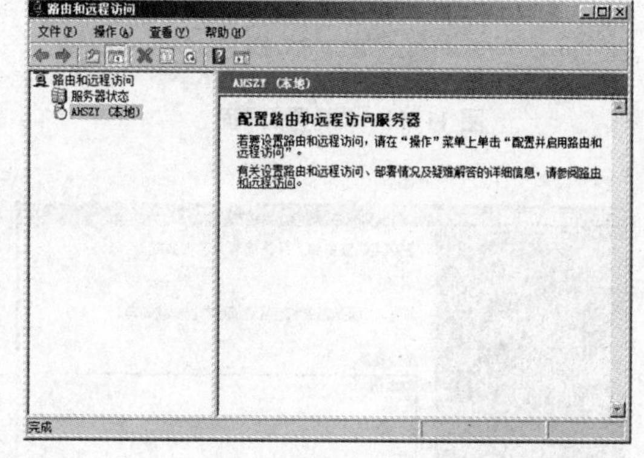

图11.10　“路由和远程访问”界面

步骤3：出现如图11.11所示的“配置”界面，共有5种选项。

①“远程访问(拨号或VPN)”：将计算机配置成拨号服务器或VPN服务器，允许远程客户机通过拨号或者基于VPN和Internet连接到服务器。

②“网络地址转换(NAT)”：将计算机配置成VPN服务器，所有的Intranet局域网内的用户以同样的IP地址访问Internet。

③“虚拟专用网络(VPN)和NAT”：将计算机配置成VPN服务器和NAT服务器。

④“两个专用网络之间的安全连接”：配置成在两个网络之间通过VPN连接的服务器。

⑤“自定义配置”：在路由和远程访问服务支持的服务器角色之间任意组合安装。

这里选择“自定义配置”选项，单击“下一步”按钮。

(4) 出现如图11.12所示的“自定义配置”界面，选择“VPN访问”复选框，单击“下一步”按钮。

(5) 出现如图11.13所示的“向导”界面，单击“完成”按钮。

(6) 出现如图11.14所示的提示对话框，单击“是”按钮。

(7) 单击“开始”→“管理工具”→“路由和远程访问”，打开如图11.15所示的“路由和远程访问”对话框，这样VPN服务器上就默认建立了128个PPTP端口和128个L2TP端口，可以提供给远程VPN客户机连接使用。

(8) 设置拨入用户权限。单击“开始”→“程序”→“管理工具”→“计算机管理”→“本地用户和组”，用鼠标右键单击“Administrator用户”，选择“属性”按钮，出现如图11.16所示的用户属性对话框，选择该账号的“拨入”选项卡，赋予该账号“允许访问”的权限。

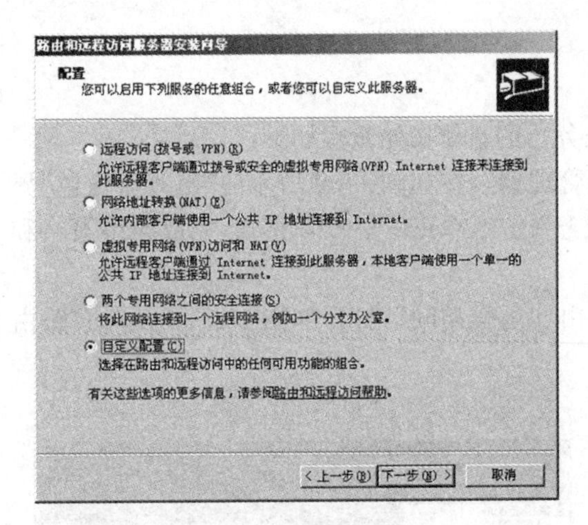

图 11.11 “配置”界面

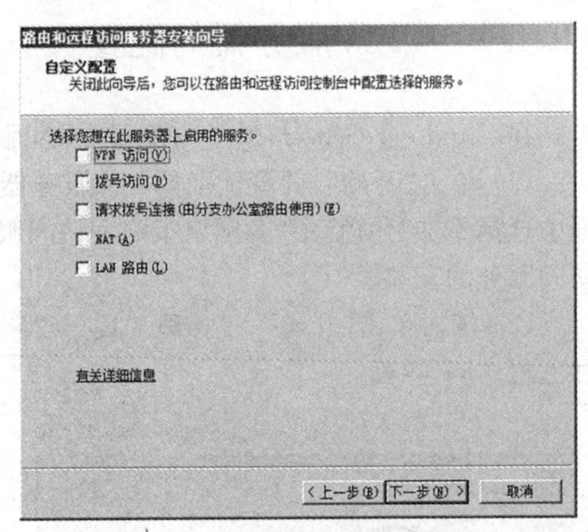

图 11.12 “自定义配置”界面

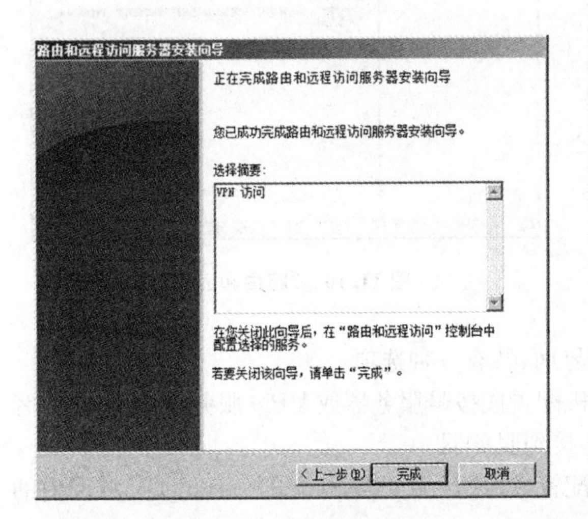

图 11.13 “向导”界面

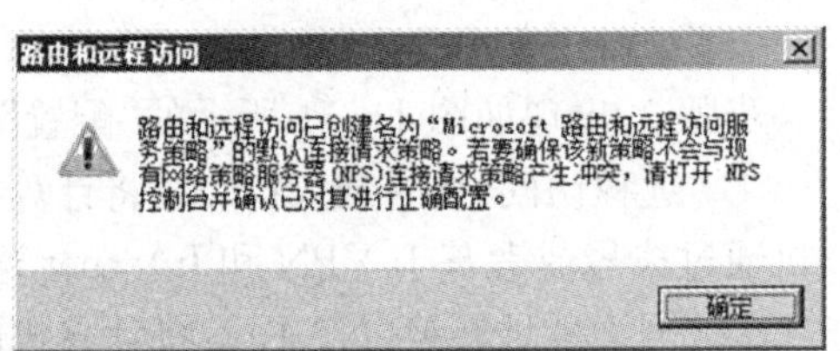

图 11.14 提示对话框

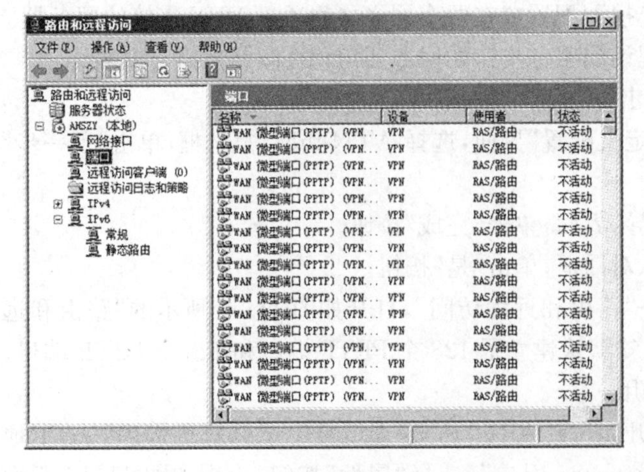

图 11.15 “路由和远程访问”对话框

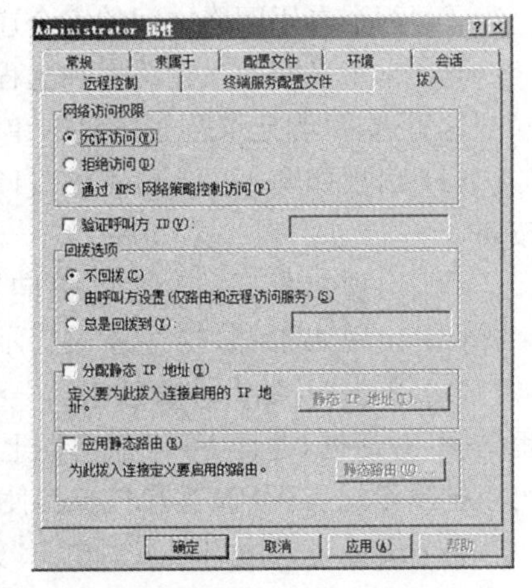

图 11.16 “拨入”选项卡

11.4.2 VPN 客户机配置

VPN 客户机既可以通过拨号,也可通过局域网的形式访问 VPN 服务器。下面介绍运行 Windows XP 的客户机通过局域网的形式访问 VPN 服务器的具体设置步骤:

(1) 在客户机上新建一个网络连接,在如图 11.17 所示的"网络连接类型"界面中选择"连接到我的工作场所的网络"单选按钮,单击"下一步"按钮。

(2) 出现如图 11.18 所示的"网络连接"界面,选择"虚拟专用网连接"单选按钮,单击"下一步"按钮。

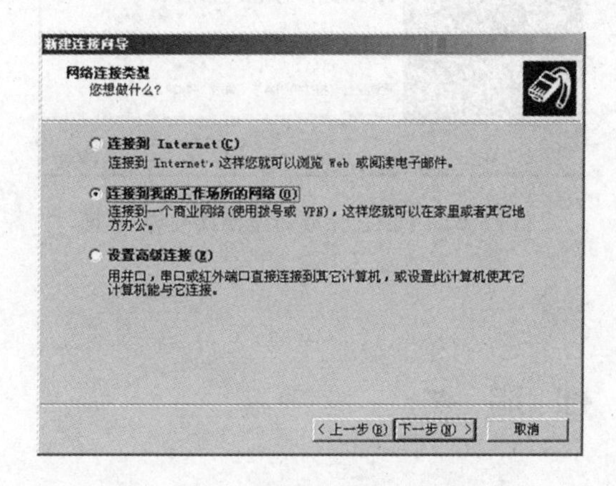

图 11.17 "网络连接类型"界面

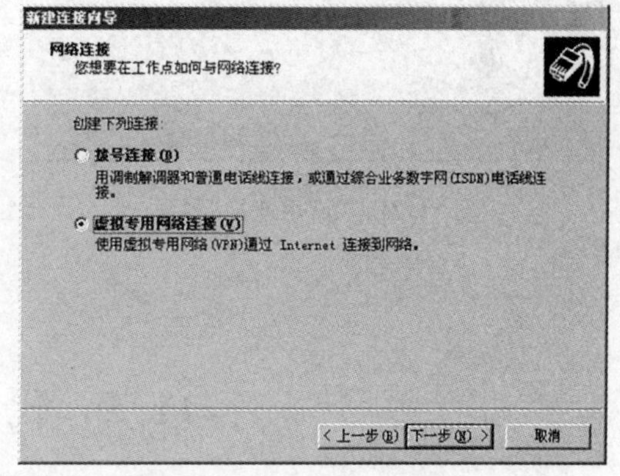

图 11.18 "网络连接"界面

(3) 出现如图 11.19 所示的"连接名"界面,设置连接的名称后,单击"下一步"按钮。

(4) 出现如图 11.20 所示的"VPN 服务器选择"界面,在"主机名或 IP 地址"文本框中输入 VPN 服务器的 IP 地址后,单击"下一步"按钮。

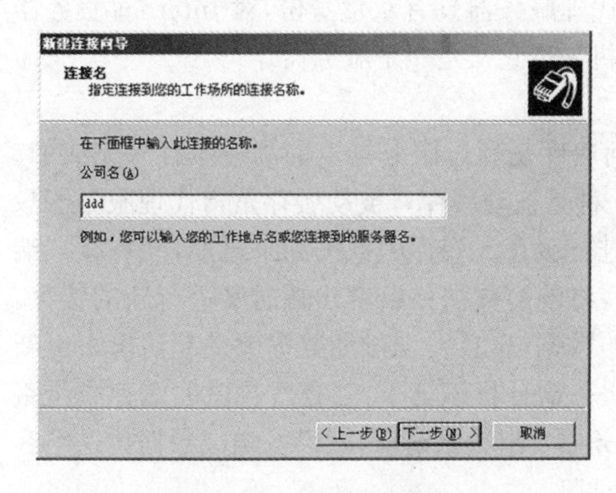

图 11.19 "连接名"界面

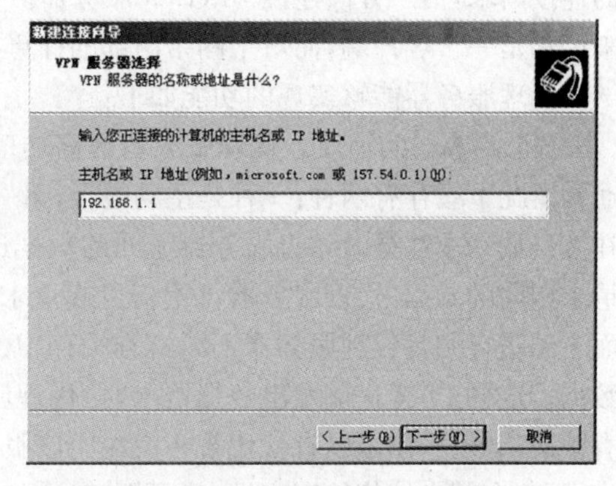

图 11.20 "VPN 服务器选择"界面

(5) 出现如图 11.21 所示的"可用连接"界面,设置"只是我使用"后,单击"下一步"按钮。

(6) 出现如图 11.22 所示的“正在完成新建连接向导”界面，单击“完成”按钮。

(7) 双击该连接，出现连接服务器界面，在“用户名”文本框中输入在 VPN 服务器上建立的账号名称，在“密码”文本框中输入密码后，单击“连接”按钮，即可连接到服务器上。

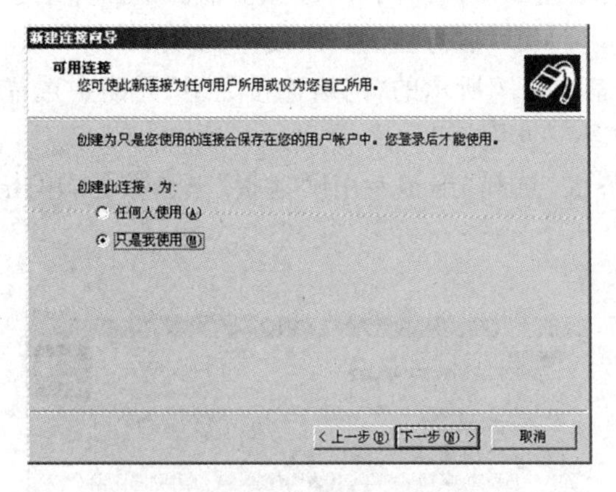

图 11.21 “可用连接”界面

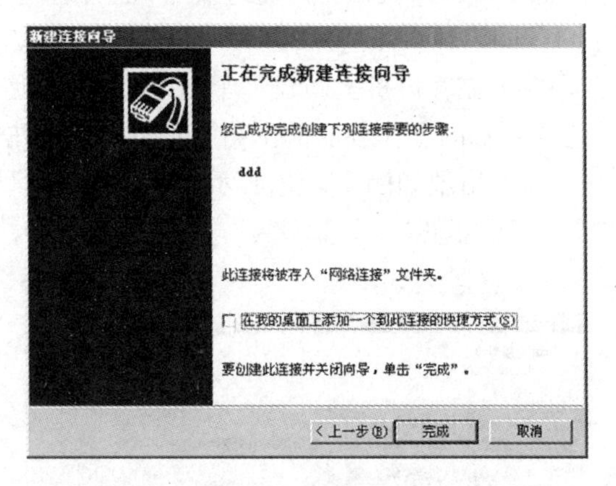

图 11.22 “正在完成新建连接向导”界面

11.5 代 理 服 务

为了最大程度地节约 IP 地址资源和降低 Internet 接入成本，我们可以通过代理服务使得局域网内的所有计算机都能够接入 Internet；同时代理服务还可具有利用本地计算机硬盘中所保留的缓存来提高访问速度、节约带宽的作用。

代理服务器是 Internet 服务器和客户端/服务器的中间人，它一方面接受或解释客户端的连接请求，另一方面连接 Internet 服务器。代理服务器具有双重身份，对 Internet 服务器来说它是一个客户端，而对于网络内部的计算机来说它又是一个服务器。

代理服务器能够实现的功能如下：

(1) 提高访问速度。代理服务器提高访问速度是通过服务器上的高速缓存来完成的。通常情况下缓存有两种：一种是主动缓存；另一种是被动缓存。被动缓存是指代理服务器只在客户端请求数据时才将服务器返回的数据进行缓存。缓存的数据如果过期，又有客户端请求相同的数据，代理服务器再重新发起请求，将响应数据传给客户端时又进行新的缓存。而主动缓存则是代理服务器不断检查缓存中的数据，一旦发现过期数据就发起请求来更新数据。这样，当客户端发出数据请求时，代理服务器分析该请求，并查看自己的缓存中是否有该请求数据，如果没有就代替客户端向该服务器发出数据请求，然后将响应数据传送给客户端；若有就直接传给客户端，从而提高访问速度。

(2) 提高网络安全性。由于内部用户访问 Internet 是通过代理服务器来进行的，代理服务器是连接 Internet 和内部网络的唯一媒介，对于 Internet 网络来说，整个内部网络只有代理服务器是可见的，从而大大增加了网络内部的计算机的安全性。代理服务器为保证内部网络功能的完整而使用了反向代理，所谓反向代理就是代理服务器接受对内部 Web 服务器的请求并代表Web服务器响应请求的过程。其实这并没降低网络的任何安全性，只是要求所有的进入请求和发出的响应都必须经过代理服务器而已。

(3) 利用私有IP来访问Internet。众所周知，IP地址资源是有限的，现今IP地址的资源是缺乏的(在IPv6实现之后有可能好转)。代理服务器通常装有两块网络适配器：一个连接Internet；另一个连接内部网络，并通过代理服务器软件来实现IP地址转换和IP包的转发，实现利用内部网络私有IP访问Internet。

11.5.1　利用ICS实现Internet连接共享

要想利用ICS(Internet连接共享服务器)来实现Internet连接共享，网络中必须要有一台计算机作为"连接共享"服务器，它既能连接到Internet，又能连接到局域网，还能转发来自Internet和局域网的请求和响应。

1. ICS简介

所谓Internet连接共享(Internet Connection Share，ICS)，是指借助于一个Internet连接将多台计算机连接到Internet的方法。网络中的一台直接连接到Internet的计算机称为ICS主机，网络中其余共享ICS主机连接的计算机，称为客户计算机。客户计算机依赖于ICS主机对Internet进行访问，也就是说网络中的所有与Internet的通信都要经过ICS主机。

ICS主机需要两个网络连接：一个是局域网连接；另一个是Internet连接。局域网连接是靠网卡来实现与局域网通信的；Internet连接借助于ADSL、Cable Modem或光纤接入、无线接入等手段实现与Internet的通信。普通客户机只需要有一个局域网连接就可以了，只要能够与ICS主机正常通信，就可以共享Internet连接并实现Internet访问。ICS主机还可以提供DHCP服务来自动管理网络中的IP地址，ICS主机使用一个固定IP同时为客户机提供DHCP服务，客户机只需设置为"自动获取IP地址"选项，即可从ICS处获得IP地址信息，并实现彼此之间的通信。

2. 实现ICS连接共享

在Windows Server 2008中可利用"Internet连接共享"来实现共享上网。实现ICS的主要过程如下：

(1) 硬件的准备。作为服务器的计算机需要安装两块网卡，一块与ADSL Modem连接，另一块与内网计算机或交换机连接。

(2) 新建一个拨号连接，必须保证本机正常的Internet网络连接，如ADSL或CABLE Modem等。

(3) 由于Windows Server 2008默认是不安装ICS组件的，因此需要进行配置，才能使客户端计算机访问Internet。配置方法如下：

① 插入Windows Server 2008 Enterprise Edition光盘。

② "欢迎"屏幕出现后，单击"执行其他任务"选项，然后单击"浏览光盘内容"选项。

③ 在目录"SUPPORT\TOOLS"中找到"Netsetup. exe"，双击执行。通过"网络安装向导"选择连接方法、设置机器和网络名称、创建网络磁盘等步骤，完成安装程序。

④ 按屏幕上的指示重新启动机器即可。

重新启动计算机后，打开"网络连接"窗口，发现系统启用了网桥。

(4) 由于服务器启用了“Internet 连接共享”，对于客户端计算机，只需将 IP 地址设置成自动即可。

11.5.2 构建 SyGate 代理服务器

SyGate 是一款非常优秀的 Internet 连接共享软件，具有功能强大、设置简单等优点，是应用比较广泛的一个代理服务器软件。它可在所有的 Windows 操作系统下运行，并支持几乎所有的 Internet 连接方式，包括 ADSL、Cable Modem 和光纤接入等。它非常适合于局域网中所有用户共用一个 Internet 连接的企事业单位。由于 SyGate 是作为网关与 Internet 进行连接的，所以 SyGate 只要安装在与 Internet 连接并装有连接设备的那台计算机上，而其他计算机不用安装任何软件就能实现共享连接。SyGate 具有内置防火墙、自动响应拨号、自动断开连接三大特色。

SyGate 软件分为两个版本——SyGate Home Network 和 SyGate Office Network，前者适用于个人用户；后者适用于企业用户，或者说是比较大型的网络。

1. SyGate Office Network 服务器的安装

本书中安装的是 SyGate Office Network 4.5B851 版本，将 SyGate 安装盘放入光驱中，选择 son45b851.exe 安装文件，进入到如图 11.23 所示的安装界面，单击“下一步”按钮，进入到如图 11.24 所示的“SyGate 安装程序”界面，在这个窗口中我们可以通过选择“浏览”按钮来改变安装路径。

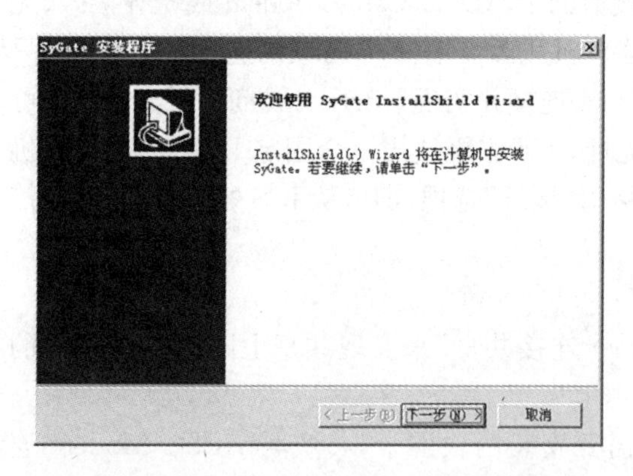

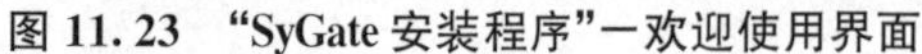
图 11.23 “SyGate 安装程序”—欢迎使用界面

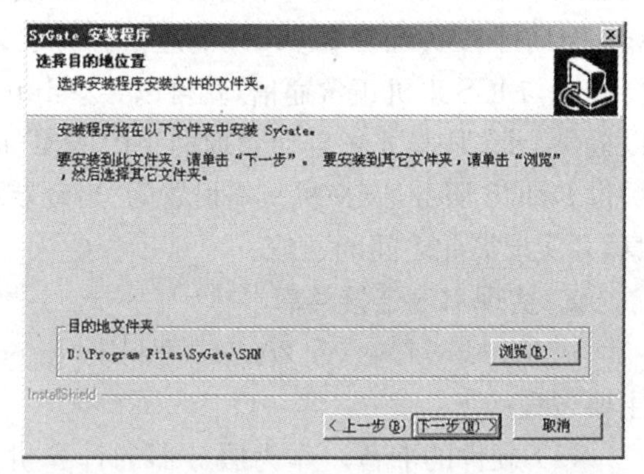

图 11.24 “SyGate 安装程序”—选择安装文件夹

然后单击“下一步”按钮，进入到如图 11.25 所示的“SyGate 安装程序”界面，在这个界面中我们可以选择安装文件的文件夹，单击“下一步”按钮，进入到如图 11.26 所示的“安装设置”界面。

选择“服务器模式”并填写好本机的名称，单击“确定”按钮，安装程序自动开始进行网络诊断，如果诊断成功则显示网络诊断成功界面，到此 SyGate 服务器程序安装完成。服务器安装完成后系统会自动提示是否安装防火墙，用户可以到“www.SyGate.com”网站上去下载，安装运行后的界面如图 11.27 所示。

2. SyGate Office Network 客户端的安装

SyGate 客户端的安装并不是必须的。安装客户端的目的在于实现一些特殊的功能，比如：检查 Internet 的连接状态或自动拨号上网或挂机等。将客户端组件安装在管理员的计算机上就可以通过工作站来远程管理 SyGate 服务器。客户端的安装过程与服务器大致相同，只是在显示安装设置时我们选择“客户端模式”，表示将此计算机设置成 SyGate 客户端，其他按照安装向导的提示就可以顺利完成。安装程序的 SyGate 诊断程序将测试以下内容：系统设置、网卡、TCP/IP 协议、TCP/IP 设置、分配的 IP 地址以及与 SyGate 服务器的连接等。若测试通过就说明客户端安装成功。

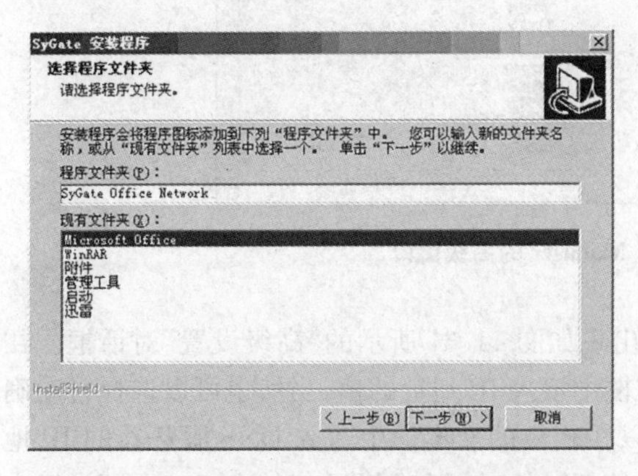

图 11.25　“SyGate 安装程序”—程序文件夹界面

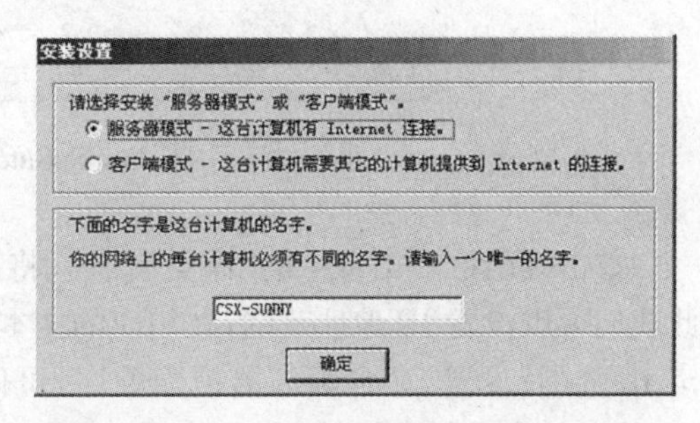

图 11.26　“SyGate 安装程序”—安装设置界面

3. SyGate Office Network 服务器的配置

(1) 基本配置。我们启动 SyGate Office Network 之后，其运行界面如图 11.28 所示，可以通过单击“高级”按钮来调整界面的形式，如图 11.29 所示。

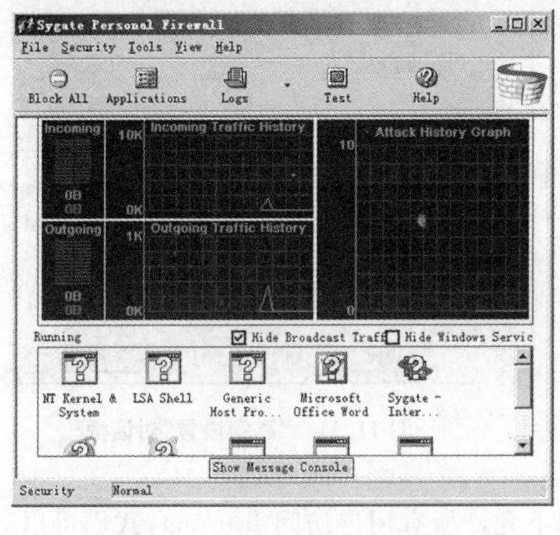

图 11.27　SyGate 防火墙界面

图 11.28　SyGate Manager 窗口

在 SyGate Manager 的高级窗口中单击工具栏中的“配置”选项，即可出现如图 11.30 所示的对话框。

在“配置”对话框中可以进行各种功能的基本设置，如选择局域网的网络适配器、自动更新版本、自动启动服务、启动日志、启动带宽管理、启动 DHCP 服务器、启动 DNS 转发等。

在 SyGate Office Network 版的服务器上还有一个特殊的功能，就是当网络负载超过限定值时，自动连接额外线路。注意：SyGate 最多支持四项线路连接。

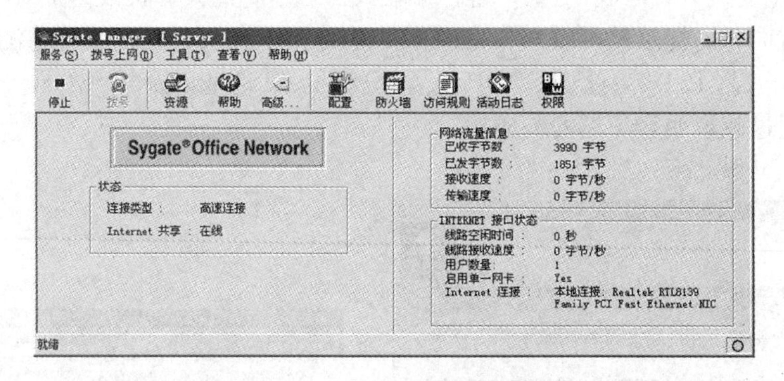

图 11.29 SyGate Manager 的高级窗口

单击“配置”对话框中的“高级”按钮，将出现如图 11.31 所示的“高级设置”对话框。在此我们可以设置 IP 地址范围，在相应的文本框中填入 IP 地址的值，当然也可以选择自动确定 IP 范围；设置 DNS 服务器搜索顺序，可以在相应的文本框中写入 DNS 服务器的 IP 地址，然后单击“增加”按钮；我们还可以设置连接超时的时间和 MTU 值的大小。全部设置完成后单击“确定”按钮以确认刚才的操作。

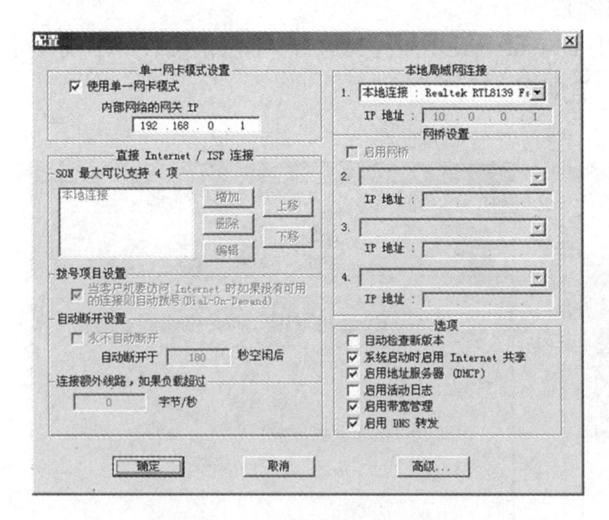

图 11.30 “配置”对话框

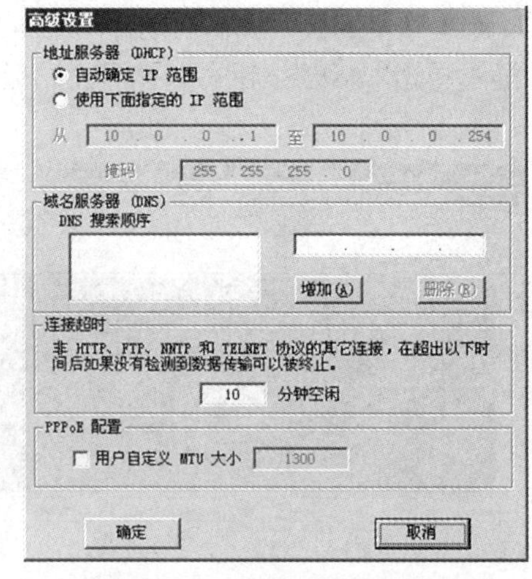

图 11.31 “高级设置”对话框

(2) 设置访问规则。SyGate 在默认的情况下允许所有用户访问 Internet，我们可以通过限定用户的 Internet 访问权限来限制特定的访问。

在 SyGate Manager 高级窗口中单击“访问规则”按钮，出现如图 11.32 所示的“访问规则编辑器”对话框。单击“增加”按钮，显示如图 11.33 所示的“添加新规则”对话框。在“添加新规则”对话框中单击“确定”按钮，将出现如图 11.34 所示的“访问规则编辑器”对话框，在“当前规则”列表框中选择要修改的规则进行相应的参数设置，可以对不同客户端的协议、端口、数据流向、允许客户数量、空闲时间等设置不同的参数值。

如果以前有合适的网络规则，也可以单击“导入”按钮，找到要导入的访问规则后打开即可。

图 11.32　“访问规则编辑器”对话框

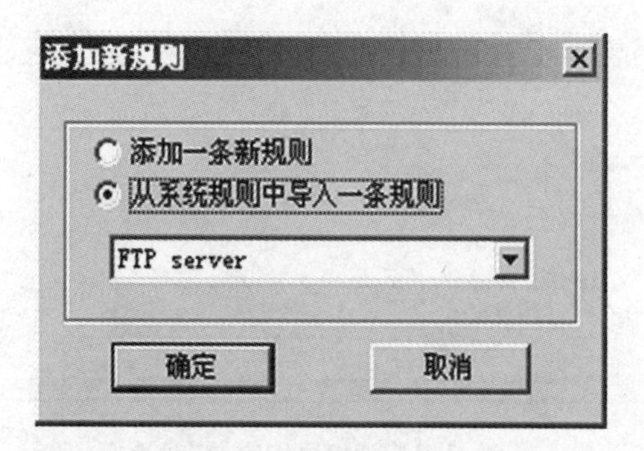

图 11.33　“添加新规则”对话框

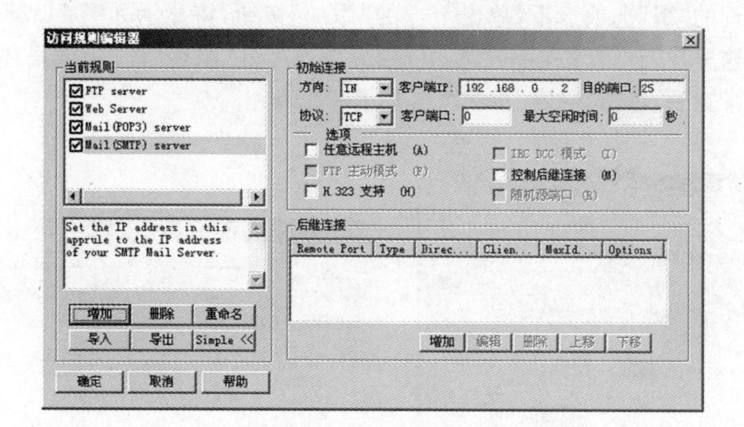

图 11.34　“访问规则编辑器”对话框

(3) 设置黑白名单。在如图 11.29 所示的 SyGate Manager 高级窗口中单击“权限”按钮，出现“验证密码”对话框。输入密码后单击“确定”按钮，出现如图 11.35 所示的界面，在此我们可以添加和管理黑白名单。选择“黑名单”或“白名单”选项卡，单击“增加”按钮，出现如图 11.36 所示的对话框，在此我们可以添加黑白名单、设置黑白名单的参数，还可以设置协议类型、端口号、IP 地址范围等。参数设置完成后，单击“确定”按钮以确认所做的修改。在“权限编辑器”对话框中激活黑名单或激活白名单后单击“确定”按钮，那么黑白名单就相应地受到了限制，限制的内容包括访问类型、IP 地址、端口、起效时间周期等。

(4) 带宽管理。SyGate 可以实现对带宽的管理，网络管理员可通过对用户上网情况的分析，合理分配带宽。

在如图 11.30 所示的“配置”对话框中选中“启用带宽管理”复选框，来启动系统的带宽管理。在 SyGate Manager 的“工具”菜单中选择“带宽管理”，出现如图 11.37 所示的对话框，在带宽管理的“系统”选项卡下，先选择服务器的最大带宽，然后通过滑块进行各种不同应用程序的带宽分配设置。若选中“动态加载均衡”选项，则按客户机以往的上网状态来动态分配带宽。

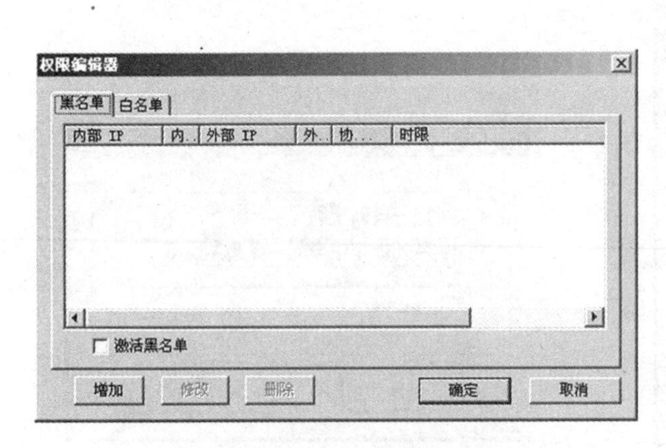

图 11.35 “权限编辑器”对话框

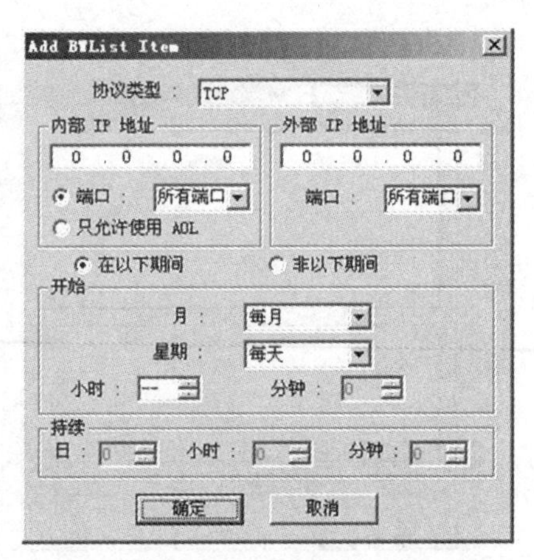

图 11.36 增加黑白名单

在带宽管理的“组”选项卡下，单击上方的“添加”按钮，将显示如图 11.38 所示的“组属性”对话框，在这里我们可以添加一个新组，相应地填写好“组名”和“组的描述”并设置好各种应用程序的带宽后，单击“确定”按钮就添加了一个新组。

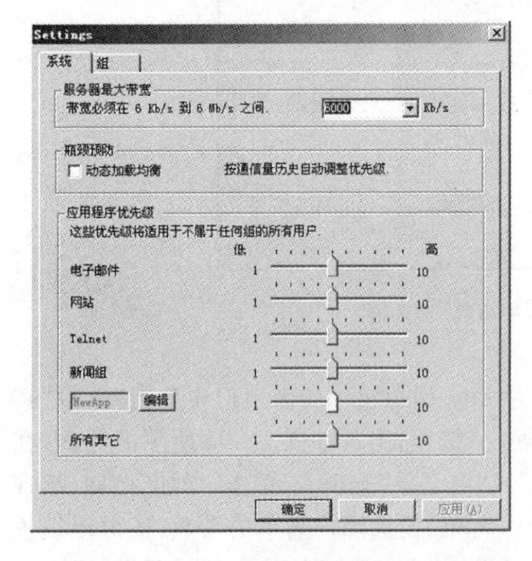

图 11.37 “带宽管理‘系统’选项卡”窗口

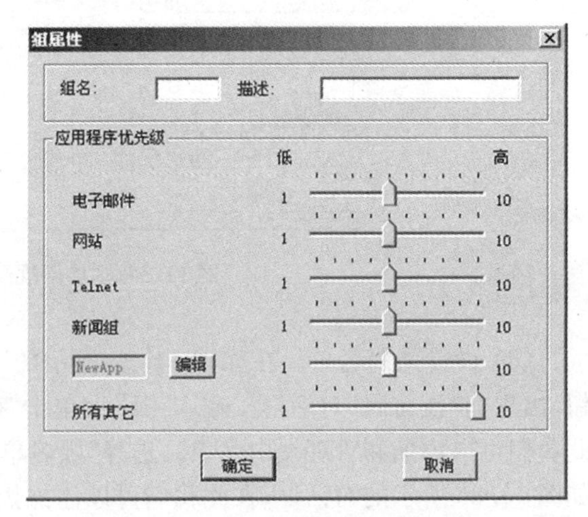

图 11.38 “组属性”对话框

在如图 11.39 所示的带宽管理“组”选项卡下，先在上方的组名列表中选择一个要添加成员的组，单击下方的“添加”按钮，将显示如图 11.40 所示的“计算机属性”对话框，在这里可以为该组添加新的成员，相应地填写好“计算机名”和“IP 地址”后，单击“确定”按钮就添加了一个新成员。该成员的各种应用程序的带宽配置就使用该组的规则。

4. 配置 SyGate 客户机

配置 SyGate 客户机很简单，对 TCP/IP 协议进行相应的设置就可以了。打开网络连接，用鼠标右键单击，在快捷菜单中选择“属性”，查看网络连接的属性，选择“Internet 协议

（TCP/IP）”，单击“属性”按钮，在“默认网关”文本框中添入 Sygate 服务器的 IP 地址即可。

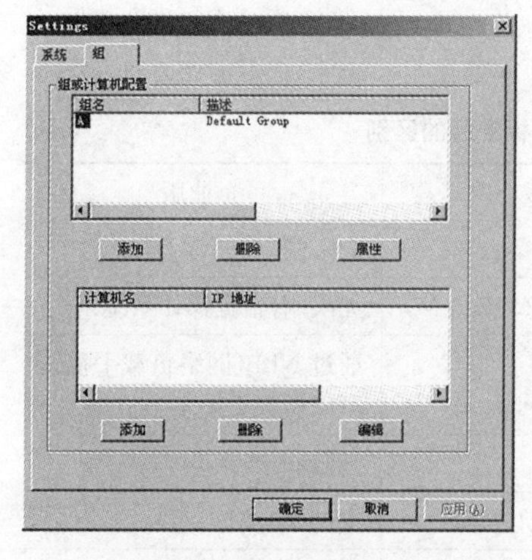

图 11.39　“组”选项卡

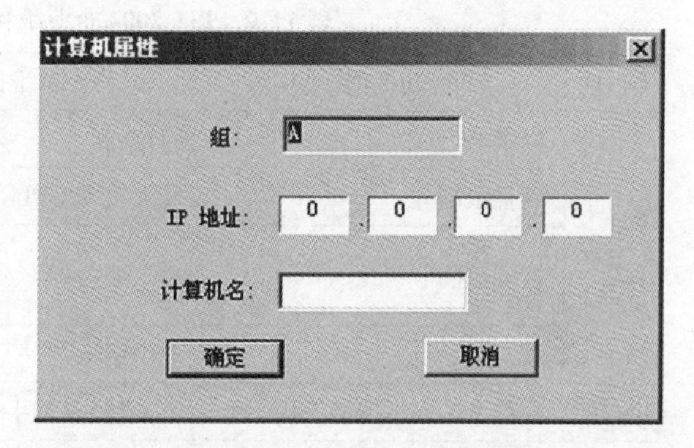

图 11.40　“计算机属性”对话框

11.6　构建 ISA 服务器

11.6.1　ISA 服务器概述

Microsoft Internet Security And Acceleration Server 2004，简称 Microsoft Internet 安全和加速服务器，即 ISA 服务器，它是一个可扩展的企业防火墙和 Web 缓存服务器，它提供了一种安全、快速和可管理的 Internet 连接。ISA 服务器集成了可扩展、多层企业级的防火墙和可伸缩的高性能 Web 缓存系统，它构建在 Window 2003/Window Server 2008 的安全特性和活动目录基础上，同时可提供基于策略的安全、加速和管理。

ISA 服务器有 2 个版本——标准版和企业版。标准版是一个单独的服务器，它与企业版同样具有丰富的功能特性。如果需要部署大规模可伸缩的支持服务器阵列的、多层策略的以及支持更多处理器的情况，就要用企业版来管理。它们的主要区别见表 11.2。

ISA 服务器作为一种企业级的代理服务器软件，具有如下优点：

(1) 安全 Internet 连接。当局域网连接到 Internet 上时不可避免地会带来安全问题。ISA 服务器可提供快速全面的访问控制和网络检测方法，以保护网络不受未授权访问的侵害。

(2) 快速 Web 访问。ISA 服务器 Web 缓存可以将用户访问过的 Web 信息保存在硬盘上，当其他用户再次访问该资源时，就直接从本地硬盘的缓存中调取，而不是访问 Internet，从而提高了网络的性能，减少网络的流量。

(3) 统一管理。通过整合企业级的防火墙和高性能的 Web 缓存功能，ISA 服务器提供了一个通用的管理基础构架，可以降低网络复杂程度和使用费用(如：按流量计费，ISA 缓存可以大大降低费用)。

(4) 可扩展性。使用ISA服务器管理组件对象模型(COM),可以扩展ISA服务器的功能。

表11.2 ISA 2004企业版和标准版的区别

类　别	功　能	标准版	企业版
扩展性	网络	固定的	无限制
	硬件限制	最大4个CPU,2 GB内存	无限制(根据操作系统)
	扩展范围	单个服务器	通过NLB(网络负载平衡),可以做到无限多个节点
	缓存	单个服务器	无限制
能力	支持Windows网络负载平衡	不支持(只能手动控制)	支持(集成)
管理	阵列	单服务器规则和策略	多阵列控制台,多服务器
	策略	本地	企业
	分部	通过SMS和VPN	阵列策略
	监控/警告	监控控制台	多服务器监控控制台,MOM
	多网络	预定义DMZ、内部、外部和VPN网络	无限制的配置/模板

11.6.2 安装ISA Server

1. 安装ISA前的准备工作

在Windows Server 2008系统中安装ISA Server 2004前必须确保系统满足下面的条件:

(1) NTFS系统。如果要安装ISA 2004就必须使用NTFS文件系统,否则将无法安装ISA 2004,并且至少拥有150 MB的可用硬盘空间。

(2) IP地址规划。安装前要合理规划网络内部的私有IP地址的范围,要根据网络规模合理地规划,尽可能地减少IP地址的数量。

(3) 局域网和Internet连接。应当确认局域网和Internet的通信正常,也就是要设置正确的IP地址和网络协议。

2. ISA Server的安装

在确定系统满足安装ISA服务器的条件后,可按如下的步骤安装ISA Server 2004:

(1) 将Microsoft Internet Security And Acceleration Server 2004安装光盘放到光驱中,光驱自动运行,出现如图11.41所示的界面,在此界面可以查看一些关于Microsoft Internet Security And Acceleration Server 2004的详细说明。单击“安装ISA Server 2004”,进入到如图11.42所示的“安装向导”界面。

(2) 单击“下一步”按钮进入到“安装向导”许可协议界面,选择“我要接受许可协议中的条款”后点击“下一步”按钮,进入到“安装向导”客户信息界面,在相应的文本框中填写用户名和单位以及产品的序列号。

图 11.41　安装 ISA 2004

图 11.42　ISA 2004 安装向导初始界面

(3) 单击"下一步"按钮,出现如图 11.43 所示的"安装向导"的安装方案界面,在这里有 4 个选项,我们可以根据不同的安装方案来选择安装服务器的类型。在本例中选择"安装 ISA 服务器服务"选项,然后单击"下一步"按钮,进入到如图 11.44 所示的"组件选择"界面。在"组件选择"界面我们可以根据自己的需求选择要安装的组件,还可以在这里改变安装路径,单击"空间"按钮可以查看计算机上各个磁盘的有效空间。

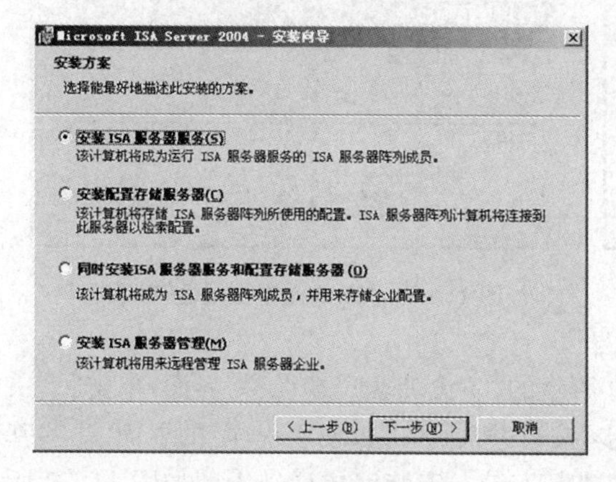

图 11.43　"安装方案"界面

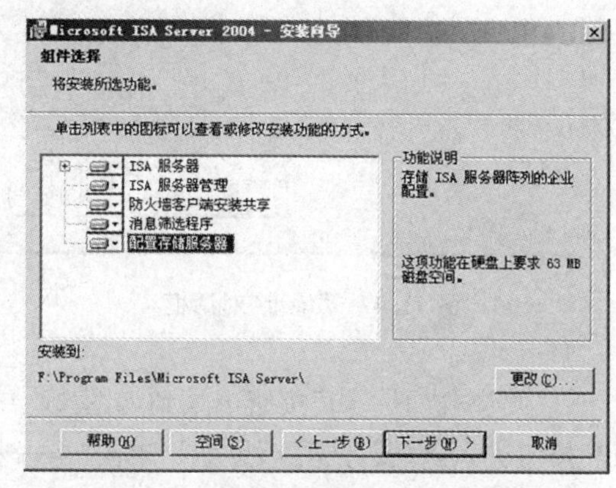

图 11.44　"组件选择"界面

(4) 单击"下一步"按钮,进入到如图 11.45 所示的"企业安装选项"界面。在"企业安装选项"界面中选择"创建新 ISA 服务器企业",单击"下一步"进入到"新企业警告"界面。单击"下一步"按钮进入到如图 11.46 所示的"内部网络"界面。在"内部网络"界面中单击"添加"按钮进入到如图 11.47 所示的"地址"对话框,在这个对话框中我们可以添加网络的 IP 地址、网络适配器,单击"添加范围"进入到如图 11.48 所示的"IP 地址范围属性"对话框。在"IP 地址范围属性"对话框中输入好网络的 IP 地址范围后单击"确定"按钮,IP 地址的范围就添加进来了,如果单击"添加专用"按钮可以直接添加系统预置的 IP 地址范围。单击"确定"按钮返回到设置完成的"内部网络"界面。

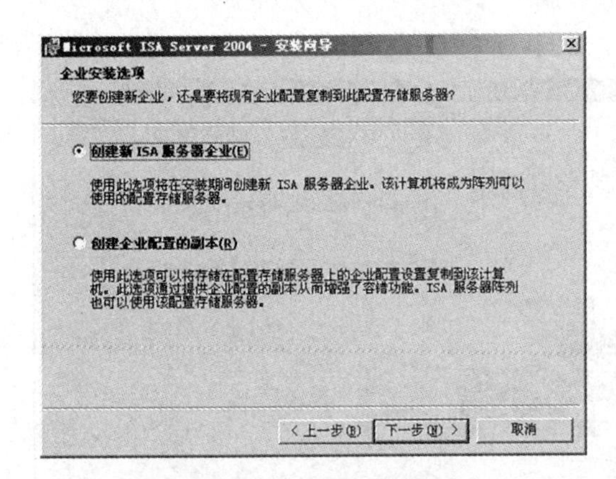

图 11.45　“企业安装选项”界面

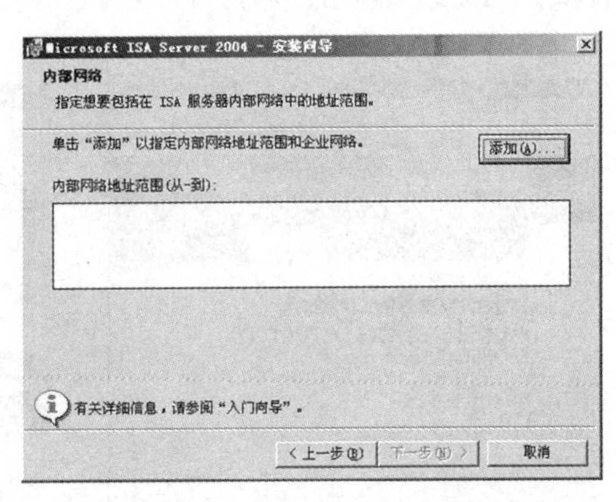

图 11.46　“内部网络”界面

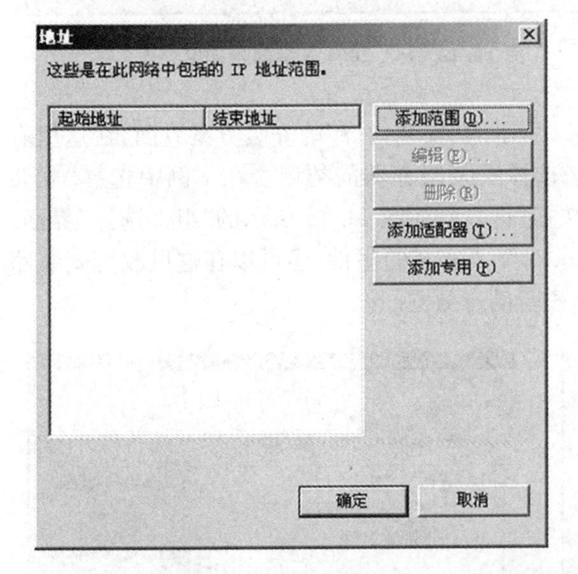

图 11.47　“地址”对话框

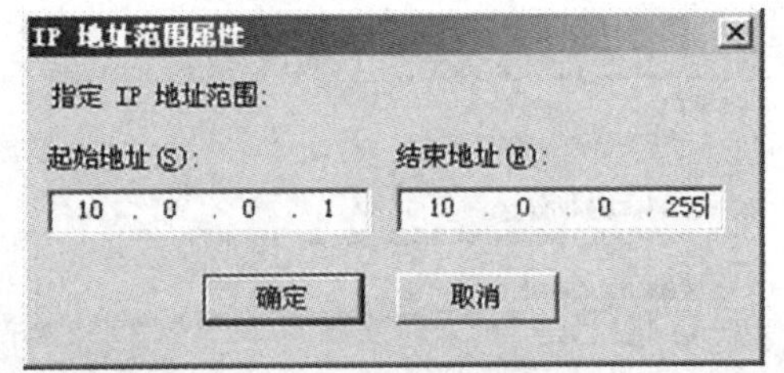

图 11.48　“IP 地址范围属性”对话框

(5) 单击“下一步”按钮进入到如图 11.49 所示的“防火墙客户端设置”界面，单击“下一步”按钮进入到“服务警告”界面。单击“下一步”按钮进入到“可以安装程序”的界面，一些基本的设置到此基本设置完毕，单击“安装”按钮进行安装。安装完成后进入到如图 11.50 所示的“安装向导完成”界面。

如果选中“在向导关闭时运行 ISA 服务器管理”选项，单击“完成”按钮则直接运行 ISA 服务器管理器，进入到 ISA 服务器主控台。安装完成后在程序组中可以发现，我们安装了两个程序——ISA 服务器管理和 ISA 服务器性能监视器。

3. ISA Server 的基本设置

在 ISA Server 安装完成后，可通过下面的步骤来启动和设置 ISA 服务器主控制台程序：

(1) 启动 ISA 服务器管理。我们可以通过单击“开始”按钮，选择“程序”→Microsoft ISA Server→“ISA 服务器管理器”，打开 ISA 服务器管理程序，进入到如图 11.51 所示的

ISA服务器主控台界面。打开“操作”菜单，选择“连接到配置存储服务器”选项，进入“配置存储服务器连接向导”对话框。单击“下一步”按钮进入到如图11.52所示的“配置存储服务器连接向导”的“配置存储服务器位置”界面，按提示选择好选项。

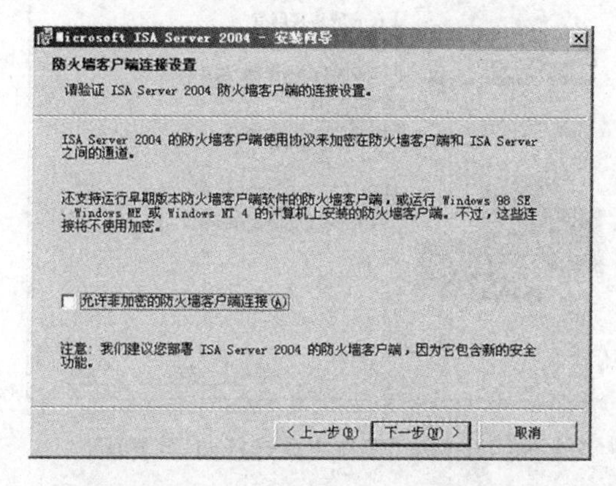

图11.49　“防火墙客户端连接设置”界面

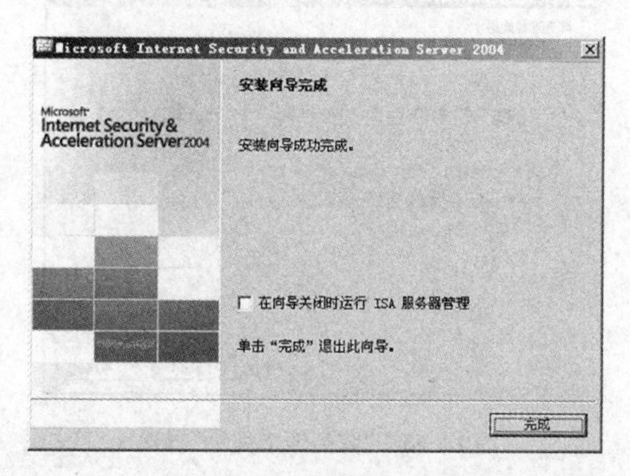

图11.50　“安装向导完成”界面

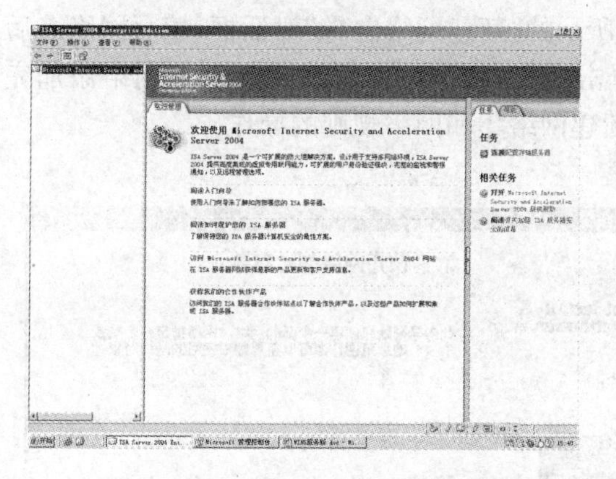

图11.51　ISA 2004主控台界面

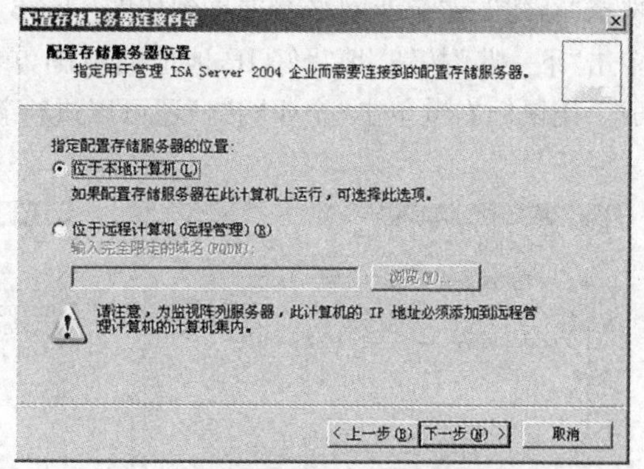

图11.52　“配置存储服务器连接向导”界面

(2) 单击“下一步”按钮，进入到如图11.53所示的“配置存储服务器连接向导”的“阵列连接凭据界面”(阵列凭据是用于验证身份的)，选择“用于连接到配置服务器的同一凭据”选项，然后单击“下一步”按钮，进入到如图11.54所示的“配置存储服务器连接向导”的“正在完成连接向导”界面，单击“完成”按钮，即可成功启动ISA服务器主控台。

11.6.2　ISA服务器的管理和配置

ISA服务器构建完成后，要根据实际应用情况，对ISA服务器进行相应的管理和配置。

1. 配置和管理企业

在ISA服务器的企业主控台上可以进行四项主要任务，分别是分配管理角色、定义企业网络、定义企业策略和定义阵列设置。

(1) 分配管理角色。在ISA服务器主控台上用鼠标右键单击“企业”选项，选择“属性”选项，进入如图11.55所示的“企业属性”对话框，单击“添加”按钮可以进行“管理委派”。在

ISA 服务器中,管理按角色的不同分为四种情况,分别是阵列级的管理角色、企业级的管理角色、企业策略管理角色、域和工作组的角色,不同的角色具有不同的权限。

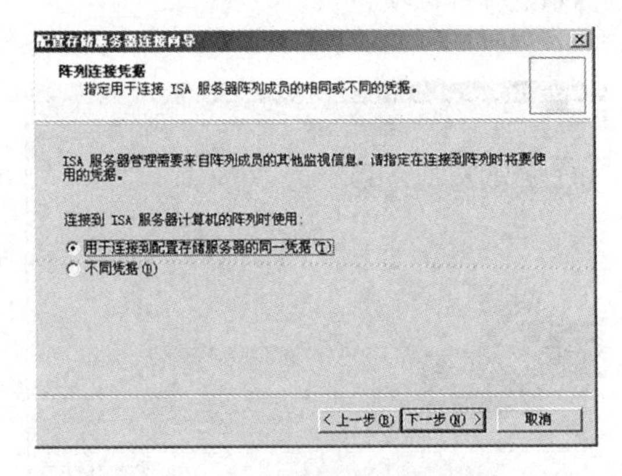

图 11.53 “阵列连接凭据”界面

图 11.54 “正在完成连接向导”界面

(2) 定义企业网络。将主控台中所有的子目录全部展开,用鼠标右键单击“企业网络”,选择“新建”→“企业网络”,进入到如图 11.56 所示的“新建网络向导”对话框,填写网络名后单击“下一步”按钮,填写好 IP 地址的范围,单击“下一步”和“完成”按钮,企业网络添加完成。用鼠标右键单击“企业网络”还可以进行新建网络集和网络规则的操作。

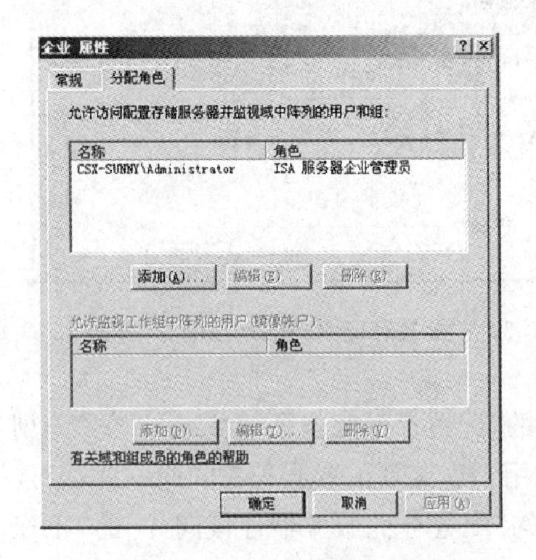

图 11.55 “企业属性”对话框

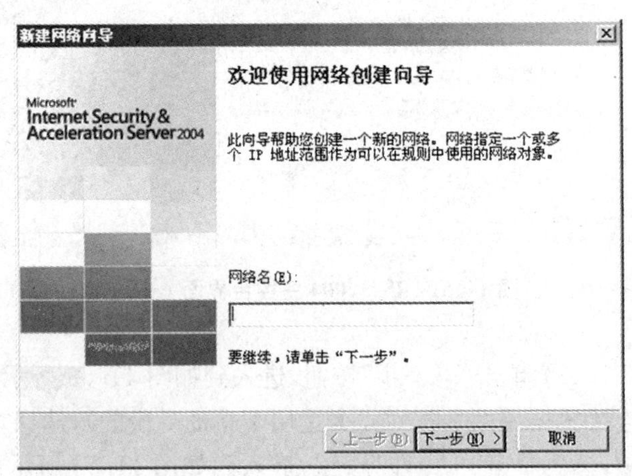

图 11.56 “新建网络向导”对话框

(3) 定义企业策略。将主控台中所有的子目录全部展开,单击“企业策略”,在窗口的中间可以查看到已经存在的企业策略,在窗口的右侧“任务”选项卡下可以建立新的企业策略,并编辑已经存在的企业策略。在窗口的中间选中已经存在的企业策略,在右侧的“工具箱”选项卡下可以查看到该策略的各个协议的连接端口和应用程序筛选器等详细参数。在右侧的“工具箱”选项卡下还可以添加自己新建立的协议。

(4) 设置企业插件。将主控台中所有的子目录全部展开,单击“企业插件”,在窗口的中间可以查看到已经存在的应用程序筛选器和 Web 筛选器,选中其中的一个筛选器可以进行属性配置、停用或启用的设置。

提示:关于企业的所有管理和配置操作,在操作完成后如果要保留本次操作必须单击“应用”按钮,如果不想保留则单击“丢弃”按钮。

2. 配置和管理阵列

ISA Server 2004 Enterprise Edition 关于阵列的操作是一个关系网络安全最重要的操作,所有的操作都要满足网络安全的要求,还必须要适应网络的实际情况。ISA Server 2004 Enterprise Edition 关于阵列的主要设置有新阵列的建立、ISA 服务器阵列网络的定义、防火墙策略规则的建立和查看、定义 ISA 服务器的 Web 缓存内容、虚拟专用网络访问的配置和管理 ISA 服务器网络。

(1) 建立一个新阵列。

(1) 将主控台中所有的子目录全部展开,用鼠标右键单击“阵列”,选择“新建阵列”选项,进入到如图 11.57 所示的“新建阵列向导”对话框,填写完整的阵列名称后,单击“下一步”按钮进入到如图 11.58 所示的“新建阵列向导”的“阵列 DNS 名”界面。

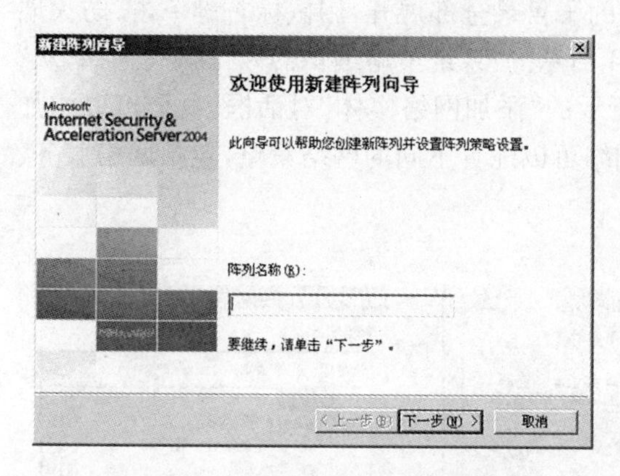

图 11.57　“新建阵列向导”对话框

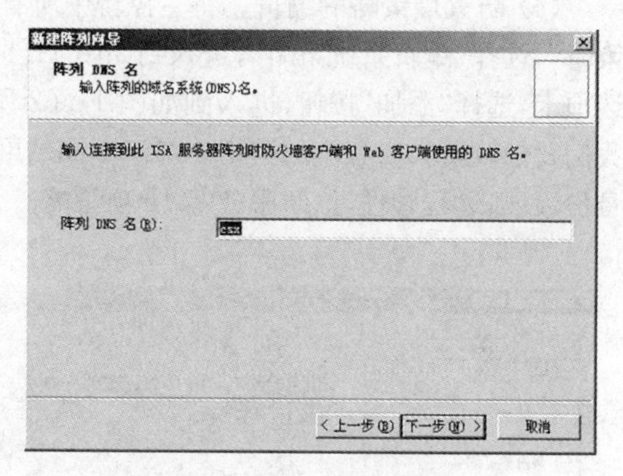

图 11.58　“阵列 DNS 名”界面

(2) 单击“下一步”按钮,在出现的如图 11.59 所示的“新建阵列向导”的“分配企业策略”界面中选择好适合企业实情的企业策略(当然也可以建立完成后再重新配置),单击“下一步”按钮,进入到如图 11.60 所示的“新建阵列向导”的“阵列策略规则类型”界面。

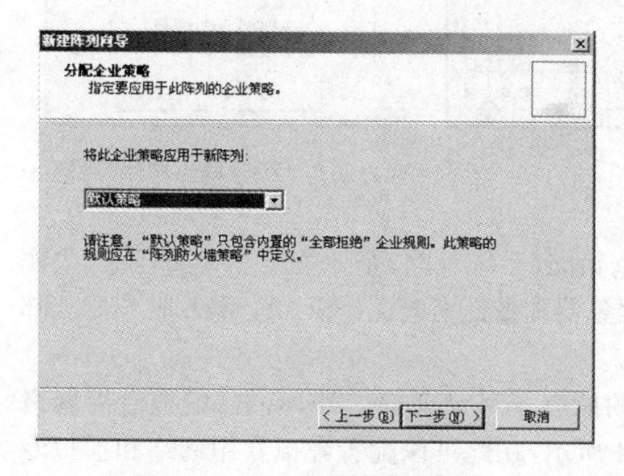

图 11.59　“分配企业策略”界面

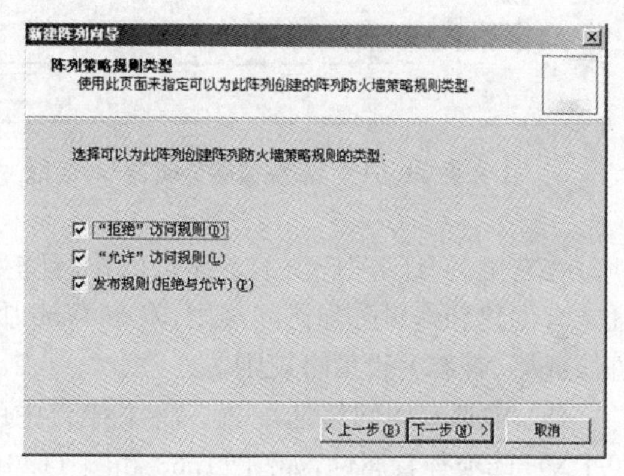

图 11.60　“阵列策略规则类型”界面

(3) 单击“下一步”按钮,进入到“正在完成新建阵列向导”界面,单击“完成”按钮,提示

“创建新阵列成功”,此时在主控台上又多了一个阵列。

(2) 定义服务器阵列的属性。将主控台中所有的子目录全部展开,用鼠标右键单击“服务器的名称”选项,选择“属性”,进入到服务器属性界面。在属性窗口中有5个选项卡,分别是“常规”、“策略配置”、“配置存储”、“阵列内凭据”和“分配角色”,在不同的选项卡上可以实现不同的功能。如:服务器名称和描述的修改,企业策略的选择,配置存储服务器和备用配置存储服务器的设置以及配置存储服务器的更新时间和身份验证类型的选择,阵列内不同用户凭据的设置,设置可以访问配置服务器并监视此服务器的用户和组等功能。

(3) 监视服务器的状态。将主控台中所有的子目录全部展开,用鼠标右键单击“监视”,选择“刷新”,可以对服务器的状态进行刷新,可以查看的服务器内容有“仪表板”、“警报”、“会话”、“服务”、“配置”、“报告”、“日志”等状态。在窗口右侧的“任务”选项卡下还可以设置自动刷新的频率,可以设置成低、中、高和不刷新,根据服务器的配置情况,选择合适的刷新频率,建议不要选择过高的刷新频率。

(4) 防火墙策略的编辑。将主控台中所有的子目录全部展开,用鼠标右键单击“防火墙策略”,选择“编辑系统策略”,进入到如图11.61所示的“系统策略编辑器”对话框,选择“从”选项卡,选择“添加”按钮,进入到如图11.62所示的“添加网络实体”对话框,我们可以添加我们要修改防火墙策略的网络。对于不同的网络可以配置不同的网络策略,包括网络服务、身份验证、远程管理、诊断服务等10项策略。

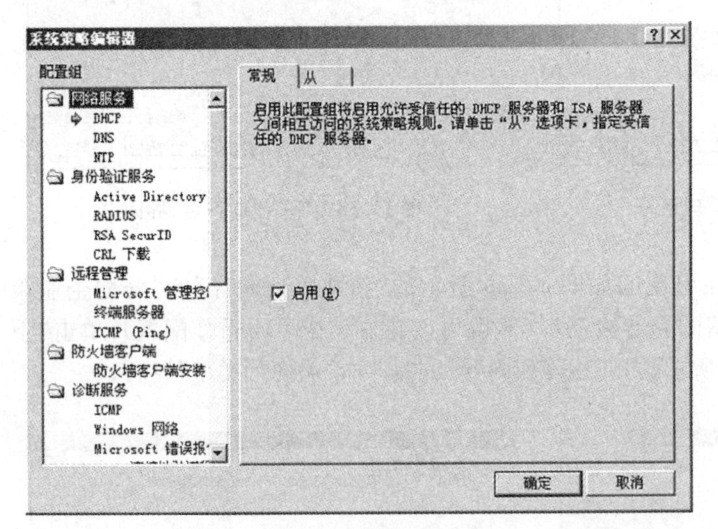

图11.61 “系统策略编辑器”对话框

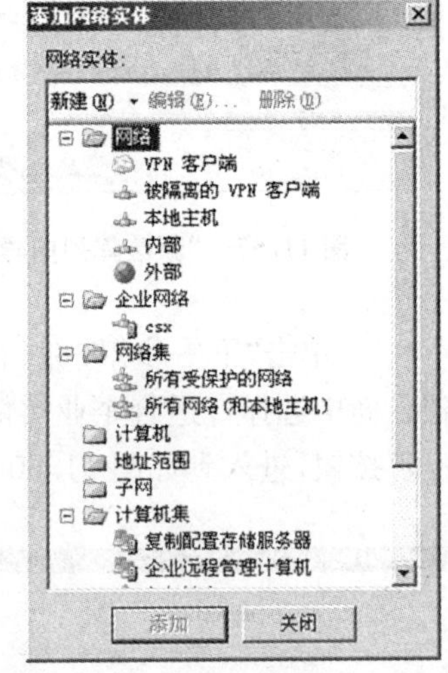

图11.62 “添加网络实体”对话框

在右侧的“任务”选项卡下还可以执行阵列策略、系统策略、企业策略三大类任务,主要任务有创建和编辑阵列访问规则、发布Web服务器和带证书验证(SSL)的Web服务器及邮件服务器、查看编辑策略规则。

(5) 虚拟专用网络的配置。将主控台中的所有子目录全部展开,单击“虚拟专用网络(VPN)”选项查看属性,如图11.63和图11.64所示,在此可以配置虚拟专用网络和虚拟专用网络客户端的属性。

(6) 配置ISA服务器。首先定义ISA服务器网络拓扑并创建网络规则,以便指定网络间通信移动的方式。然后,可以启用缓存并配置缓存属性、启用应用程序和Web筛选器以

及定义一般管理和安全设置。使用控制台树的"配置"节点中的链接,可以帮助用户配置下列对象:

① 服务器:可以查看阵列成员状态、配置服务器特定属性。选中某个服务器,双击或右击选择"属性"进入到服务器属性界面,可以进行相应的配置。

② 网络:配置 ISA 服务器网络,并定义网络间如何通信。在此可以创建新网络,对已有的网络进行编辑,查看和修改网络、网络集、网络规则、Web 链的属性,如图 11.65 和图 11.66 所示。

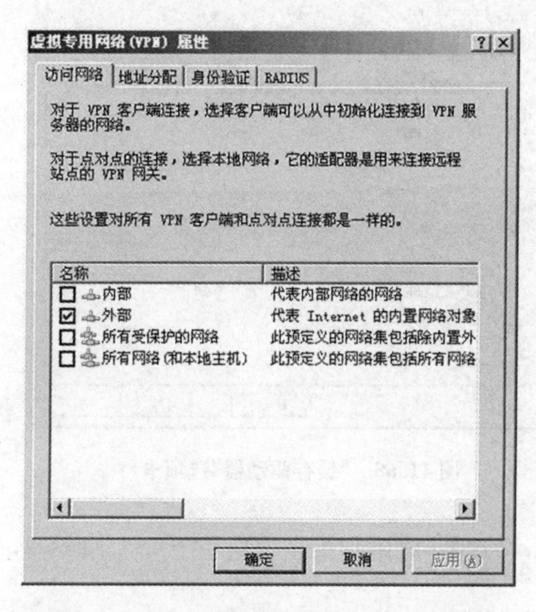

图 11.63 "虚拟专用网络(VPN)属性"对话框

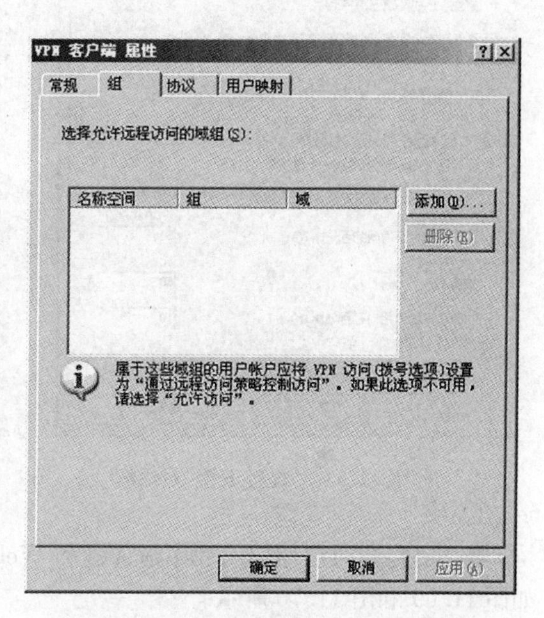

图 11.64 "VPN 客户端属性"对话框

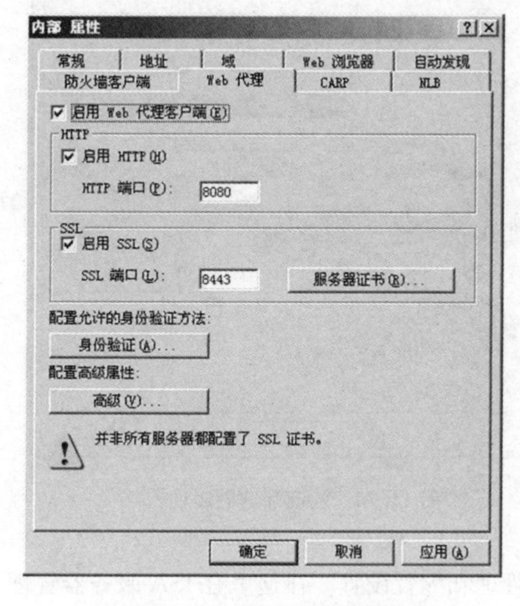

图 11.65 "内部属性"对话框

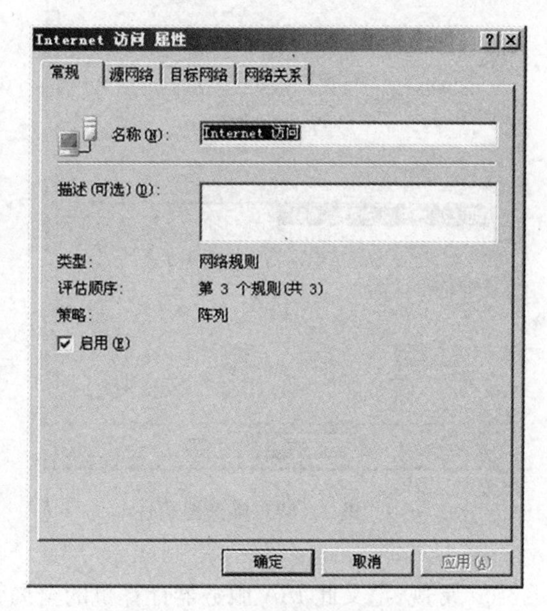

图 11.66 "访问属性"对话框

③ 缓存:启用缓存,定义如何缓存 Web 对象以及创建内容下载作业。在“缓存驱动器”选项卡下,用鼠标右键单击“缓存”,选择“属性”,进入如图 11.67 所示的“缓存设置”界面进行相应的设置;选中某个服务器,双击或右击选择“属性”,在如图 11.68 所示的服务器属性界面中可以进行相应的缓存设置。

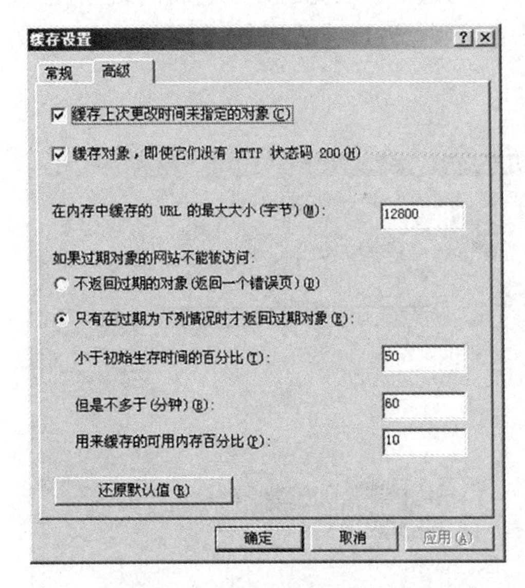

图 11.67　“缓存设置”对话框

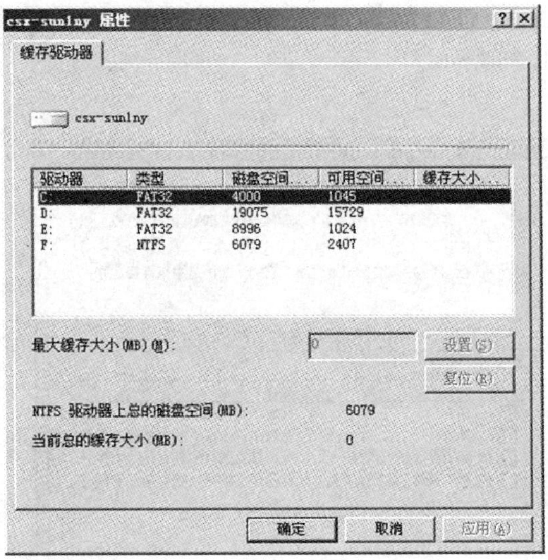

图 11.68　“缓存驱动器”选项卡

④ 插件:通过启用应用程序筛选器和 Web 筛选器,将附加安全性应用于 ISA 服务器,如图 11.69 和图 11.70 所示。

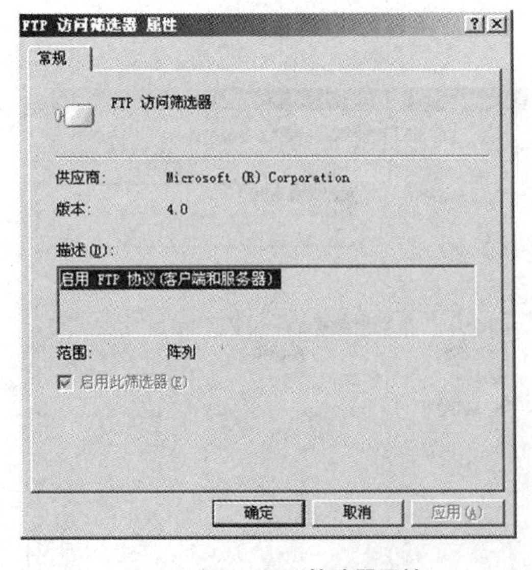

图 11.69　筛选器属性

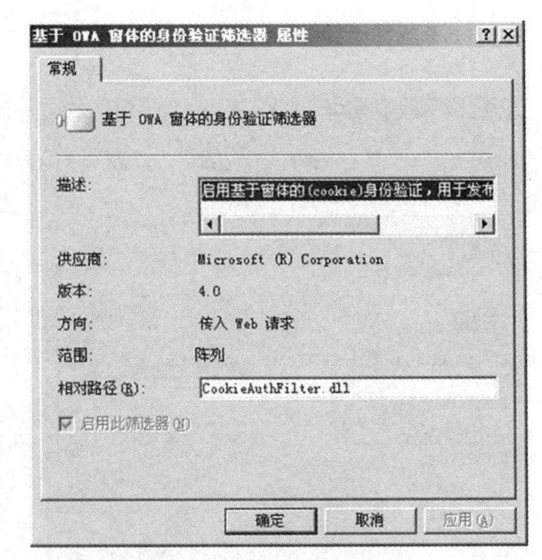

图 11.70　验证筛选器属性

⑤ 常规:定义此 ISA 服务器计算机的全局管理和配置设置。在这里有 ISA 服务器管理和附加安全策略管理两大类的配置。使用“ISA 服务器管理”选项以应用全局配置,包括向

用户和组委派管理角色、为防火墙链指定计算机、为网络指定自动拨号连接、选择 CRL 验证是否将应用于客户端和服务器证书、指定防火墙客户端连接首选项和应用程序设置、查看关于此 ISA 服务器计算机的详细信息、选择链接转换的内容类型。使用"附加安全策略"可将另一安全级别添加到 ISA 服务器配置，使网络的安全配置更能满足网络的安全要求，设置主要包括为 RADIUS 身份验证指定 RADIUS 服务器、启用对一般攻击的入侵检测并指定 DNS 攻击检测和筛选、指定如何处理 IP 数据包和带有 IP 片段的数据包、定义连接限制(此限制指定了客户端并发连接的允许数量)。

由于篇幅有限，对于 ISA Server 2004 Enterprise Edition 的设置只能做简单介绍，ISA 2004 的配置内容还有很多，而且与网络的实际要求(包括安全策略、网络结构性能等要求)密切相关，无法一一罗列，有兴趣的同学可以参阅相关资料或微软的网站。

本 章 小 结

本章讲述了 VPN 和终端服务及其应用、SyGate 代理服务器及 ISA 服务器的配置方法。在理解 VPN 及终端服务工作原理的基础上，熟练掌握 VPN 及终端服务系统的配置与管理，可提高网络安全性，简化网络管理。代理服务是提高网络性能的一个非常重要的服务，代理服务在网络中的应用是非常普遍的。本章从 ICS、SyGate 和 ISA 三个方面介绍了代理服务的一些最基本的知识和技能，对于复杂的网络管理，提供了一定的技术支持。

复习思考题

一、填空题

1. (　　)是远程桌面和终端服务器进行通信的协议，该协议基于 TCP/IP 进行工作，允许用户访问运行在服务器上的应用程序和服务，无需本地执行这些程序。

2. 远程桌面是用来远程管理服务器的，最多只能连接(　　)，如果想让更多的用户连接到服务器、使用安装在服务器上的程序，则必须在服务器上安装终端服务。

3. 创建远程程序分布包的时候，可以创建(　　)格式文件，也可以创建(　　)格式文件。

4. 终端服务由(　　)、(　　)和(　　)组成。

5. TSCAP 表示(　　)，TSRAP 表示(　　)。

二、选择题

1. 远程桌面协议 RDP 默认使用 TCP 协议端口(　　)。

A. 8000　　B. 3389　　C. 8080　　D. 1024

2. 下面(　　)不是远程协助邀请文件的格式。

A. cer　　B. msi　　C. rdp　　D. hlp

3. 从安全角度考虑，一般终端服务远程程序用户要添加到(　　)用户组中。

A. TS Group Manage　　B. TS Web Access Administrator

C. TS Web 访问计算机　　D. Ierminal Server Computers

4. 远程桌面不能进行(　　)的设置。

A. 远程桌面分辨率　　B. 远程会话时使用的设备资源

C. 是否使用远程计算机的声音　　D. 远程桌面计算机的内存大小

三、问答题

1. 什么是虚拟专用网技术？虚拟专用网技术有什么特点？

2. 简述 PPTP 和 L2TP 的优缺点及主要区别。

3. 简述终端服务系统的组成和工作原理。

4. 简述 VPN 服务系统的组成和工作原理。

5. 什么是代理服务？代理的作用是什么？

6. 在 Windows Server 2008 系统的 ICS 连接共享服务器上有两块网卡，其 IP 地址如何设置？

7. 简述 SyGate 代理服务的配置过程。

本章实训

一、实训目的

1. 配置终端服务。

2. 配置 VPN。

3. 配置与管理 SyGate 代理服务器。

4. 安装与配置 ISA 服务器。

二、实训内容

1. 配置终端服务。

(1) 配置终端服务器 A：安装 Windows Serve 2008，IP 地址为 192.168.1.1/255.255.255.0；在终端服务器上安装终端服务组件，创建两个用于终端登录的用户，并配置用户的终端服务属性。

(2) 配置终端客户机 B：安装 Windows XP，IP 地址为 192.168.1.2/255.255.255.0；在客户机上安装终端服务客户端程序。

(3) 使用创建的终端登录用户在终端客户机 B 上登录终端服务器 A，在登录后，进行创建文件、删除文件、重新启动系统、关机等操作。详细记录操作步骤及结果。

2. 配置 VPN。

(1) 通过 VPN 服务器配置向导，建立一台 VPN 服务器，同时进行赋予远程用户 VPN 拨入权限的配置，使客户机能与此 VPN 服务器建立 VPN 连接，从而进行安全通信。

(2) 配置 VPN 客户机，并在客户机上输入用户名和密码连接到 VPN 服务器。

(3) 在 VPN 客户机的命令窗口下输入命令：ipconfig/all，记录“虚拟专用连接”的 IP 属性信息；并通过“网上邻居”访问 VPN 服务器。

3. 配置与管理 SyGate 代理服务器。

(1) 安装并配置 SyGate 服务器 A：计算机名为 SyGate1，IP 地址为 192.168.0.1，采用

Windows Server 2008 操作系统。

(2) 配置 SyGate 客户机 1:计算机名为 SyGate2,IP 地址为 192.168.0.2,采用 Windows 2000 操作系统,网卡为 192.168.0.1,并安装 SyGate 客户端。

(3) 配置 SyGate 客户机 2:计算机名为 SyGate3,IP 地址为 192.168.0.3,采用 Windows 2000 操作系统,网卡为 192.168.0.1,不安装 SyGate 客户端。

4. 安装与配置 ISA 服务器。

(1) 建立一个有域服务器的畅通的网络环境,配置一个域,域名自定义。

(2) 安装配置 ISA 服务器:计算机名为 ISA1,IP 地址为 192.168.0.1,采用 Windows Server 2008 操作系统。

第 12 章　Linux 操作系统简介与安装

学习目标

通过本章的学习，我们将了解 Linux 的发行版本和 Linux 的磁盘分区知识，可以运用 VMware 虚拟机搭建 Linux 安装环境，并且在 VMware 虚拟机中掌握 Linux 的安装方法。通过本章的学习，应达到如下学习目标：

- 了解 Linux 操作系统的特点、主要发行版本及组成结构。
- 掌握 Linux 磁盘分区的基本知识和方法。
- 掌握 Red Hat Enterprise Linux AS5 操作系统的安装与配置方法。

导入案例

易慧公司因为业务需求决定升级公司服务器，在操作系统的选择上公司要求系统必须足够稳定和安全。经过公司网络项目组的一致研讨，决定采用 Linux 操作系统作为网络操作系统平台。Linux 操作系统有多个版本，公司采用了全世界应用最广泛的 Red Hat Linux。

这一案例表明：当今网络安全已经成为信息社会所面临的非常棘手的问题，公司的服务器操作系统需要更好的安全和稳定性，采用 Linux 系统是一个很好的选择。

12.1　Linux 操作系统概述

Linux 是一种类似 Unix 风格的操作系统，在源代码级上兼容绝大部分 Unix 的标准，是一个支持多用户、多任务、多进程、多线程、实时性较好且功能强大、运行稳定的操作系统。Linux 是一套免费使用和自由传播的操作系统，最初是由芬兰赫尔辛基大学计算机系学生 Linus Torvalds 为在 PC 机上实现 Unix 而编写的。在随后的日子里，Linux 的源代码在互联网上自由传播，成千上万的程序员纷纷加入到了 Linux 的开发中，使其功能和性能不断地提升，用户的数量也呈现爆炸性的增长趋势。最近几年来，以 Linux 为代表的开放源代码软件得到了迅猛的发展，其影响力也越来越大。许多著名硬件厂商如 IBM、HP 和 DELL 都纷纷加入到 Linux 领域，这也极大地促进了这种操作系统的发展。随着开发研究的不断深入，Linux 的功能日趋完善，并成为世界上主流的操作系统之一。Linux 凭借其优越的性能被广泛地应用于网络服务器、嵌入式系统（Embedded System）、计算机集群（Cluster Computer）

等高技术应用领域。

12.1.1　Linux 操作系统的主要特点

Linux 的优点包括如下：

(1) 免费,源代码开放。Linux 是免费的,而且获得 Linux 非常方便。Linux 开放源代码,用户可以自行对系统进行改进。

(2) 可靠的系统安全。Linux 采用了许多安全技术措施,包括对读写进行权限控制,带保护的子系统,审计跟踪,核心授权等。

(3) 多平台。虽然 Linux 主要在 X86 平台上运行,但是目前已经移植到 Alpha 和 SPARC 等平台。

(4) Linux 与 Unix 系统在源代码级兼容,符合 IEEE POSIX 标准。

(5) Linux 是真正意义上的多任务、多用户操作系统。

(6) Linux 具有强大的网络功能。因为 Linux 是通过 Internet 进行开发的,因此具有先进的网络特征。Linux 拥有世界上最快的 TCP/IP 驱动程序,支持所有的通用网络协议。

(7) Linux 用户程序多、硬件支持广泛、硬件需求低、程序兼容性好。

(8) Linux 采用先进的虚拟内存管理机制,能更加有效地利用物理内存。

Linux 的不足之处是:其图形界面的友好性还需要不断改进。

12.1.2　Linux 的主要发行版本

Linux 的发行版本大体可以分为两类,一类是商业公司维护的发行版本,目前有许多公司都在从事这项"集成"工作,他们把内核、外壳和各种软件集成打包在一张或几张光盘中,这就是所谓的发行版"Distribution";另一类是社区组织维护的发行版本。前者以著名的 Red Hat 为代表,后者以 Debian 为代表。下面介绍一下各个发行版本的特点。

(1) Red Hat。应该称为 Red Hat 系列,包括 RHEL(Red Hat Enterprise Linux)、Fedora(由原来的 Red Hat 桌面版本发展而来,免费版本)、CentOS(RHEL 的社区克隆版本,免费)。Red Hat 应该说是在国内使用人群最多的 Linux 版本,甚至有人将 Red Hat 等同于 Linux,所以这个版本的特点就是使用人群数量大,资料非常多。Red Hat 系列的包管理方式采用的是基于 RPM 包的 YUM 包管理方式,包分发方式是编译好的二进制文件。在稳定性方面 RHEL 和 CentOS 的稳定性非常好,适合于服务器使用,Fedora 的稳定性较差,经常是作为桌面应用。

(2) Debian。或者称 Debian 系列,包括 Debian 和 Ubuntu 等。Debian 是社区类 Linux 的典范,是迄今为止最遵循 GNU 规范的 Linux 系统。Debian 最早由 Ian Murdock 于 1993 年创建,分为三个版本分支:Stable、Testing 和 Unstable。Debian 的资料很丰富,有很多支持的社区提供资源下载。

(3) Ubuntu。严格来说不能算一个独立的发行版本,Ubuntu 是基于 Debian 的 Unstable 版本加强而来。根据选择的桌面系统不同,Ubuntu 有三个版本可供选择,分别是基于 Gnome 的 Ubuntu、基于 KDE 的 Kubuntu 以及基于 Xfce 的 Xubuntu。Ubuntu 的优点是:界面非常友好,容易上手,对硬件的支持非常全面。是最适合做桌面系统的 Linux 发行版本。

(4) FreeBSD与Linux的用户群有相当一部分是重合的,二者支持的硬件环境也比较一致,所采用的软件也比较类似,所以可以将FreeBSD视为一个Linux版本来比较。FreeBSD最大的优点就是稳定和高效,是作为服务器操作系统的最佳选择,但对硬件的支持没有Linux完备,所以并不适合作为桌面系统。

(5) Gentoo是Linux世界最轻量的发行版本,它汲取了之前的所有发行版本的优点,这也是Gentoo被称为最完美的Linux发行版本的原因之一。Gentoo是所有Linux发行版本里安装最复杂的,但是又是安装完成后最便于管理的版本,也是在相同硬件环境下运行最快的版本。

读者可以根据以上介绍来选择适合自己应用的Linux版本。

本书选择介绍的是Red Hat Enterprise Linux AS5,选择的理由是:Red Hat是Linux版本中的老牌劲旅,Red Hat的应用范围包括从部署和经营到嵌入式设备和安全网页服务器等,在各个领域Red Hat都是使用Linux的开源软件来作为解决方案。

12.1.3 Linux的主要组成部分

广义上讲,Linux操作系统可分为内核、Shell、X Window和应用程序四大组成部分,其中内核是所有组成部分中最为基础、最为重要的部分。各组成部分之间的相互关系如图12.1所示。

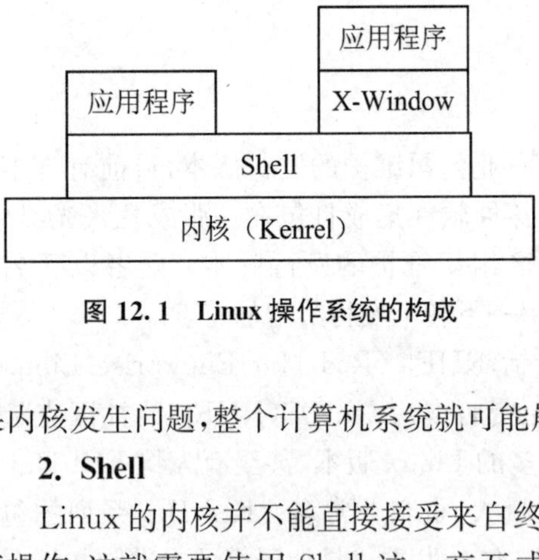

应用程序 | 应用程序 / X-Window
Shell
内核(Kenrel)

图 12.1 Linux操作系统的构成

1. 内核(Kernel)

内核是整个Linux操作系统的核心,管理着整个计算机系统的软件和硬件资源。内核控制整个计算机的运行,提供相应的硬件驱动程序、网络接口程序等,并管理所有应用程序的执行。由于内核提供的都是操作系统最基本的功能,如果内核发生问题,整个计算机系统就可能崩溃。

2. Shell

Linux的内核并不能直接接受来自终端的用户命令,从而也就不能直接与用户进行交互操作,这就需要使用Shell这一交互式命令解释程序来充当用户和内核之间的桥梁。Shell负责将用户的命令解释为内核能够接受的低级语言,并将操作系统响应的信息以用户能理解的方式显示出来,它们之间的关系如图12.2所示。

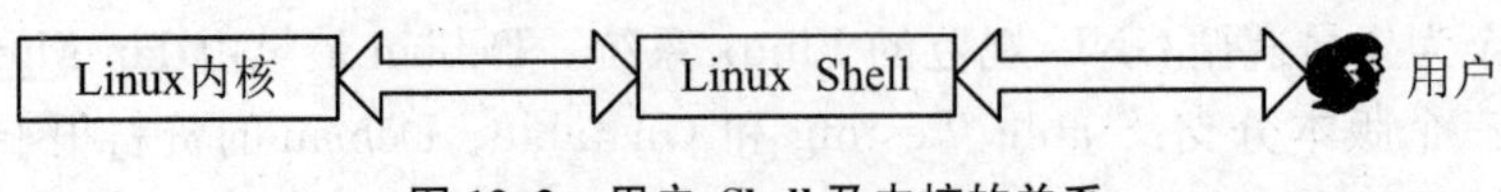

图 12.2 用户、Shell及内核的关系

3. X Window

提供与Windows相似的图形化用户界面,使用户可更方便地使用Linux操作系统,同时也为许多Linux应用程序(如字处理软件、图形图像处理软件等)提供运行环境,更加丰富了 Linux 的功能。

4. 应用程序

Linux 环境下可使用的应用程序种类丰富，数量繁多，包括办公软件、多媒体软件、与 Internet 相关的软件等。它们有的运行在字符界面，有的则必须在 X Window 图形化界面下运行。

12.1.4　Linux 磁盘分区

如果我们将磁盘比喻成一座房子，那么磁盘分区就相当于每个房间。Windows 和 Linux 磁盘分区的对比如图 12.3 所示。

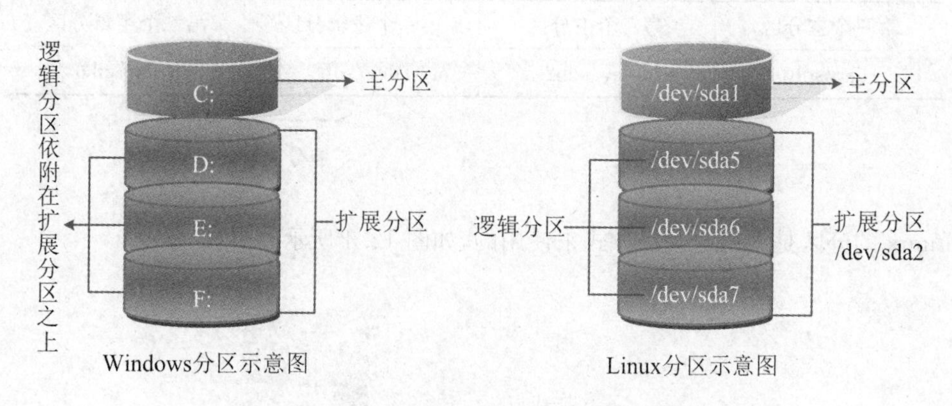

图 12.3　Windows 和 Linux 分区示意图

1. Linux 分区类型

Linux 分区类型和 Windows 一样，主要可以划分成主分区、扩展分区、逻辑分区三种类型。

(1) 主分区

主分区主要用于操作系统的引导，一块磁盘最多可以划分 4 个主分区。

(2) 扩展分区

扩展分区的引入是为了解决只能划分 4 个主分区的问题。只有当主分区个数小于 4 个时才可以划分扩展分区，而且一块磁盘最多只能有一个扩展分区。扩展分区是不能用于保存数据的，只有在扩展分区中划分了逻辑分区才可以存储数据。

(3) 逻辑分区

在扩展分区中可以建立多个逻辑分区，理论上说逻辑分区的数目不受限制。

如图 12.3 所示，我们可以看到 Windows 的主分区和逻辑分区都采用英文字母标记，如 C 盘、D 盘等，而 Linux 中计算机的大多数硬件是以文件方式进行管理的，这些硬件设备映射到"/dev"目录对应的文件中。Linux 的每个磁盘分区也映射到"/dev"目录的文件中，这些文件采用诸如"/dev/xxyN"之类的格式。

这里我们介绍一下"xxyN"这种字母加数字的格式。其中"xx"表示磁盘的设备类型，一般"sd"代表 SCSI 或 SATA 接口的磁盘(或 U 盘)，"hd"代表 IDE 接口的磁盘，"fd"代表软盘驱动器；"y"代表分区所在磁盘是当前接口的第几个设备，如，第一个 SATA 硬盘就是"/dev/sda"，第二个 SATA 硬盘就是"/dev/sdb"，后面依次类推；"N"表示分区的序号，前 4 个分区(主分区或扩展分区)使用数字 1～4 表示,逻辑分区从 5 开始。

表 12.1、表 12.2 分别显示了两块磁盘分区的表示方法。

表 12.1 第一块磁盘分区的表示方法

第一个主分区	第二个主分区	第三个主分区	第一个逻辑分区	第二个逻辑分区
/dev/sda1	/dev/sda2	/dev/sda3	/dev/sda5	/dev/sda6

扩展分区 /dev/sda4

表 12.2 第二块磁盘分区的表示方法

第一个主分区	第二个主分区	第一个逻辑分区	第二个逻辑分区
/dev/sdb1	/dev/sdb2	/dev/sdb5	/dev/sdb6

扩展分区 /dev/sdb3

Linux 的分区是采用挂载的方式来使用的,如图 12.4 所示。

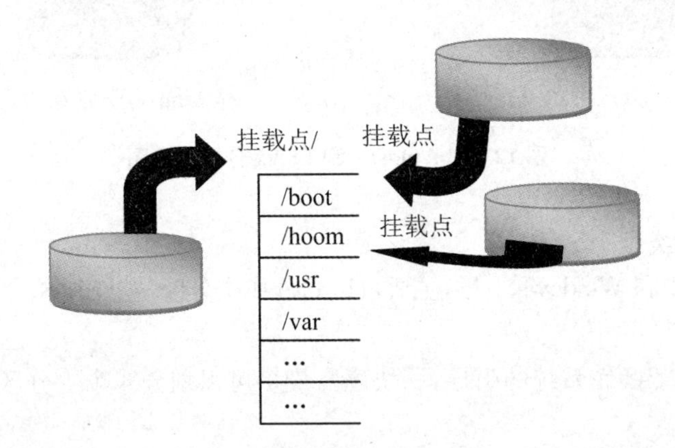

图 12.4 磁盘分区挂载

2. Linux 的主要目录及其作用

在 Linux 操作系统中没有 Windows 所谓的磁盘分区概念,而是将每个分区当成目录使用,在此使用的目录称为挂载点(Mount Point)。我们在这里了解一下 Linux 下的主要目录及其作用。

(1) /:根目录。一台 Linux 系统只有一个根目录,所有的内容都是从根目录开始。如"/dev",就是先从"/"根目录开始,再进入到"dev"目录。

(2) /root:超级管理员(root)的家目录。

(3) /boot:此目录包含了系统的启动文件和一些内核文件。

(4) /etc:主要存放系统配置文件。如:在系统中安装了 apache 软件,apache 服务的配置文件就在"/etc/httpd/conf"下。

(5) /dev:主要存放与设备有关的文件。

(6) /home:存放每个用户的家目录。每个用户的配置文件、用户的桌面及数据都存放在此目录中。这里需要指出每个用户的家目录位置为“/home/用户名”,root 用户除外,它的家目录是“/root”。

(7) /tmp:临时目录。如:有些文件在使用了一两次之后,就不会再用,像这种类型的文件就存放在此文件夹中。这里需要注意的是:重要的数据不要放在此目录中,以防止有些 Linux 版本定期对目录进行清理。

(8) /bin:一般用户使用的命令位于这个目录中。

(9) /sbin:此目录也是用于保存命令文件,但这个目录只有 Linux 超级管理员(root 用户)可以使用。

(10) /var:一些经常变化的文件通常位于此目录中,如电子邮件、网站、系统日志等。

(11) /usr:安装软件存放位置,相当于 Windows 中的“Program Files”,是默认安装软件的目录。

(12) /lib:库文件存放目录。

(13) /opt:第三方工具使用的安装目录。

(14) /lost+found:存放当系统意外关机或崩溃时产生的文件碎片,存放 fsck 工具用的孤儿文件。

(15) /mnt:此目录用于存放挂载存储设备的挂载目录。

(16) /media:某些 Linux 版本使用此目录来挂载 CD/DVD 驱动器或 USB 接口的移动硬盘等。

12.2 Linux 操作系统的安装与配置

在对公司服务器安装 Red Hat Enterprise Linux 之前,决定先在 VMware Workstation 虚拟机上进行安装测试。

VMware Workstation 是 VMware 公司销售的商业软件产品之一,它可以允许多个 x86 虚拟机同时被创建和运行。

VMware Workstation 可以在一台机器上真正同时运行两个(或多个)操作系统:一个是原始的操作系统;一个或多个运行于虚拟机上。当我们使用 VMware Workstation 安装新的操作系统时,并不需要重新划分硬盘空间,不会破坏原有的系统结构,可以同时运行多个操作系统而不需要重新启动计算机。

我们在 Windows 7 系统中安装了 VMware Workstation 9.0 版。需要注意的是 VMware Workstation 默认热键问题,因为此热键(默认为“Ctrl+Alt”)与 Linux 系统的快捷键有冲突,建议将此修改为“Ctrl+Shift+Alt”键或其他快捷键。

12.2.1 使用 VMware Workstation 搭建测试环境

1. VMware Workstation 基本设置

(1) 在 VMware Workstation 中选择“File”→“New Virtual Machine”选项,在弹出的窗

口中选择“Custom(advanced)”选项，单击“下一步”按钮，如图 12.5 所示。

(2) 选择建立虚拟机的版本。VMware Workstation 所建立的虚拟机保证向下兼容，即 VMware Workstation 7.0 所建立的虚拟机，使用 VMware Workstation 9.0 可以运行，反之则不可以。如果我们希望用 VMware Workstation 9.0 建立的虚拟机可以被 VMware Workstation 9.0 之前的版本打开，这里就需要选择建立较低版本的虚拟机。这里我们不考虑使用旧版本的 VMware Workstation，可以直接单击“下一步”按钮。如图 12.6 所示。

图 12.5　建立虚拟机

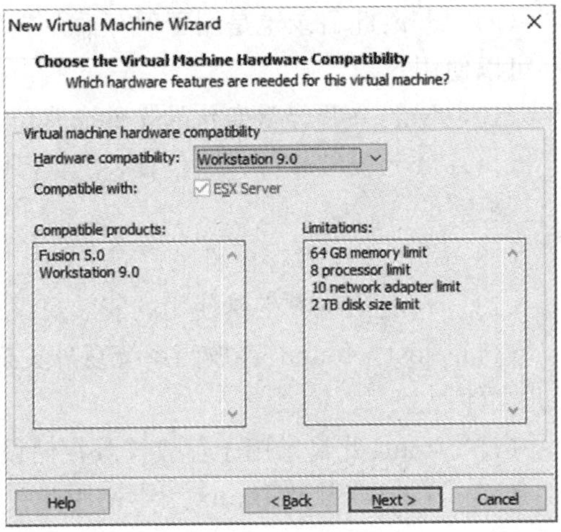

图 12.6　选择虚拟机版本

(3) 在安装客户机操作系统界面选择“I will install the operating system later”后单击“下一步”按钮，我们可以在虚拟机建立完成后再放入光盘，如图 12.7 所示。

(4) 选择虚拟机使用的操作系统版本，我们根据自己的需求选择了“Linux”→“Red Hat Enterprise Linux 5”。选择完成后单击“下一步”按钮，如图 12.8 所示。

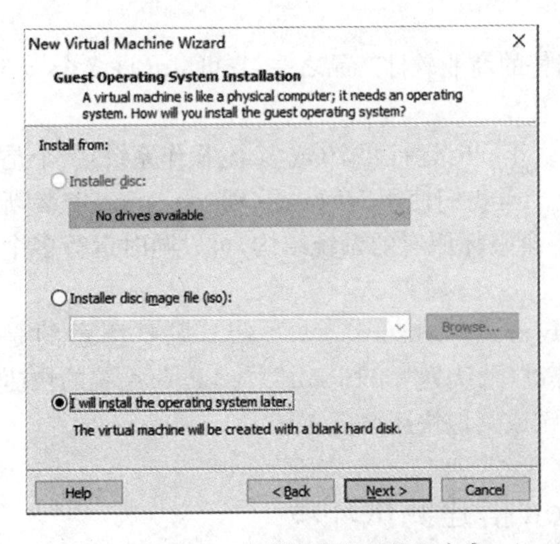

图 12.7　选择虚拟机使用光盘

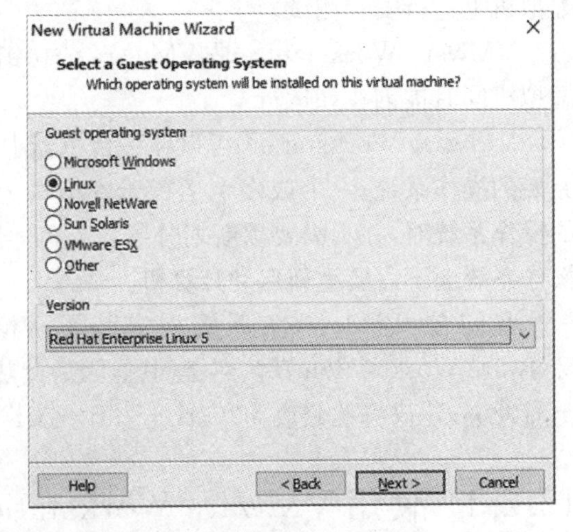

图 12.8　虚拟机操作系统版本

(5) 在这里输入的虚拟机名称只是在 VMware Workstation 中显示的标签名而并不是

虚拟机的主机名。虚拟机的所有文件都存放在宿主机的硬盘中，我们可以选择适当的位置来存放，输入完成后单击“下一步”按钮，如图12.9所示。

（6）选择虚拟机所使用的虚拟内存大小，这里我们使用了默认的1024 MB的内存，输入完成后单击“下一步”按钮，如图12.10所示。

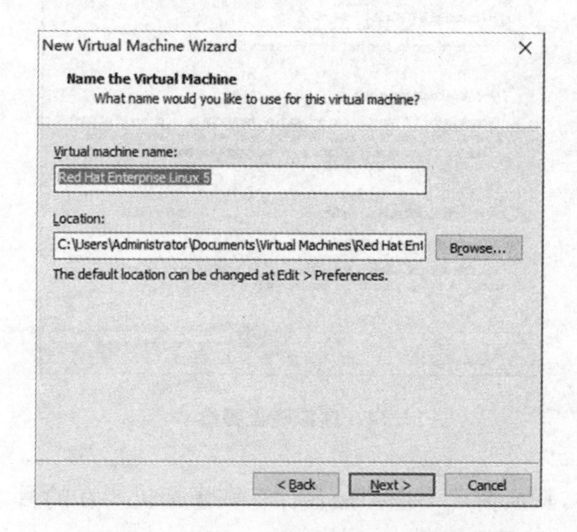

图12.9　虚拟机标签及保存位置

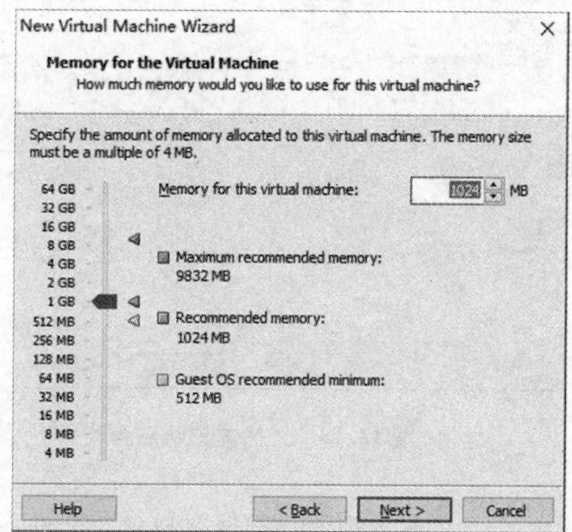

图12.10　虚拟机内存选择

（7）选择网络类型，在这里我们选择了“Use bridged networking”，选择完成之后单击“下一步”按钮，如图12.11所示。

（8）选择“Create a new virtual disk”，为虚拟机建立一个新的虚拟磁盘，单击“下一步”按钮，如图12.12所示。

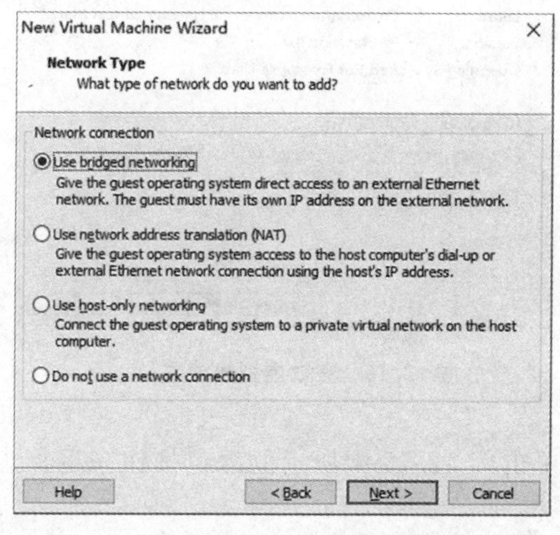

图12.11　选择网络类型

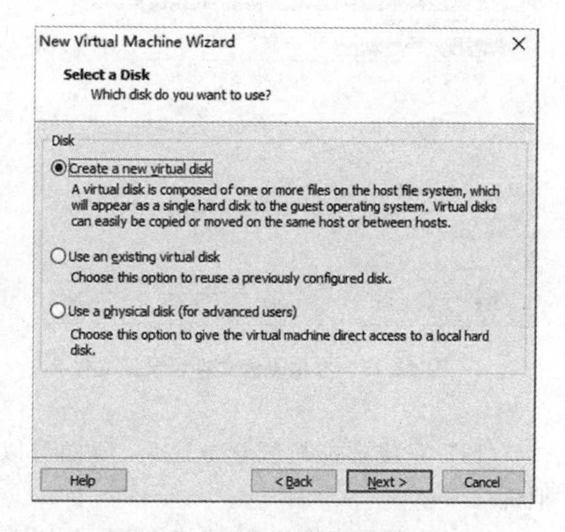

图12.12　新建虚拟机磁盘

（9）选择虚拟磁盘类型为“SCSI(推荐)”，单击“下一步”按钮，如图12.13所示。

（10）输入虚拟机的磁盘容量，我们这里设置了最大磁盘大小为40 GB，虚拟磁盘占用硬盘的实际大小是以虚拟机中保存数据的大小为准的，输入完成之后单击“下一步”按钮，如图

12.14 所示。

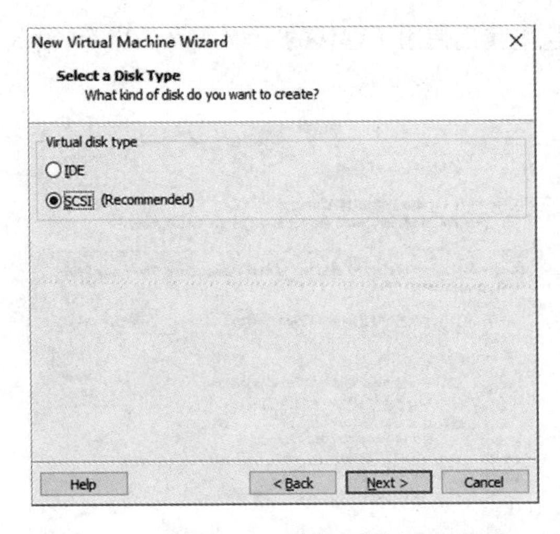

图 12.13　选择虚拟机磁盘类型

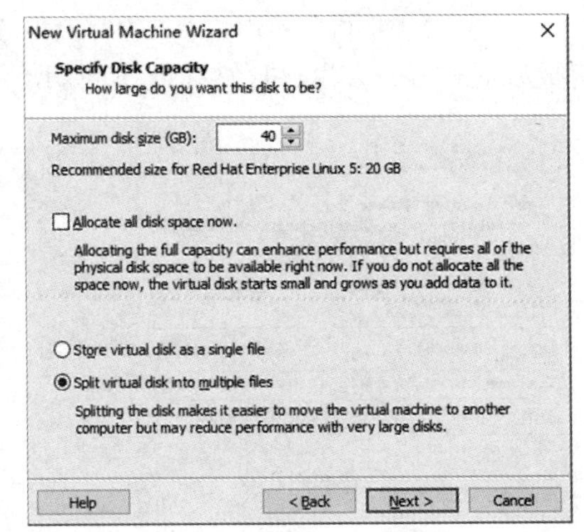

图 12.14　虚拟磁盘容量

(11) 选择虚拟磁盘的保存目录及文件名，默认情况下虚拟磁盘保存在虚拟机所在的目录中，输入完成后单击“下一步”按钮，如图 12.15 所示。

(12) 完成以上配置之后，单击“完成”按钮，完成虚拟机的建立，如图 12.16 所示。

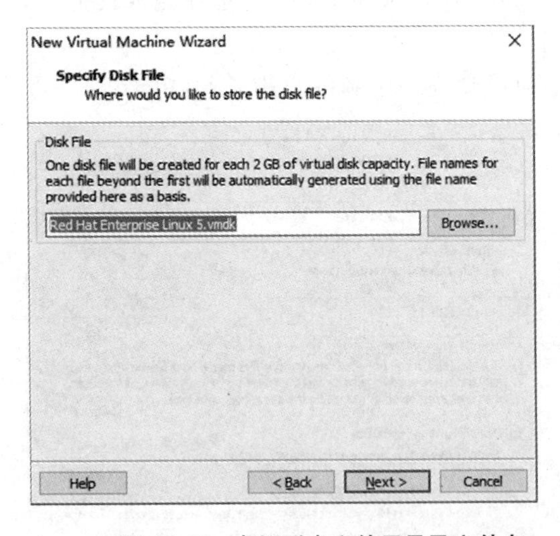

图 12.15　虚拟磁盘文件目录及文件名

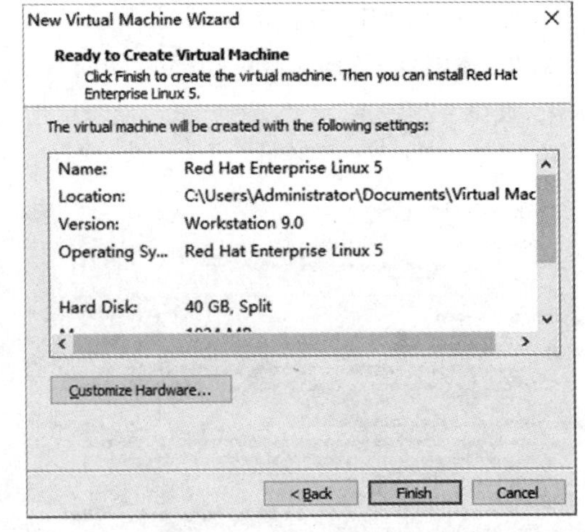

图 12.16　完成虚拟机建立

(13) 完成虚拟机的建立之后，我们可以单击图 12.17 中所示的绿色按钮来运行虚拟机。

(14) 在使用虚拟机时，我们如果要使用虚拟光驱挂载 ISO 文件，还需要点击“编辑虚拟机设置”，在弹出的虚拟机设置中选择“CD/DVD”，选择合适的 ISO 镜像文件，如图 12.18 所示。

VMware Workstation 虚拟机的使用我们只是做了简单的功能介绍，因为篇幅有限，诸如虚拟机的快照和网络类型等知识没有进行介绍，读者若想更进一步学习，请查阅相关资料。

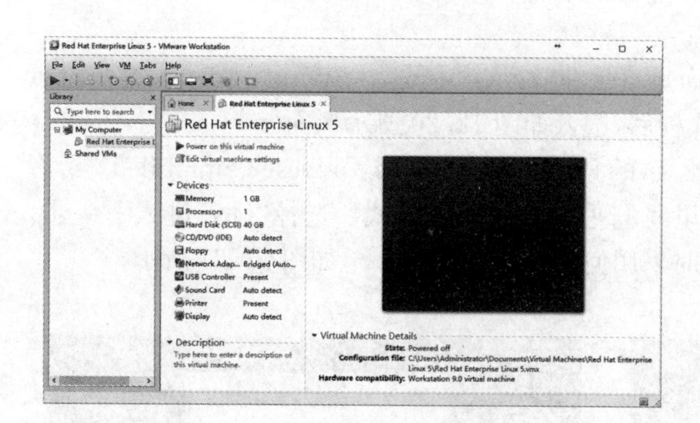

图 12.17　运行虚拟机

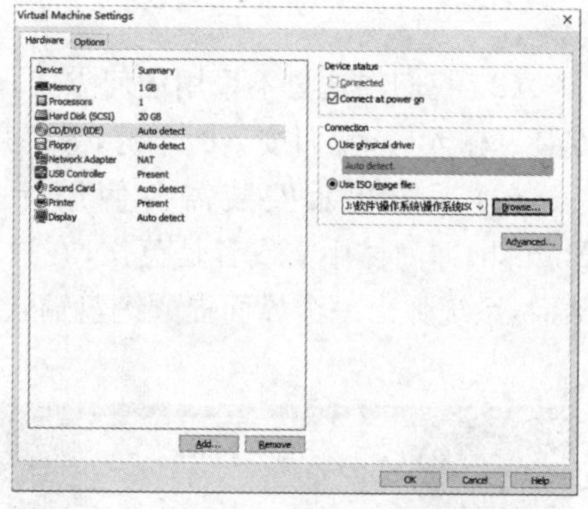

图 12.18　使用虚拟光驱

12.2.2　安装 Red Hat Enterprise Linux AS5

接下来准备安装 Red Hat Enterprise Linux AS5 网络操作系统。在服务器上插入 Linux 系统光盘，调整 CMOS 设置为从光盘启动，服务器上弹出安装过程的第一个画面，如图 12.19 所示。

图 12.19　Linux 安装第一画面

1. Linux 基础安装

(1) 如图 12.19 所示，整个界面被分为 2 个部分：一个是图形标识的样子，配以红底；另一个是文字说明，配以黑底白字。

“To install or upgrade in graphical mode，press the 〈ENTER〉 key”的含义是安装一个带图形操作界面的 Linux 系统可直接按回车键。

“To install or upgrade in text mode，type：Linux text 〈ENTER〉”的含义是安装一个文

本界面的 Linux 请输入“Linux text”后再按回车键。

“Use the function keys listed below for information”的含义是使用以下所列出的功能键。

(2) 我们在这里不采用任何方式,而是直接在“boot:”中输入“Linux askmethod”来进行安装。输入后,我们按下回车键,等待几秒后,进入如图 12.20 所示界面。

(3) 系统提示安装需要使用什么样的语言。可以使用 Chinese(Simplified)或者 English,即简体中文或者是英文,在这里我们采用简体中文模式。选择“OK”进入下一步。然后,系统弹出一个界面提醒键盘输入时采用何种方式,选择 U. S,如图 12.21 所示。

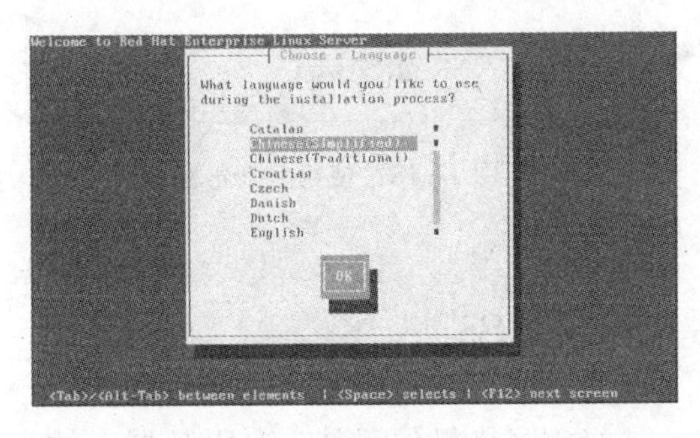

图 12.20 语言选择

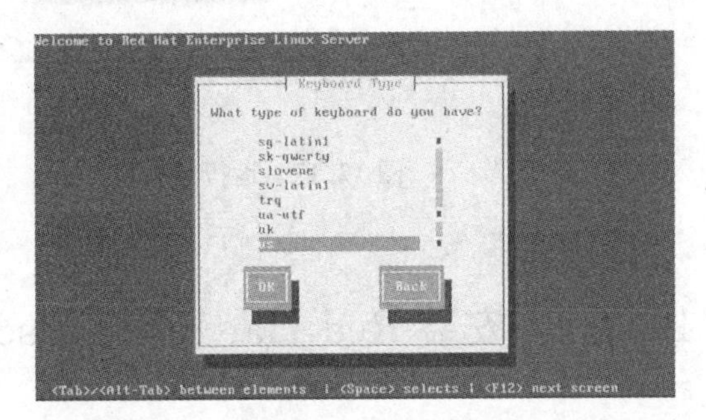

图 12.21 键盘类型选择

(4) 当我们选择完成后,继续单击“OK”按钮进行后面的配置。接下来的一步操作,我们需要选择安装方式。安装系统需要指定安装路径,以此来确定安装源文件的位置,如图 12.22 所示,有“本地光驱”、“硬盘驱动器”、“NFS 映像”、“FTP”、“HTTP”5 种安装方式。这里我们采用的是光驱安装,所以选择第一种。

(5) 单击“OK”按钮,继续下一步。到这里,系统开始提示是否检查光盘完整性,如果检查需要选择单击“OK”;如果不检查,选择“Skip”跳过。如果确定安装光盘没有问题,就可以选择“Skip”跳过,如图 12.23 所示。

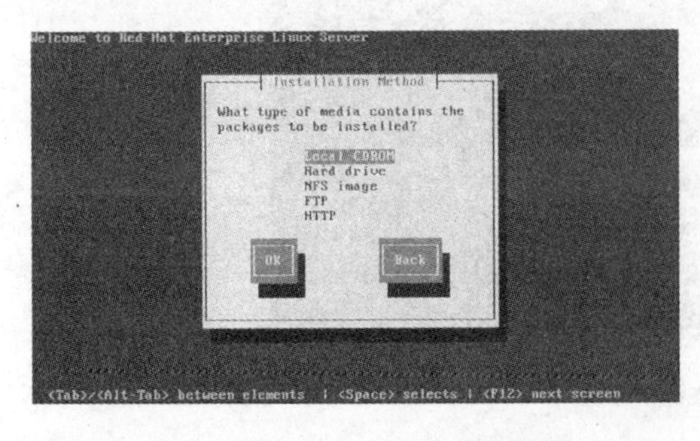

图 12.22 安装方式选择

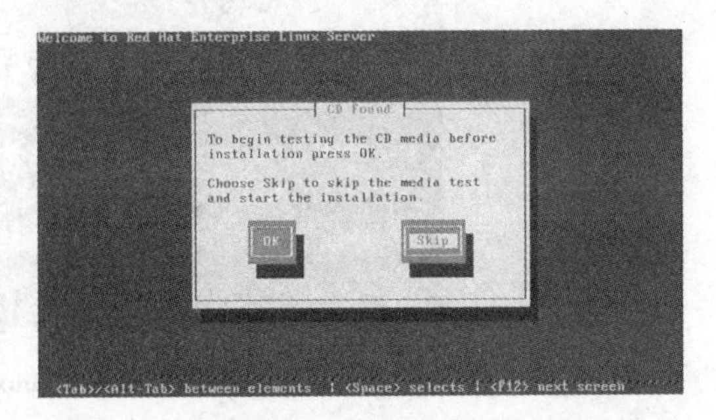

图 12.23 光盘检查

(6) 若干秒的等待后,Linux 系统进入图形化安装界面。接下来的安装过程中,系统会弹出来一个对话框,提示我们输入安装号码,通过在官网申请的号码,我们可以对原先选定的服务进行安装,如图 12.24 所示。由于 Linux 系统的开源性,我们也可以选择“跳过输入安装号码”,如图 12.25 所示。

(7) 随后系统会弹出一个警告，告诉我们创建分区需要对磁盘的分区表进行初始化，我们选择“是(Y)”来初始化磁盘。

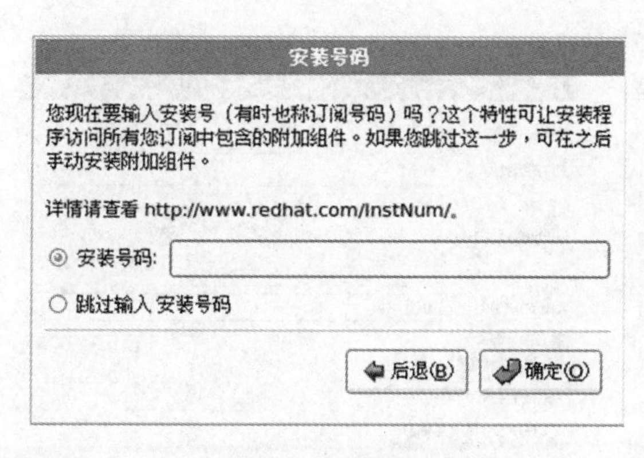

图 12.24 安装号码

图 12.25 跳过安装号码

(8) 随后，系统开始收集信息。信息收集完之后，我们可以看到如图 12.26 所示的磁盘分区方式界面。

(9) 在磁盘分区方式选择窗口中，Red Hat Enterprise Linux AS5 提供了四种方式，第一种为“在选定的磁盘上删除所有分区并创建默认分区结构”；第二种为“在选定的磁盘上删除 Linux 分区，并创建默认的分区结构”；第三种为“使用选择磁盘上剩余空间创建分区”；第四种为“建立自定义的分区结构”。对于初学者，可以选择第一种“删除所有分区并创建默认分区”的方式，但我们还是推荐选择第四种自定义分区方式。在这里我们选择第四种的分区方式。

在接下来出现的如图 12.27 所示的界面中通过单击“新建”按钮，在弹出的窗口中创建分区。

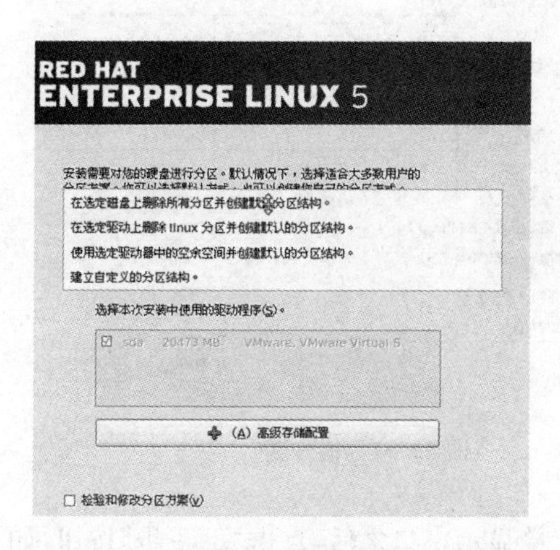

图 12.26 磁盘分区方式选择

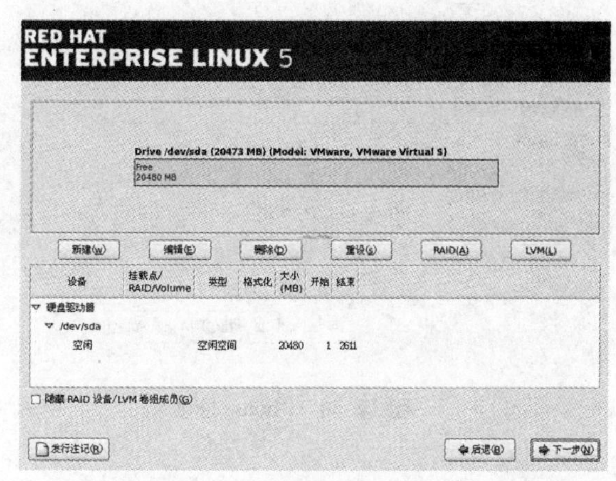

图 12.27 磁盘分区

(10) 在弹出的窗口中，“挂载点”选择“/boot”分区，“文件系统类型”选择“ext3”，“大小”处设置成“100 MB”，如图 12.28 所示。

（11）接下来我们创建"Swap"交换分区。Linux 的交换分区作用相当于 Windows 中的虚拟内存，即当内存空间不够用时，将暂时不运行的数据放入交换分区中。交换分区的大小一般设置成内存的 2 倍，如图 12.29 所示。

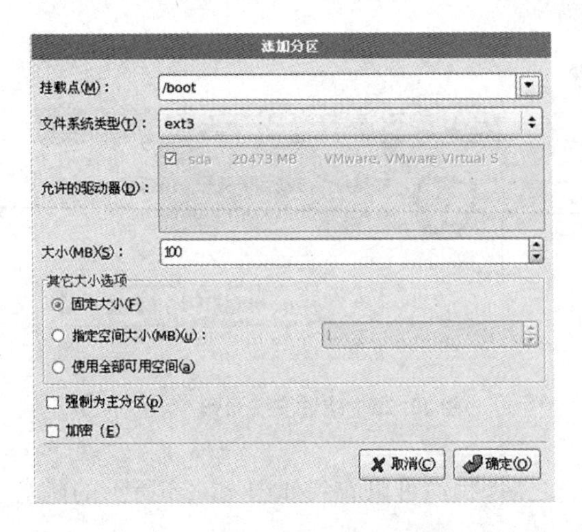

图 12.28 /boot 分区

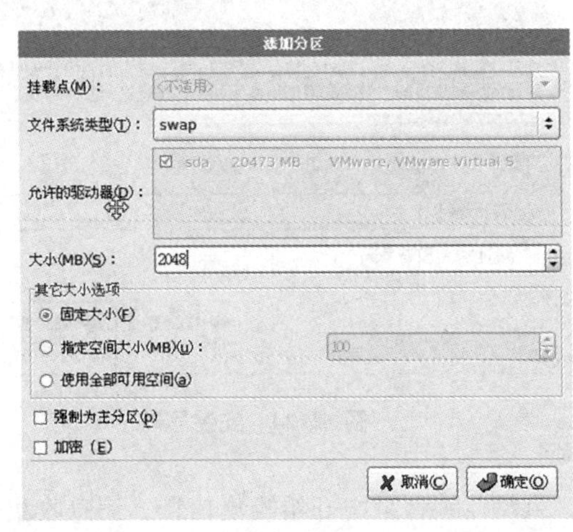

图 12.29 Swap 交换分区

（12）按照同样的操作方法创建"/home"分区，文件系统类型为"ext3"，大小设置为 2 GB，如图 12.30 所示。

（13）最后我们创建根分区"/"，文件系统类型为"ext 3"，大小设置为 10 GB，如图 12.31 所示。

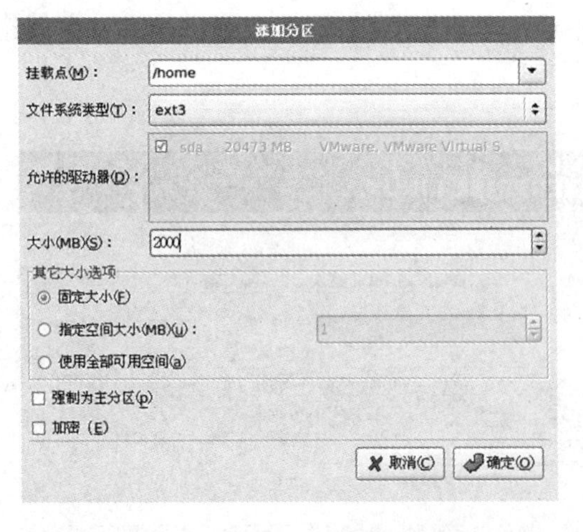

图 12.30 /home 分区

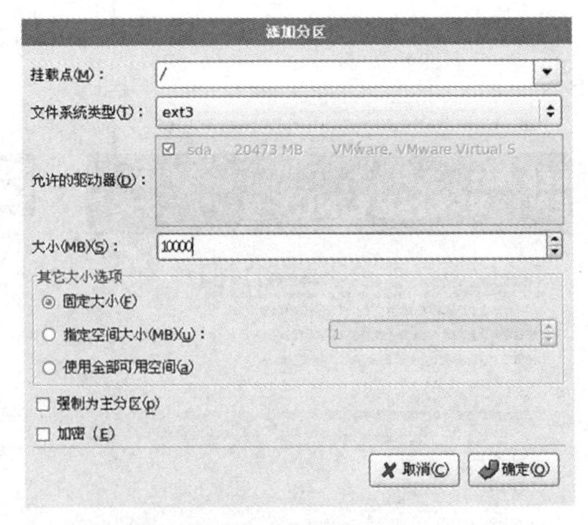

图 12.31 根分区

（14）选择 GRUB 引导程序存放分区及启动菜单显示窗口之后，点击"下一步"按钮，如图 12.32 所示。

（15）如果使用 DHCP 方式自动获取 IP 地址可直接点击"下一步"按钮。如果需要手动设置 IP 地址，则可单击"编辑"按钮，在弹出的窗口中选择"Enable IPv4 support"下面的"Manual configuration"后，输入 IP 地址和子网掩码，如果不需要使用 IPv6 则取消"Enable

IPv6 support”，在这里可以选择输入网关地址、主DNS地址、从DNS地址和设置主机名，如图12.33所示。

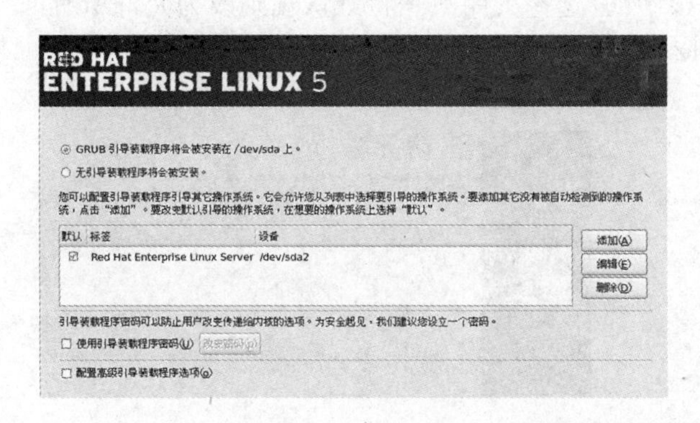

图12.32　GRUB引导程序选择

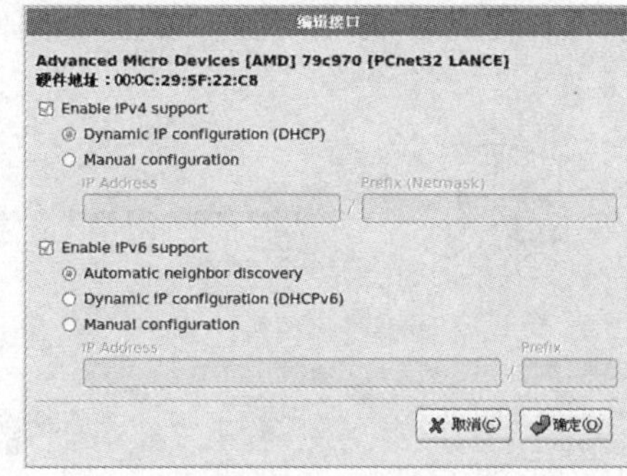

图12.33　网络参数设置

（16）在时区选择中，选择“亚洲/上海”后，单击“下一步”按钮，如图12.34所示。

（17）设置根账户（root用户）密码，因为根用户对系统非常重要，在设置密码时要保证密码的强度，输入完成后，单击“下一步”按钮，如图12.35所示。

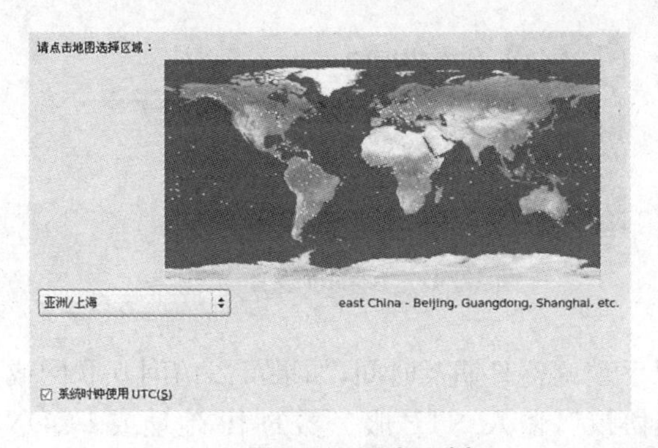

图12.34　时区选择

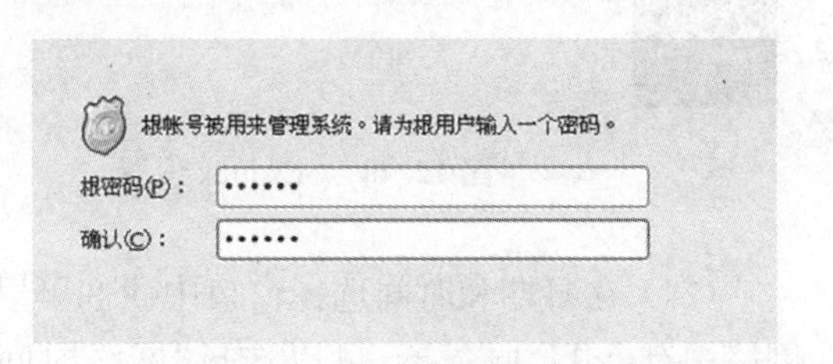

图12.35　设置根账户密码

（18）在选择安装软件窗口中勾选“现在定制”后，单击“下一步”按钮，如图12.36所示。

（19）在选择软件包时可以根据自己的需求选择相应的软件包，推荐将“基本系统”→“系统工具”勾选，选择完成后单击“下一步”按钮，如图12.37所示。

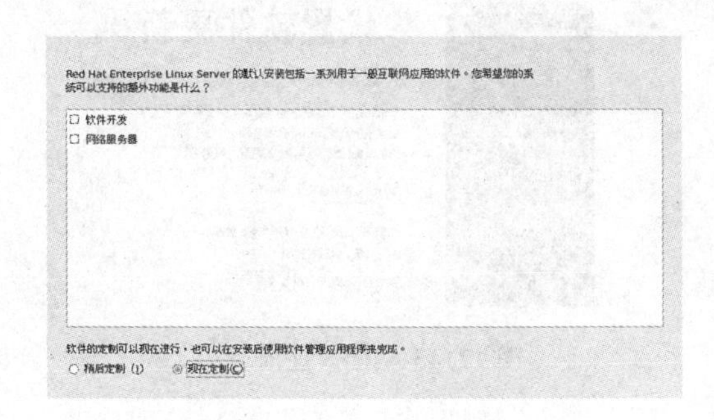

图12.36　定制软件包

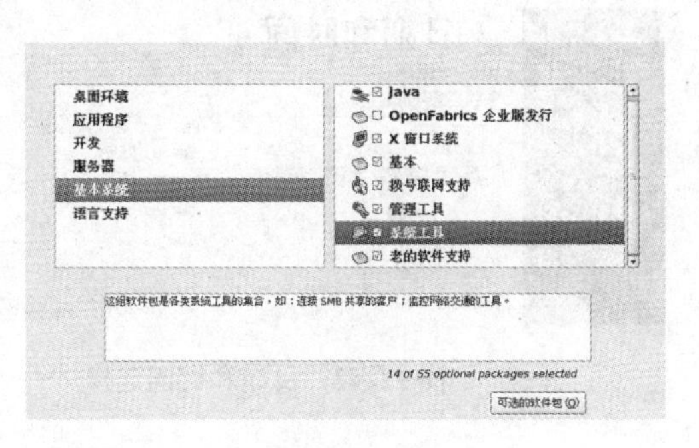

图12.37　软件包选择

(20) 等待软件包安装结束后,单击“重新引导”按钮重新启动计算机,如图 12.38 所示。

(21) Linux 系统启动完成后,需要进行初始设置。在同意许可协议后,防火墙设置选择“禁用”模式。Linux 防火墙是整合在内核中的,选择关闭只是将默认规则改为允许所有通信,选择完成后,单击“前进”按钮,如图 12.39 所示。

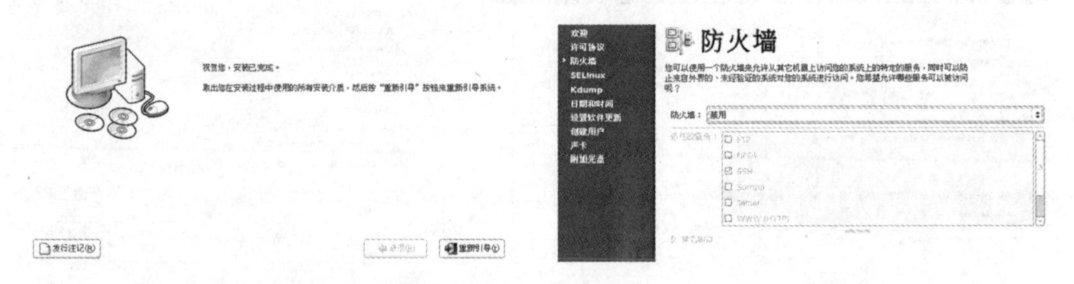

图 12.38 重新启动　　　图 12.39 防火墙设置

(22) 在 SELinux 状态窗口中选择“禁用”模式,选择完成后,单击“前进”按钮,如图 12.40 所示。

(23) 在 Kdump 窗口中可直接单击“前进”按钮,如图 12.41 所示。

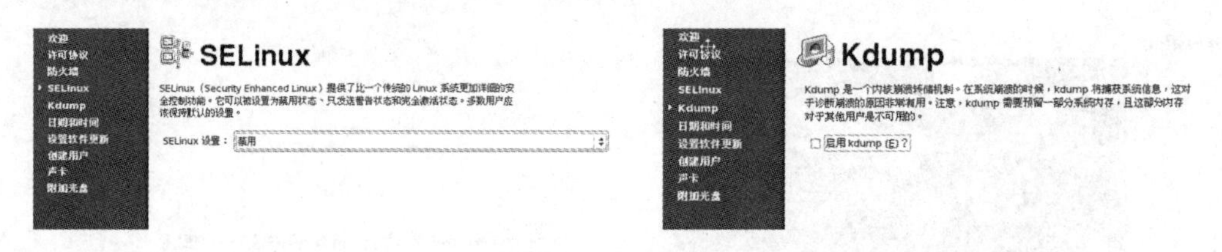

图 12.40 SELinux 设置　　　图 12.41 Kdump 设置

(24) 在日期和时间选择窗口中我们可以手动调整日期及时间,如果可以访问互联网或网络中有 NTP 服务器,可以选择“网络时间协议”,输入 NTP 服务器的 IP 地址或 FQDN 名,选择完成后,单击“前进”按钮,如图 12.42 所示。

(25) 选择不注册 RHN,如图 12.43 所示。RHN 是 Red Hat Network(红帽网络)的缩写,它可以提供 Linux 网络的解决方案,所有购买 RHN 的用户都可以获得基于 Web 的 RHN 支持服务。

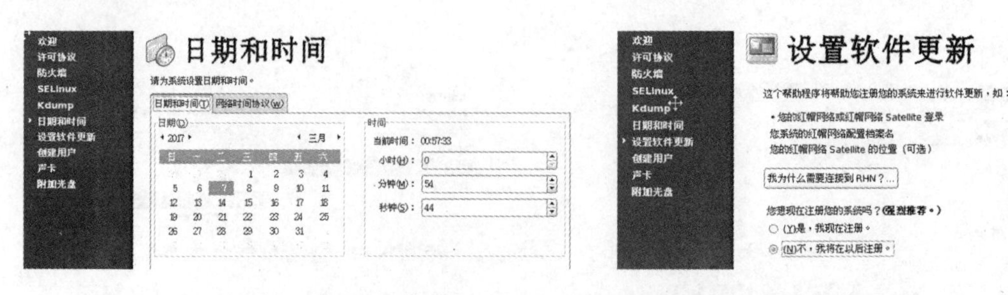

图 12.42 日期和时间选择　　　图 12.43 RHN 注册

(26) Linux 系统还可以创建一个普通用户,该用户可以进行日常管理,如图 12.44 所示。这里主要还是考虑到使用根用户(root 用户)的误操作会对系统造成损害。

(27) 在完成安装后,在用户名处输入如“root”,按回车键,再输入安装中为 root 用户配置的密码即可登入系统,如图 12.45、图 12.46 所示。

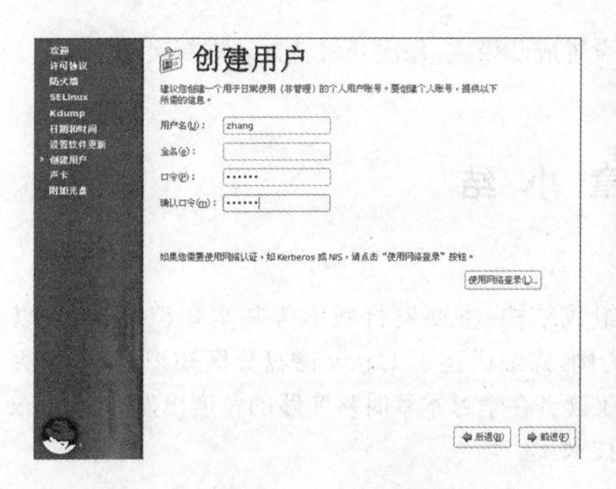

图 12.44　创建普通用户

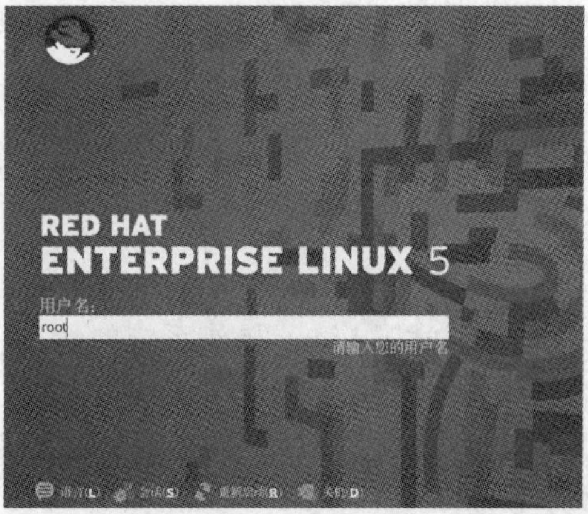

图 12.45　用户登录

(28) 我们默认进入的是 Linux 系统的 GNOME 桌面环境,在安装时我们也可以选择安装 KDE 桌面环境。GNOME 桌面环境如图 12.47 所示。

图 12.46　密码输入

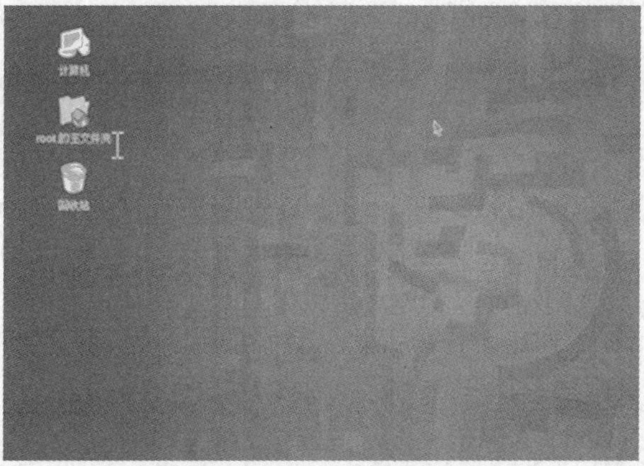

图 12.47　GNOME 桌面环境

2. Linux 启动级别

Linux 系统在启动时会读取配置文件“etc/inittab”来决定自己的启动级别。打开该文件,可看到在“id:”中指定了系统默认的运行级别是 5。在 Linux 中,运行级别包括以下几个:

(1) 运行级别 0:表示关机。如果将系统运行级别改为 0,那么开机后系统将会自动关机。

(2) 运行级别 1:表示单用户模式。如果将系统运行级别改为 1,则只有 root 用户能在控制台上登录系统,网络接口等通常不可使用。

(3) 运行级别 2:表示多用户模式(没有网络文件系统)。此模式下具有网络连接,但是没有 NFS(网络文件系统)。

(4) 运行级别 4:表示目前没有使用,属于保留的运行级别。

(5) 运行级别 5:表示完全的多用户模式。在此模式下,Linux 每次开机后将进入图形化界面。

(6) 运行级别 6:表示重新启动。如果设置成此模式,每次开机就自动重新启动。

本 章 小 结

本章讲述了 Linux 操作系统的特点、组成结构、主要发行版本等基本知识,重点是以 Red Hat Enterprise Linux AS5 操作系统为例,详细讲述了 Linux 磁盘分区知识、分区方法以及 Linux 操作系统安装的详细步骤。建议读者在学习本章时从实践的角度出发,在 Linux 操作系统的安装实践中掌握相关的知识和技术。

复习思考题

一、填空题

1. GUN 的含义是(　　)。
2. Linux 一般有 3 个主要部分:(　　)、(　　)和(　　)。
3. 安装 Linux 最少需要两个分区,分别是(　　)和(　　)。
4. Linux 默认系统管理员账号是(　　)。

二、选择题

1. Linux 最早是由计算机爱好者(　　)开发的。

A. Richard Petersen　　B. Rob Pick
C. Linus Torvalds　　D. Linux Sarwar

2. Linux 的根分区系统类型是(　　)。

A. FAT16　　B. ext3　　C. NTFS　　D. FAT32

3. 下列(　　)是自由软件。

A. Windows XP　　B. Unix　　C. Linux　　D. Windows 2008

4. 下列(　　)不是 Linux 的特点。

A. 单用户　　B. 多任务　　C. 开发性　　D. 独立性

三、问答题

1. 在 Linux 中硬盘是如何表示的? /dev/sda1 表示什么含义?
2. 计算机的磁盘分区有何规则?
3. 安装 Linux 时至少需要几个磁盘分区? 其作用分别是什么?
4. Linux 的引导装载程序一般保存在什么地方? 有何作用?

本章实训

一、实训目的

1. 掌握使用VMware Workstation搭建测试环境的方法。

2. 在定义的虚拟机中安装Linux系统。

二、实训内容

1. 在VMware虚拟机软件中新建一个虚拟机,命名为RedHat Linux。

2. 按如下的硬件需求进行虚拟机参数的配置:

CPU	单核
内存大小	512 MB
硬盘大小	40 GB
网络适配器	桥接模式

3. 使用Red Hat Enterprise Linux AS5的ISO镜像文件安装Linux操作系统,安装要满足以下要求:

(1) 磁盘分区

根分区大小:20 GB;

/boot分区大小:100 MB;

Swap(交换分区)大小:内存的2倍;

/home分区大小:20 GB。

(2) 网络参数配置

IP地址:192.168.1.200;

子网掩码:255.255.255.0;

网关:192.168.1.1;

DNS地址:192.168.1.254;

主机名:abc.wl.com。

(3) 安全配置

关闭防火墙、禁止SELinux。

第 13 章　Linux 系统文件与目录管理

学习目标

通过本章的学习，我们将了解 Linux 文件和目录管理的相关知识，可以运用 Linux 命令对文件及目录进行相关的操作。通过本章的学习，应达到如下学习目标：

- 了解 Linux 文件系统的结构和文件类型。
- 掌握 Linux 文件系统路径的概念。
- 掌握 Linux 文件和目录的相关操作命令。

导入案例

易慧网络公司将公司服务器升级为 Linux 操作系统，对于 Linux 操作系统的使用，感到最困惑的问题之一就是文件存放在哪里？网络工程师在日常的系统管理和维护中要经常和系统打交道，需要熟悉 Linux 文件管理的知识。

本章的案例表明：Linux 系统的所有数据均以文件形式存放在 Linux 主机中，所以 Linux 的文件管理将直接影响到服务器的正常运行。

13.1　Linux 文件系统介绍

Linux 系统中，磁盘上的文件系统是层次结构的，由若干目录和其子目录组成，最上层的目录称作根(root)目录，用“/”表示。

13.1.1　Linux 文件结构

文件是 Linux 操作系统处理信息的基本单位，Linux 文件名可以包含任意的 ASCII 字符。

习惯上允许使用下线符“_”和句点“.”来区别文件的类型，使文件名更易读。但是应避免使用以下字符，这些字符是：“;”、“|”、“<”、“>”、“`”、“"”、“'”、“$”、“!”、“%”、“&”、“*”、“?”、“/”、“(”、“)”、“[”、“]”。因为对系统的 Shell 来说，它们有特殊的含义。文件名应避免使用空格、制表符或其他控制字符。

Linux 系统区分文件名的大小写。如：名为“letter”的文件与名为“Letter”的文件不是同一个文件。

以圆点"."开头的文件名是隐含文件,默认方式下使用 ls 命令并不能把它们在屏幕上显示出来。同样,在默认情况下,Shell 通配符并不匹配这类文件名。

为了能一次处理多个文件,Shell 提供了几个特别字符,称为文件名通配符(也称作扩展字符)。通过使用通配符可以让 Shell 查询与特别格式相符的文件名。

主要的文件名通配符如下:

(1) 星号(*):与0个或多个任意的字符相匹配。如:"le*"可以代表 letter、lease 和 le。星号匹配的是当前目录下的所有文件,但以点"."开头的隐含文件除外。"*"只与非隐含文件匹配。

(2) 问号(?):问号只与一个任意的字符匹配,可以使用多个问号。如:"file?"与文件 file 1、file 2 匹配,但不与 file、file 10 匹配;而"name. ???"与文件"name. abc、name. xyz"匹配,但不与文件 name. ab 匹配。

(3) 方括号([]):与问号相似,只与一个字符匹配。它们的区别在于:问号与任意一个字符匹配,而方括号只与括号中列出的字符之一匹配。如:letter[123]只与文件 letter 1、letter 2 或 letter 3 匹配,但不与文件 letter 12 匹配。可以用短横线代表一个范围内的字符,而不用将它们一一列出。如:letter[1-3]是 letter[123]的简写形式。但是,要注意范围内的字符都按升序排列,即[A-Z]是有效的,而[Z-A]是无效的。方括号中可以列出多个范围,如[A-Za-z]可以和任意大写或小写的字符相匹配。方括号中如果以惊叹号"!"开始,表示不与惊叹号后的字符匹配。

上面介绍的所有符号都可以混合使用。如:"[! A-Z]*.?"代表所有不以大写字母开头,但倒数第二个位置是"."的文件。

13.1.2 Linux 的文件类型

Linux 操作系统支持普通文件、目录文件、特别文件及符号链接文件等文件类型。

1. 普通文件

普通文件也称作常规文件,包含各种长度的字节串。核心对这些数据没有进行结构化,只是作为有序的字节序列把它们提交给应用程序。应用程序自己组织和解释这些数据,通常把它们归并为下述类型之一:

(1) 文本文件:由 ASCII 字符构成。例如,信件、报告和称作脚本(Script)的命令文本文件,后者由 Shell 解释执行。

(2) 数据文件:由来自应用程序的数字型和文本型数据构成。如电子表格、数据库以及字处理文档等。

(3) 可执行的二进制程序:由机器指令和数据构成。如上面所说的系统提供的命令。

使用 file 命令可以确定指定文件的类型。该命令可以将任意多个文件名当作参数,其一般使用格式是:file 文件名[文件名…]。

2. 目录文件

目录是一类特殊的文件,利用它可以构成文件系统的分层树型结构。如同普通文件那样,目录文件也包含数据。目录文件是由成对的"I 节点号/文件名"构成的列表。

I 节点号是检索 I 节点表的下标,I 节点中存放有文件的状态信息。

每个目录的第一项都表示目录本身，并以“.”作为它的文件名。每个目录的第二项的名字是“..”，表示该目录的父目录。

3. 设备文件

在Linux系统中，所有设备都作为一类特别文件对待，用户像使用普通文件那样对设备进行操作，从而实现设备无关性。但是，设备文件除了存放在文件I节点中的信息外，它们不包含任何数据，系统利用它们来标识各个设备驱动器，使用它们与硬件设备通信。

有两类特别设备文件，它们对应不同类型的设备驱动器。

(1) 字符设备

字符设备是最常用的设备类型，允许I/O传送任意大小的数据，其数据大小取决于设备本身的容量。使用这种接口的设备包括终端、打印机及鼠标。

(2) 块设备

这类设备利用核心缓冲区的自动缓存机制，缓冲区进行I/O传送总是以1 KB为单位。使用这种接口的设备包括硬盘、软盘和RAM盘。

设备文件的一个示例是当前正在使用的终端，tty命令可以显示出这个文件名。例如：
$ tty/dev/tty01

13.1.3 Linux路径及链接文件

Linux文件系统采用带链接的树形目录结构，即只有一个根目录(通常用“/”表示)，其中含有下级子目录或文件的信息，子目录中又可含有更下级的子目录或者文件的信息。这样一层一层地延伸下去，构成一棵倒置的树，如图13.1所示。

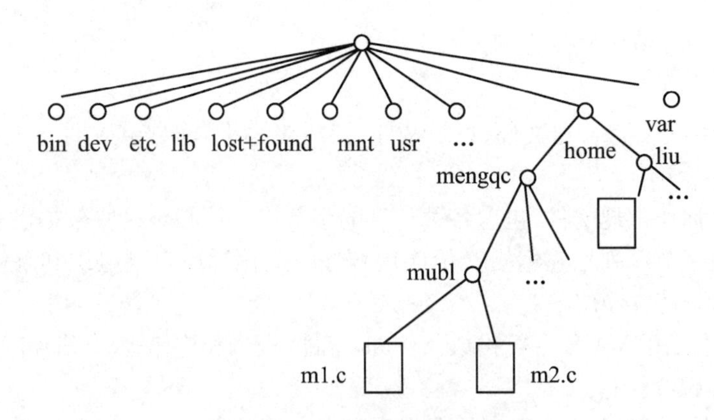

图13.1 Linux树型目录结构

在目录树中，根节点和中间节点(用圆圈表示)都必须是目录，而普通文件和特别文件只能作为“叶子”出现。当然，目录也可以作为“叶子”。

1. 绝对路径名

在Linux操作系统中，每一个文件有唯一的绝对路径名，它是沿着层次树，从根目录开始，到达相应文件的所有目录名连接而成，各目录名之间以斜线字符(“/”)隔开。如：“/home/mengqc/lib/func/file1”。

绝对路径名总是以斜线字符(“/”)开头，它表示根目录。如果要访问的文件在当前工作目录之上，那么，使用绝对路径名往往是最简便的方法。

2. 相对路径名

相对路径名利用相对当前工作目录的路径指定一个文件。为了访问当前工作目录或其任意子目录中的文件，可以使用相对路径名。注意：相对路径名不能以斜线字符（"/"）开头。

为了访问在当前工作目录中和当前工作目录之上的文件，可以在相对路径名中使用特殊目录名"."和".."。"."目录表示本目录自身，而".."目录代表该目录的父目录。在每个目录中都有".."目录文件。

3. 链接文件

Linux具有为一个文件起多个名字的功能，称为链接。被链接的文件可以存放在相同的或不同的目录下。如果在同一目录下，二者必须有不同的文件名，而不用在硬盘上为同样的数据重复备份；如果在不同的目录下，那么被链接的文件可以与原文件同名，只要对一个目录下的该文件进行修改，就可以完成对所有目录下同名链接文件的修改。对于某文件的各个链接文件，我们可以给它们指定不同的存取权限，以控制对信息的共享和增强安全性。

文件链接分为硬链接和符号链接两种形式。

(1) 硬链接

建立硬链接时，是在另外的目录或本目录中增加目标文件的一个目录项。这样，一个文件就登记在多个目录中。如图13.2所示的m2.c文件就在目录mub1和liu中都建立了目录项。

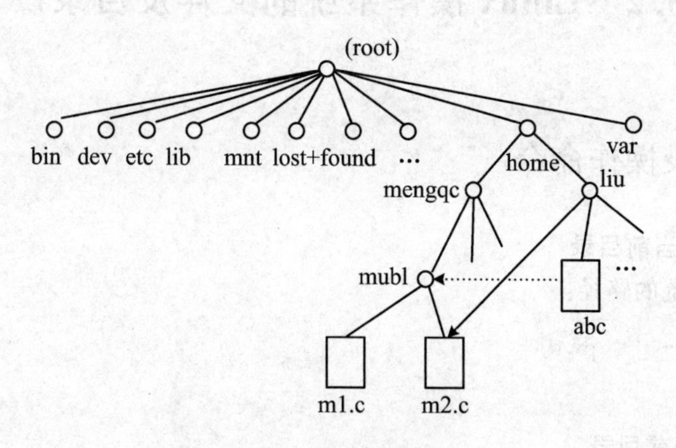

图13.2 文件硬链接

创建硬链接后，已经存在的文件的I节点号会被多个目录文件项使用。一个文件的硬链接数可以在目录的长列表格式的第二列中看到，无额外链接的文件的链接数为1。

ln命令用来创建链接。默认情况下，ln命令创建硬链接。ln命令会增加链接数，rm命令会减少链接数。一个文件除非链接数为0，否则不会物理地从文件系统中被删除。

对硬链接有如下限制：

① 不能对目录文件做硬链接。

② 不能在不同的文件系统之间做硬链接。

(2) 符号链接

符号链接也称软链接，是将一个路径名链接到一个文件。这些文件是一种特别类型的文件。事实上,它只是一个小文本文件,如图 13.2 所示的 abc 文件。其中包含它所链接的目标文件的绝对路径名,如图 13.2 中虚线箭头所示。被链接文件是实际上包含所有数据的文件。所有读写文件的命令,当它们涉及符号链接文件时,将沿着链接方向前进,找到实际的文件。

和硬链接不同的是,符号链接确实是一个新文件,它具有与目标文件不同的 I 节点号,而硬链接并没有建立新文件。

符号链接没有硬链接的限制,可以对目录文件做符号链接,也可以在不同文件系统之间做符号链接。

用"ln -s"命令建立符号链接时,最好源文件用绝对路径名,这样可以在任何工作目录下进行符号链接。当源文件用相对路径时,如果当前的工作路径和你要创建的符号链接文件所在路径不同,就不能进行链接。

需要注意的是:符号链接与源文件或目录之间的如下区别:

① 删除源文件或目录时,只删除了数据,不会删除链接。一旦以同样文件名创建了源文件,链接将继续指向该文件的新数据。

② 在目录长列表中,符号链接作为一种特殊的文件类型显示出来,其第一个字母是 l。

③ 符号链接的大小是其链接文件的路径名中的字节数。

13.2　Linux 操作系统的文件及目录操作

13.2.1　目录操作命令

1. pwd 查看当前目录

查看当前系统的路径:

```
[root@localhost ~]# pwd
/root
```

2. cd 改变当前目录

cd 命令用于改变用户的当前目录,该命令的语法如下:

cd"目录""目录缩写"

cd 命令可以改变当前目录,其中目录名表示需要切换到的目录;目录缩写包括"."表示当前目录,".."表示当前目录的父目录,"-"表示前一个工作目录,"~"表示当前用户的家目录。

将当前根目录改变到"/var/local/":

```
[root@localhost ~]# cd /var/local/
[root@localhost local]#
```

将当前目录/var/local/切换到目录的上一级:

```
[root@localhost local]# cd ..
[root@localhost var]#
```

将当前/var目录切换到用户的家目录并用pwd查看：

```
[root@localhost var]# cd ~
[root@localhost ~]# pwd
/root
```

3. ls显示目录内容

ls命令用于显示指定目录的内容，该命令语法如下：

ls [-aAdfFhilnrRSt] --time={atime,ctime} -color<=使用时机> [目录…]

常用选项如下：

-a：显示包括以“.”开头的隐藏文件在内的所有文件及目录。

-d：仅列出目录本身，而不是列出目录内的文件。

-F：显示目录下的文件或目录的名称及类型。以“/”结尾表示是目录名；以“*”结尾表示是可执行文件；以“@”结尾表示是符号链接；以“|”结尾的是软链接。

-h：使用K(KB)、M(MB)、G(MB)为单位，提供信息的可读性。

-l：显示目录下所有文件或目录的权限、所有者、文件大小、修改时间及名称。

-n：使用UID和GID代替用户名显示文件或目录的所有者和拥有组。

-r：反向排序，用相反的顺序列出文件和目录名称。

-R：连同子目录内容一起列出来，将该目录下的所有文件显示出来。

-S：根据文件大小的顺序显示。

-t：根据文件或目录最后修改时间的顺序显示文件及目录。

-color=never：不依据文件特性给予颜色显示。

-color=always：显示颜色。

-color=auto：让系统自行依据设定来判断是否给予颜色。

-full-time：以完整时间模式(包含年、月、日、时、分)输出。

-time={atime,ctime}：输出时间(access)或改变权限属性时间(ctime)而非内容变更时间(modification time)。

在根目录下显示目录内容：

```
[root@localhost ~]# ls
anaconda-ks.cfg Desktop install.log install.log.syslog
```

显示“/home”目录内容：

```
[root@localhost ~]# ls /home/
dxx lost+found wljs
```

4. mkdir创建目录

mkdir命令用于创建目录，该命令语法如下：

mkdir [-p] [-m<目录属性>] 目录名称

常用选项如下：

-p：如果需要建立的目录的父级目录尚未创建，则一起建立父级目录。

-m：建立目录时，同时设置目录的权限。

在当前目录建立一个名为“abc”的目录：

```
[root@localhost ~]# mkdirabc
```

在“/etc”目录下建立目录“jsjwl”：

```
[root@localhost ~]# mkdir /etc/jsjwl
```

利用参数“-p”在目录“/etc1”中建立一个名为“dxx”的目录：

```
[root@localhost /]# mkdir -p /etc1/dxx
```

13.2.2 文件操作命令

1. touch 改变文件或者目录时间

touch 命令用于改变文件或目录的访问时间及修改时间，其命令语法如下：

touch [-am][-t<日期时间>] [-r<参考文件>] [目录|文件…]

选项与参数如下：

-a：更改由 File 变量指定的文件的访问时间。不会更改修改时间，除非也指定了“ -m”标志。

-c：如果文件不存在，则不要进行创建。没有写任何有关此条件的诊断消息。

-f：尝试强制 touch 运行，而不管文件的读和写。

-m：更改 File 的修改时间。不会更改访问时间，除非也指定了“-a”标志。

-r(RefFile)：使用由 RefFile 变量指定的文件的相应时间，而不用当前时间。

-t(Time)：使用指定时间而不是当前时间。Time 变量以十进制形式[[CC]YY]MMDDhhmm[.SS] 指定，其中：

① CC：指定年份的前两位数字。

② YY：指定年份的后两位数字。

③ MM：指定一年的哪一个月(从 01 到 12)。

④ DD：指定一月的哪一天(从 01 到 31)。

⑤ hh：指定一天中的哪一小时(从 00 到 23)。

⑥ mm：指定一小时的哪一分钟(从 00 到 59)。

⑦ SS：指定一分钟的哪一秒(从 00 到 59)。

在根目录下建立一个名为“txt”的空文件：

```
[root@localhost ~]# touch ~/txt
[root@localhost ~]# ls
anaconda-ks.cfg Desktop install.log install.log.syslog jwml txt
```

利用参数“-a”将“/etc/dxx”文件的读取时间修改为当前时间：

```
[root@localhost dxx]# touch -a /etc/dxx
```

2. cp 复制文件或目录

cp 命令用于将目录或文件复制到另外一个目录，该命令语法如下：

cp [-abdfilpPrRsuvx][-S <备份字尾字符串>][-V <备份方式>][--help][--spares=<使用时机>][--version][源文件或目录][目标文件或目录] [目的目录]

常用选项如下：

-a：此参数的效果和同时指定“-dpr”参数相同。

-b：覆盖目标文件之前的备份，备份文件会在字尾加上一个备份字符串。

-d：当复制符号连接时，把目标文件或目录也建立为符号链接，并指向与源文件或目录链接的原始文件或目录。

-f：强行复制文件或目录，不论目的文件或目录是否已经存在。

-i：覆盖文件之前先询问用户。

-p：保留源文件或目录的属性，包括所有者、所属组、权限与时间。

-r：递归处理，将指定目录下的文件与子目录一并处理。若源文件或目录的形态，不属于目录或符号链接，则一律视为普通文件处理。

-R 或 -recursive：递归处理，将指定目录下的文件及子目录一并处理。

-S <备份字尾字符串> 或 --suffix=<备份字尾字符串>：用“-b”参数备份目的文件后，备份文件的字尾会被加上一个备份字符串。默认的备份字尾字符串是符号“～”。

-V <备份方式> 或 --version-control=<备份方式>：指定当备份文件时，备份文件名的命名方式，有如下 3 种：

① numbered 或 t：将使用备份编号，会在字尾加上～1～字符串，其数字编号依次递增。

② simple 或 never：将使用简单备份，默认的备份字尾字符串是～，也可通过-S 来指定。

③ existing 或 nil：将使用当前方式，程序会先检查是否存在着备份编号，若有则采用备份编号，若无则采用简单备份。

将文件 file 1 复制成文件 file 2：

```
cp file 1 file 2
```

采用交互方式利用参数“-i”将文件 file 1 复制成文件 file 2：

```
cp -i file 1 file 2
```

将目录 dir 1 复制成目录 dir 2：

```
cp -R dir 1 dir 2
```

同时将文件 file 1、file 2、file 3 与目录 dir 1 复制到 dir 2：

```
cp -R file1 file2 file3 dir1 dir2
```

复制时保留文件属性：

```
cp -p a. txt tmp/
```

复制时保留文件的目录结构：

```
cp -P /var/tmp/a. txt . /temp/
```

指定备份文件尾标：

```
cp -b -S _bak a. txt /tmp
```

3. rm 删除文件或目录

rm 命令用于删除文件或目录，该命令语法如下：

rm [选项]…文件…

选项与参数如下：

-f：强制删除，忽略不存在的文件，不提示确认。

-i：在删除前需要确认。

-r，-R，-recursive：递归删除目录及其内容。

注意：默认时，rm 不会删除目录。使用-recursive（“-r”或“-R”）选项可删除每个给定的目录以及其下所有的内容。

删除“/etc/dxx/”下文件“dxx”：

```
[root@localhost dxx]# rm /etc/dxx/dxx
rm：是否删除 一般空文件/dxx"y"
[root@localhost dxx]# ls          //看不到/dxx 这个文件
```

删除“/etc/dxx”目录，使用强制删除：

```
[root@localhost /]# rm -rf /etc/dxx
[root@localhost /]# cd /etc/
[root@localhost etc]# ls          //看不到/dxx 这个目录
```

4. mv 移动或更名现有的文件或目录

mv 命令是移动或更名现有的文件或目录，该命令语法为：

mv[选项]源文件或目录 目标文件或目录

选项与参数：

-I：交互方式操作。如果 mv 操作将导致对已存在的目标文件的覆盖，此时系统询问是否重写，要求用户回答“y”或“n”，这样可以避免误覆盖文件。

-f：禁止交互操作。在 mv 操作要覆盖某已有的目标文件时不给出任何指示，指定此选项后，I 选项将不再起作用。如果所给目标文件（不是目录）已存在，此时该文件的内容将被新文件覆盖。为防止用户用 mv 命令破坏另一个文件，使用 mv 命令移动文件时，最好使用 I 选项。

-b：覆盖文件前先对其进行备份。

-S 或--suffix=后缀：指定备份字符串。

-u 或--update：移动或覆盖目的文件时若日期不比目的文件旧，且目的文件已经存在，则不执行覆盖文件命令。

将“/home/wljs”移到根目录：

```
[root@localhost ~]# mv /home/wljs ~
```

13.2.3　查找操作命令

1. which 命令

Which 命令用于查找文件,该命令语法如下:

which [Name …]

which 命令取得程序名列表并寻找当这些文件名作为命令给定时所运行的文件。which 命令展开每个参数(如果它有别名),并沿着用户的路径搜索它。别名和路径从用户主目录中的“. cshrc”文件取得。如果“. cshrc”文件不存在,或者如果路径没有在“. cshrc”文件中定义,则 which 命令使用在用户环境中定义的路径。

如果名称的别名多于一个单字或在路径里没有找到一个有参数名称的可执行文件,那么将会给出诊断信息。

2. whereis 查找文件

whereis 命令用于查找文件,该命令的语法如下:

whereis [-s] [-b] [-m] [-u] [{ { -S | -B | -M } Directory … }… -f] File …

选项与参数如下:

-b:搜索文件的二进制部分。

-m:搜索文件的手册部分。

-s:搜索文件的源部分。

-u:搜索不寻常文件。如果一个文件没有每个请求类型的一个项则认为该文件是不寻常文件。输入“whereis -m -u ＊”,则寻找当前目录中那些没有目录的文件。

“-B”、“-M”和“-S”:可以用于更改或限制 whereis 命令搜索的位置。由于该程序为了运行得更快而使用了“chdir”子例程,所以用“-M”、“-S”和“-B”标志目录列表给出的路径名必须是完整的。如:它们必须以一个“/”开始。

-f:终止最后的“-M”、“-S”或“-B”目录列表并发文件名起始位置信号。

在系统中查找 grub 文件,内容如下:

```
[root@localhost ~]# whereis grub
grub:      /sbin/grub            /etc/grub.conf          /usr/share/grub
/usr/share/man/man8/grub.8.gz
```

在系统中查找 grub 文件所在目录,内容如下:

```
[root@localhost ~]# whereis -m grub
   grub: /usr/share/man/man8/grub.8.gz
```

3. find 命令

find 命令用于查找文件和目录,该命令语法如下:

find [path] [expression]

选项与参数如下:

-name:按照文件名查找文件。

-perm:按照文件权限来查找文件。

-user:按照文件属主来查找文件。

-group:按照文件所属的组来查找文件。

-mtime -n +n:按照文件的更改时间来查找文件,“-n”表示文件更改时间距现在 n 天以内,“+n”表示文件更改时间距现在 n 天以前。find 命令还有“-atime”和“-ctime”选项,但它们都和“-mtime”选项不同。

-type:查找某一类型的文件,如下所示:

① b -:块设备文件。

② d -:目录。

③ c -:字符设备文件。

④ p -:管道文件。

⑤ l -:符号链接文件。

⑥ f -:普通文件。

-size n:[c]:查找文件长度为 n 块的文件,带有 c 时表示文件长度以字节计。

-exec:find 命令对匹配的文件执行该参数所给出的 Shell 命令。相应命令的形式为' command '{ } \;。注意“{ }”和“\;”之间的空格。

-ok:和-exec 的作用相同,只不过以一种更为安全的模式来执行该参数所给出的 Shell 命令,在执行每一个命令之前,都会给出提示,让用户来确定是否执行。

将当前目录及其子目录下所有延伸目录名是“c”的目录列出来,内容如下:

```
find . -name "*.c"
```

将目前目录及其下子目录中所有一般目录列出,内容如下:

```
find . -f type f
```

将当前目录及其子目录下所有最近 20 天内更新过的目录列出,内容如下:

```
find . -c time -20
```

13.2.4 文本查看命令

1. cat 显示文件内容

cat 命令用于显示文件内容,该命令的语法如下:

cat [-bEsT] [文件…]

常用选项如下:

-b:显示文件内容时,在所有非空白行的开头标上编号,编号从 1 开始依次累加。

-E:在每一行的最后标上“$”。

-s:当内容某部分的空白行超过一行时,则该处只以一行空白行表示。

-T:将制表符(Tab)以“^I”显示。

使用 cat 显示“/home”目录中的内容,内容如下:

```
[root@Server2 ~]# cat /etc/fstab
```

2. more 逐页显示文件内容

More 命令用于逐页显示文件内容,该命令语法如下:

more [-dlfpcsu] [-num] [＋/pattern] [＋linenum] [fileNames..]

常用选项如下：

-d：提示使用者，在画面下方显示 [Press space to continue, 'q' to quit.]，如果使用者按错键，则会显示 [Press 'h' for instructions.]，而不是"哔"声。

-l：取消遇见特殊字元 ^L(送纸字元)时会暂停的功能。

-f：计算行数时，以实际上的行数，而非自动换行过后的行数(有些单行字数太长的会被扩展为两行或两行以上)。

-p：不以卷动的方式显示每一页，而是先清除屏幕后再显示内容。

-c：跟"-p"相似，不同的是先显示内容再清除其他旧资料。

-s：当遇到有连续两行以上的空白行，就代换为一行空白行。

-u：不显示下引号(根据环境变数 TERM 指定的 terminal 也会有所不同)。

＋/pattern：在每个目录显示前搜寻该字串(pattern)，然后从该字串之后开始显示。

－num：从第 num 行开始显示。

3. less 逐页显示文件内容

less 命令用于逐页显示文件内容，该命令语法如下：

less [选项参数] filename

常用选项如下：

-c：从顶部(从上到下)刷新屏幕，并显示文件内容，而不是通过底部滚动完成刷新。

-f：强制打开文件，如果是二进制文件也不提出警告。

-i：搜索时忽略大小写，但搜索串中包含大写字母时除外。

-I：搜索时忽略大小写，但搜索串中包含小写字母时除外。

-m：显示读取文件的百分比。

-M：显示读取文件的百分比、行号及总行数。

-N：在每行前输入行号。

-p pattern：如：在"/etc/user"中搜索单词"mine"，可以使用"less -p mine /etc/user"。

-s：把连续多个空白行作为一个空白行显示。

-Q：在终端下不响铃。

4. grep 查找并显示符合条件的内容

grep 命令用于查找并显示符合条件的内容，该命令的语法如下：

grep [-abcfhilLnqrsvVwxy][-＜显示行数＞] [-d＜进行动作＞][-e＜范本样式＞][-f＜范本文件＞] [文件或目录…]

同时显示匹配行上、下的行，如：grep -2 pattern filename，同时显示匹配行的上、下2行。

常用选项如下：

-a, --text：等价于匹配"text"，用于(Binary file (standard input) matches)报错。

-b,--byte-offset：打印匹配行前面打印该行所在的块号码。

-c,--count：只打印匹配的行数，不显示匹配的内容。

-f File,--file=File：从文件中提取模板。空文件中包含0个模板，所以什么都不匹配。

-h,--no-filename：当搜索多个文件时，不显示匹配文件名的前缀。

-i,--ignore-case：忽略大小写的差别。

-q,--quiet：取消显示，只返回退出状态。显示0则表示找到了匹配的行。

-l,--files-with-matches：打印匹配模板的文件清单。

-L,--files-without-match：打印不匹配模板的文件清单。

-n,--line-number：在匹配的行前面打印行号。

⑪ -s,--silent：不显示关于不存在或者无法读取文件的错误信息。

⑫ -v,--revert-match：反检索，只显示不匹配的行。

⑬ -w,--word-regexp：如果被“\<”和“\>”引用，就把表达式作为一个单词搜索。

⑭ -R，-r，--recursive：递归地读取目录下的所有文件，包括子目录。如：“grep -R 'pattern'test”会在“test”及其子目录下的所有文件中匹配“pattern”。

13.2.5 压缩与归档目录命令

1. gzip 压缩文件

语法如下：

gzip [选项] 压缩(解压缩)的文件名

该命令的各选项含义如下：

-c：将输出写到标准输出上，并保留原有文件。

-d：将压缩文件解压。

-l：对每个压缩文件，显示下列字段：压缩文件的大小；未压缩文件的大小；压缩比；未压缩文件的名字。

-r：递归地查找指定目录并压缩其中的所有文件或者是解压缩。

-t：测试，检查压缩文件是否完整。

-v：对每一个压缩和解压的文件，显示文件名和压缩比。

gzip 的使用方法如表 13.1 所示。

表 13.1 gzip 的用法

参 数	意 义
gzip *	把当前目录下的每个文件压缩成 .gz 文件
gzip -dv *	把当前目录下每个压缩的文件解压，并列出详细的信息
gzip -l *	详细显示每个压缩的文件的信息，并不解压
gzip usr.tar	压缩 tar 备份文件“usr.tar”，此时压缩文件的扩展名为“.tar.gz”

2. tar 压缩备份

语法如下：

tar [主选项+辅选项] 文件或目录。

使用该命令时，主选项是必须要有的，它告诉 tar 要做什么事情；辅选项是辅助使用的，可以选用。

常用选项如下：

-c：创建新的目录文件。如果用户想备份一个目录或是一些文件，就要选择这个选项。

-z：是否同时具有 gzip 属性。

-j：是否同时具有 bzip2 属性。

-f：使用目录文件或设备，这个选项通常是必选的。

-v：详细报告 tar 处理的文件信息。如无此选项，tar 不报告文件信息。

将当前目录下所有“*.txt”文件打包并压缩归档到文件 this.tar.gz，内容如下：

```
tar -czvf this.tar.gz ./*.txt
```

将当前目录下的“this.tar.gz”中的文件解压到当前目录，内容如下：

```
tar -xzvf this.tar.gz -C ./
```

13.3　Linux 操作系统的文件权限操作

Linux 系统中的每个文件和目录都有访问许可权限，用它来确定谁可以通过何种方式对文件和目录进行访问和操作。

访问权限规定如下三种不同类型的用户：

(1) 文件拥有者(owner)。

(2) 同组用户(group)。

(3) 可以访问系统的其他用户(others)。

访问权限规定如下三种访问文件或目录的方式：

(1) 读(r)。

(2) 写(w)。

(3) 可执行或查找(x)。

当用 ls -l 命令或 l 命令显示文件或目录的详细信息时，最左边的一列为文件的访问权限。其中各位的含义如图 13.3 所示。

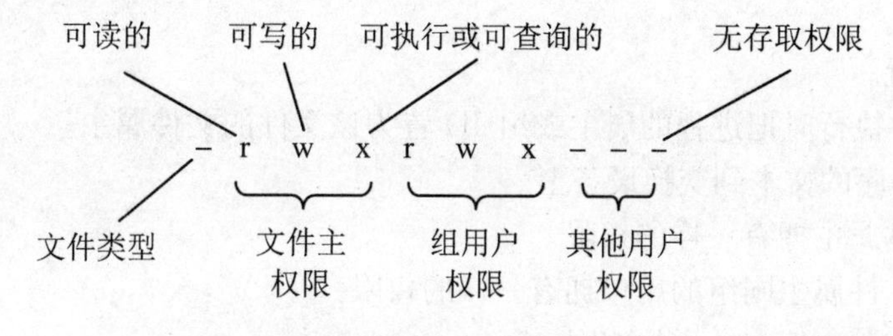

图 13.3　文件权限表示

1. 文件访问权限

读权限(r)：只允许指定用户读其内容，而禁止对其做任何的更改操作。将所访问的文件的内容作为输入的命令都需要有读的权限，如 cat、more 等。

写权限(w)：允许指定用户打开并修改文件。如命令 vi、cp 等。

执行权限(x)：指定用户将该文件作为一个程序执行。

2. 目录访问权限

读权限(r):可以列出存储在该目录下的文件,即读目录内容列表。这一权限允许 Shell 使用文件扩展名字符列出相匹配的文件名。

写权限(w):允许从目录中删除或添加新的文件,通常只有目录主才有写权限。

执行权限(x):允许在目录中查找,并能用 cd 命令将工作目录改到该目录。

13.3.1 改变文件权限

1. 以符号模式改变权限

chmod 用于改变文件或目录的访问权限。用户可以用它控制文件或目录的访问权限。只有文件拥有者或超级用户 root 才有权用 chmod 改变文件或目录的访问权限。

chmod 命令的语法如下:

chmod key 文件名

key 由以下各项组成:

[who] [操作符号] [mode]

(1) 操作对象 who 可以是下述字母中的任一个或者它们的组合。

① u,user:表示用户,即文件或目录的所有者。

② g,group:表示同组用户,即与文件属主有相同组 ID 的所有用户。

③ o,others:表示其他用户。

④ a,all:表示所有用户。它是系统默认值。

(2) 操作符号可以是如下 3 项:

① +:添加某个权限。

② -:取消某个权限。

③ =:赋予给定权限并取消其他所有权限(如果有的话)。

(3) mode 所表示的权限可用下述字母的任意组合:

① r:可读。

② w:可写。

③ x:可执行。

④ s:在文件执行时把进程的属主或组 ID 置为该文件的文件属主。

⑤ t:保存程序的文本到交换设备上。

⑥ u:与文件属主拥有一样的权限。

⑦ g:与和文件属主同组的用户拥有一样的权限。

⑧ o:与其他用户拥有一样的权限。

这三部分必须按顺序输入。可以用多个 key,但必须以逗号","间隔。

2. 绝对方式改变权限

通常也可以用 chmod 命令配以不同类型的 key 直接设置权限。这时以数字代表不同的权限。这里 key 可以包括 3 个(或 3 个以上)的数字,每个数字表示不同类型用户的权限。

数字表示的属性的含义如下:

0:表示禁止该权限。

1:表示可执行权限。

2：表示可写权限。

4：表示可读权限，然后将其相加。

所以数字属性的格式应为 3 个从 0 到 7 的八进制数，其顺序是(u)(g)(o)。

通常，key 是以 3 位八进制数字出现的，第一位表示用户权限，第二位表示组权限，第三位表示其他用户权限。

如：要使文件 myfile 的文件拥有者和同组用户具有读写权限，但其他用户只可读，可以用以下命令指定权限：

chmod 664 myfile

13.3.2　改变文件及目录拥有者和拥有组

1. 改变文件拥有者

Linux 为每个文件都分配了一个文件所有者，称为文件拥有者，对文件的控制取决于文件拥有者或超级用户（root）。文件或目录的创建者对创建的文件或目录拥有特别使用权。

文件的所有关系是可以改变的，chown 命令可用来更改某个文件或目录的所有权。chown 命令的语法格式是：

chown [选项] 用户 文件名

用户可以是用户名或用户 ID。文件是以空格分开的要改变权限的文件列表，可以用通配符表示文件名。

如果改变了文件或目录的所有权，原文件拥有者将不再拥有该文件或目录的权限。

系统管理员经常使用 chown 命令，在将文件拷贝到另一个用户的目录下以后，让用户拥有使用该文件的权限。

2. 改变用户组

在 Linux 下，每个文件又同时属于一个用户组。当创建一个文件或目录时，系统会赋予它一个用户组关系，用户组的所有成员都可以使用此文件或目录。

文件用户组关系的标志是 GID。文件的 GID 只能由文件主或超级用户（root）来修改。chgrp 命令可以改变文件的 GID，其语法格式如下：

chgrp [选项] 组名 文件名

其中，组名可以是用户组名称或 ID；文件名是以空格分开的要改变属组的文件列表，支持通配符。

13.3.3　特殊权限

Linux 的文件系统还提供了一些特殊的权限，如 SUID、SGID 和 Sticky 等属性。

1. SUID 属性

passwd 命令可以用于更改用户密码，一般用户也可以使用此命令修改自己的密码，原因是 passwd 命令启用了 SUID 功能。但是 SUID 属性只能运用在可执行文件上，当用户执行该文件时，会临时拥有该执行文件拥有者的权限。如果可执行文件拥有者权限的第三位是小写的“s”，就代表此文件拥有了 SUID 属性，内容如下：

```
[root@Server2 ~]# ll /usr/bin/passwd
-rwsr-xr-x 1 root root 22960 2006-07-17 /usr/bin/passwd
```

2. SGID 属性

SGID 属性可以应用在目录或可执行文件上。当 SGID 属性应用在目录上时，该目录中所有建立的文件或子目录的拥有组都是该目录的拥有组。当 SGID 属性应用在可执行文件上时，其他用户在使用该文件时就会临时拥有该执行文件的拥有组的权限。如果可执行文件或目录的拥有组权限的第三位是小写的“s”，就表明该文件或目录拥有 SGID 属性。

3. Sticky 属性

当目录拥有 Sticky 属性时，所有在该目录中的文件或子目录无论是什么权限，都只有文件或子目录所有者和超级用户(root)才能删除。Sticky 属性只能运用在目录上，如果目录的其他用户权限的第三位是一个小写的“t”，就表明该目录拥有 Sticky 属性。

4. 设置 SUID/SGID/Sticky 属性

配置 SUID/SGID/Sticky 属性时还是使用 chmod 命令，可以使用字符或数字，使用字符时，“s”代表 SUID 和 SGID，“t”代表 Sticky；使用数字时，4 表示 SUID，2 表示 SGID，1 表示 Sticky。

例如，创建/sales/test 目录，主要有两个需求：

(1) 在此目录中创建的文件，只有本人和 root 可以删除。

(2) 在此目录中创建的文件，拥有组一定是 sales 组。

经过分析知道：第一个需求是给此目录设置 Sticky 属性；第二个需求是给目录设置 SGID 属性。

① Sticky 属性设置的步骤如下：

```
[root@Server2 ~]# mkdir  -p /sales/test
[root@Server2 ~]# chgrp  sales /sales/test
[root@Server2 ~]# chmod o+t /sales/test #用字符形式进行 sticky 设置时，使用 o+t，用数字权限配置时，“1”表示 sticky，所以也可写成“1754”的形式。
[root@Server2 ~]# ll -d /sales/test
drwxr-xr-t 2 root sales 4096 01-04 19:58 /sales/test
```

② SGID 属性设置的步骤如下：

```
[root@Server2 ~]# chmod g+s /sales/test/ #用字符形式进行 SGID 设置时，使用 g+s，用数字权限配置时，“2”表示 SGID，所以也可写成“2754”的形式。
[root@Server2 ~]# ll -d /sales/test/
drwxr-sr-t 2 root sales 4096 01-04 19:58 /sales/test
```

13.3.4 ACL

利用 Linux 文件系统提供的 ACL 功能，可为系统中已存在的任何用户或用户组指定其对系统中文件或目录的权限。

1. Setfacl

利用 Setfacl 命令可以给文件或目录设置 ACL 功能。该命令语法如下：

Setfacl [-bkdR] [{-m|-x} ＜ACL 规则＞] 文件|目录…

常用选项如下：

-m：更改文件或目录的 ACL 规则。

-x：删除文件或目录的 ACL 规则。

-b：删除文件或目录的所有 ACL 规则。

-k：删除文件或目录默认的 ACL 规则。

-d：指定文件或目录默认的 ACL 规则。

--test：测试模式，不会改变任何文件和目录的 ACL 规则，操作后的 ACL 规则将被显示。

-R：递归处理，将指定目录下的所有文件和子目录一并处理。

ACL 规则主要可以使用以下 4 种方式：

(1) [d:]u:＜UID|用户＞:权限：指定用户的 ACL。[d:]表示配置用户对文件或目录的默认的 ACL，权限可以使用数字或字符。

(2) [d:]g:＜UID|用户组＞:权限：指定用户组的 ACL。[d:]表示配置用户组对文件或目录的默认的 ACL，权限可以使用数字或字符。

(3) [d:]o:权限：相当于普通权限中其他用户的权限。[d:]表示配置用户对文件或目录的默认的 ACL，权限可以使用数字或字符。

(4) [d:]m:权限：指定有效权限。[d:]表示配置的默认的权限，权限可以使用数字或字符。

2. Getfacl

Getfacl 命令用于查看文件或目录的 ACL。该命令语法如下：

getfacl [dR] [--omit-header][--no-effective]文件|目录…

常用选项如下：

-d：显示默认的 ACL。

-R：显示目录及其子目录和文件的 ACL。

--omit-header：不显示文件或目录的基本信息。

--no-effective：不显示有效权限。

3. ACL 设置

例如，创建/sales/test1 目录，主要有如下 3 个需求：

(1) sales 组的用户对此目录有完全权限。

(2) kevin 对此目录有 r-x 权限。

(3) todd 只能读。

```
[root@Server2 ~]# mkdir -p /sales/test1
[root@Server2 ~]# setfacl -m u:kevin:rx /sales/test1 #设置 kevin 用户 ACL 功能
[root@Server2 ~]# setfacl -m u:todd:r /sales/test1 #设置 todd 用户 ACL 功能
[root@Server2 ~]# setfacl -m g:sales:rwx /sales/test1 #设置 sales 组 ACL 功能
```

4. 查看 ACL

```
[root@Server2 ~]# getfacl /sales/test1
getfacl: Removing leading '/'from absolute path names
```

```
# file: sales/test1
# owner: root
# group: root
user::rwx
user:kevin:r-x
user:todd:r--
group::r-x
group:sales:rwx
mask::rwx
other::r-x
```

本章小结

本章介绍了有关Linux系统中常用命令的格式、文件系统的概念、文件类型、文件路径和结构等知识,以及一些常见与常用的命令及相关参数与选项的使用方法。本章重点介绍了文件权限方面的知识,包括文件权限的设置与改变、特殊权限、ACL设置等。读者学完本章之后可以掌握如何确保操作系统在多用户运行过程中的稳定和保证数据的安全。

复习思考题

一、填空题

1. (　　)命令能用来查找在文件TESTFILE中包含四个字符的行。
2. (　　)命令可用来显示/home及其子目录下的文件名。
3. (　　)命令可查看系统中所有的进程。
4. (　　)命令可以了解当前目录下的空间。
5. (　　)命令可在应用程序启动时设置进程的优先级。
6. (　　)可以查看Linux的启动信息。

二、选择题

1. 如果忘记ls命令的使用,可以采用(　　)命令获得帮助。

A. ? LS　　B. help ls　　C. man ls　　D. get ls

2. Linux中有多个查看文件的命令,查看文件内容过程中用光标可以上下移动来查看的命令是(　　)。

A. Cat　　B. Less　　C. Head　　D. More

3. 找出/etc/my.conf文件属于哪个包,可以执行命令(　　)。

A. rpm -q /etc/my.conf　　B. rpm -q|grep /etc/my.conf

C. rpm -qf /etc/my.conf　　D. rpm -requires /etc/my.conf

4. (　　)可以将 f3.txt 复制为 f4.txt。

A. cp f3.txt f4.txt　　　　B. copy f3.txt f4.txt

C. cat f3.txt f4.txt　　　　D. cat f3.txt > f4.txt

三、问答题

1. 在 Linux 中文件类型有哪几种?
2. 在 Linux 中绝对路径和相对路径有何区别?
3. Linux 文件权限主要有哪几种?
4. Linux 文件系统的 ACL 设置可以完成什么功能?

本章实训

一、实训目的

1. 掌握 Linux 操作系统的文件及目录基础操作。
2. 掌握 Linux 操作系统的文件及目录权限设置。
3. 掌握 Linux 操作系统的文件及目录 ACL 设置。

二、实训内容

1. 在用户的根目录下输入 pwd 命令查看当前信息。
2. 切换当前目录到/var/ftp 中。
3. 显示当前目录下的所有信息。
4. 在/home 目录下创建目录 jsjwl,并在目录中建立文件名为 file1.txt 的文件。
5. 将上一题的文件复制到/home/jsjwl2 中,重命名为 file2.txt,并保留其属性。
6. 删除/home/jsjwl 目录中的所有文件。
7. 将第 4 题中所创建的文件 file1.txt 的权限设置成-rw-r- - r- -。
8. 将第 5 题中的文件 file2.txt 的权限设置成 644。
9. 创建/student/test 目录。
10. 设置 student 组的用户对此目录有完全权限。
11. 设置 kevin 对此目录有 r-x 权限。
12. 设置在此目录中创建的文件,只有本人和 root 可以删除。
13. 设置在此目录中创建的文件,拥有组一定是 student。

第14章　Linux系统用户与组管理

学习目标

通过本章的学习，我们将了解Linux用户和组的相关知识，掌握在Linux系统中如何创建用户和组，如何对用户和组进行管理。通过本章的学习，应达到如下学习目标：

- 了解Linux用户和组的特点。
- 掌握Linux用户和组的创建方法。
- 掌握Linux用户和组的管理方法。

导入案例

易慧网络公司将公司服务器升级为Linux操作系统，网络管理员将管理整个网络操作系统，公司常用用户的账户申请，都必须要有管理员的协助才能完成，所以必须要掌握如何管理系统账户和用户组。为了确保Linux系统自身的安全和稳定，必须建立一种秩序，使每个用户的权限都能得到规范。

这一案例表明：服务器中的用户和组管理是比较重要的问题，直接影响到服务器是否可以正常运行。

14.1　Linux用户和组

Linux是一个真实的、完整的多用户、多任务操作系统，多用户、多任务就是可以在系统上建立多个用户，而多个用户可以在同一时间内登录同一个系统执行各自不同的任务，互不影响。如：某台Linux服务器上有4个用户，分别是root、www、ftp和mysql。在同一时间内，root用户可能在查看系统日志，管理维护系统；www用户可能在修改自己的网页程序；ftp用户可能在上传文件到服务器；mysql用户可能在执行自己的SQL查询。每个用户互不干扰，有条不紊地进行着自己的工作，而每个用户之间不能越权访问。如：www用户不能执行mysql用户的SQL查询操作，ftp用户也不能修改www用户的网页程序。由此可知，不同用户具有不同的权限，每个用户是在权限允许的范围内完成不同的任务，Linux正是通过这种权限的划分与管理，实现了多用户、多任务的运行机制。

14.1.1　Linux用户的角色分类

在Linux下用户是根据角色定义的，具体可分为如下3种角色：

(1) 超级用户：拥有对系统的最高管理权限，默认root是超级用户。

(2) 普通用户：只能对自己目录下的文件进行访问和修改，具有登录系统的权限。如前面提到的www用户、ftp用户等。

(3) 虚拟用户：也叫"伪"用户，这类用户最大的特点是不能登录系统，它们的存在主要是方便系统管理，满足相应的系统进程对文件宿主的要求。如系统默认的bin、adm、nobody用户等。一般运行的Web服务，默认就是使用nobody用户，但是nobody用户是不能登录系统的。

14.1.2　用户和组的概念

如果要使用Linux系统资源，就必须向系统管理员申请用户，然后通过这个用户进入系统。通过建立不同属性的用户，一方面可以合理地利用和控制系统资源；另一方面也可以帮助用户组织文件，提供对用户文件的安全性保护。

每个用户都有一个唯一的用户名和用户口令，在登录系统时，只有正确输入了用户名和密码，才能进入系统和自己的主目录。

用户组是具有相同特征用户的逻辑集合。有时我们需要让多个用户具有相同的权限，比如查看、修改某一个文件的权限，一种方法是分别对多个用户进行文件访问授权，如果有10个用户的话，就需要授权10次，显然这种方法不太合理；另一种方法是建立一个组，让这个组具有查看、修改此文件的权限，然后将所有需要访问此文件的用户放入这个组中，那么所有用户就具有了和组一样的权限，这就是用户组。将用户分组是Linux系统中对用户进行管理及控制访问权限的一种手段，通过定义用户组，在很大程度上简化了管理工作。

14.2　Linux用户配置文件

Linux用户配置文件保存了系统中所有的用户信息，重要的文件包括"/etc/passwd"、"/etc/shadow"等。

14.2.1　/etc/passwd文件

"/etc/passwd"文件是用户管理中最重要的文件之一。这个文件记录了Linux系统中每个用户的一些基本属性，并且对所有用户可读。需要特别注意的是：文件中包含了一些系统级用户，请不要随意删除，如bin、daemon、adm和nobody等。这个文件的结构如下：

```
root:x:0:0:root:/root:/bin/bash
```

```
bin:x:1:1:bin:/bin:/sbin/nologin
daemon:x:2:2:daemon:/sbin:/sbin/nologin
adm:x:3:4:adm:/var/adm:/sbin/nologin
lp:x:4:7:lp:/var/spool/lpd:/sbin/nologin
```

"/etc/passwd"中的每一行记录对应一个用户，每行的各列被冒号分隔，其格式如下：

用户名:密码:用户标识号:组标识号:注释性描述:主目录:默认 Shell

下面是每个字段的详细含义：

(1) 用户名:是代表用户账号的字符串。如:root 是系统默认的管理员的用户名称。

(2) 密码:存放着加密后的用户口令。虽然这个字段存放的只是用户口令的加密串，不是明文，但是由于"/etc/passwd"文件对所有用户都可读，所以这仍是一个安全隐患。因此，现在许多 Linux 版本都使用了 shadow 技术，把真正加密后的用户口令存放到"/etc/shadow"文件中，而在"/etc/passwd"文件的口令字段中只存放一个特殊的字符，如用"x"或者"*"来表示。

(3) 用户标识号:就是用户的 UID。每个用户都有一个 UID，并且是唯一的。通常 UID 号的取值范围是 0～65535，0 是超级用户 root 的标识号，1～99 由系统保留，作为管理账号，普通用户 UID 默认从 500 开始。UID 是 Linux 下确认用户权限的标志，用户的角色和权限都是通过 UID 来实现的，因此多个用户共用一个 UID 是非常危险的，会造成系统权限和管理的混乱。如:将普通用户的 UID 设置为 0 后，这个普通用户就具有了 root 用户的权限，这是极度危险的操作，因此要尽量保持用户 UID 的唯一性。

(4) 组标识号:就是组的 GID。与用户的 UID 类似，这个字段记录了用户所属的用户组。

(5) 注释性描述:此字段存放对用户的描述信息。如用户的住址、电话、姓名等。

(6) 主目录:也就是用户登录到系统之后默认所处的目录，也可以叫作用户的主目录、家目录、根目录等。例如，root 的家目录是"/root"，当 root 登录之后，就会立刻进入到"/root"目录里。普通用户登入系统之后，其主目录位于"/home"下以自己用户名命名的一个目录中。

(7) 默认 Shell:就是用户登录系统后默认使用的命令解释器。Shell 是用户和 Linux 内核之间的接口，用户所做的任何操作，都是通过 Shell 传递给系统内核的。Linux 下常用的 Shell 有"sh"、"bash"、"csh"等，管理员可以根据用户的习惯，为每个用户设置不同的 Shell。

14.2.2 /etc/shadow 文件

"/etc/passwd"文件是所有用户都可读的，这样就导致了用户的密码容易泄露，因此，Linux 将用户的密码信息从"/etc/passwd"中分离出来，单独地放到一个文件中，这个文件就是"/etc/shadow"。该文件只有 root 用户拥有读权限，从而保证了用户密码的安全性。

"/etc/shadow"文件的格式为：

用户名:加密口令:最后一次修改时间:最小时间间隔:最大时间间隔:警告时间:不活动时间:失效时间:保留字段

"/etc/shadow"文件的结构示例如下：

```
root:$1$PuvoXSGo$ocje6AGMN9xXQyZUl7pnj0:15099:0:99999:7:::
bin:*:15099:0:99999:7:::
daemon:*:15099:0:99999:7:::
adm:*:15099:0:99999:7:::
```

各个字段的详细含义如下：

(1) 用户名：由于密码是与用户名对应的，因此，这个文件的第一栏就是用户名，必须要与“/etc/passwd”相同。

(2) 加密口令：这才是真正的密码，而且是经过加密后的密码，我们能直接看到的只是一些特殊符号。如果密码栏的第一个字符为“*”或者是“!”，表示这个用户不会用来登录。如果某一用户不规范操作，可以在这个文件中在该用户的密码字段前加“*”或者是“!”，这样该用户就无法登录系统。

(3) 最后一次修改时间：表示从某个时间起，到用户最近一次修改口令的间隔天数。这里的日期以“1970 年 1 月 1 日”作为 1 开始。这个日期是累加的。

(4) 最小时间间隔：表示两次修改密码之间的最小时间间隔。如果设置成 0，表示密码随时都可以更改；如果设置成 15，表示的意思是在 15 天之内用户不能修改密码。

(5) 最大时间间隔：表示两次修改密码之间的最大时间间隔，如果在这个期限不修改，这个用户将暂时地失效；如果显示的是 99999，表示的意思是密码不需要重新输入。

(6) 警告时间：当用户的密码失效期限快到的时候，也就是上面“最大时间间隔”的时间快到的时候，系统会向这个用户发出警告，提醒该用户将在 n 天之后密码失效，请尽快修改密码，上例中显示的就是 7 天。

(7) 不活动时间：如果用户过了警告期限没有修改密码，使得密码失效，还可以用这个密码在 n 天内进行登录，如果在这个期限还没有修改密码，那么该用户将永久地失效。

(8) 失效时间：表示该用户的账号生存期，超过这个设定时间，账号失效，用户就无法登录系统了。如果这个字段的值为空，账号永久可用。

(9) 保留字段：Linux 的保留字段，目前为空，以备 Linux 日后发展之用。

因为“/etc/shadow”文件上述的重要性，因此不能随意修改。

14.2.3　/etc/login.defs 文件

用来定义创建一个用户时的默认设置。如指定用户的 UID 和 GID 的范围，用户的过期时间，是否需要创建用户主目录等。

下面是“/etc/login.defs”文件的重要参数介绍，见表 14.1。

表 14.1　“/etc/login.defs”文件的重要参数

名　称	数　值	意　义
MAIL_DIR	/var/spool/mail	当创建用户时，同时在目录/var/spool/mail 中创建一个用户 mail 文件
PASS_MAX_DAYS	99999	指定密码保持有效的最大天数

续表

名　称	数　值	意　义
PASS_MIN_DAYS	0	表示自从上次密码修改以来多少天后用户才被允许修改口令
PASS_MIN_LEN	5	指定密码的最小长度
PASS_WARN_AGE	7	表示在口令到期前多少天系统开始通知用户口令即将到期
UID_MIN	500	指定最小 UID 为 500，也就是说添加用户时，用户的 UID 从 500 开始
UID_MAX	60000	指定最大 UID 为 60000
CREATE_HOME	yes	此项指定是否创建用户主目录，yes 为创建，no 为不创建

14.2.4　/etc/default/useradd 文件

当我们通过 useradd 命令不加任何参数创建一个用户后，用户默认的主目录一般位于"/home"下，默认使用的 Shell 是"/bin/bash"，这是由于"/etc/default/useradd"文件里做了默认限制，其内容如下：

```
[root@localhost ~]# more /etc/default/useradd
# useradd defaults file
GROUP=100　#用户组 ID
HOME=/home　#把用户的家目录创建在/home 中
INACTIVE=-1　#是否启用账号过期停权，-1 表示不启用
EXPIRE=　#账号终止日期，不设置表示不启用
SHELL=/bin/bash　#所用 Shell 的类型
SKEL=/etc/skel　#默认添加用户的目录默认文件存放位置。也就是说，当用户用 useradd 添加用户时，用户主目录下的文件都是从这个目录中复制的
CREATE_MAIL_SPOOL=no　#是否创建用户邮件缓冲，yes 表示创建
```

"/etc/default/useradd"文件定义了新建用户的一些默认属性，如用户的主目录，使用的 Shell 等，通过更改此文件，可以改变创建新用户时的默认属性值。

改变此文件有两种方法：一种是通过文本编辑器方式更改；另一种是通过 useradd 命令来更改。这里介绍一下第二种方法。

Useradd 命令加"-D"参数后，就可以修改配置文件/etc/default/useradd，使用的一般格式如下：

useradd -D [-g group] [-b base] [-s shell] [-f inactive] [-e expire]

各选项的详细含义如下：

-g default_group：表示新建用户的起始组名或者 GID，组名必须为已经存在的用户组名称，GID 也必须是已经存在的用户组 GID。与"/etc/default/useradd"文件中"GROUP"行

对应。

-b default_home：指定新建用户主目录的上级目录，也就是所有新建用户都会在此目录下创建自己的主目录。与“/etc/default/useradd”文件中“HOME”行对应。

-s default_shell：指定新建用户默认使用的 Shell。与“/etc/default/useradd”文件中“SHELL”行对应。

-f default_inactive：指定用户账号过期多长时间后就永久停用。与“/etc/default/useradd”文件中“INACTIVE”行对应。

-e default_expire_date：指定用户账号的过期时间。与“/etc/default/useradd”文件中“EXPIRE”行对应。

useradd -D 不加其他任何参数时，显示“/etc/default/useradd”文件的当前设置，内容如下：

```
[root@localhost ~]# useradd -D
GROUP=100
HOME=/home
INACTIVE=-1
EXPIRE=
SHELL=/bin/bash
SKEL=/etc/skel
```

如果要修改创建用户时的默认 Shell 为“/bin/csh”，具体操作如下：

```
[root@localhost ~]# useradd -D -s /bin/csh
[root@localhost ~]# useradd -D
GROUP=100
HOME=/home
INACTIVE=-1
EXPIRE=
SHELL=/bin/csh
SKEL=/etc/skel
```

14.2.5　/etc/skel 目录

在 Linux 中系统使用命令建立用户时，所建立用户的登录脚本、家目录等所有信息都是以“/etc/skel”目录中的内容为模板的。具体操作如下：

```
[root@localhost ~]# ll -a /etc/skel/
总计 48
drwxr-xr-x  2 root root  4096 2011-12-06 .
drwxr-xr-x 96 root root 12288 01-04 12:11 ..
-rw-r--r--  1 root root    24 2006-07-12 .bash_logout
-rw-r--r--  1 root root   176 2006-07-12 .bash_profile
```

```
-rw-r--r--   1 root root    124 2006-07-12 . bash
```

如果在“/etc/skel”目录中建立目录或放入文件，那么新建用户的家目录中就会有这些目录及文件；如果修改该目录中的用户配置文件、登录脚本等内容，那么新建用户的用户配置文件、登录脚本等也会采用修改后的内容。

14.3 Linux 用户组配置文件

具有某种共同特征的用户集合起来就是用户组(Group)。用户组(Group)配置文件主要有“/etc/group”和“/etc/gshadow”。

14.3.1 /etc/group 文件

用户组配置文件，用户组的所有信息都存放在此文件中。

“/etc/group”文件的格式如下：

组名:口令:组标识号:组内用户列表

```
[root@localhost ~]# more /etc/group
root:x:0:root
bin:x:1:root,bin,daemon
daemon:x:2:root,bin,daemon
sys:x:3:root,bin,adm
adm:x:4:root,adm,daemon
```

“/etc/group”每个字段的含义如下：

(1) 组名:是用户组的名称，由字母或数字构成。与“/etc/passwd”中的用户名一样，组名不能重复。

(2) 口令:存放的是用户组加密后的口令字串，密码默认设置在“/etc/gshadow”文件中，而在这里用“x”代替，Linux 系统下默认的用户组都没有口令，可以通过 gpasswd 来给用户组添加密码。

(3) 组标识号:就是 GID，与“/etc/passwd”中的用户的组标识号对应。

(4) 组内用户列表：显示属于这个组的所有用户，多个用户之间用逗号分隔。

14.3.2 /etc/gshadow 文件

用户组密码管理文件“/etc/gshadow”内容如下：

```
[root@localhost ~]# more /etc/gshadow
root:::root
bin:::root,bin,daemon
```

```
daemon:::root,bin,daemon
sys:::root,bin,adm
adm:::root,adm,daemon
```

这个文件内同样还是使用冒号":"来作为各列的分隔符，各列内容如下：

(1) 第一列：群组名称。

(2) 第二列：密码栏，同样的，开头为"!"表示无合法密码。

(3) 第三列：群组管理员的账号。

(4) 第四列：该群组的所属账号（与 /etc/group 内容相同）。

14.4 Linux 用户和组操作

14.4.1 用户管理

1. 创建新用户

在 Linux 操作系统中添加用户和用户组，以便保证用户和用户组的管理。在 Linux 中创建或者添加新用户用 useradd 命令来实现，其格式如下：

useradd[选项]用户名

该命令只能由 root 用户使用。选项用于设置用户账户参数，主要选项的参数见表 14.2。

表 14.2 useradd 参数选项

选 项	说 明
-c 注释	设置对用户的注释信息，该信息被加入到/etc/passwd 文件的备注栏
-d 主目录	指定用户的家目录。系统默认的用户主目录为"/home/用户名"
-e 有效期限	指定用户账户过期日期。日期格式为 MM/DD/YY
-f 缓冲天数	指定口令过期后多久将关闭此账户
-g 组 ID 或组名	指定用户所属的主要组。系统默认创建一个与用户同名的私有用户组
-G 组 ID 或组名	指定用户所属的附加组，多个附加组之间用逗号隔开
-s 登录 Shell	指定用户登录后所使用的 Shell。系统默认为/bin/bash
-u 用户 ID	指定用户的 UID
-m 家目录	建立用户的家目录
-M 不建立家目录	不建立用户的家目录

以系统管理员 root 身份在操作系统中创建用户"jsjwl"：

```
[root@localhost ~]# useradd jsjwl
```

当不选用任何选项时，Linux将按照系统默认值创建新用户。系统将在"/home"目录中新建与用户同名的子目录作为该用户的主目录，并且还将新建一个与用户同名的私有用户组作为该用户的主要组。该用户的登录Shell为"/bin/bash"，用户的ID由系统从500开始依次指定。

上面创建的"jsjwl"用户的主目录默认的在"/home"中，这样创建后对以后的管理不是很方便，因此创建一个名为"jsj"的用户，把该用户的主目录放在"/var/"目录中，并指定登录Shell为"/sbin/nologin"。

```
useradd -d /var/jsj -s /sbin/nologin jsj
```

使用useradd命令增加新用户时，将在"/etc/passwd"和"/etc/shadow"文件中添加新纪录。

注：Linux中新建用户还可以使用adduser命令。实际上，adduser命令是useradd命令的一个链接，它们二者的功能是完全相同的。

2. 设置或修改用户口令

在Linux中，对于新创建的用户，在没有设置口令的情况下，用户是处于锁定状态的，此时用户将无法登录系统。用户口令管理包括用户口令的设置、修改、删除、锁定、解锁等操作，可以使用passwd命令来实现。用法如下：

passwd[选项]用户名

该命令按照指定的选项修改指定用户的口令属性。如果缺省用户名，修改当前用户的口令属性。命令的主要选项参数见表14.3。

表14.3 passwd选项参数

选项	说明
缺省	设置指定用户的口令
-l	将指定用户锁定
-u	将锁定的用户解锁
-S	显示指定用户与密码相关信息
-n	指定密码最短修改时间
-x	指定密码最长使用时间
-w	指定密码更改警告时间

为创建的用户"jsjwl"设置初始密码的操作如下：

```
[root@localhost ~]# passwd jsjwl
Changing password for user jsjwl.
New UNIX password:
BAD PASSWORD: it is based on a dictionary word
```

```
Retype new UNIX password:
passwd: all authentication tokens updated successfully.
```

在设置密码过程中，发现Linux对用户口令的安全性要求很高，如果口令长度小于6位、字符过于规则、字符重复性太高或者是字典单词，系统都会出现提示信息，提醒用户此口令不安全。

需要注意的是：root用户可以为所有用户设置口令，普通用户只能修改自己的口令，不能更改其他用户的口令。

如果用户"jsjwl"出差一段时间，出于安全考虑将用户"jsjwl"锁定，锁定用户"jsjwl"的命令如下：

```
[root@localhost ~]# passwd -l jsjwl
Locking password for user jsjwl.
passwd: Success
```

当用户"jsjwl"重新工作时，需要对其进行账户解锁，命令如下：

```
[root@localhost ~]# passwd -u jsjwl
Unlocking password for user jsjwl.
passwd: Success.
```

如果用户"jsjwl"要求重新设置用户密码，可以删除"jsjwl"用户的口令，命令如下：

```
[root@localhost ~]# passwd -d jsjwl
Removing password for user jsjwl.
passwd: Success
```

需要注意的是：用户的口令被删除，那么登录系统时将不需要输入口令，此时查看"/etc/shadow"文件，用户所在行的口令字段为空白。

3. 设置用户账户属性

对于已创建好的用户，可以使用命令usermod来设置和修改账户的各项属性，包括登录名、主目录、用户组、登录Shell等信息。Usermod命令的用法如下：

Usermod [选项] 用户名

该命令只能由root用户使用(命令的选项及功能大部分与新建用户时所使用的选项相同)，命令的主要选项参数见表14.4。

表14.4　usermod选项参数

选　项	说　明
-c 注释	更改用户的注释信息
-d 主目录	更改用户的家目录
-e 有效期限	更改用户账户过期日期
-f 缓冲天数	更改口令过期后多久将关闭此账户
-g 组ID或组名	更改用户的初始组

续表

选项	说　明
-G 组 ID 或组名	指定用户所属的额外组
-s 登录 Shell	更改用户登录后所使用的 Shell，系统默认为/bin/bash
-u 用户 ID	更改用户的 UID
-l	指定用户的新名称
-L 家目录	锁定用户
-U 不建立家目录	解除用户账户锁定

将“jsjwl”用户更名为 wljs，命令如下：

```
[root@localhost ~]# usermod -l wljs jsjwl
```

4. 删除用户账户

因业务需要，易慧网络公司的部分用户调整了岗位，为了确保公司的数据安全，要删除这些已经分配了的用户。我们可以使用命令 userdel 来删除，其用法如下：

Userdel [-r] 用户名

该命令只能由 root 账户使用。如果使用了选项-r，一并删除该账户对应的主目录，否则只是删除此用户账户。如果在新建该用户时创建了私有组，而该私有组当前没有其他用户，那么删除用户的同时也将删除这一私有组。

注：正在使用系统的用户不能删除，必须首先终止该用户所有的进程才能删除该用户。

将 wljs 用户账户删除，命令如下：

```
[root@localhost ~]# userdel -r wljs
```

5. 切换用户身份

为了保证系统安全正常的运行，管理员通常以普通用户身份登录系统，当要执行必须有 root 权限的操作时，再切换为 root 用户。切换用户身份可使用 su 命令来实现，其用法如下：

Su [-] 用户名

如果是缺省用户名，则切换为 root，否则切换到指定的用户（必须存在的用户）。root 用户切换为普通用户时不需要输入口令，普通用户之间切换时需要输入被转换用户的口令，切换之后就拥有该用户的权限。使用 exit 命令可返回原来的用户身份。

如果使用“-”选项，则用户切换为新用户的同时使用新用户的环境变量，一个主要的变化在于命令提示符中当前工作目录被切换为新用户的主目录，这是由新用户的环境变量文件所决定的。

用普通用户登录系统，然后切换到 root 用户，并使用 root 的环境变量，命令如下：

```
[wljs@localhost ~]$ su - root
口令：
[root@localhost  ~]#
```

普通用户之间切换且不改变环境变量，命令如下：

```
[wljs@localhost ~]$ su dxx
口令：
[dxx@localhost ~]$
```

6. 查看用户信息

为了确保公司的数据安全，要经常查看用户的信息。可使用id命令和finger命令来查看，其使用格式如下：

id [用户名]

finger [用户名]

查看用户wljs的信息，命令如下：

```
[root@localhost ~]# id wljs
uid=502(wljs) gid=502(wljs) groups=502(wljs) context=root:system_r:unconfined_t:
SystemLow-SystemHigh
[root@localhost ~]# finger wljs
Login: wljs                                  Name: (null)
Directory: /home/wljs                        Shell: /bin/bash
Never logged in.
No mail.
No Plan.
```

其中id命令将显示指定用户的UID、GID和用户所属组的信息；finger命令则显示指定用户的主目录、登录终端、登录的Shell、邮件、计划任务等信息。

14.4.2　用户组管理

1. 创建用户组

创建用户组可以使用groupadd命令，其格式如下：

Groupadd [选项] 用户组

该命令只能由root用户使用，主要选项如下：

-g 组ID：用于指定创建组的ID。

创建一个组名为jw的用户组，并指定组的ID为530，命令如下：

```
[root@localhost ~]# groupadd -g 530 jw
```

利用groupadd命令新建用户组时，如果不指定GID，则GID由系统指定。groupadd命令的执行结果将在“/etc/group”文件和“/etc/gshadow”文件中增加一行该用户组的记录。

2. 修改用户组的属性

管理员在创建用户组后，根据需要可以对用户组的相关属性进行修改，主要包括对用户组名称和GID的修改。可以使用命令groupmod来实现，其格式如下：

groupmod [选项] 用户组名

该命令只能由root用户使用，主要选项如下：

-g 组ID：用于修改组ID。

-n 组名:用于修改组名。

将前面的用户组"jw"改名为"wj",并修改组的 GID 为 550,命令如下:

```
[root@localhost ~]# groupmod -n wj -g 550 jw
```

需要注意的是:用户组的名称及其 GID 在修改时不能与已有的用户组名称或 GID 重复;对 GID 做修改,不会改变用户组的名称,同时对用户组的名称做修改也不会改变用户组的 GID。

3. 删除用户组

删除用户组可使用 groupdel 命令来实现,其格式如下:

groupdel 用户 组名

该命令只能由 root 用户使用。在删除指定用户组之前必须保证该用户组不是任何用户的主要组,否则需要首先删除那些以此用户组为主要组的用户才能删除这个用户组。

删除用户组"wj",命令如下:

```
[root@localhost ~]# groupdel wj
```

4. 用户组中的用户管理

如果要将用户添加到指定组,使其成为该用户组的成员,或从用户组中移除某用户,可以使用命令 gpasswd,其格式如下:

gpasswd [选项] 用户名 用户组名

该命令只能由 root 用户使用,主要选项如下:

-a:添加用户到用户组。

-d:从用户组中移除用户。

将用户 dxx 加入到 jw 用户组中,命令如下:

```
[root@localhost ~]# gpasswd -a dxx jw
```

本 章 小 结

在 Linux 操作系统中,每个文件和程序都归属于一个特定的用户,每个用户都由一个唯一的身份 UID 来标识,并且系统中的每个用户也至少需要属于一个用户组。与用户一样,用户组也有一个唯一身份标识,那就是 UID。用户可以归属于多个用户组,对某一个文件或者程序的访问都是以它的 UID 和 GID 来作为基础的。

本章介绍了用户管理配置文件"/etc/passwd"和"/etc/shadow",用户组管理配置文件"/etc/gpasswd"和"/etc/gshadow",以及用户和用户组的相关操作。

复习思考题

一、填空题

1. 用户登录系统后首先进入的目录是(　　)。

2. (　　)目录用于存放用户密码信息。

3. (　　)命令可以用来检测用户信息。

二、选择题

1. 在使用 shadow 口令的系统中,/etc/passwd 和/etc/shadow 两个文件的权限正确的是(　　)。

A. -rw-r—r--和-r———　　　　B. -rw-r—rw-和-r———r-

C. -rw-r—r--和-r————r-　　　　D. -rw-r——和-r————

2. 下面(　　)命令可以删除一个用户并同时删除用户的主目录。

A. rmuser -r　　B. userdel -r　　C. usermgr -r　　D. deluser -r

三、问答题

1. 简述 Linux 中用户和用户组的关系。

2. Linux 用户角色有哪几种?

3. 在 Linux 中"/etc/passwd"文件每个字段的含义是什么?

4. 在 Linux 中"/etc/shadow"文件每个字段的含义是什么?

本章实训

一、实训目的

1. 掌握 Linux 操作系统用户与用户组的创建。

2. 掌握 Linux 操作系统用户与用户组的安全设置。

二、实训内容

1. 创建 wlwstu1、wlwstu2、wlwteacher1 和 wlwteacher2 用户,创建 wlwteacher、wlwstudent 用户组。

(1) 将 wlwstu1、wlwstu2 归属于 wlwstudent 组,密码同用户名。

(2) 将 wlwteacher1 归属于 wlwteacher 组,并且指定其家目录为/abc。

(3) 将 wlwteacher2 同时归属于 wlwteacher 组和 wlwstudent 组,并且指定其使用的 Shell 为/sbin/nologin。

2. 创建 wlws1、wlws2、wlws3 和 wlws4 用户,创建 wlwboy、wlwgirl 用户组。

(1) 将 wlws1、wlws3 归属于 wlwboy 组,密码同用户名。因为 wlws1 用户暂时离职,现锁定 wlws1 账户。

(2) 将 wlws2 归属于 wlwgirl 组,并且指定其家目录为/rhome,设置密码有效期为 10 天。

(3) 将 wlws4 归属于 wlws4 组同时隶属于 wlwboy 组。

参 考 文 献

[1] 戴有炜. Windows Server 2008 R2 网络管理与架站[M]. 北京:清华大学出版社,2011.

[2] 姚越,等. Windows Server 2008 系统管理与服务器配置[M]. 北京:机械工业出版社,2014.

[3] 戴有炜. Windows Server 2008 网络专业指南[M]. 北京:科学出版社,2009.

[4] 李书满,等. Windows Server 2008 服务器搭建与管理[M]. 北京:清华大学出版社,2010.

[5] 戴有炜. Windows Server 2008 安装与管理指南[M]. 北京:科学出版社,2009.

[6] 刘本军,李建利. 网络操作系统:Windows Server 2008 篇[M]. 北京:人民邮电出版社,2010.

[7] 柴方艳. 服务器配置与应用(Windows Server 2008 R2)[M]. 2 版. 北京:电子工业出版社,2015.

[8] 姚青山. Windows Server 2008 系统管理[M]. 北京:清华大学出版社,2013.

[9] 张金石,丘洪伟. 网络服务器配置与管理:Windows Server 2008 R2 篇[M]. 北京:人民邮电出版社,2015.

[10] 杨云,邹汪平. Windows Server 2008 网络操作系统项目教程[M]. 3 版. 北京:人民邮电出版社,2015.

[11] SHAPIRO J R,等. Windows Server 2008 宝典[M]. 北京:人民邮电出版社,2009.

[12] SHAPIRO J R,等. Windows Server 2003 宝典[M]. 北京:人民邮电出版社,2007.

[13] 鸟哥. 鸟哥的 Linux 私房菜・基础学习篇[M]. 3 版. 北京:人民邮电出版社,2010.

[14] 刘忆智. Linux 从入门到精通[M]. 2 版. 北京:清华大学出版社,2014.

[15] 黄丽娜. Linux 基础教程[M]. 3 版. 北京:清华大学出版社,2012.